普通高等教育"十四五"规划教材

土木工程施工技术与组织

主　编　田雨泽　闫明祥
副主编　李建强　张馨心　孙　畅

U0323182

北　京
冶金工业出版社
2023

内 容 提 要

　　本书主要阐述了土木工程施工技术与组织的原理与工艺方法等，内容包括土石方工程、桩基础工程、砌筑工程、混凝土结构工程、钢结构工程、结构安装工程、道路工程、桥梁工程、地下工程、脚手架工程、防水工程、装饰与节能工程、装配式混凝土结构工程、施工组织概论、流水施工基本原理、网络计划技术、单位工程施工组织设计、施工组织总设计、BIM施工技术等。

　　本书可作为应用型高等院校土木工程专业、工程管理专业及其他相关专业的教材，也可供有关工程技术人员参考。

图书在版编目（CIP）数据

　　土木工程施工技术与组织/田雨泽，闫明祥主编. —北京：冶金工业出版社，2023.8

　　普通高等教育"十四五"规划教材

　　ISBN 978-7-5024-9512-1

　　Ⅰ.①土… Ⅱ.①田… ②闫… Ⅲ.①土木工程—工程施工—高等学校—教材 Ⅳ.①TU7

　　中国国家版本馆CIP数据核字（2023）第090678号

土木工程施工技术与组织

出版发行	冶金工业出版社	电　话	（010）64027926
地　址	北京市东城区嵩祝院北巷39号	邮　编	100009
网　址	www.mip1953.com	电子信箱	service@mip1953.com

责任编辑　杨　敏　美术编辑　吕欣童　版式设计　郑小利
责任校对　王永欣　责任印制　禹　蕊
北京建宏印刷有限公司印刷
2023年8月第1版，2023年8月第1次印刷
787mm×1092mm 1/16；28.25印张；686千字；440页
定价65.00元

投稿电话　（010）64027932　投稿信箱　tougao@cnmip.com.cn
营销中心电话　（010）64044283
冶金工业出版社天猫旗舰店　yjgycbs.tmall.com
（本书如有印装质量问题，本社营销中心负责退换）

前　　言

本书以全国高等学校土木工程专业指导委员会制定并通过的《高等学校土木工程本科指导性专业规范》为依据，由辽宁科技大学土木工程学院组织编写。本书继承了"十一五""十二五"国家级规划教材《土木工程施工》的编写风格，并在体系上做了较大改变，力求符合现行国家规范标准，突出行业特色，反映现代土木工程施工的新技术、新工艺，适应高等学校土木工程专业教学的需要。

本书编写分工为：辽宁科技大学田雨泽编写第1章、第2章、第14章，李建强编写第3章、第4章，张馨心编写第12章，孙畅编写第11章；鞍山市祥龙工业设备有限公司闫明祥编写第7章；辽宁工业大学董锦坤编写第5章、第6章；辽宁科技学院李春燕编写第8章、第13章；辽东学院张艳秋、李月梅编写第9章、第10章。

本书的编写得到了辽宁科技大学土木工程学院、鞍山市祥龙工业设备有限公司、辽宁工业大学土木工程学院、辽宁科技学院、辽东学院的大力支持，在此向关心支持本书编写工作的单位和个人表示衷心的感谢！本书在编写过程中，参考或引用了有关文献，在此向文献作者表示感谢！

由于编者水平有限，书中不足之处，望读者批评指正。

编　者
2023 年 1 月

目　录

1 土 方 工 程

学习要点：
- 了解施工中的工程分类、土的可松性、土方边坡坡度等基本概念；
- 掌握土方工程量计算方法；
- 了解最佳设计平面要求及其设计步骤；
- 熟悉用线性规划进行土方调配的方法和影响土方边坡稳定的因素；
- 掌握护坡的一般方法和土壁支撑计算；
- 了解流砂的成因和防治方法；
- 熟悉常用土方机械的性能和根据工程对象选择机械及配套运输车辆；
- 掌握填土压实的要求和方法。

主要国家标准：
- 《建筑工程施工质量验收统一标准》（GB 50300）；
- 《建筑地基基础工程施工质量验收规范》（GB 50202）；
- 《岩土工程勘察规范》（GB 50021）；
- 《建筑地基基础设计规范》（GB 50007）；
- 《工程测量规范（附条文说明）》（GB 50026）；
- 《建筑基坑支护技术规程》（JGJ 120）。

案例导航

楼脆脆的故事

2009 年 6 月 27 日，上海闵行区莲花南路、罗阳路口西侧"莲花河畔景苑"小区一栋在建的 13 层住宅楼倒塌，如图 1-1 所示。

事故的主要原因是事发楼房附近有过两次堆土施工。第一次堆土施工发生在半年前，堆土高 3~4m，距离楼房约 20m，离防汛墙 10m，第二次堆土施工发生在 6 月下旬，6 月 20 日，施工方在事发楼盘前方开挖基坑，土方紧贴建筑物堆积在楼房北侧，堆土在 6 天内高达 10m。上海岩土工程勘察设计研究院技术总监顾某说，第二次堆土是造成楼房倒覆的重要原因。因土方在短时间内快速堆积，产生了 3000t 左右的侧向力，加之楼房前方由于开挖基坑出现凌空面，导致楼房产生 10cm 左右的位移，对在建 13 层住宅楼的 PHC 桩（预应力高强混凝土）产生很大的偏心弯矩，最终破坏了桩基，引起楼房的整体倒覆。

【问题讨论】

（1）土方工程是一个看似简单其实却十分复杂的工作，所涉及的危害比较大，你所知道的土方工程主要危害有哪些？

（2）在土方工程施工中，需要防止意外发生并保障工人和公众的安全，其事故预防

13层高楼整体倒塌

堆在河边的土方有一个足球场大小

南侧地面下方原本是一个在建地下车库

高达10余米

事发地点

邻近的淀浦河防汛墙严重损毁

图 1-1　倒塌的在建楼房

对策有哪些？

　　土方工程施工应合理选择施工方案，尽量采用新技术和机械化施工；施工中如发现有文物或古墓等应妥善保护，并立即报请当地有关部门处理后，方可继续施工；在敷设有地上或地下管道、光缆、电缆、电线的地段进行土方施工时，应事先取得管理部门的书面同意，施工时应采取相应措施；土方工程应在定位放线后，方可施工；土方工程施工前应进行土方平衡计算，按照土方运距最短、运程合理和各个工程项目的施工顺序做好调配，减少重复搬运。

1.1　土方工程的分类及工程技术

1.1.1　土的工程分类与现场鉴别方法

　　土方工程施工中，按土的开挖难易程度分为八类，见表 1-1。其中，一至四类为土，五至八类为岩石。

表 1-1　土的工程分类

土的分类		级别	土的名称	密度 /kg·m⁻³	开挖方法及工具
一类土	松软土	I	砂土；粉土；冲积砂土层；疏松的种植土；淤泥（泥炭）	600~1500	用锹、锄头挖掘，少许用脚蹬

土的分类		级别	土的名称	密度 /kg·m⁻³	开挖方法及工具
二类土	普通土	Ⅱ	粉质黏土;潮湿的黄土;夹有碎石、卵石的砂;粉土混卵(碎)石;种植土;填土	1100~1600	用锹、锄头挖掘,少许用镐翻松
三类土	坚土	Ⅲ	软及中等密实黏土;重粉质黏土;砾石土;干黄土、含有碎石卵石的黄土;粉质黏土;压实的填土	1750~1900	主要用镐,少许用锹、锄头挖掘,部分用撬棍
四类土	砂砾坚土	Ⅳ	坚硬密实的黏性土或黄土;含碎石、卵石的中等密实的黏性土或黄土;粗卵石;天然级配砂石;软泥灰岩	1900	整个先用镐、撬棍,后用锹挖掘,部分用模子及大锤
五类土	软石	Ⅴ	硬质黏土;中密的页岩、泥灰岩、白垩土;胶结不紧的砾岩;软石灰岩及贝壳石灰岩	1100~2700	用镐或撬棍、大锤挖掘,部分使用爆破方法
六类土	次坚石	Ⅵ	泥岩;砂岩;砾岩;坚实的页岩、泥灰岩;密实的石灰岩;风化花岗岩;片麻岩及正长岩	2200~2900	用爆破方法开挖,部分用风镐
七类土	坚石	Ⅶ	大理岩;辉绿岩;坊岩;粗、中粒花岗岩;坚实的白云岩、砂岩、砾岩、片麻岩、石灰岩;微风化安山岩;玄武岩	2500~3100	用爆破方法开挖
八类土	特坚石	Ⅷ	安山岩;玄武岩;花岗片麻岩;坚实的细粒花岗岩、闪长岩、石英岩、辉长岩、角闪岩、坊岩、辉绿岩	2700~3300	用爆破方法开挖

1.1.2 土的工程性质

1.1.2.1 土的可松性

土的可松性是指自然状态下的土经过开挖后,其体积因松散而增大,以后虽经回填压实,仍不能恢复成原来体积的性质。土的可松性程度用可松性系数表示,即:

最初可松性系数:
$$K_s = \frac{V_2}{V_1} \tag{1-1}$$

最终可松性系数:
$$K_s' = \frac{V_3}{V_1} \tag{1-2}$$

式中　K_s ——土的最初可松性系数;

　　　K_s' ——土的最终可松性系数;

　　　V_1 ——土在天然状态下的体积,m³;

　　　V_2 ——土开挖后在松散状态下的体积,m³;

　　　V_3 ——土经回填压(夯)实后的体积,m³。

土方工程量是以自然状态的体积计算的,而土方挖运则是以松散体积来计算的,同时,在进行土方调配,计算填方所需的挖方体积,确定基坑(槽)开挖时的留弃土量以及计算挖、运土机具数量时,也需要考虑土的可松性。土的可松性可参考表1-2。

表 1-2　各种土的可松性参考值

土的类别	可松性系数	
	K_s	K'_s
一类土（种植土除外）	1.08~1.17	1.01~1.03
一类土（植物性土、泥炭）	1.20~1.30	1.03~1.04
二类土	1.14~1.28	1.03~1.05
三类土	1.24~1.30	1.04~1.07
四类土（泥灰岩、蛋白石除外）	1.26~1.32	1.06~1.09
四类土（泥灰岩、蛋白石）	1.33~1.37	1.11~1.15
五至七类土	1.30~1.45	1.10~1.20
八类土	1.45~1.50	1.20~1.30

1.1.2.2　土的含水量

土的含水量是土中水的质量与土的固定颗粒质量之比，以相对百分比表示：

$$W = \frac{m_1 - m_2}{m_2} \times 100\% \tag{1-3}$$

式中　m_1——含水状态时土的重量；

　　　m_2——烘干后土的重量。

土的含水量直接影响土方边坡的稳定性及填方施工。

1.1.2.3　土的渗透性

土的渗透性指水流通过土中孔隙的难易程度，水在单位时间内穿透土层的能力称为渗透系数，用 k 表示，单位为 m/d。从达西公式 $V = kI$ 可以看出渗透速度 V 与水力坡度 I 成正比，当水力坡度 I 等于 1 时的渗透速度 V 即为渗透系数 k。

k 值的大小反映土体透水性的强弱，直接影响施工降水方案的选择和涌水量计算的准确性；一般应通过现场抽水试验测定。

1.1.2.4　土的密实度

土的密实度是指土被固体颗粒所充实的程度，反映土的紧密程度，土的密实度用压实系数表示。现行的《建筑地基基础设计规范》（GB 50007—2011）规定，压实填土的质量以设计的压实系数 λ_c 的大小作为控制标准，压实系数按式（1-4）计算确定。

$$\lambda_c = \rho_d / \rho_{dmax} \tag{1-4}$$

式中　λ_c——土的压实系数；

　　　ρ_d——土的实际干密度，干密度越大，表明土越坚实，在土方填筑时，常以土的干密度作为土的夯实控制标准；土的实际干密度一般在现场临时实验室测定；

　　　ρ_{dmax}——土的最大干密度，由实验室击实试验测定。

1.2 土方工程量计算与土方调配

1.2.1 基坑、基槽土方量的计算

1.2.1.1 基坑土方量计算

基坑土方量近似地按拟柱体体积计算（见图1-2）：

$$V = 1/6H(F_1 + 4F_0 + F_2) \tag{1-5}$$

式中 H——基坑深度，m；

F_1，F_2——基坑上、下底面积，m^2；

F_0——基坑中截面面积，m^2。

1.2.1.2 基槽土方量计算

基槽或路堤的土方量计算，可沿长度方向分段，分段后计算，如图1-3所示。只需将式（1-5）中的基坑深度变为基槽的分段长度。

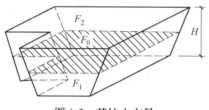

图1-2 基坑土方量

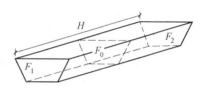

图1-3 基槽土方量

1.2.2 场地平整土方量计算

场地平整是将场地平整成施工所要求的设计平面。

1.2.2.1 场地设计标高 H_0 的确定

场地设计标高是进行场地平整和土方量计算的依据，也是总图规划和竖向设计的依据。如图1-4所示，当场地设计标高为 H_0 时，挖填方基本平衡，可将土方移挖作填，就地处理；当场地设计标高为 H_1 时，填方超过挖方，需要从场外取土回填；当场

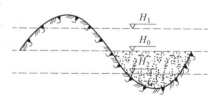

图1-4 场地不同设计标高的比较

地设计标高为 H_2 时，挖方超过填方，则需要向场外大量弃土。因此，在确定场地设计标高时，应结合现场的具体条件反复进行技术经济比较，选择其中一个最优的方案。场地设计标高的确定必须遵循的原则是：（1）应满足生产工艺和运输的要求；（2）充分利用地形，尽量减少挖、填土方量；（3）争取施工场区内的挖、填土方量的平衡，以降低土方运输费用；（4）要有一定的泄水坡度（≥2‰），以满足排水要求；（5）考虑历史最高洪水位的影响等。

如场地设计标高无其他特殊要求时，则可根据填挖土方量平衡的原则加以确定，即场

地内土方的绝对体积在平整前和平整后相等。其步骤如下：

（1）在地形图上将施工区域划分为边长 a 为 10~50m（一般采用 20m 或 40m）的若干个方格网（见图 1-5）。

（2）确定各小方格角点的高程，其方法是：可用水准仪测量；或根据地形图上相邻两等高线的高程，用插入法求得；也可用一条透明纸带，在上面画 6 根等距离的平行线，把该透明纸带放到标有方格网的地形图上，将 6 根平行线的最外两根分别对准 A 点和 B 点，这时 6 根等距离的平行线将 A、B 之间的 0.5m 或 1m（等高线的高差）分成 5 等份，于是便可直接读得 H_{13} 点的地面标高，如图 1-6 所示，$H_{13} = 251.70$m。

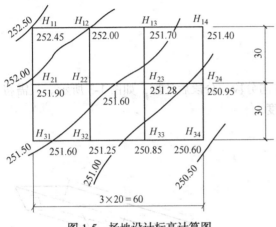

图 1-5　场地设计标高计算图　　　　　　图 1-6　插入法的图解法

（3）按挖填平衡确定设计标高 H_0，即：

$$H_0 = \frac{\sum H_1 + 2\sum H_2 + 3\sum H_3 + 4\sum H_4}{4N} \tag{1-6}$$

式中　N——方格网数；

　　　　H_1——一个方格仅有的角点坐标；

　　　　H_2——两个方格共有的角点坐标；

　　　　H_3——三个方格共有的角点坐标；

　　　　H_4——四个方格共有的角点坐标。

图 1-5 的 H_0 为：

$H_0 = [(252.45 + 251.40 + 250.60 + 251.60) + 2 \times (252.00 + 251.70 + 251.90 + 250.95 + 251.25 + 250.85) + 4 \times (251.60 + 251.28)]/(4 \times 6) = 251.45$m

1.2.2.2　场地设计标高调整值 H_0'

原计划所得的场地设计标高 H_0 仅为一理论值，实际上，还需考虑以下因素进行调整。

A　土的可松性影响

由于土具有可松性，一般填土需相应提高设计标高，如图 1-7 所示，设 Δh 为土的可松性引起设计标高的增加值，故考虑土的可松性后，场地设计标高调整为：

$$H_0' = H_0 + \Delta h \tag{1-7}$$

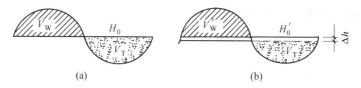

图 1-7 设计标高调整计算示意

(a) 理论设计标高;(b) 调整设计标高

B 场内挖方和填方的影响

由于场地内大型基坑挖出的土方、修筑路堤填高的土方,以及从经济观点出发,将部分挖方就近弃于场外,将部分填方就近取土于场外等,均会引起挖填土方量的变化。必要时,亦需调整设计标高。

为了简化计算,场地设计标高的调整值 H_0' 可按下列近似公式确定,即:

$$H_0' = H_0 \pm \frac{Q}{Na^2} \qquad (1\text{-}8)$$

式中　Q ——场地根据 H_0 平整后多余或不足的土方量。

C 场地泄水坡度的影响

如果按以上各式计算出的设计标高进行场地平整,那么这个场地将处于同一个水平面;但实际上由于排水的要求,场地表面需要有一定的泄水坡度。因此,还需根据场地泄水坡度的要求(单向泄水或双向泄水),计算出场地内各方格角点实际施工时所采用的设计标高。

单向泄水时,以调整后的设计标高 H_0' 作为场地中心线的标高(见图 1-8)。场地内任意一点的设计标高为:

$$H_{ij} = H_0' \pm li \qquad (1\text{-}9)$$

式中　l ——该点至场地中心线的距离,m;

　　　i ——场地泄水坡度,设计无要求时,不小于 2‰。

双向泄水(见图 1-9)时,设计标高的计算原理与单向泄水时相同,场地内任意一点设计标高为:

$$H_{ij} = H_0' \pm l_x i_x \pm l_y i_y \qquad (1\text{-}10)$$

式中　l_x,l_y ——该点沿 x,y 方向距场地中心线的距离,m;

　　　i_x,i_y ——该点沿 x,y 方向的泄水坡度。

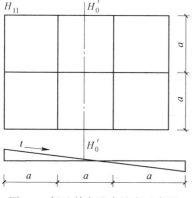

图 1-8 场地单向泄水坡度示意图

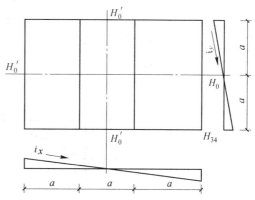

图 1-9 场地双向泄水坡度示意图

1.2.2.3　场地平整土方量的计算

场地平整土方量计算步骤如图 1-10 所示。

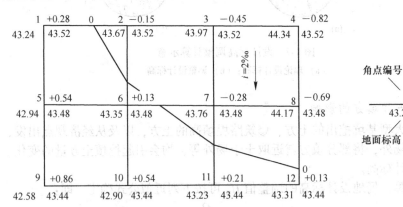

图 1-10　方格网法计算土方量图

A　求各方格角点的施工高度 h_n

$$h_n = \text{场地设计标高 } H_n - \text{自然地面标高 } H \tag{1-11}$$

式中　h_n——角点的施工高度，以"+"为填，"-"为挖；

H_n——角点的设计标高（若无泄水坡度时，即为场地设计标高）；

H——角点的自然地面标高。

例如图 1-10 中，已知场地方格边长 $a = 20\text{m}$，根据方格角点的地面标高求得 $H_0 = 43.48\text{m}$，按单向排水坡度 2‰已求得各方格角点的设计标高，于是各方格角点的施工高度，即为该点的设计标高减去地面标高（见图 1-10 中的图例）。

B　绘出"零线"

"零线"位置的确定方法是，先求出方格网中边线两端施工高度有"+""-"中的"零点"，将相邻两"零点"连接起来，即为"零线"。

确定"零点"的方法如图 1-11 所示，设 h_1 为填方角点的填方高度，h_2 为挖方角点的挖方高度，O 为零点位置。则由两个相似三角形求得：

$$x = \frac{ah_1}{h_1 + h_2} \tag{1-12}$$

式中　x——零点至计算基点的距离；

a——方格边长。

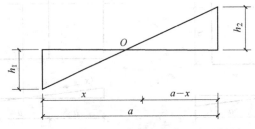

图 1-11　求零点方法

同理，亦可根据边长 a 和两端的填挖高度 h_1、h_2，采用作图法直接求得零点位置。即用相同的比例尺在边长的两端标出填、挖高度，填、挖高度连线与边长的相交点就是零点。

C　计算场地填、挖土方量

零线求出后，即可划出场地的挖方区和填方区，便可按平均高度法分别计算出挖、填区各方格的挖、填土方量。土方量可采用四方棱柱体法和三角棱柱体法进行计算，方格中土方量的计算一般采用四方棱柱体法。四方棱柱体的体积计算公式见表1-3。

表1-3　土方量计算公式表

项目	图式	计算公式
全挖（或全填）	（图式：h_1, h_3, a, a, h_2, h_4）	$V = \dfrac{a^2}{4}(h_1 + h_2 + h_3 + h_4)$
半挖半填	（图式：h_1, h_4, b, c, h_2, a, h_3）	$V = \dfrac{b+c}{2} \cdot a \cdot \dfrac{\sum h}{4} = \dfrac{a}{8}(b+c)(h_1 + h_4)$
三挖一填（或三填一挖）	（图式：h_1, c, h_4, a, b, h_2, a, h_3）	三个角挖（或填） $V = \left(a^2 - \dfrac{bc}{2}\right) \cdot \dfrac{\sum h}{5} = \dfrac{1}{5}\left(a^2 - \dfrac{bc}{2}\right)(h_1 + h_2 + h_3)$ 一个角填（或挖） $V = \dfrac{bc}{2} \cdot \dfrac{\sum h}{3} = \dfrac{1}{6}bch_4$

由于平整场地的土方量计算量比较大，对于比较大的场地平整，多采用土方计算软件进行计算。

1.2.3　土方调配

土方调配的原则：挖填平衡、运距最短、费用最省；考虑土方的利用，以减少土方的重复挖填和运输。

土方调配的步骤：划分调配区（绘出零线）→计算调配区之间的平均运距（即挖方区至填方区土方重心的距离）→确定土方最优调配方案→绘制土方调配图表。

1.2.3.1　土方调配区的划分

（1）调配区的划分应与房屋和构筑物的平面位置相协调，并考虑开工顺序、分期施工顺序，且尽可能与大型建筑物的施工相结合。

（2）调配区的大小应满足土方及运输机械的技术性能，使其功能得到发挥。调配区范围应与土方工程量计算用的方格网协调，通常可由若干个方格网组成一个调配区。

（3）当土方运距较大或场地范围内土方调配不平衡时，可根据附近地形，考虑就近取土或就近弃土。这时一个借土区或一个弃土区均可作为一个独立的调配区。

1.2.3.2 调配区之间的平均运距

当采用铲运机或推土机进行场地平整时，平均运距即是挖方区土方重心至填方区土方重心的距离。当挖、填方调配区之间的距离较远，采用汽车、自行式铲运机或其他运土工具沿道路或规定路线运土时，其运距应按实际情况计算。

对于第一种情况，求平均运距，需先求出每个调配区重心 $G(X_g, Y_g)$，重心求出后，标于相应的调配图上，然后计算出调配区之间的平均运距。

1.2.3.3 最优调配方案的确定

最优调配方案的确定，是以线性规划为理论基础，常用"表上作业法"求解。现结合示例进行说明。

【例 1-1】 已知某场地有四个挖方区和三个填方区，表 1-4 是其相应的挖填土方量和各调配区的运距（表中单元格内容：挖、填土方量 X_{ij} /调配区间的平均运距 C_{ij}）。

表 1-4 调配区的挖、填土方量和调配区间的平均运距

挖方区	填方区			挖方量/m³
	T_1	T_2	T_3	
W_1	X_{11} /50	X_{12} /70	X_{13} /100	500
W_2	X_{21} /70	X_{22} /40	X_{23} /90	500
W_3	X_{31} /60	X_{32} /110	X_{33} /70	500
W_4	X_{41} /80	X_{42} /100	X_{43} /40	400
土方量/m³	800	600	500	1900

【调配步骤】

A 用"最小元素法"编制初始调配方案

最小元素法就是优先满足最小运距的土方需求量。在运距表中依次满足最小运距的需求量，得出一组需求量分配解，确定初始调配方案，见表 1-5。这组解并不能保证是最优解，需要进行判别。

表 1-5 初始调配方案

挖方区	填方区			挖方量/m³
	T_1	T_2	T_3	
W_1	500	×	×	500
W_2	×	500	×	500
W_3	300	100	100	500
W_4	×	×	400	400
土方量/m³	800	600	500	1900

$$S = 500 \times 50 + 500 \times 40 + 300 \times 60 + 100 \times 110 + 100 \times 70 + 400 \times 40 = 97000 \ (m^3 \cdot m)$$

B 最优方案的判别

由于利用"最小元素法"编制初始调配方案，也就优先考虑了就近调配的原则，所以求得的总运输量是较小的。但这并不能保证其总运输量最小，因此还需要进行判别，看它是否为最优方案。判别的方法有"假想运距法"和"位势法"。这里介绍假想运距法进行检验。利用假想运距法，就是初始调配方案确定了有数解的运距不变，其余的"×解"的运距用"假想运距法"确定，在计算"×解"的假想运距时，假想表格中相邻四个单元格对角线运距之和两两相等，从三个有解的相邻四个单元格开始，得出的"×解"的假想运距，逐一得出"×解"的运距，编出假想运距表，见表1-6。然后用"×解"的原运距与假想运距进行检验，如果假想运距都小于原运距（差值为正），则证明调配方案最优，反之，差值为负则说明方案非最优，应进行调整，见表1-7；调整从负值开始进行，先满足负值要求，依次调整直到检验表中全为正值。

表1-6 假想运距表

挖方区	填 方 区		
	T₁	T₂	T₃
W₁	50	100	60
W₂	−10	40	0
W₃	60	110	70
W₄	30	80	40

表1-7 检验表

挖方区	填 方 区		
	T₁	T₂	T₃
W₁	0	−30	40
W₂	80	0	90
W₃	0	0	0
W₄	50	20	0

C 方案的调整

用"闭合回路法"进行调整，见表1-8。从负值格出发（如出现多个负值，可选择其中绝对值大的先进行调配）。沿水平或竖向方向前进，遇到适当的有解方格作90°转弯，然后依次前转回到出发点，形成闭合回路，见表1-8。在各奇数次转角点的数字中，挑出一个最小的解，各奇数次转角点方格均减次数，各偶数次转角点均加次数。这样调整后，便可得到表1-9的新调配方案。

表1-8 闭合回路

	T₁	T₂	T₃
W₁	500	—	
W₂		500	
W₃	300	100	
W₄			

表 1-9 新调配方案

挖方区	填 方 区			挖方量/m³
	T_1	T_2	T_3	
W_1	(400)/50	(100)/70	×/100	500
W_2	×/70	(500)/40	×/90	500
W_3	(400)/60	×/110	(100)/70	500
W_4	×/80	×/100	(400)/40	400
土方量/m³	800	600	500	1900

$$S = 400 \times 50 + 100 \times 70 + 500 \times 40 + 400 \times 60 + 100 \times 70 + 400 \times 40 = 94000(\text{m}^3 \cdot \text{m})$$

    D   土方调配图

最后将调配方案绘成土方调配图（见图 1-12）。在土方调配图上应注明挖填调配区、调配方向、土方数量以及每对挖填调配区之间平均运距。

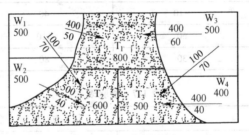

图 1-12 土方调配图

1.3 土方的挖填与压实

1.3.1 土方开挖

1.3.1.1 土方开挖施工工艺

土方开挖施工工艺顺序：清理场地→施工测量→设置定位控制桩→土方开挖及运输方案的确定→监理工程师签证→土方开挖。

1.3.1.2 土方开挖的方法

土方开挖常用的方法有：放坡开挖、有支撑的分层开挖、盆式开挖、岛式开挖及逆作法开挖等，工程中可根据具体条件选用。

    A   放坡开挖

放坡开挖适用于基坑四周空旷、有足够的放坡场地、周围没有建筑设施或地下管线的情况。放坡直接分层开挖施工方便，挖土机作业时没有支撑干扰、工效高，可根据设计要求分层开挖或一次挖至坑底；基坑开挖后基础结构施工作业空间大，施工工期短。

    B   有支撑的分层开挖

有支撑的分层开挖包括有内支撑支护的基坑开挖和无内支撑支护的基坑开挖。无内支撑支护有：悬臂式、拉锚式、重力式、土钉墙等，该种支护的土壁可垂直向下开挖，基坑边四周不需要有很大的场地，可用于场地狭小、土质又较差的情况。同时，在地下结构完成后，其基坑土方回填工作量也小。有内支撑支护基坑土方开挖比较困难，其土方分层开挖必须与支撑结构施工相协调。图 1-13 是一个有两道支撑的基坑土方开挖及支撑设置的施工过程示意图，从图中可见在有内支撑支护的基坑中进行土方开挖，受内支撑影响比较大，施工困难。

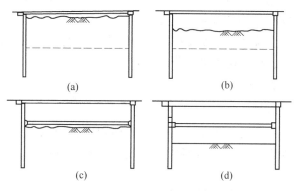

图 1-13　有内支撑支护土方开挖
（a）浅层挖土、设置第一层支撑；（b）第二层挖土；
（c）设置第二层支撑；（d）开挖第三层土

C　盆式开挖

盆式开挖适合于基坑面积大、支撑或拉锚作业困难且无法放坡的基坑。它的开挖过程是：先开挖基坑中央部分，形成盆式（见图 1-14），此时可利用留下的土坡平衡支护结构稳定，此时的土坡相当于"土边坡支撑"。在地下室结构达到一定强度后开挖留下的土坡土方，并按"随挖随撑、先撑后挖"的原则，在支护结构与已施工的地下室结构部分设置支撑（见图 1-14（c））后，再施工边缘部位的地下室结构（见图 1-14（d））。

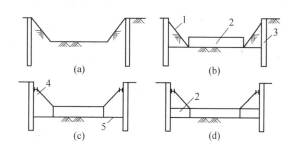

图 1-14　盆式开挖方法
（a）中心挖土；（b）中心地下结构施工；（c）边缘土方开挖机支撑设置；（d）边缘地下结构施工
1—边坡留土；2—基础底板；3—支护墙；4—支撑；5—坑底

盆式开挖支撑用量少、费用低、盆式部位土方开挖方便，因此，适用于大面积基坑施工。但这种施工方法，地下室结构设置的后浇带、施工缝较多，不利于地下结构的防水。

D　岛式开挖

当基坑面积较大,地下室底板设计有后浇带或可以留施工缝时,也可采用岛式开挖方法(见图1-15)。

岛式开挖与盆式开挖相反,是先开挖边缘部分的土方,将基坑中央的土方暂时留置,该土方具有反压作用,可以有效防止坑底土的隆起,有利于支护结构的稳定,必要

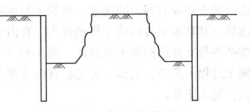

图1-15　岛式开挖方法

时还可以在留土区与挡土墙之间架设支撑。在边缘土方开挖到基底以后,先浇筑该区域的底板,以形成底部支撑,再开挖中央部分的土方。

1.3.1.3　土方挖掘机械

A　土方挖掘机械种类

土方挖掘机械主要用于挖掘基坑、沟槽、清理和平整场地,更换装置后还可进行装卸、起重、打桩等其他作业,可一机多用,功效高、经济效果好,是工程建设中的常用机械。

(1) 场地平整机械:推土机、铲运机、刮平机;

(2) 土方挖掘机:按行走方式分为履带式和轮胎式,按工作装置分为正铲、反铲、抓铲、拉铲;斗容量 $0.1 \sim 2.5 \mathrm{m}^3$,常用的土方开挖机械是正铲和反铲挖掘机。土方工程机械的特点及适用范围见表1-10。

表1-10　土方工程机械的特点及适用范围

	机械种类	机械特点	适用范围	运行路线
土方井挖机械选择	正铲挖掘机	前进向上,强制切土。主要用于开挖停机面以上的土方,且需与汽车配合完成土方的挖运工作	正铲挖掘机挖掘力大,适用于开挖含水量较小的一至四类土和经爆破的岩石及冻土。一般用于大型基坑开挖,也可用于场地平整施工	(1) 正向开挖、侧向卸土; (2) 正向开挖、后方卸土
	反铲挖掘机	后退向下,强制切土。主要用于开挖停机面以下的土方	反铲适用于开挖一至三类的砂土或黏土。主要用于开挖停机面以下的土方,一般反铲的最大挖土深度为 $4 \sim 6 \mathrm{m}$,经济合理的挖土深度为 $3 \sim 5 \mathrm{m}$	(1) 沟端开挖、沟侧卸土; (2) 沟侧开挖、沟侧卸土

	机械种类	机械特点	适用范围	运行路线
土方开挖机械选择	拉铲挖掘机	拉铲挖土时，依靠土斗自重及拉索拉力切土，卸土时斗齿朝下，利用惯性，较湿的土也能卸尽	适用于开挖停机面以下的一至三类土，用于开挖较大的基坑（槽）和沟渠、挖取水下淤泥，也可用于大型场地平整、填筑路基和堤坝等	拉铲的开挖方式和反铲一样，有沟端开挖和沟侧开挖两种
	抓铲挖掘机	直上直下，自重切土	适用于开挖停机面以下的一、二类土，在软土地区常用于开挖基坑、沉井等。还可用于挖取水下淤泥，装卸碎石、矿渣等松散材料	开挖方式有沟侧开挖和定位开挖两种。抓挖淤泥时，抓斗容易被淤泥"吸住"
	推土机	能单独进行挖土、运土和卸土工作。经济运距在100m以内，运距为30~60m时效率最高	适用于场地平整、开挖深度1.5m左右的基坑、移挖作填、填筑堤坝、回填基坑和基槽土方等	（1）下坡推土；（2）并列推土；（3）槽型推土；（4）多铲集运
	铲运机	能独立完成铲土、运土、卸土、填筑和压实等工作。经济运距800~1000m	适用于坡度为20°以内的大面积场地平整、大型基坑开挖、填筑路基堤坝	（1）环形路线；（2）8字形路线；（3）下坡铲土；（4）助铲法；（5）跨铲法

B 挖土机械的选择

土方工程综合机械化施工，是以土方工程中某一施工过程为主导，按其工程量大小、土质条件、工期要求、运距及场地来选择主导施工机械，并以此为依据来合理配备其他辅助施工机械，实现机械化施工。

深度 2m 以内的大面积基坑开挖可采用铲运机；面积大且深的基础多采用正铲挖掘；

操作面狭窄、地下水位较高可采用反铲挖掘机；深度超过 5m，宜分层用反铲挖掘机接力开挖，或采用加长臂挖掘机，或采用正铲挖掘机下坑分层开挖，正铲挖掘机坑下开挖，需修筑 10%~15% 坡道供挖土及运输车辆进出；在水中挖土可用拉铲或抓铲。

　　C　挖土机与运输车辆的配套计算

　　a　挖土机台班生产率

　　根据挖土机的技术性能，其生产率可按下式计算：

$$P = \frac{8 \times 3600}{t} q \frac{K_c}{K_s} K_B \tag{1-13}$$

式中　　P ——挖土机生产率，m^3/台班；

　　　　　t ——挖土机每次作业循环延续时间，s；100 型正铲挖土机为 25~40s；100 型反铲挖土机为 45~60s；

　　　　　q ——挖土机斗容量，m^3；

　　　　　K_s ——土的最初可松性系数；

　　　　　K_c ——挖土机土斗充盈系数，可取 0.8~1.1；

　　　　　K_B ——挖土机工作时间利用系数，一般为 0.7~0.9。

　　b　挖土机数量计算

$$N = \frac{Q}{PTCK_B} \quad （台） \tag{1-14}$$

式中　　Q ——工程量，m^3；

　　　　　T ——工期，d；

　　　　　C ——每天工作班数。

　　c　运土车辆数量计算

$$N = \frac{T}{t_1 + t_2} \tag{1-15}$$

$$T = t_2 + 2L/v + t_3 + t_4 \tag{1-16}$$

式中　　T ——运输车辆每一工作循环延续时间，s，由装车、重车运输、卸车、空车开回及等待时间组成；

　　　　　t_1 ——运输车辆调头而使挖土机等待的时间，s，为了减少车辆的调头、等待和装土时间，装土场地必须考虑调头场地及停车位置（如在坑边设置两个通道，使汽车不用调头，可以缩短调头、等待时间）；

　　　　　t_2 ——运输车辆装满一车土的时间，s，$t_2 = nt$；

　　　　　t ——挖土机每次作业循环延续时间，s；

　　　　　n ——运土车辆每车装土次数，$n = \dfrac{10Q}{q \times k_c \times \gamma} \times k_s$；

　　　　　L ——运土距离，km，即挖土地点至卸土地点间距离；

　　　　　v ——运土车辆往（重车）返（空车）的平均速度，km/h；

　　　　　t_3 ——卸土时间，可取 1min；

　　　　　t_4 ——运输过程中耽搁时间，如等车、让车时间，可取 2~3min，也可根据交通运输情况确定；

Q ——运土车辆的载重量，t；

γ ——土的重度，kN/m³。

1.3.1.4 土方开挖的技术要求

（1）根据挖深、地质条件、施工方法、周围环境、支护结构形式、工期、气候和地面荷载等情况综合分析，制定可行的专项施工方案、环境保护措施、监测方案等，并进行相关论证。

1）对降水、排水措施进行专项设计，遵照先排水后挖土的原则；

2）开挖对邻近建筑物、地下管线、永久性道路产生危害时，应对基坑、管沟进行支护专项设计后再开挖；

3）根据基坑监测情况，适时调整挖土的方法、进度、流向。

（2）对特大型基坑，应遵循"大基坑、小开挖"的原则。

（3）土方开挖应在围护桩、支撑梁、压顶梁和围檩等支护结构强度达到设计强度的80%后进行，严禁挖土机直接碾压支撑、围檩、压顶梁等支护结构。

（4）挖至坑底标高后尽量减少基坑暴露时间，严禁超挖。

（5）挖运土方过程中加强对各类监测点的保护工作，设专人定时检查基坑稳定情况，现场要有土方工程施工应急预案并配备必要的应急物资。

（6）基坑、管沟开挖至设计标高后，应对坑底进行保护，经验槽合格后，方可进行垫层施工。

（7）大面积基坑底标高不一，采取先整片挖至平均标高，再挖个别较深部位。

（8）机械开挖的路线、顺序、土方堆放地点等具体安排必须根据施工方案确定；机械开挖应由深而浅，基底与边坡应预留一层300~500mm厚度土层，并由人工清除找平。

（9）土方开挖的监测：

1）土方开挖前应检查定位放线、排水和降低地下水位系统，合理安排土方运输车的行走路线及弃土场；

2）施工过程中应监控平面位置、标高、边坡坡度、压实度、排水、降低地下水位系统，并随时监测边坡稳定性、周围环境的异动；

3）土方开挖工程的质量应符合表1-11的要求（《建筑地基基础工程施工质量验收规范》（GB 50202—2018）第9.2.5条）。

表 1-11 土方开挖工程的质量检验标准 (mm)

项	序	项目	允许偏差或允许值					检验方法
			柱基基坑基槽	挖方场地平整		管沟	地（路）面基层	
				人工	机械			
主控项目	1	标高	−50	±30	±50	−50	−50	水准仪
	2	长度、宽度（由设计中心线向两边量）	+200 −50	+300 −100	+500 −150	+100	—	经纬仪、钢尺
	3	边坡	设计要求					观察或用坡度尺检查

续表 1-11

项	序	项目	允许偏差或允许值					检验方法
			柱基基坑基槽	挖方场地平整		管沟	地（路）面基层	
				人工	机械			
一般项目	1	表面平整度	20	20	50	20	20	用 2m 靠尺和楔形塞尺检查
	2	基地土性	设计要求					观察或土样分析

注：地（路）面基层的偏差只适用于直接在挖、填方上做地（路）面的基层。

1.3.2 土方填筑与压实

土方填筑必须正确选择填方土料和压实方法。土方宜采用同类土，并应分层填筑、分层压实，如果采用不同类土，应把透水性较大的土层置于透水性较小的土层下面；若不可避免在透水性较小的土层上填筑透水性较大的土壤，必须将两层结合面施工成中央高、四周低的弧面（或设置盲沟），以免填土内形成水囊。绝不允许将各种土混杂一起填筑。

1.3.2.1 土方填筑一般要求

A 土料的选择

（1）碎石类土、砂土和爆破石渣（粒径不大于每层铺厚的 2/3），可用于表层以下的填料；

（2）含水量符合压实要求的黏性土，可用作各层填料；

（3）碎块草皮和有机质含量大于 8% 的土，仅用于无压实要求的填方；

（4）淤泥和淤泥质土，一般不能用作填料，但在软土或沼泽地区，经过含水量处理符合压实要求后，可用于填方中的次要部位。

含有大量有机物的土壤、石膏或水溶性硫酸盐含量大于 2% 的土壤、冻结或液化状态的土壤不能作填土之用。

对含有生活垃圾或有机质废料的填土，未经处理不宜作为建筑物地基使用。

回填土含水量过大过小都难以夯压密实，当土壤在最佳含水量的条件下压实时，能获得最大的密实度。土壤过湿时，可先晒干或掺入干土；土壤过干时，则应洒水湿润以取得较佳的含水量。

B 回填土的技术要求

填方施工应接近水平地分层填土、分层压实，每层的厚度根据土的种类及选用的压实机械而定，见表 1-12。

表 1-12 铺土厚度与压实遍数

压实机具	每层铺土厚度/mm	每层压实遍数
平碾	200~300	6~8
羊足碾	200~350	8~15
振动压实机	200~350	3~4
柴油打夯机	200~250	3~4
人工打夯	<200	3~4

回填土工序主要包括基底处理、铺土、平土、（洒水）、压实、（刨毛）、质检等。为控制好各个施工工序，确保工程质量，一般填土施工做法是"算方上料，定点卸料，随卸随平，定机定人，铺平把关，插杆检查"。

（1）基底处理。场地回填应先清除基底上垃圾、草皮、树根，排除坑穴中积水、淤泥和杂物，并应采取措施防止地表滞水流入填方区，浸泡地基，造成基土下陷。基底为含水量很大的松软土，应采取排水疏干或换土等措施。

（2）填土应从场地最低部分开始，由一端向另一端自下而上分层铺筑。

（3）填方区如有积水、杂物和软弱土层等，必须进行换土回填，换土回填亦分层进行。

（4）回填基坑、墙基或管沟时，应从四周或两侧分层、均匀、对称进行，以防基础、墙基或管道在土压力下产生偏移和变形。

（5）斜坡上的土方回填应将斜坡改成阶梯形，以防填方滑动。

1.3.2.2　填土的压实方法及压实机械

填土压实方法有碾压、夯实和振动三种（见图1-16）。

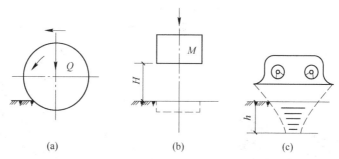

图 1-16　填土压实方法

（a）碾压；（b）夯实；（c）振动

A　碾压法

适用于大面积的场地平整和路基、堤坝工程，用压路机进行填方压实时，填土厚度不应超过 25~30cm，碾压遍数一样，碾轮重量先轻后重，碾压方向应从两边逐渐压向中央，每次碾压应有 15~25cm 的重叠，见图1-17。压路机碾压应"薄填、慢驶、多次"。

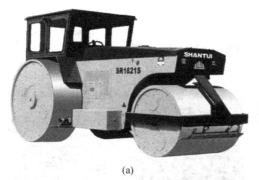

图 1-17　碾压法

（a）三轮压路机；（b）"零沉降"的高铁路基碾压施工

B　夯实法

夯实法俗称"打夯"，是利用夯锤自由下落的冲击力来夯实土壤，中国传统的"打夯"方法有木夯、石夯、飞硪等，见图1-18。

常用的夯实机械有蛙式打夯机、振动打夯机、内燃打夯机，适用于黏性较低的土，常用于基坑（槽）、管沟部位小面积的回填土的夯实，也可配合压路机对边缘或边角碾压不到之处进行夯实。填土厚度不大于25cm，一夯压半夯、依次夯打，见图1-19。

(a)　　　　　　　　　　　　　　　　　(b)

图1-18　人工夯实法

(a) 石硪；(b) 飞硪

(a)　　　　　　　　　　　　　　　　　(b)

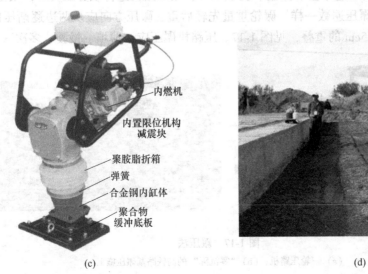

内燃机

内置限位机构
减震块

聚胺脂折箱

弹簧

合金钢内缸体

聚合物
缓冲底板

(c)　　　　　　　　　　　　　　　　　(d)

图 1-19　机械夯实法

（a）蛙式打夯机；（b）蛙式打夯机夯实基底持力层；（c）冲击夯；
（d）冲击夯压实回填土；（e）振动平板夯；（f）冲击压路机

　　冲击夯适用于压实沟槽内的土壤、柱子周围和在狭小空间内施工，又称"跳锤"，见图 1-19。

　　内燃式振动平板夯可压实松散的、粒状的土壤、沙砾及沥青路面，具有体积小，重量轻，能自行前进，机动灵活性强等特点，适于建筑物临近的狭窄地带及管线沟槽等复杂地形的压实作业，见图 1-19。

　　冲击式压路机主要用于高标准、高填方的压实，见图 1-20。

　　C　振动法

　　振动法适用于非黏性土壤的振动夯实。主要施工机械是振动压路机、平板振动器。双钢轮驱动振动压路机压实效果好、影响深度大、生产效率高，适用于各类土壤的压实，是大型土石方压实的首选设备，见图 1-20。

图 1-20　振动法

（a）双钢轮振动压路机；（b）双钢轮振动压路机进行坝体压实

1.3.2.3　土方回填质量验收

　　填土压实后应达到一定的密实度及含水量要求。检验指标为压实系数（压实度）λ_c，即：

$$\lambda_c = \frac{\rho_d}{\rho_{dmax}} \tag{1-17}$$

式中　ρ_d——土的控制干密度，一般用"环刀法"或灌砂或灌水法测定；

　　　ρ_{dmax}——土的最大干密度，一般由击实试验确定。

对于一般场地平整，其压实系数在 0.9 左右，对于地基填土，其压实系数（在地基主要受力层范围内）为 0.91~0.97。

填方压实后的干密度，应有 90% 以上符合设计要求，其余 10% 的最低值与设计值的差，不得大于 0.088g/cm³，且应分散，不宜集中。填方施工结束后，应检查标高、边坡坡度、压实程度等，检验标准应符合表 1-13 的规定。

表 1-13　填土工程质量检验标准　　　　　　　　（mm）

项	序	检查项目	允许偏差或允许值					检查方法
			桩基基坑基槽	场地平整		管沟	地（路）面基础层	
				人工	机械			
主控项目	1	标高	-50	±30	±50	-50	-50	水准仪
	2	分层压实系数	设计要求					按规定方法
一般项目	1	回填土料	设计要求					取样检查或直观鉴别
	2	分层厚度及含水量	设计要求					水准仪及抽样检查
	3	表面平整度	20	20	30	20	20	用靠尺或水准仪

1.4　土方边坡支护与降水

1.4.1　土方边坡

边坡按其成因可分为天然边坡和人工边坡。天然边坡是指自然形成的山坡和江河湖海的岸坡；人工边坡是指人工开挖基坑、基槽、路堑或填筑路堤、土坝形成的边坡。

一般基坑及各类挖方和填方的边坡类型见图 1-21，土方边坡的坡度以边坡深度 h 与边坡宽度 b 之比表示，$m = b/h$，称为坡度系数。

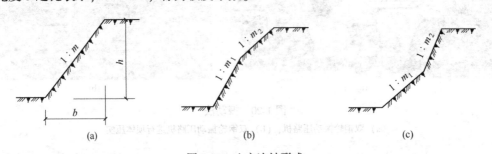

图 1-21　土方边坡形式

（a）直线边坡；（b）不同土层折线边坡；（c）相同土层折线边坡

边坡坡度应根据不同的挖填高度、土的工程性质及工程特点而定，既要保证土体稳定和施工安全,又要节省土方。临时性挖方边坡可按表1-14确定。

表1-14 临时性挖方的边坡值

土 的 类 别		边坡值(高:宽)
砂土(不包括细砂、粉砂)		1:1.25~1:1.50
一般黏性土	硬	1:0.75~1:10
	硬、塑	1:1.00~1:1.25
	软	1:1.50 或更缓
碎石类土	充填坚硬、硬塑黏性土	1:0.50~1:1.00
	充填砂土	1:1.00~1:1.50

当地质条件良好,土质均匀且地下水位低于基坑(槽)底面标高时,挖方深度在5m以内,不加支撑的边坡可按表1-15确定。

表1-15 深度在5m内的基坑(槽)、管沟边坡的最陡坡度(不加支撑)

土 的 种 类	边坡坡度(高:宽)		
	坡顶无荷载	坡顶有静载	坡顶有动载
中密的砂土	1:1.00	1:1.25	1:1.50
中密的碎石类土(充填物为砂土)	1:0.75	1:1.00	1:1.25
硬塑的粉土	1:0.67	1:0.75	1:1.00
中密的碎石类土(充填物为黏性土)	1:0.50	1:0.67	1:0.75
硬塑的粉质黏土、黏土	1:0.33	1:0.50	1:0.67
老黄土	1:0.10	1:0.25	1:0.33
软土(经井点降水后)	1:1.00	—	—

1.4.2 基坑支护

土壁的稳定主要是由土体内摩擦阻力和粘结力来保持平衡的。一旦土体失去平衡,土体就会塌方,这不仅会造成人身安全事故、影响工期,有时还会危及附近的建(构)筑物。

A 造成土壁塌方的原因

(1)边坡过陡;

(2)雨水、地下水渗入基坑;

(3)基坑上口边缘堆载过大;

(4)土方开挖顺序、方法未遵守"从上至下、分层开挖;开槽支撑、先撑后挖"的原则。

B 防治塌方的措施

a 放足边坡

边坡的留设应符合规范的要求,其坡度的大小,则应根据土壤的性质、水文地质条件、施工方法、开挖深度、工期的长短等因素确定。例如:黏性土的边坡可陡些,砂性土则应平缓些；井点降水或机械在坑底挖土时边坡可陡些，明沟排水、人工挖土或机械在坑上边挖土时则应平缓些；当基坑附近有主要建筑物时，边坡应取 1：1.00～1：1.50；当工期短、无地下水的情况下，留设直槽而不放坡时，其开挖深度不得超过下列数值：密实、中密实的砂土和碎石类土（充填物为砂土）为 1m；硬塑、可塑的轻亚黏土及亚黏土为 1.25m；硬黏、可塑的黏土和碎石类土（充填物为黏性土）为 1.5m；坚硬的黏土为 2m。

　　b　设置支撑

　　为了缩小施工面，减少土方，或受场地的限制不能放坡时，则可设置土壁支撑。如表 1-16 所列为一般沟槽支撑方法；表 1-17 所列为一般基坑支撑方法；表 1-18 所列为深基坑的支护方法。

表 1-16　一般沟槽的支撑方法

支撑方式	简图	支撑方式及适用条件
间断式水平支撑	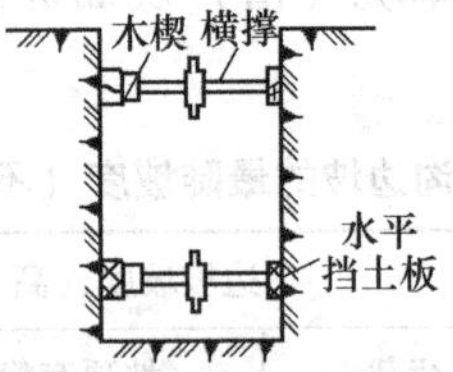	两侧挡土板水平放置，用工具式或木横撑借木楔顶紧，挖一层土，支顶一层。 　　适用于能保持直立壁的干土或天然湿度的黏土，地下水很少，深度在 2m 以内
断续式水平支撑	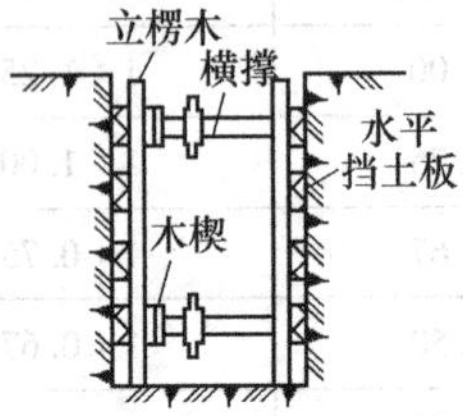	挡土板水平放置，中间留出间隔，并在两侧同时对称立竖枋木，再用工具或木横撑上下顶紧。 　　适用于能保持直立壁的干土或天然湿度的黏土，地下水很少，深度在 3m 以内
连续式水平支撑	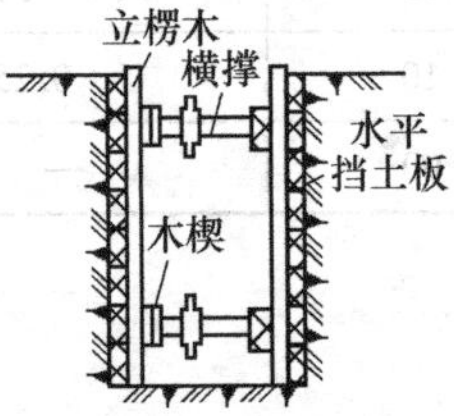	挡土板水平连续放置，不留间隙，然后两侧同时对称立竖枋木，上下各顶一根撑木，端头加木楔顶紧。 　　适用于较松散的干土或天然湿度的黏性土，地下水很少，深度 3～5m
连续或间断式垂直支撑	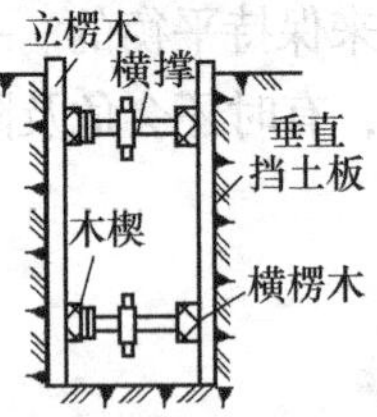	挡土板垂直放置，连续或留适当间隙，然后每侧上下各水平顶一根枋木，再用横撑顶紧。 　　适用于土质较松散或湿度很高的土，地下水较少，深度不限
水平垂直混合支撑	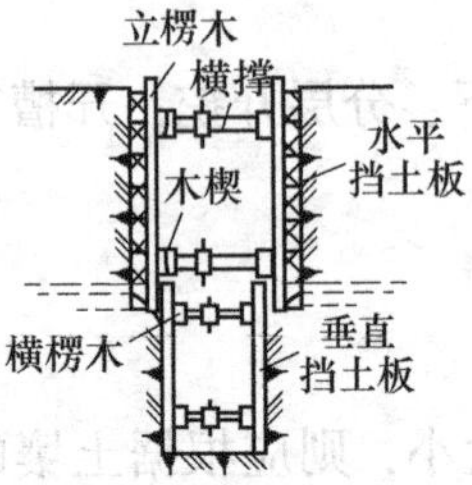	沟槽上部设连续或水平支撑，下部设连续或垂直支撑。 　　适用于沟槽深度较大，下部有含水土层情况

表 1-17　一般基坑的支撑方法

支撑方式	简图	支撑方式及适用条件
斜柱支撑	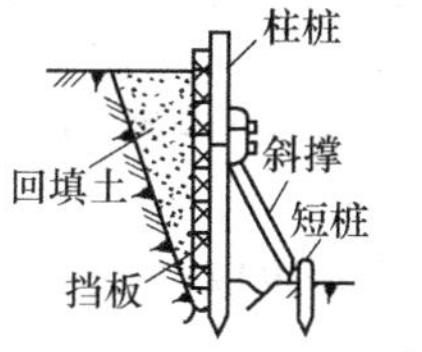	水平挡土板钉在柱桩内侧，柱桩外侧用斜撑支顶，斜撑底端支在木桩上，在挡土板内侧回填土。 适用于开挖面积较大、深度不大的基坑或使用机械挖土
锚拉支撑	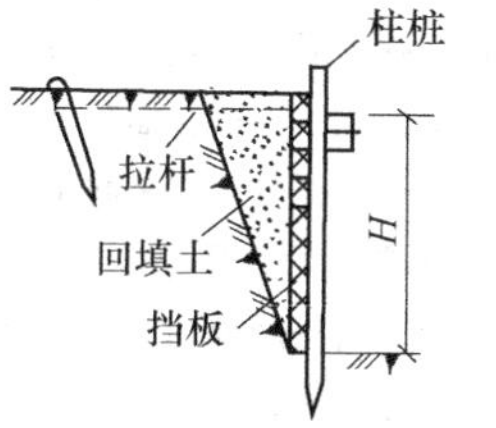	水平挡土板支在柱桩的内侧，柱桩一端打入土中，另一端用拉杆与锚桩拉紧，在挡土板内侧回填土。 适用于开挖面积较大、深度不大的基坑或使用机械挖土
短柱横隔支撑	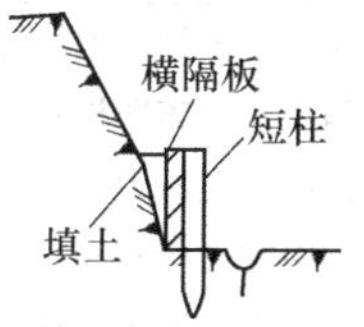	打入小短木桩，部分打入土中，部分露出地面，钉上水平挡土板，在背面填土。 适于开挖宽度大的基坑，当部分地段下部放坡不够时使用
临时挡土墙支撑		沿坡脚用砖、石叠砌或用草袋装土砂堆砌，使坡脚保持稳定。 适于开挖宽度大的基坑，当部分地段下部放坡不够时使用

表 1-18　深基坑的支撑（护）方法

支撑方式	简图	支撑方式及适用条件
型钢桩横挡板支撑	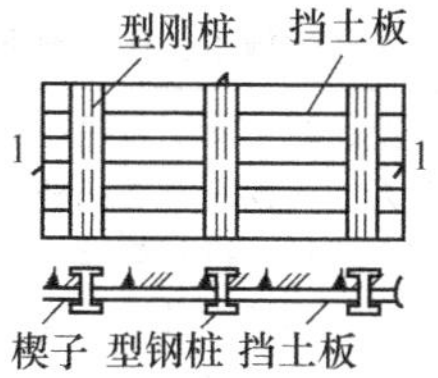	沿挡土位置预先打入钢轨、工字钢或 H 型钢桩，间距 1~1.5m，然后边挖方，边将 3~6cm 厚的挡土板塞进钢桩之间挡土，并在横向挡板与型钢桩之间打入楔子，使横板与土体紧密接触。 适于地下水较低，深度不很大的一般黏性或砂土层中应用
钢板桩支撑	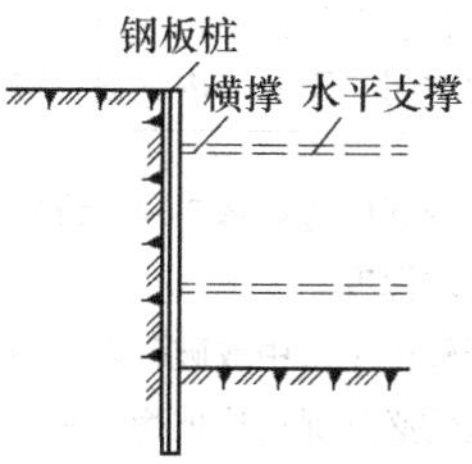	在开挖的基坑周围打钢板桩或钢筋混凝土板桩，板桩入土深度及悬臂长度应经计算确定，如基坑宽度很大，可加水平支撑。 适于一般地下水、深度和宽度不很大的黏性或砂土层中应用

支撑方式	简图	支撑方式及适用条件
钢板桩与钢构架结合支撑		在开挖的基坑周围打钢板桩，在柱位置上打入暂设的钢柱，在基坑中挖土，每下挖 3~4m，装上一层构架支撑体系，挖土在钢构架网格中进行，亦可不预先打入钢柱，随挖随接长支柱。 适于在饱和软弱土层中开挖较大、较深基坑，钢板桩刚度不够时采用
挡土灌注桩支撑		在开挖的基坑周围，用钻机钻孔，现场灌注钢筋混凝土桩，达到强度后，在基坑中间用机械或人工挖土，下挖 1m 左右装上横撑，在桩背面装上拉杆与已设锚桩拉紧，然后继续挖土至要求深度。在桩间土方挖成外拱形，使之起土拱作用。如基坑深度小于 6m，或邻近有建筑物，亦可不设锚拉杆，采取加密桩距或加大桩径处理。 适于开挖较大、较深（>6m）基坑，临近有建筑物，不允许支撑，背面地基有下沉、位移时采用
挡土灌注桩与土层锚杆结合支撑		同挡土灌注桩支撑，但桩顶不设锚桩锚杆，而是挖至一定深度，每隔一定距离向桩背面斜下方用锚杆钻机打孔，安放钢筋锚杆，用水泥压力灌浆，达到强度后，安上横撑，拉紧固定，在桩中间进行挖土，直至设计深度。如设 2~3 层锚杆，可挖一层土，装设一次锚杆。 适于大型较深基坑，施工期较长，邻近有高层建筑，不允许支撑，邻近地基不允许有任何下沉位移时采用
地下连续墙支护		在待开挖的基坑周围，先建造混凝或钢筋混凝土地下连续墙，达到强度后，在墙中间用机械或人工挖土，直至要求深度。当跨度、深度很大时，可在内部加设水平支撑及支柱。用于逆作法施工，每下挖一层，把下一层梁、板、柱浇筑完成，以此作为地下连续墙的水平框架支撑，如此循环作业，直到地下室的底层全部挖完土，浇筑完成。 适于开挖较大、较深（>10m）、有地下水、周围有建筑物、公路的基坑，作为地下结构的外墙一部分，或用于高层建筑的逆作法施工，作为地下室结构的部分外墙
地下连续墙与土层锚杆结合支护		在待开挖的基坑周围先建造地下连续墙支护，在墙中部用机械配合人工开挖土方至锚杆部位，用锚杆钻机在要求位置钻孔，放入锚杆，进行灌浆，待达到强度，装上锚杆横梁，或锚头垫座，然后继续下挖至要求深度，如设 2~3 层锚杆，每挖一层装一层，采用快凝砂浆灌浆。 适于开挖较大、较深（>10m）、有地下水的大型基坑，周围有高层建筑，不允许支撑有变形，采用机械挖方，要求有较大空间，不允许内部设支撑时采用
土层锚杆支护		沿开挖基坑边坡每 2~4m 设置一层水平土层锚杆，直到挖土至要求深度。 适于较硬土层中或破碎岩石中开挖较大、较深基坑，邻近有建筑物必须保证边坡稳定时采用

1.4.3　基坑降水

开挖基坑时，流入坑内的地下水和地面水如不及时排除，不但会使施工条件恶化，造成土壁塌方，亦会影响地基的承载力。因此，在土方施工中，做好施工排水工作，保持土体干燥是十分重要的。

施工降水可分为集水井降水法和井点降水法两种。

明排水是采用截、疏、抽的方法。截，是截住水流；疏，是疏干积水；抽，是在基坑开挖过程中，在坑底设置集水井，并沿坑底的周围开挖排水沟，使水流入集水井中，然后用水泵抽走。

1.4.3.1　集水井降水

集水井降水（也称明排水）是在开挖基坑时，沿坑底周围开挖排水沟，在沟底端设集水井，使基坑内的水，经排水沟流向集水井，然后用水泵抽走（见图1-22）。

集水井应设置在基础范围之外，在基坑的一侧或四周设置排水明沟，在四角或每隔30~50m设一集水井，排水沟始终比开挖面低0.4~0.5m，集水井比排水沟低0.5~1m。当

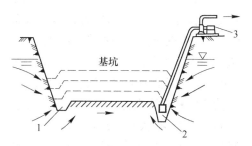

图1-22　集水井降水法
1—排水沟；2—集水井；3—水泵

开挖至设计标高后，井底应低于坑底1~2m，并铺设碎石滤水层，防止由于抽水时间较长而将泥砂抽走。井壁可采用竹、木等材料进行简易加固，水泵主要有离心泵、潜水泵等。

1.4.3.2　流砂及其防治

A　流砂现象

在细砂或粉砂土层的基坑开挖时，地下水位以下的土在动水压力的推动下极易失去稳定，随着地下水涌入基坑，称为流砂现象。流砂发生后，土完全丧失承载力，土体边挖边冒，施工条件极端恶化，基坑难以达到设计深度。严重时会引起基坑边坡塌方，临近建筑物出现下沉、倾斜甚至倒塌现象。

B　产生流砂的原因

产生流砂现象的原因有内因和外因：

内因：取决于土的性质，当土的孔隙比大、含水量大、黏粒含量少、粉粒多、渗透系数小、排水性能差等均容易产生流砂现象。因此，流砂现象极易发生在细砂、粉砂和亚黏土中，但是否发生流砂现象，还取决于一定的外因条件。

外因：是地下水在土中渗流所产生的动水压力的大小，动水压力 G_D 为：

$$G_D = I\gamma_W = \frac{h_1 - h_2}{L}\gamma_W \tag{1-18}$$

式中　I——水力坡度，$I=(h_1-h_2)/L$；

h_1-h_2——水位差；

L——地下水渗流长度；

γ_W——水的重度。

当地下水位较高、基坑内降水所形成的水位差较大时，动水压力也愈大，当 $G_D \geqslant \gamma$ （土的浮重）时，就会推动土壤失去稳定，形成流砂现象。

C　流砂的防治

（1）防治原则："治流砂必先治水"。流砂防治的主要途径：一是减小或平衡动水压力；二是截住地下水流；三是改变动水压力的方向。

（2）防治方法：

1）枯水期施工法：枯水期地下水位较低，基坑内外水位差小，动水压力小，就不易产生流砂。

2）打板桩法：将板桩沿基坑打入不透水层或打入坑底面一定深度，可以截住水流或增加渗流长度、改变动水压力方向，从而达到减小动水压力的目的。

3）水中挖土法：即不排水施工，使坑内外的水压相平衡，不致形成动水压力。如沉井施工，不排水下沉、进行水中挖土、水下浇筑混凝土。

4）人工降低地下水位法：即采用井点降水法截住水流，不让地下水流入基坑，不仅可防治流砂和土壁塌方，还可改善施工条件。

5）抢挖并抛大石块法：分段抢挖土方，使挖土速度超过冒砂速度，在挖至标高后立即铺竹、芦席，并抛大石块，以平衡动水压力，将流砂压住。此法适用于治理局部的或轻微的流砂。

此外，采用地下连续墙法、止水帷幕法、压密注浆法、土壤冻结法等，都可以阻止地下水流入基坑，防止流砂发生。

1.4.3.3　井点降水

井点降水是在基坑开挖前，预先在基坑四周埋设一定数量滤水管（井），利用抽水设备抽水，使地下水位降低到坑底以下，直至基础工程施工完毕。它能防止坑底管涌和流砂现象，稳定基坑边坡，加速土的固结，增加地基土承载能力。按系统的设置、吸水方法和原理不同，井点降水方法有轻型井点、喷射井点、电渗井点、管井井点、深井井点等。

A　轻型井点

轻型井点是沿基坑四周，将井管埋入地下蓄水层内，井点管上端经弯联管与总管相连接，利用抽水设备将地下水从井点管内抽出，使原有地下水位降至开挖基坑坑底以下，如图 1-23 所示。适用于渗透系数为 0.1~50m/d 的土层中。降水深度为：单级井点 3~6m，多级井点 6~12m。

a　轻型井点设备

轻型井点设备主要包括：井点管（下端为滤管）、集水总管、弯联管及抽水设备。

井点管用直径 38~55mm 的钢管，长 6~9m，下端配有滤管和一个锥形的铸铁塞头，其构造如图 1-24 所示。滤管长 1.0~1.5m，管壁上钻有ϕ12~18mm 成梅花形排列的滤孔；管壁外包两层滤网，内层为 30~50 孔/cm² 的黄铜丝或尼龙丝布的细滤网，外层为 3~10 孔/cm² 的粗滤网或棕皮。为避免滤孔淤塞，在管壁与滤网间用塑料管或梯形铅丝绕成螺旋状隔开，滤网外面再绕一层粗铁丝保护网。

集水总管一般用 ϕ75~100mm 的钢管分节连接，每节长 4m，其上装有与井点管连接的短接头，间距为 0.8~1.6m。总管应有 2.5‰~5‰坡向泵房的坡度。总管与井管用弯头

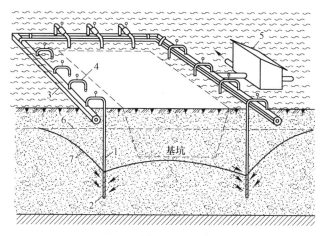

图 1-23　轻型井点降水法全貌图
1—井点管；2—滤管；3—集水总管；4—弯联管；
5—水泵房；6—原地下水位线；7—降低后的地下水位线

或塑料管连接。

抽水设备一般有真空泵、射流泵和隔膜泵，常用的是前两种。真空泵井点设备通常由真空泵、离心泵、水泥分离器组成；射流泵井点设备由离心水泵、射流泵、水箱等组成。

b　轻型井点布置

轻型井点系统的布置，应根据基坑平面形状及尺寸、基坑的深度、土质、地下水位及流向、降水深度要求等确定。

（1）平面布置。当基坑或沟槽宽度小于 6m，降水深度不超过 5m 时，可采用单排井点，将井点管布置在地下水流的上游一侧，两端延伸长度不小于坑槽宽度（见图 1-25）。反之，则应采用双排井点，位于地下水流上游一排井点管的间距应小些，下游一排井点管的间距可大些。当基坑面积较大时，则应采用环形井点（见图 1-26）。井点管距离基坑壁不应小于 1.0~1.5m，间距一般为 0.8~1.6m。

（2）高程布置。轻型井点的高程布置，应根据天然地下水位高低、降水深度要求及透水层所在位置等确定。从理论上讲，真空井点的降水深度可达 10.3m，但由于井点管与泵的水头损失，其实际降水深度不宜超过 6m。井点管埋置深度 H（不包括滤管），可按下式计算：

$$H \geqslant H_1 + h + iL \qquad (1-19)$$

式中　H_1——井点管埋设面至坑底面的距离，m；

　　　h——降低后的地下水位至基坑中心底面的距离，一般为 0.5~1m；

　　　i——水力坡度，环形井点为 1/10，单排井点为 1/4；

　　　L——井点管至基坑中心的水平距离，m。

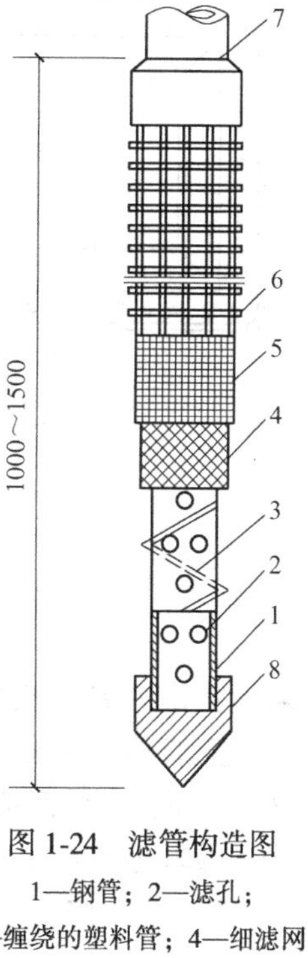

图 1-24　滤管构造图
1—钢管；2—滤孔；
3—缠绕的塑料管；4—细滤网；
5—粗滤网；6—粗铁丝保护网；
7—井点管；8—铸铁头

1000~1500

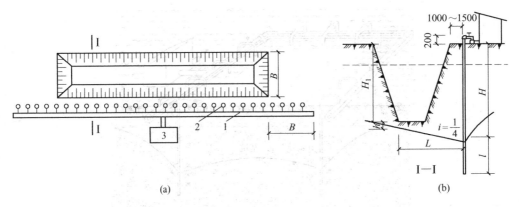

图 1-25　单排井点布置简图

(a) 平面布置；(b) 高程布置

1—集水总管；2—井点管；3—抽水设备

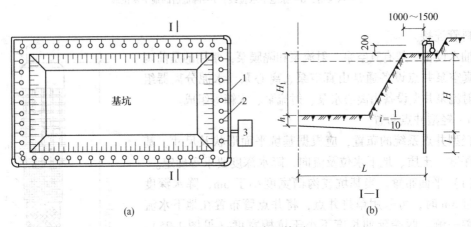

图 1-26　环状井点布置简图

(a) 平面布置；(b) 高程布置

1—集水总管；2—井点管；3—抽水设备

　　若计算出的 H 值稍大于 6m，应降低总管平面埋置面高度来满足降水深度要求。此外在确定井点管埋置深度时，还要考虑到井点管的长度一般为 6m，且井点管通常露出地面为 0.2~0.3m，在任何情况下，滤管必须埋在含水层内。

　　当一级轻型井点达不到降水深度要求时，可视土质情况先采用其他排水法（如明沟排水），将基坑开挖至原有地下水线以下，再安装井点降水装置；或采用二级轻型井点降水，如图 1-27 所示。

　　c　轻型井点计算

　　轻型井点计算的目的，是求出在规定的水位降低深度下每天排出的地下水流量即用水量，确定井点管数量与间距，并确定抽水设备等。

　　(1) 涌水量计算。基坑涌水量计算是按水井理论计算。根据地下水有无压力，水井分为无压井和承压井；根据井底是否达到不透水层，又可分完整井和非完整井，各类水井如图 1-28 所示。水井类型不同，其涌水量计算的方法亦不相同。

对于无压完整井的环状井点系统，涌水量计算公式为：

$$Q = 1.366K \frac{(2H - S)S}{\lg R - \lg x_0} \qquad (1\text{-}20)$$

式中　Q——井点系统的涌水量，m^3/d；

　　　K——土壤的渗透系数，m/d；

　　　H——含水层厚度，m；

　　　S——降水深度，m；

　　　R——抽水影响半径，m；

　　　x_0——环状井点系统的假想半径，m。

应用式（1-20）计算涌水量时，需事先确定 x_0、R、K 值的数据。由于目前计算轻型井点所用计算公式，均有一定的适用条件，例如，矩形基坑的长、宽比大于 5，或基坑宽度大于 2 倍的抽水影响半径 R 时，就不能直接利用现有的公式进行计算，此时，则需将基坑分成几小块，使其符合公式的计算条件，然后分别计算每小块的涌水量，再相加即为总涌水量。因此，对矩形基坑，当其长、宽比不大于 5 时，即可将不规则的平面形状化成一个假想半径为 x_0 的圆井进行计算：

$$x_0 = \sqrt{\frac{F}{\pi}} \qquad (1\text{-}21)$$

式中　F——环状井点系统所包围的面积，m^2。

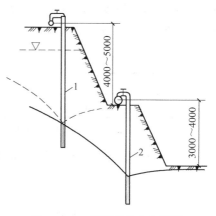

图 1-27　二级轻型井点布置图
1—第一级轻型井点；2—第二级轻型井点

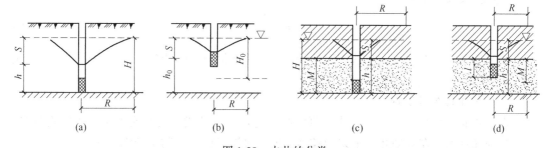

图 1-28　水井的分类
（a）无压完整井；（b）无压非完整井；（c）承压完整井；（d）承压非完整井

抽水影响半径 R 系指井点系统抽水后地下水位降落曲线稳定时的影响半径。降落曲线稳定的时间视土壤的性质而定，一般为 $1 \sim 5\text{d}$。影响半径的计算公式较多，常用的公式为：

$$R = 1.95S\sqrt{HK} \qquad (1\text{-}22)$$

式中　S——水位降低值，m。

渗透系数 K 值确定是否准确，将直接影响降水效果。因此，最好是在施工现场通过扬水试验确定。

在实际工程中往往会遇到无压非完整井的井点系统，这时地下水不仅从井的侧面流入，还从井底渗入，因此涌水量要比完整井大。为了简化计算，仍可采用式（1-20）。此时，仅将式中 H 换成有效深度 H_0，H_0 可查表1-19，当算得的 H_0 大于实际含水层的厚度 H 时，则仍取 H_0 值，视为无压完整井。

表1-19 有效深度 H_0 值

$s'/(s'+l)$	0.2	0.3	0.5	0.8
H_0	$1.2(s'+l)$	$1.5(s'+l)$	$1.7(s'+l)$	$1.85(s'+l)$

注：s' 为井点管中水位降落值；l 为滤管长度。

对于承压完整环状井点，涌水量计算公式则为：

$$Q = 2.73K\frac{MS}{\lg R - \lg x_0} \tag{1-23}$$

式中 M——承压含水层厚度，m。

（2）井点管数量与井距的确定。确定井管数量先要确定单根井管的出水量。单根井管的最大出水量为：

$$q = 65\pi dl\sqrt[3]{K} \tag{1-24}$$

式中 d——滤管内径，m；

l——滤管长度，m；

K——土的渗透系数，m/d。

井点管最少数量由下式确定：

$$n = 1.1 \times \frac{Q}{q} \tag{1-25}$$

井点管最大间距为：

$$D = \frac{L}{n} \tag{1-26}$$

注意：间距不能太小，在基坑四角和靠近地下水流方向一边的井点管应适当加密。实际采用0.8m，1.2m，1.6m，2.0m间距。

（3）抽水设备的选择：

真空泵的类型有干式（往复式）真空泵和湿式（旋转式）真空泵两种。干式真空泵，由于其排气最大，在轻型井点中采用较多，但要采取措施，以防水分渗入真空泵。湿式真空泵具有质量轻、振动小、容许水分渗入等优点，但排气量小，宜在粉砂土和黏性土中采用。

干式真空泵的型号常用的有V5、V6型泵，可根据所带的总管长度、井点管根数及降水深度选用。采用V5型泵时，总管长度一般不大于100m，井点管数量约80根；采用V6型泵时，总管长度一般不大于120m，井点管数量约100根。

d 轻型井点的安装使用

安装程序：先排放总管，再埋设井点管，用弯联管将井点管与总管接通，然后安装抽水设备。

井点管的埋设可以利用冲水管冲孔，或钻孔后将井点管沉入，也可以用带套管的水冲法及振动水冲法下沉埋设。

认真做好井点管的埋设和孔壁与井点管之间砂滤层的填灌，是保证井点系统顺利抽水、降低地下水位的关键，为此应注意：冲孔过程中，孔洞必须保持垂直，孔径一般为300mm，孔径上下要一致，冲孔深度要比滤管深0.5m左右，以保证井点管周围及滤管底部有足够的滤层。砂滤层宜选用粗砂，以免堵塞管的网眼。砂滤层灌好后，距地面下0.5~1m的深度内，应用黏土封口捣实，防止漏气。

井点管埋设完毕后，即可接通总管和抽水设备进行试抽水，检查有无漏水、漏气现象，出水是否正常。

轻型井点使用时，应保证连续不断抽水，若时抽时停，滤网易于堵塞；中途停抽，地下水回升，也会引起边坡塌方等事故。正常的出水规律是"先大后小，先浑后清"。

真空泵的真空度是判断井点系统运转是否良好的尺度，必须经常观测，造成真空度不够的原因较多，但通常是由于管路系统漏气的原因，应及时检查，采取措施。

井点管淤塞，一般可从听管内水流声响，手扶管壁有振动感，夏、冬季手摸管子有夏冷、冬暖感等简便方法检查。如发现淤塞井点管太多，严重影响降水效果时，应逐根用高压水进行反冲洗，或拔出重埋。

井点降水时，尚应对附近的建筑物进行沉降观测，如发现沉陷过大，应及时采取防护措施。

e 轻型井点系统设计示例

某基础工程需开挖如图1-29所示的基坑，基坑底宽10m，长15m，深4.1m，边坡为1∶0.5。地质资料为：天然地面下有0.5m厚的黏土层，7.4m厚极细砂层，再下面为不透水的黏土层。试按轻型井点降水系统设计。

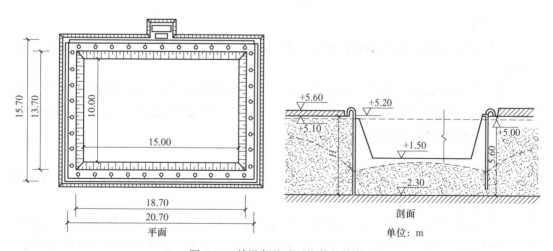

图1-29 某设备基础开挖前的井点

（1）井点系统布置。该基坑底面积为10×15（m^2），放坡后，上口（+5.20m处）面积为13.7×18.7（m^2），考虑井管距基坑边缘1m，则井管所围成的平面积为15.7×20.7（m^2），由于其长、宽比小于5，故按一个环状井点布置。基坑中心降水深度 $S = 5.00 - 1.50 + 0.50 = 4.00$（m），故用一级井点即可。

表层为黏土，为使总管接近地下水位，可挖去0.4m，在+5.20m标高处布置井点系统。取井管外露0.2m，则6m长的标准井管入土中为5.8m。而要求埋深 $H = H_1 + h + iL =$

$(5.2 - 1.5) + 0.5 + (1/10) \times 15.7/2 = 4.99（m）$，小于实际埋深 5.8m，故高层布置符合要求。

（2）有效抽水影响深度 H_0。取滤管长 $l = 1.2m$，井点管中水位降落 $S' = 5.6m$，则求得 $H_0 = 1.85 \times (5.6 + 1.2) = 12.6（m）$，但实际含水层厚度 $H = 7.4 - 0.1 = 7.3$（m），故取 $H_0 = 7.3m$，按无压完整井计算涌水量。

（3）总涌水量计算。通过扬水试验求得 $K = 30m/d$，已知井点管所围成的面积 $F = 15.7 \times 20.7$（m^2），则：

基坑的假想半径：$X_0 = \sqrt{\dfrac{15.7 \times 20.7}{3.14}} = 10.17$（m）

抽水影响半径：$R = 1.95 \times \sqrt{7.3 \times 30} = 115$（m）

总涌水量：$Q = 1.366 \times 30 \times \dfrac{(2 \times 7.3 - 4) \times 4}{\lg 115 - \lg 10.17} = 1649.5$（$m^3/d$）

（4）计算井管数量。一根井管 $\phi 38$ 的出水量为：$q = 65 \times 3.14 \times 0.0038 \times 1.2 \sqrt[3]{30} = 28.9$（$m^3/d$）。

井点管数量：$n = 1.1 \times \dfrac{1649.5}{28.9} = 62.8$（根）（取 63 根）

井管的平均间距：$D = \dfrac{2 \times (15.7 + 20.7)}{63} = 1.15$（m）（取 1.2m）

实用井管数量：$n = \dfrac{72.8}{1.2} + 1 = 62$（根）

B　喷射井点

当基坑开挖较深，采用多级轻型井点不经济时，宜采用喷射井点，其降水深度可达 8~20m。

喷射井点设备由喷射井管、高压水泵及进水、排水管路组成。喷射井管由内管和外管组成，在内管下端装有喷射扬水器与滤管相连，当高压水经内外管之间的环形空间由喷嘴喷出时，地下水即被吸入而压出地面。

C　电渗井点

电渗井点适用于土壤渗透系数小于 0.1m/d，用一般井点不可能降低地下水位的含水层中，尤其宜用于淤泥排水。

电渗井点，以井点管作负极，以打入的钢筋或钢管作正极，当通以直流电后，土颗粒即自负极向正极移动，水则自正极向负极移动而被集中排出。土颗粒的移动称电泳现象，水的移动称电渗现象，故称电渗井点。

D　管井井点

管井井点就是沿基坑每隔 20~50m 距离设置一个管井，每个管井单独用一台水泵不断抽水来降低地下水位。此法适用于土壤的渗透系数大（$K = 20~200m/d$），地下水量大的土层中。

如要求降水深度较大，在管井井点内采用一般离心泵或潜水泵不能满足要求时，可采用特制的深井泵，其降水深度大于 15m，故又称深井泵法。

职业技能

技　能　要　点	掌握程度	应用方向
土方工程的作业内容	了解	土建项目经理、土建工程师
土的工程分类及掌握土方工程的性质	熟悉	
土方放坡及熟悉土壁支撑的形式	掌握	
基坑排水方法及了解轻型井点降水的工作原理	掌握	
基坑开挖的要求及注意事项	了解	
土方填筑与压实的要求及注意事项	熟悉	
基（槽）坑土方工程量计算	掌握	
土方工程质量检验的一般规定	了解	土建工程师
质量控制及施工要点	熟悉	
主控项目、一般项目及检验方法	掌握	
人工土石方与机械土石方的取定原则	掌握	土建造价师
挖土方、沟槽、基坑的划分标准，掌握各种类型基础土方的计算	熟悉	
有关附表内容，会计算工作面宽度，放坡土方增量折算厚度等附表数据	了解	
土石方工程项目的适用范围	掌握	
不属于土石方工程定额所包括的内容，发生时可另行计算	了解	
土的形成过程	了解	试验工程师
土的三相组成	熟悉	
含水量试验；密度试验；相对密度试验	掌握	

习　题

1-1　选择题

（1）下列基坑围护结构中，主要结构材料可以回收反复使用的是（　　）。

A. 地下连续墙　　　　B. 灌注桩　　　　C. 水泥挡土墙　　　　D. 组合式 SMW 桩

（2）当地质条件和场地条件许可时，开挖深度不大的基坑最可取的开挖方案是（　　）。

A. 放坡挖土　　　　　　　　　　B. 中心岛式（墩工）挖土

C. 盘式挖土　　　　　　　　　　D. 逆作法挖土

（3）基坑土方填筑应（　　）进行回填和夯实。

A. 从一侧向另一侧平推　　　　　B. 在相对两侧或周围同时

C. 由近到远　　　　　　　　　　D. 在基坑卸土方便处

（4）工程基坑开挖常用井点回灌技术的主要目的是（　　）。

A. 避免坑底土体回弹　　　　　　B. 减少排水设施，降低施工成本

C. 避免坑底出现管涌　　　　　　D. 防止降水井点对井点周围建（构）筑物、地下管线的影响

（5）下列土钉墙基坑支护的设计构造，正确的有（　　）。

A. 土钉墙墙面坡度 1：0.20　　　　　B. 土钉长度为开挖深度的 0.8 倍

C. 土钉的间距 2m　　　　　　　　　D. 喷射混凝土强度等级 C20

E. 坡面上下段钢筋网搭接长度为 250mm

（6）关于基坑支护施工的说法，正确的是（　　）。

A. 锚杆支护工程应遵循分段开挖、分段支护的原则，采取一次挖就再行支护的方式

B. 设计无规定时，二级基坑支护地面最大沉降监控值应为 8cm

C. 采用混凝土支撑系统时，当全部支撑安装完成后，仍应维持整个系统正常运转直至支撑面作业完成

D. 采用多道内支撑排桩墙支护的基坑，开挖后应及时支护

（7）造成挖方边坡大面积塌方的原因可能有（　　）。

A. 基坑（槽）开挖坡度不够　　　　　B. 土方施工机械配置不合理

C. 未采取有效的降排水措施　　　　　D. 边坡顶部堆载过大

E. 开挖次序、方法不当

（8）从建筑施工的角度，根据（　　），可将土石分为八类，以便选择施工方法和确定劳动量，为计算劳动力、机具及工程费用提供依据。

A. 土石的坚硬程度　　　　　　　　　B. 土石的天然密度

C. 土石的干密度　　　　　　　　　　D. 施工开挖难易程度

E. 土石的容重

（9）根据施工开挖难易程度不同，可将土石分为八类，其中前四类土由软到硬的排列顺序为（　　）。

A. 松软土、普通土、砂砾坚土、坚土　　B. 松软土、普通土、坚土、砂砾坚土

C. 普通土、松软土、坚土、砂砾坚土　　D. 普通土、松软土、砂砾坚土、坚土

1-2　计算题

（1）某基坑坑底长 60m，宽 42m，深 5m，四面放坡，边坡系数 0.4，土的可松性系数 $K_s = 1.14$，$K'_s = 1.05$，坑深范围内基础的体积为 10000m³。试问应留多少回填土（松散状态土）？弃土量为多少？

（2）某建筑场地方格网如图 1-30 所示。方格边长 30m，要求场地排水坡度 $i_x = 2‰$，$i_y = 3‰$。试按挖填平衡的原则计算各角点的施工高度（不考虑土的可松性影响）。

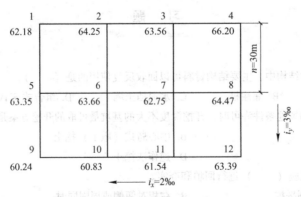

图 1-30　计算题（2）图

1-3　案例分析

（1）某办公楼工程，建筑面积 82000m²，地下 3 层，地上 20 层钢筋混凝土框架—剪力墙结构，距邻近六层住宅楼 7m。地基土层为粉质黏土和粉细砂，地下水为潜水，地下水位 -9.5m，自然地面 -0.5m。基础为筏板基础，埋深 14.5m，基础底板混凝土 1500mm，水泥采用普通硅酸盐水泥，采取整体连续分

层浇筑方式施工。基坑支护工程委托有资质的专业单位施工，降排的地下水用于现场机具、设备清洗。主体结构选择有相应资质的 A 劳务公司作为劳务分包，并签订了劳务分包合同。合同履行过程中，基坑支护工程专业施工单位提出了基坑支护降水采用"排桩+锚杆+降水井"方案，施工总承包单位要求基坑支护降水方案进行比选后确定。

【问题】适用于本工程的基坑支护降水方案还有哪些？降排的地下水还可用于施工现场哪些方面？

（2）某大型顶进箱涵工程为三孔箱涵，箱涵总跨度 22m，高 5m，总长度 33.66m，共分三节，需穿越 5 条既有铁路站场线；采用钢板桩后背，箱涵前设钢刃脚，箱涵顶板位于地面以下 0.6m，箱涵穿越处有一条自来水管需保护。地下水位于地面下 3m。箱涵预制工作坑采用放坡开挖，采用轻型井点降水。

按原进度计划，箱涵顶进施工在雨季前完成。开工后，由于工作坑施工缓慢，进度严重拖后。预制箱涵达到设计强度并已完成现场线路加固后，顶进施工已进入雨季。项目部加强了降排水工作后开始顶进施工。为抢进度保工期，采用轮式装载机直接开入箱涵孔内铲挖开挖面土体，控制开挖面坡度为 1∶0.65，钢刃脚进土 50mm；根据土质确定挖土进尺为 0.5m，并且在列车运营过程中连续顶进。箱涵顶进接近正常运营的第一条线路时，遇一场大雨。第二天，正在顶进施工时，开挖面坍塌，造成了安全事故。

【问题】依据背景资料分析开挖面坍塌的可能原因有哪些？

2 地基处理与桩基工程

学习要点：

· 了解地基加固的方法，掌握地基加固的原理和拟定加固方案的原则；
· 了解钢筋混凝土桩的预制、起吊、运输及堆放方法；
· 掌握锤击法施工的全过程和施工要点，包括打桩设备、打桩顺序、打桩方法和质量控制；
· 掌握泥浆护壁成孔灌注桩和干作业成孔灌注桩的施工要点；
· 了解套管成孔灌注桩和人工挖孔灌注桩施工工艺。

主要国家标准：

· 《建筑地基基础设计规范》（GB 50007）；
· 《建筑桩基技术规范》（JGJ 94）；
· 《建筑基桩检测技术规范》（JGJ 106）；
· 《建筑工程施工质量验收统一标准》（GB 50300）；
· 《建筑地基基础工程施工质量验收规范》（GB 50202）。

案例导航

消失的新楼

湖北武汉市桥苑新村一幢 18 层钢筋混凝土剪力墙结构住宅楼，建筑面积为 1.46 万平方米，总高度 56.5m。施工完成后，发现该工程向东北方向倾斜，顶端水平位移 470mm。为了控制因不均匀沉降导致的倾斜，采取了在倾斜一侧减载与在对应一侧加载，以及注浆、高压粉喷、增加锚杆静压桩等抢救措施，曾一度使倾斜得到控制。但后来不久，该楼又突然转向西北方向倾斜，虽采取纠偏措施，仍无济于事，倾斜速度加快，顶端水平位移达 2884mm，整幢楼的重心偏移了 1442mm。为确保相邻建筑及住户的安全，建设单位采取上层结构 6~18 层定向爆破拆除的措施，消除濒临倒塌的危险（见图 2-1）。

图 2-1 定向爆破

造成这次事故的原因是桩基整体失稳。据查，基坑内共 336 根桩，其中歪桩 172 根，占 51.2%，歪桩最大偏位达 1.70m，其偏斜的主要影响因素：

首先，桩基选型不当。在勘察报告中建议选用大口径钻孔灌注桩，桩尖持力层可选用埋深 40m 的砂卵石层。但为了节约投资，改选用夯扩桩，而这种桩容易产生偏位。

其次，基坑支护方案不合理。为节约投资，建设单位自行决定在基坑南侧和东南段打 5 排粉喷桩，在基坑西端打 2 排粉喷桩，其余坑边采用放坡处理，致使基坑未形成完全封闭。专家们分析认为该支护方案存在严重缺陷，会导致大量倾斜，这是桩基整体失稳的重要原因。

最后，将地下室底板抬高 2m，致使建筑物埋深达不到规范的规定，削弱了建筑物的整体稳定性。当 336 根夯扩桩已施工完 190 根时，设计人员竟然同意建设单位将地下室底板标高提高 2m，使已完成的 190 根桩都要接长 2m，接桩处成了桩体最薄弱处，在水平推力作用下，接桩处往往首先破坏。

【问题讨论】

（1）你知道基础选型的根据是什么吗？

（2）在基础工程施工中，开发商为什么总是改变设计要求？

2.1 基 坑 验 槽

当基坑（槽）挖至设计标高后，应组织勘察、设计、监理、施工方和业主代表共同检查坑底土层是否与勘察、设计资料相符，是否存在填井、填塘、暗沟、墓穴等不良情况，这称为验槽。

验槽的方法以观察为主，辅以夯、拍或轻便勘探。

2.1.1 观察验槽

观察验槽除检查基坑（槽）的位置、断面尺寸、标高和边坡等是否符合设计要求外，重点应对整个坑（槽）底的土质进行全面观察：

（1）土质和颜色是否一样；

（2）土的坚硬程度是否均匀一致，有无局部过软或过硬现象；

（3）土的含水量是否异常，有无过干或过湿现象；

（4）在坑（槽）底行走或夯拍时有无振颤或空穴声音等现象。

通过以上观察来分析判断坑（槽）底是否挖至老土层（地基持力层），是否需继续下挖或进行处理。

验槽的重点应以柱基、墙角、承重墙下或其他受力较大的部位为主。如有异常部位应会同设计等有关单位进行处理。

2.1.2 钎探验槽

钎探是用锤将钢钎打入坑（槽）底以下土层内的一定深度，根据锤击次数和入土难易程度来判断土的软硬情况及有无土洞、枯井、幕穴和软弱下卧土层等。

钎探步骤如下：

（1）根据坑（槽）平面图进行钎探布点，并将钎探点依次编号绘制钎探点平面布置图；

（2）准备锤和钢针，同一工程应钎径一致，锤重一致；

（3）按钎探顺序号进行钎探施工；

（4）打钎时，要求用力一致，锤的落距一致。每贯入 30cm（称为一步），记录一次锤击数，填入钎探记录表内；

（5）钎探结束后，要从上而下逐"步"分析钎探记录情况，再横向分析针孔相互之间锤击次数，便可判断土层的构造和土质的软硬，并应将锤击次数过多或过少的钎孔予以标注，以备到现场重点检查和处理；

（6）钎探后的孔要用砂填实。

2.2　地基加固处理

2.2.1　地基加固的原理

当工程结构的荷载较大，地基土质又较软弱（强度不足或压缩性大），不能作为天然地基时，可针对不同情况，采取各种人工加固处理的方法，以改善地基性质，提高承载力、增加稳定性，减少地基变形和基础埋置深度。

地基加固的原理是："将土质由松变实""将土的含水量由高变低"，即可达到地基加固的目的。工程实践中各种加固方法，诸如机械碾压法、重锤夯实法、挤密桩法、化学加固法、预压固结法、深层搅拌法等均是从这一加固原理出发。

在拟定地基加固处理方案时，应充分考虑地基与上部结构共同工作的原则，从地基处理、建筑结构设计和施工方面均应采取相应的措施进行综合治理，绝不能单纯对地基进行加固处理，否则，不仅会增加工程费用，还难以达到理想的效果。其具体的措施有：

（1）改变建筑体形，简化建筑平面。

（2）调整荷载差异。

（3）合理设置沉降缝。

沉降缝位置宜设在：1）地基不同土层的交接处，或地基同一土层厚薄不一处；2）建筑平面的转折处；3）荷载或高度差异处；4）建筑结构或基础类型不同处；5）分期建筑的交界处；6）局部地下室的边缘；7）过长房屋的适当部位。

（4）采用轻型结构、柔性结构。

（5）加强房屋的整体刚度，如采用横墙承重方案或增加横墙；增设圈梁；减小房屋的长高比；采用筏式基础、筏片基础、箱形基础等。

（6）对基础进行移轴处理，当偏心荷载较大时，可使基础轴线偏离柱的轴线。

（7）施工中正确安排施工顺序和施工进度，如对相邻的建筑，应先施工重、高（即荷载重、高度大）的建筑，后施工轻、低（即荷载轻、高度小）的建筑；对软土地基则应放慢施工速度，以便使地基能排水固结，提高承载力。否则，施工速度过快，将造成较大的孔隙水压力，甚至使地基发生剪切破坏。

2.2.2 地基加固的方法

根据地基加固的原理，可采取不同的加固方法。这些加固方法，可归纳为"挖、填、换、夯、压、挤、拌"七个字。

2.2.2.1 "挖"

"挖"就是挖去软土层，把基础埋置在承载力大的基岩或坚硬的土层中。此种方法当软土层不厚时，利用坚硬的土层作天然地基，最为经济。

2.2.2.2 "填"

当软土层很厚，而又需大面积对地基进行加固处理时，则可在软土层上直接回填一层一定厚度的好土，以提高地基的承载力，减小软土层的承压力。

2.2.2.3 "换"

"换"就是将挖与填相结合，即换土垫层法。此法适用于软土层较厚，而仅对局部地基进行加固处理。它是将基础下面一定范围内的软弱土层挖去，而代之以人工填筑的垫层作为持力层。垫层材料有砂石、碎石、三合土［石灰∶砂∶碎砖（石）=1∶2∶4］、灰土（石灰∶土=3∶7）、矿渣、素土等，分别称砂石地基、三合土地基、粉煤灰地基。换土垫层可提高持力层的承载力，减小软土层的承压力，加速软土层排水固结，且减少基础沉降量。图 2-2 为砂石垫层做法，垫层厚 H 一般为 0.5~2.5m，不宜大于 3m、小于 0.5m。采用换土垫层能有效地解决中小型工程的地基处理问题，其优点是能就地取材，施工简便，工期短，造价低。

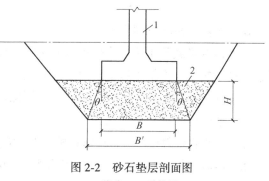

图 2-2 砂石垫层剖面图
1—基础；2—砂垫层

2.2.2.4 "夯"

"夯"就是利用打夯工具或机具（如木人、石硪、铁硪、蛙式打夯机、火力夯、电力夯、重锤夯、强力夯等）夯击土壤，排出土壤中的水分，加速土壤的固结，以提高土壤的密实度和承载力。其中强力夯是用起重机械将大吨位夯锤（一般不小于 8t）起吊到很高处（一般不小于 6m），自由落下，对土体进行强力夯实。其作用机理是用很大的冲击能（一般为 500~800kJ），使土中出现冲击波和很大的应力，迫使土中孔隙压缩，土体局部液化，夯击点周围产生裂隙，形成良好的排水通道，土体迅速固结。适用于黏性土、湿陷性黄土及人工填土地基的深层加固，但强力夯所产生的振动对现场周围已建成或在建的建筑物及其他设施有影响时，不得采用，必要时，应采取防震措施。

2.2.2.5 "压"

"压"就是利用压路机、羊足碾、轮胎碾等机械辗压地基土壤，使地基压实排水固结。也可采用预压固结法，即先在地基范围的地面上，堆置重物预压一段时间，使地基压密，以提高承载力，减少沉降量。为了在较短时间内取得较好的预压效果，要注意改善预压层的排水条件，常用的方法有砂井堆载预压法、袋装砂井堆载预压法、塑料排水带堆载预压法和真空预压法。

A   砂井堆载预压法

砂井堆载预压法是在预压层的表面铺砂层，并用砂井穿过该土层，以利排水固结（如图2-3所示）。砂井直径一般为300~400mm，间距为砂井直径的6~9倍。

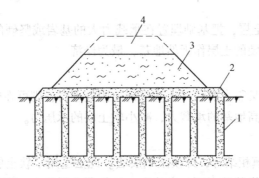

图 2-3　典型的砂井地基剖面

1—砂井；2—砂垫层；3—永久性填土；4—临时超载填土

B   袋装砂井堆载预压法

袋装砂井堆载预压法是将砂先装入用聚丙烯编织布或玻璃纤维布、黄麻片、再生布等所制成的砂袋中，再将砂袋置于井中。井径一般为70~120mm，间距为1.5~2.0m。此法不会产生缩颈、断颈现象，透水性好，费用低，施工速度快。

C   塑料排水带堆载预压法

塑料排水带堆载预压法是将塑料排水带用插排机将其插入软土层中，组成垂直和水平排水体系，然后堆载预压，土中孔隙水沿塑料带的沟槽上升溢出地面，从而使地基沉降固结。

D   真空预压法

真空预压法是利用大气压力作为预压载荷，勿需堆载加荷。它是在地基表面砂垫层上覆盖一层不透气的塑料薄膜或橡胶布，四周密封，与大气隔绝，然后用真空设施进行抽气，使土中孔隙水产生负压力，将土中的水和空气逐渐吸出，从而使土体固结（见图2-4）。为了加速排水固结，也可在加固部位设置砂井、袋装砂井或塑料排水带等竖向排水系统。

2.2.2.6   "挤"

先用带桩靴的工具式桩管打入土中，挤压土壤形成桩孔，然后拔出桩管，再在桩孔中灌入砂石或石灰、素土、灰土等填充料进行捣实，或者随着填充料的灌入逐渐拔出桩管。这种方法最适用于加固松软饱和土地基，其原理就是挤密土壤，排水固结，以提高地基的承载力，所以也称为挤密桩。

图2-5所示为水泥粉煤灰碎石挤密桩的施工工艺。这种桩的填充料是水泥、石屑、碎石、粉煤灰和水的拌合物，是一种低强度混凝土桩，是近年发展起来的处理软弱地基的一种新方法，具有较好的技术性能和经济效果，不但能提高地基的承载力，还可将荷载传递到深层地基中去。

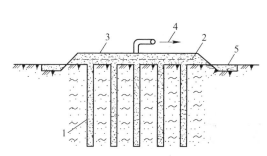

图 2-4 真空预压地基
1—砂井；2—砂垫层；3—薄膜；
4—抽水、气；5—黏土

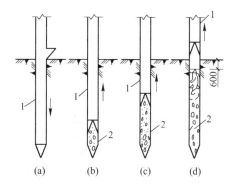

图 2-5 水泥粉煤灰碎石桩工艺流程
（a）打入桩管；（b）（c）灌水泥、
粉煤灰、碎石振动拔管；（d）成桩
1—桩管；2—水泥、粉煤灰、碎石桩

此外，根据地基土质不同，亦可采用振动成孔器或振冲器成孔后灌入砂石挤密土壤。

2.2.2.7 "拌"

"拌"是指用旋喷法或深层搅拌法加固地基。其原理是利用高压射流切削土壤，旋喷浆液（水泥浆、水玻璃、丙凝等），搅拌浆土，使浆液和土壤混合，凝结成坚硬的柱体或土壁。同理，化学加固中的硅化法、水泥硅化法和电动硅化法均是将水玻璃（硅酸钠 $Na_2O \cdot nSiO_2$）和氯化钙（$CaCl_2$）或水泥浆注入土中，使其扩散生成二氧化硅的胶体与土壤胶结"岩化"亦是属于拌和的结果。

图 2-6 所示为水泥土深层搅拌桩施工工艺流程。深层搅拌机定位启动后，叶片旋转切削土壤，借设备自重下沉至设计深度；然后缓慢提升搅拌机，同时喷射水泥浆或水泥砂浆进行搅拌；待搅拌机提升到地面时，再原位下沉提升搅拌一次，这样便可使浆土均匀混合形成水泥土桩。

水泥土桩由于水泥在土中形成水泥石骨架，使土颗粒凝聚、固结，从而成为具有整体性、水密性较好、强度较高的水泥加固体。在工程中除用于对软土地基进行深层加固外，也常用于深基坑的支护结构和防水、防流砂的防渗墙。

图 2-7 所示为单管旋喷桩的施工流程。它是利用钻机把带有特殊喷嘴的注浆管钻至设计深度后，用高压脉冲泵将水泥浆液由喷嘴向四周高速喷射切削土层，与此同时将旋转的钻杆徐徐提升，使土体与水泥浆在高压射流作用下充分搅拌混合，胶结硬化后即形成具有一定强度的旋喷桩。

单管旋喷浆液射流衰减大，成桩直径较小，为了获得大直径截面的桩，可采用二重管（即两根同心管，分别喷水、喷浆）旋喷，或三重管（三根同心管，分别喷水、喷气、喷浆）旋喷。单管法和二重管法还可用注浆管射水成孔，无须用钻机成孔。

喷浆方式有旋喷、定喷和摆喷三种，能分别获得柱状、壁状和块状加固体。为此，旋喷法可用于处理地基，控制加固范围；可用于桩、地下连续墙、挡土墙、防渗墙、深基坑支护结构的施工和防管涌、流砂的技术措施。

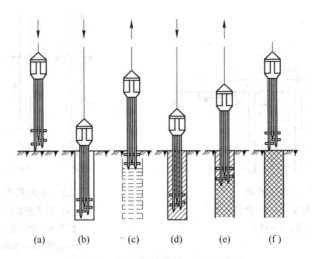

图 2-6　深层搅拌桩施工工艺流程

（a）定位下沉；（b）深入到设计深度；（c）喷浆搅拌提升；
（d）原位重复搅拌下沉；（e）重复搅拌提升；（f）搅拌完成形成加固体

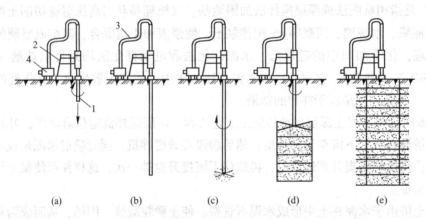

图 2-7　单管旋喷桩施工工艺流程

（a）钻机就位钻孔；（b）钻孔至设计标高；（c）旋喷开始；（d）边旋喷边提升；（e）旋喷结束成桩
1—旋喷管；2—钻孔机械；3—高压胶管；4—超高压脉冲泵

2.2.3　地基处理质量检验与检测

地基处理质量检验项目分为主控项目和一般项目，不同地基处理的主控项目和一般项目详见《建筑地基基础工程施工质量验收规范》（GB 50202）、《建筑地基处理技术规范》（JGJ 79）与《建筑地基基础施工规范》（GB 51004）的相关规定。地基处理质量检验与检测主要内容包括：

（1）对粉质黏土、灰土、粉煤灰的检测可选用环刀法、贯入仪、静力触探、轻型动力触探或标准贯入试验等方法进行检测；对砂石、干渣垫层的检测可采用重型动力触探方法或夯填度进行检测，并应通过现场试验以设计密实度指标所对应的贯入度、夯填度为标准，检验垫层的施工质量。密实度指标也可采用灌砂法、灌水法或其他方法检验。

（2）检测数量应根据场地复杂程度和建筑物的重要性确定。

1）对按天然地基进行检测的人工地基检验数量：每单位工程不应少于3点；1000m²以上工程，每100m²至少应有1点；3000m²以上工程，每300m²至少应有1点；每一独立基础下至少应有1点。对复杂场地或重要建筑物地基应增加检验点数，检验深度应不小于设计有效加固深度。

2）对按复合地基进行检验的人工地基，复合地基承载力检验数量应为施工总桩数的0.5%~1%，且每项单体工程不应少于3点。有单桩强度和质量检验要求时，检验数量应为施工总桩数的0.5%~1%，且不少于3根。

（3）换填垫层和压实地基的工程验收检测应采用静载荷试验并结合静力触探试验、轻便触探试验或标准贯入试验等方法进行，载荷试验的压板面积不宜小于1m²。

（4）挤密地基的工程验收检测应静载荷试验、标准贯入试验、静力触探试验或动力触探试验等方法进行。

（5）水泥土搅拌桩、旋喷桩、夯实水泥土桩、灰土桩的承载力检测应进行单桩载荷试验、单桩或多桩复合地基载荷试验。

（6）竣工验收采用载荷试验检验垫层承载力时，每个单体工程不宜少于3点；对于大型工程则应按单体工程的数量或工程的面积确定检验点数。

（7）对强夯、振冲、夯扩、挤密、注浆等施工可能对周边环境及建筑物产生不良影响时，应对施工过程的振动、水压力、地下管线、建筑物沉降变形进行监测。

2.3 桩 基 施 工

桩基础是由设置于地基中的桩和连接于桩顶端的承台组成的基础。在一般房屋基础工程中，桩主要承受垂直的竖向荷载；但在港口、桥梁、近海钻采平台、支挡结构中，桩还要承受侧向的风力、波浪力、土压力等水平荷载。

当浅层天然地基无法承受建筑物荷载或要严格控制建筑物的沉降时，常采用桩基础。若考虑桩穿越软弱土层时能挤密加固软弱土层，则桩和周围土体构成人工复合地基（如水泥土挤密桩）；若考虑通过桩将上部结构荷载传给坚硬土持力层，则桩成为深基础。

按承载性状不同，桩可分为摩擦型桩、端承型桩，如图2-8所示。

按成桩方法分类，桩可分为非挤土桩和部分挤土桩。非挤土桩包括干作业法钻（挖）孔灌注桩、泥浆护壁法钻（挖）孔灌注桩、套管护壁法钻（挖）孔灌注桩；部分挤土桩包括长螺旋压灌注桩、冲孔灌注桩、钻孔挤扩灌注桩、搅拌劲芯桩、预钻孔打入（静压）预制桩、打入（静压）式敞口钢管桩、敞口预应力混凝土空心桩和H型

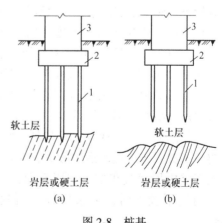

图2-8 桩基

（a）端承桩；（b）摩擦桩

1—桩；2—承台；3—上部结构

钢桩；挤土桩包括沉管灌注桩、沉管夯（挤）扩灌注桩、打入（静压）预制桩、闭口预应力混凝土空心桩和闭口钢管桩。

按桩径（设计直径 d）大小，桩可以分为小直径桩（$d \leqslant 250mm$）、中等直径桩（$250mm < d < 800mm$）和大直径桩（$d \geqslant 800mm$）。

按桩身材料不同，桩可分为钢桩、钢筋混凝土桩、钢管混凝土桩和木桩等。按施工方法不同，桩可分为预制桩和灌注桩。

2.3.1　钢筋混凝土预制桩施工

钢筋混凝土预制桩常用的有混凝土实心方桩、预应力混凝土空心管桩、钢管桩和锥形桩，其中以钢筋混凝土方桩和管桩应用较多。

钢筋混凝土预制桩的截面边长一般不小于200mm，预应力混凝土预制实心桩的截面边长不小于350mm。预制桩的混凝土强度等级不低于C30；预应力桩不低于C40；预制桩纵向钢筋的混凝土保护层厚度不小于30mm。预制桩的桩身配筋应按吊运、打桩及桩在使用中受力等条件计算确定。预制桩的桩尖可将主筋合拢焊在桩尖辅助钢筋上，对于持力层为密实砂和碎石类土时，宜在桩尖处包钢板桩靴，加强桩尖。

2.3.1.1　桩的预制、起吊、运输和堆放

较短的钢筋混凝土预制桩一般在预制厂制作，较长的一般在施工现场预制。制作预制桩有并列法、间隔法、重叠法、翻模法等。现场预制桩多用重叠法制作，重叠层数不宜超过4层，层与层之间应涂刷隔离剂，上层桩或邻近桩的灌筑，应在下层桩或邻桩混凝土达到设计强度等级的30%以后方可进行。

钢筋混凝土预制桩钢筋骨架的主筋连接宜采用对焊，且几根主筋接头位置应相互错开。桩尖一般用钢板制作，在绑扎钢筋骨架时就把钢板桩尖焊好。钢筋骨架的偏差应符合有关规定。

预制桩的混凝土宜用机械搅拌，机械振捣。由桩顶向桩尖连续浇筑捣实，一次完成，严禁中断。制作完后，应洒水养护不少于7d。桩的制作偏差应符合有关规定。制桩时，应按规定要求做好灌筑日期、混凝土强度等级、外观检查、质量鉴定记录，以供验收时查用。

桩的混凝土达到设计强度等级的70%方可起吊，达到100%方可运输和打桩。如提前起吊，必须作强度和抗裂度验算。桩在起吊和搬运时，必须平稳，不得损坏。吊点应符合设计要求，满足吊桩弯矩最小的原则，如图2-9所示。

打桩前桩应运到现场或桩架处，宜随打随运，以避免二次搬运。桩的运输方式，在运距不大时，可用起重机吊运或在桩下垫以滚筒，用卷扬机拖拉；当运距较大时，可采用轻便轨道小平台车运输。

桩堆放时，地面必须平整、坚实，垫木间距应与吊点位置相同，各层垫木应位于同一垂直线

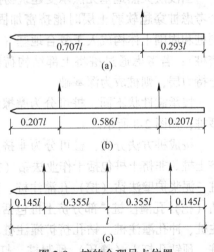

图2-9　桩的合理吊点位置

(a) 一点起吊；(b) 二点起吊；(c) 三点起吊

上，堆放层数不宜超过4层。不同规格的桩应分别堆放。

2.3.1.2 静力压桩

A 静压桩机选择

压桩时利用压桩架（型钢制作）的自重和配重，将桩逐节压入土中（见图2-10）；静力压机宜选择液压式压桩工艺，宜根据单节桩的长度选用顶压式液压压桩机和抱压式液压压桩机，目前最大吨位可达800t，均为液压步履式底座。

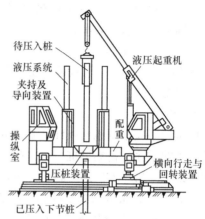

待压入桩
液压起重机
液压系统
夹持及
导向装置
配重
操纵室
压桩装置
横向行走与回转装置
已压入下节桩

全液压式静力压桩机压桩

图2-10 静力压桩

根据设计荷载、土质情况、施工经验选择桩机类型，也可根据打桩前的试桩得到的相关地层、压桩力等参数进行选择，静压桩机选型参见表2-1。

表2-1 静压桩机选型参考表

最大压桩力/kN		1600~1800	2400~2800	3000~3600	4000~4600	5000~6000
适用管桩	最小桩径/mm	300	300	400	400	500
	最大桩径/mm	400	500	500	550	600
单桩极限承载力/kN		1000~2000	1700~3000	2100~3800	2800~4600	3500~5500
桩端持力层		中密~密实的砂土层，硬塑坚硬的黏性土层，残积土层	密实的砂土层，坚硬的黏性土层，全风化岩	密实的砂土层，坚硬的黏性土层，全风化岩	密实的砂土层，坚硬的黏性土层，全风化岩，强风化岩	密实的砂土层，坚硬的黏性土层，全风化岩，强风化岩

B 静力压桩施工工艺

静力压桩适用于软土、填土及一般黏性土层，特别适合于居民稠密及危房附近环境要求严格的地区沉桩，但不宜用于地下有较多孤石、障碍物或有厚度大于2m的中密以上砂夹层的情况，以及单桩承载力超过1600kN的情况。

静力压桩的施工工艺：测量放线→桩机就位→吊桩、插桩→桩身对中调直→静压沉桩→接桩→再静压沉桩→送桩→终止压桩→截桩或用送桩器压到指定标高。

a　桩机就位

静压桩机就位时，应对准桩位，将静压桩机调至水平、稳定，确保在施工中不发生倾斜和移动。

b　吊桩、插桩

预制桩起吊和运输时，必须满足以下条件：

（1）混凝土预制桩的混凝土强度达到强度设计值的100%才能运输和压桩施工。

（2）起吊就位时，将桩机吊至静压桩机夹具中夹紧并对准桩位，将桩尖放入土中，位置要准确，然后除去吊具。

c　桩身对中调直

桩尖插入桩位后，移动静压桩机时桩的垂直度偏差不得超过0.5%，并使静压桩机处于稳定状态。

d　静压沉桩

压桩顺序应根据地质条件、基础的设计标高等进行，一般采取先深后浅、先大后小、先长后短的顺序。密集群桩，可自中间向两个方向或四周对称进行，当毗邻建筑物时，由毗邻建筑物向另一方向进行施工。压桩施工应符合下列要求：

（1）静压桩机应根据设计和土质情况配足配重。

（2）桩帽、桩身和送桩的中心线应重合。

（3）压同一根桩应缩短停歇时间。

（4）为减小静压桩的挤土效应，可采取下列技术措施：

1）预钻孔沉桩。对于预钻孔沉桩，孔径约比桩径（或方桩对角线）小50~100mm；深度视桩距和土的密实度而定，一般宜为桩长的1/3~1/2，应随钻随压桩。

2）限制压桩速度。压桩一般是分节压入，逐段接长，每节桩的长度根据压桩架的高度而定，施工时，先将第一节桩压入土中，当其上端与压桩机操作平台齐平时，进行接桩，一般其上端距地面2m左右时将第二节桩接上，接桩后，将第二节桩继续压入土中。对每一根桩的压入，各工序应连续进行（见图2-11）。如初压时桩身发生较大移位、倾斜，压入过程中桩身突然下沉或倾斜，桩顶混凝土破坏或压桩阻力剧变时，应暂停压桩。

压桩与打桩相比，由于避免了锤击应力，桩的混凝土强度及其配筋只要满足吊装弯矩和使用期受力要求就可以，因而桩的断面和配筋可以减小，同时压桩引起的桩周土体水平应力也小，因此静压沉桩方法在软土地区应用比较普遍。

e　接桩

（1）桩的连接可采用焊接、法兰连接或机械快速连接（螺纹式、啮合式），焊接钢板的接头宜采用探伤检测，同一工程检测量不得少于3个接头；电焊或法兰接桩时，接桩节点的竖向位置要避开土层中的硬夹层，同时避免在桩尖接近或处于硬持力层中接桩。

（2）采用焊接接桩时，焊接预埋件表面应清洁，上下节之间的间隙应用铁片垫实焊牢，接桩时应先将四周点焊固定，然后对称焊接，并确保焊缝质量和设计尺寸。焊接的桩接头应自然冷却后方可继续锤击，自然冷却时间不宜少于8min，严禁采用水冷却或焊好即施打，雨天焊接时，应采取可靠的防雨措施。

接桩时，一般在距地面1m左右进行，上下节桩的中心线偏差不得大于10mm，节点

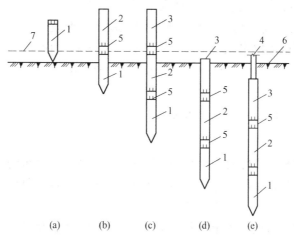

图 2-11　静力压桩的施工程序

（a）准备压第一节桩；（b）接第二节桩；（c）接第三节桩；（d）该根桩压入地平线下；（e）用送桩器压到指定标高

1—第一节桩；2—第二节桩；3—第三节桩；4—送桩器；5—接桩处；6—自然地平线；7—压桩架操作平台线

弯曲矢高不得大于1%桩长。焊接的材质（钢、焊条）均应符合设计要求，焊接件应做好防腐处理。

　　f　送桩

　　设计要求送桩时，送桩的中心线与桩身吻合一致方能进行送桩。若桩顶不平可用麻袋或厚纸垫平。送桩留下的孔应立即回填。

　　g　压桩记录

　　桩在沉入时，应在桩的侧面设置标尺，根据静压桩机每一次的行程，记录压力变化情况。

　　C　静力压桩的施工要点

　　a　基本规定

　　（1）静力压桩施工前应对成品桩做外观及强度检验，接桩用焊条应有产品合格证书，或送有关部门检验，压桩用压力表、锚杆规格及质量也应进行检查。

　　（2）压桩过程中应检查压力、桩垂直度、接桩间歇时间、桩的连接质量及压入深度。重要工程应对电焊接桩的接头做10%的探伤检查，对承受反力的结构应加强观测。

　　（3）施工结束时，应做桩的承载力及桩体质量检验。

　　（4）同一根桩的压桩过程应连续进行，压桩时操作员应时刻注意压力表上压力值。

　　b　静力压桩的施工注意事项

　　（1）压桩施工时应随时注意使桩保持轴心受压，接桩时也应保证上下接桩的轴线一致，第一节桩下压时垂直度偏差不应大于0.5%，接桩时间要短，否则，会出现土体固结导致压不下去。最大压桩力不得小于设计的单桩竖向极限承载力标准值，必要时可由现场试验确定。

　　（2）当桩接近设计标高时，不可过早停压，否则，在补压时也会发生压不下去或压入过少的现象。

　　（3）压桩过程中，当桩尖碰到夹砂层时，压桩阻力可能突然增大，可采取变频加压的方法。忽停忽开的办法，是解决穿过砂层的较好的方法。

（4）当桩较密集，或地基为饱和淤泥、淤泥质土及黏性土时，应设置塑料排水板、袋装砂井消减超孔压或采取引孔等措施。在压桩施工过程中应对总桩数10%的桩设置上浮和水平偏位观测点，定时检测桩的上浮量及桩顶水平偏位值，若上浮和偏位值较大，应采取复压措施。

2.3.1.3　预制桩的其他沉桩施工方法

A　锤击沉桩

锤击沉桩是利用桩锤下落时的瞬时冲击机械能，克服土体对桩的阻力，使其静力平衡状态遭到破坏，导致桩体下沉，达到新的静压平衡状态，如此反复地锤击桩头，桩身也就不断地下沉。

打桩顺序影响挤土方向，当土壤向一个方向挤压时，不仅使后面桩难以打下，而且还能使外侧已打的桩被挤压而浮起；一般情况下，打桩顺序应根据桩的设计标高，先深后浅、先大后小、先长后短的原则进行。

打桩顺序可分为：逐排打、自边缘向中央打、自中央向边缘打、分段打和跳打五种（见图2-12）。具体打桩顺序选择的要点有：

（1）逐排打、自边缘向中央打，仅适用于桩距较大（不小于4倍桩径）打桩；自中

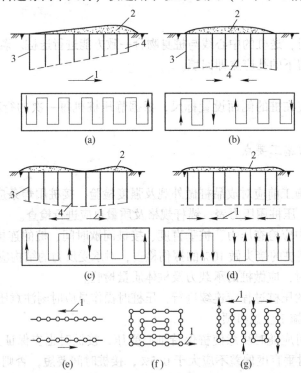

图2-12　打桩顺序和土体挤密情况

（a）逐排单向打设；（b）自边缘向中央打设；（c）自中部向两侧打设；
（d）分段相对打设；（e）逐排打设；（f）自中央向边缘打设；（g）分段打设
1—打设方向；2—土壤挤密情况；3—沉降量小；4—沉降量大

央向边缘打、分段打或跳打适用于桩距较小（小于 4 倍桩径）打桩；

（2）对于密集桩群，采用自中央向两边或向四周对称施打；对于大面积的桩群，宜分成几个区域，采用分段打，并由多台打桩机采用合理的顺序同时进行施工；

（3）当一侧毗邻建筑物时，由毗邻建筑物处向另一方向施打，防止锤击沉桩过程中影响毗邻建筑物；

（4）对于同一排桩，必要时可采用间隔跳打的方式；

（5）当桩的中心距小于 4 倍桩径时，可采用预钻孔沉桩的方法；

（6）管桩间距小于 3.5d（d 为管桩外径）时，宜采用跳打。

B　振动沉桩

振动沉桩是将桩与振动锤连接在一起，振动锤产生的振动力通过桩身带动土体振动，土颗粒受迫振动改变了土颗粒排列组织，使土体的内摩擦角减小、使桩表面与土体间的摩擦力减小，桩在自重和振动力共同作用下沉入土中。这种沉桩方法适用于砂石、松散砂土及软土，尤其在砂土中施工效率较高。也适用于地下水位较高的地基，更适合于打钢板桩，同时借助起重设备可以拔桩。

C　射水沉桩法

射水法沉桩又称水冲法沉桩，是将射水管附在桩身上，用高压水流束冲桩尖附近的土体，以减小土对桩端的正面阻力，同时水流及土的颗粒沿桩身表面涌出地面，减小了土与桩身的摩擦力，使桩借自重沉入土中。但在沉桩附近有建筑物时，由于水的冲刷将会引起临近地基湿陷，所以在未采取有效防护措施前严禁使用。

射水沉桩方法往往与锤击（或振动）法同时使用，具体选择应视土质情况：在砂夹卵石层或坚硬土层中，一般以射水为主，以锤击或振动为辅；在粉质黏土或黏土中，为避免降低承载力，一般以锤击或振动为主，以射水为辅，并应适当控制射水时间和水量。下沉空心桩，一般用单管内射水。当下沉较深或土层较密实，可用锤击或振动，配合射水；下沉实心桩，将射水管对称地装在桩的两侧，并能沿着桩身上下自由移动，以便在任何高度上射水冲土。施工时，射水管末端一般处于桩尖下 0.3 ~ 0.4m 处，射水管射出压力为 0.4MPa。

沉桩至距设计标高一定距离（1~2m）停止射水，拔出射水管，进行振动或锤击，使桩下沉至设计要求标高。

2.3.2　混凝土灌注桩施工

混凝土灌注桩施工时无振动、无挤土、噪声小，宜在建筑物密集地区使用。与预制桩相比由于避免了锤击应力和沉桩的挤压应力，桩的混凝土强度及配筋只要满足承载力要求就可以，因而具有节约材料、成本低廉的特点，灌注桩能适应各种地层的变化，无需接桩。但成孔时有大量土渣或泥浆排出，在软土地基中易缩颈、断桩。

2.3.2.1　混凝土灌注桩适用条件

混凝土灌注桩是一种直接在现场桩位上就地成孔，然后在孔内浇筑混凝土或安放钢筋笼再浇筑混凝土而成的桩。根据成孔方法的不同，灌注桩可以分为干作业成孔灌注桩、泥浆护壁成孔灌注桩、套管成孔灌注桩、旋挖成孔灌注桩、冲孔灌注桩、夯扩桩、灌注桩后注浆、长螺旋钻孔压灌桩、人工挖孔灌注桩、爆扩成孔灌注桩等。不同灌注桩桩型的适用条件见表2-2。

表 2-2　不同灌注桩桩型的适用范围

项次	项目	成孔方法	适用范围
1	干作业成孔	螺旋钻	地下水位以上的黏性土、砂土及人工填土
		钻孔扩底	地下水位以上的坚硬、硬塑的黏性土及中密以上的砂土
		机动洛阳铲	地下水位以上的黏性土，稍密及松散的砂土
2	泥浆护壁成孔	冲抓 冲击 回转钻	碎石土、砂土、黏性土及风化岩
		潜水钻	黏性土、淤泥、淤泥质土及砂土
3	套管成孔	锤击振动	可塑、软塑、流塑的黏性土，稍密及松散的砂土
4		爆扩成孔	地下水位以上的黏性土、黄土、碎石土及风化岩石
5	灌注桩后注浆	灌注桩后注浆是指在灌注桩成桩后一定时间，通过预设在桩身内的注浆导管及与之相连的桩端、桩侧处的注浆阀注入水泥浆。注浆目的：①加固桩底沉渣（虚土）和桩身泥皮，②对桩底和桩侧一定范围的土体注浆起到加固作用，从而增大桩侧阻力和桩端阻力。此种施工方法可以提高单桩承载力40%~120%，桩基沉降减小30%左右，节省工程造价	
6	长螺旋钻孔压灌桩	采用长螺旋钻机钻孔至设计标高，利用混凝土泵将混凝土从钻头底压出，边压灌混凝土边提升钻头直至成桩，然后利用振动装置将钢筋笼一次插入混凝土桩体，形成钢筋混凝土灌注桩。该桩适用于黏性土、粉土、砂土、填土、非密实的碎石类土、强风化岩；此种施工方法由于不需要泥浆护壁，无沉渣，无泥浆污染，施工速度快，造价较低	

2.3.2.2　成孔的控制深度要求

A　摩擦型桩

摩擦桩应以设计桩长控制成孔深度；端承摩擦桩必须保证设计桩长及桩端进入持力层深度，当采用锤击沉管法成孔时，桩管入土深度控制应以标高为主，以贯入度控制为辅。

B　端承型桩

当采用钻（冲）、挖成孔时，必须保证桩端进入持力层的设计深度；当采用锤击沉管法成孔时，沉管深度控制以贯入度为主，以设计持力层标高对照为辅。

2.3.2.3　钢筋笼制作、安装的质量要求

（1）分段制作的钢筋笼，其接头宜采用焊接或机械连接接头（钢筋直径大于20mm），并应遵守国家现行标准《钢筋机械连接通用技术规程》（JGJ 10）、《钢筋焊接及验收规程》（JGJ 18）和《混凝土结构工程施工质量验收规范》（GB 50204）的规定。

（2）加劲箍宜与主筋焊接，主筋不设弯钩，根据施工工艺要求所设弯钩不得向内圆伸露，以免妨碍导管工作。

（3）钢筋笼的内径应比导管接头处外径大100mm以上。

（4）搬运和吊装时，应防止变形，安放要对准孔位，避免碰撞孔壁，就位后应立即固定。

2.3.2.4 灌注桩混凝土的质量要求

（1）粗骨料可选用卵石或碎石，其最大粒径对于沉管灌注桩不宜大于50mm，并不得大于钢筋间最小净距的1/3；对于素混凝土桩，不得大于桩径的1/4，并不宜大于70mm。

（2）检查成孔质量合格后应尽快浇筑混凝土。直径大于1m或单桩混凝土量超过25m³的桩，每根桩桩身混凝土应留有1组试件；直径不大于1m的桩或单桩混凝土量不超过25m³的桩，每个浇筑台班不得少于1组。

（3）水下浇筑混凝土时，常用垂直导管灌注法进行水下施工，相关内容见第5章。

2.3.2.5 混凝土灌注桩成孔方法

A 干作业机械成孔灌注桩施工

干作业成孔灌注桩适用于地下水位较低、在成孔深度内无地下水的土质，无需护壁可直接取土成孔。目前干作业成孔一般采用螺旋钻机，亦有用洛阳铲成孔的。

a 螺旋钻机成孔

螺旋钻机由主机、滑轮组、螺旋钻杆、钻头、滑动支架、出土装置等组成，如图2-13所示。全叶片螺旋钻机成孔直径一般为300~600mm，钻孔深度为8~20m。在软塑土层，含水量大时，用疏纹叶片钻杆，以便较快地钻进；在可塑或硬塑黏土中，或含水量较小的砂土中应用密纹叶片钻杆。操作时要求钻杆垂直，钻孔过程中如发现钻杆摇晃或难钻进时，可能是遇到石块等异物，应立即停机检查。在钻进过程中，应随时清理孔口积土，遇到塌孔、缩孔等异常情况，应及时研究解决，螺旋钻机施工过程如图2-14所示。

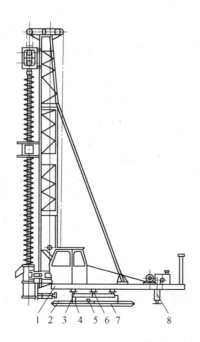

图2-13 步履式螺旋钻机
1—上底盘；2—下底盘；3—回转滚轮；4—行车滚轮；5—钢丝滑轮；
6—回转轴；7—行车油缸；8—支腿

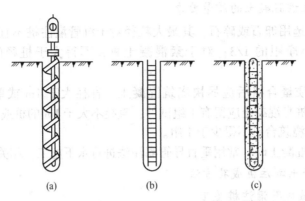

图 2-14　螺旋钻机钻孔灌注桩施工过程示意图

(a) 钻机进行钻孔；(b) 放入钢筋骨架；(c) 浇筑混凝土

当螺旋钻机钻至设计标高时，在原位空转清土，停钻后提出钻杆弃土，钻出的土应及时清除，不可堆在孔口。钢筋骨架绑好后，一次整体吊入孔内。如过长可分段吊，两段焊接后再徐徐沉放孔内。钢筋笼吊放完毕，应及时灌注混凝土。灌注时应分层灌注分层捣实。

b　长螺旋钻孔压灌混凝土

长螺旋钻孔压灌混凝土桩的工艺是：先用螺旋钻机钻孔至设计标高后，边提升钻杆边通过长螺旋钻中空钻杆泵入混凝土，直至混凝土升至地下水位以上或无塌孔危险的位置处，提出全部钻杆后，向孔内沉放钢筋笼，如图 2-15 所示，提钻速度应根据土层情况确定，且应与混凝土泵送量相匹配，保证管内有一定高度的混凝土。混凝土灌桩的充盈系数宜为 1.0~1.2，成桩的桩径为 300~1000mm，深度可达 50m。

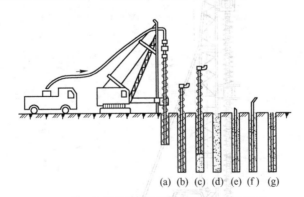

图 2-15　长螺旋钻孔压灌混凝土桩工艺流程

(a) 钻机就位；(b) 钻进至设计深度；(c) 边提边泵送混凝土；(d) 钻提出，泵送混凝土至孔口；

(e) 吊放钢筋笼；(f) 将桩身混凝土振捣密实；(g) 成桩

B　湿作业机械成孔灌注桩施工

泥浆护壁湿作业成孔能够平衡地下水的渗透压，降低孔壁塌落、钻具磨损发热、沉渣过厚等问题。湿作业成孔机械有回转钻机、潜水钻机、冲击钻等。

a　泥浆准备

泥浆的选料既要考虑护壁效果，又要考虑经济性，尽可能使用当地材料，注入的泥浆相对密度控制在 1.1 左右，排出泥浆的相对密度宜为 1.2~1.4，其相对密度、黏度、含砂量、pH 值、稳定性等要符合规定的要求。

b　湿作业机械成孔灌注桩施工工艺流程

按设计图纸放线、定桩位→湿作业成孔→排除孔底渣土及泥浆置换→钢筋笼吊放→水下浇筑混凝土桩身。

c　成孔方法

（1）回转钻机成孔。回转钻机钻孔前，应先在桩位孔口处埋设护筒，护筒的作用是固定桩孔位置、保护孔口、防止塌孔。护筒由 4~8mm 厚钢板制成，其内径比钻头直径大 100mm，埋在桩位处，埋入土中深度通常不宜小于 1.0~1.5m，特殊情况下埋深需要更大。其顶面应高出地面或水面 400~600mm，周围用黏土填实。在护筒顶部应开设 1~2 个溢浆口，在钻孔过程中，应保持护筒内泥浆液面高于地下水位。

回转钻机是由动力装置带动钻机的回转装置转动，由钻头切削土壤，切削形成的土渣，通过泥浆循环排出桩孔。根据泥浆循环方式的不同，分为正循环和反循环，正循环回转钻机成孔的工艺如图 2-16 所示，泥浆由钻杆内部注入，并从钻杆底部喷出，携带钻下的土渣沿孔壁向上流动，由孔口将土渣带出流入沉淀池，经沉淀的泥浆流入泥浆池再注入钻杆，不断循环，当孔深不太深，孔径小于 800mm 时钻进效率比较高。

反循环回转钻机成孔的工艺如图 2-17 所示。泥浆由钻杆与孔壁间的环状间隙流入钻孔，然后由泥浆泵通过钻杆内腔吸出泥浆至沉淀池，沉淀后经泥浆池再流入桩孔。反循环工艺的泥浆土流的速度较高，排放土渣的能力强。对孔深大于 30m 的端承型桩，宜采用反循环。

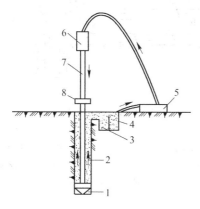

图 2-16　正循环回转钻机成孔工艺原理图

1—钻头；2—泥浆循环方向；3—沉淀池；
4—泥浆池；5—泥浆泵；6—水龙头；
7—钻杆；8—钻机回转装置

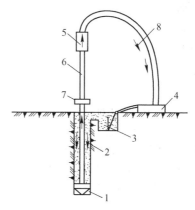

图 2-17　反循环回转钻机成孔工艺原理图

1—钻头；2—新泥浆流向；3—沉淀池；
4—砂石泵；5—水龙头；6—钻杆；
7—钻杆回转装置；8—混合液流向

（2）潜水钻机成孔。潜水钻机是一种旋转式钻孔机械，其动力、变速机构和钻头连在一起，因而可以下放至孔中地下水位以下进行切削土壤成孔（见图 2-18）。用正、反循环工艺输入泥浆，进行护壁和将钻下的土渣排出孔外。潜水钻机成孔，亦需先埋设护筒，其他施工过程皆与回转钻机成孔相似。

（3）冲击钻成孔。冲击钻主要用于在岩土层中成孔，成孔时将冲击式钻头提升一定高度后，以自由下落的冲击力来破碎岩层，然后用掏渣筒掏取孔内的渣浆（见图2-19）。

C　套管成孔灌注桩施工

套管成孔灌注桩是利用锤击打桩法或振动打桩法，将带有钢筋混凝土桩靴或带有活瓣式桩靴（见图2-20）的钢套管沉入土中，然后灌注混凝土并拔管而成。若配有钢筋时，在规定标高处应吊放钢筋骨架。利用锤击沉桩设备沉管、拔管时，称为锤击灌注桩；利用激振器的振动沉管、拔管时，称为振动灌注桩。图2-21所示为沉管灌注桩施工过程示意图。

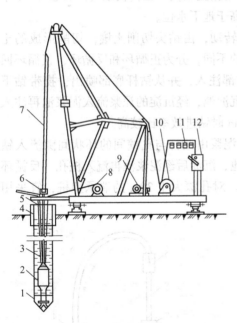

图2-18　潜水钻机示意图

1—钻头；2—潜水钻机；3—电缆；4—护筒；
5—水管；6—滚轮（支点）；7—钻杆；8—电缆盘；
9—0.5t卷扬机；10—1t卷扬机；
11—电流电压表；12—启动开关

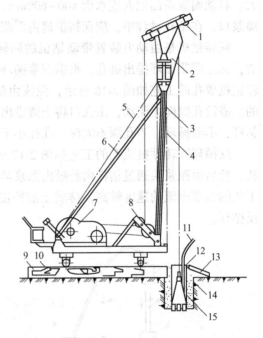

图2-19　冲击钻成孔示意图

1—副滑轮；2—主滑轮；3—主杆；4—前拉索；5—后拉索；
6—斜撑；7　双滚筒卷扬机；8—导向轮；9—垫木；
10—钢管；11—供浆管；12—溢流口；13—泥浆流槽；
14—护筒回填土；15—钻头

a　锤击灌注桩

锤击灌注桩施工时，用桩架吊起钢套管，合拢桩尖处活瓣或对准预先设在桩位处的预制钢筋混凝土桩靴。套管与桩靴连接处要垫以麻、草绳，以防止地下水渗入管内。然后缓缓放下套管，压进土中。套管上端扣上桩帽，检查套管与桩锤是否在一垂直线上，套管偏斜<0.5%时，即可起锤沉套管。先用低锤轻击，观察后如无偏移才正常施打，直至符合设计要求的贯入度或沉入标高，检查管内有无泥浆或水进入，即可灌注混凝土。

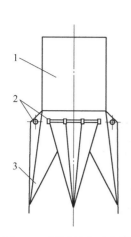

图 2-20　活瓣桩尖示意图

1—桩管；2—锁轴；3—活瓣

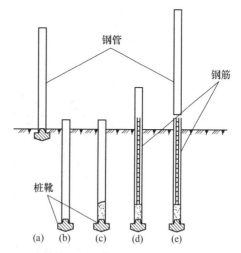

图 2-21　沉管灌注桩施工过程

（a）就位；（b）沉套管；（c）开始灌注混凝土；

（d）下钢筋骨架继续浇灌混凝土；（e）拔管成型

套管内混凝土应尽量灌满，然后开始拔管。拔管要均匀，第一次拔管高度控制在能容纳第二次所需的混凝土灌注量为限，不宜拔管过高。拔管时应保持连续密锤低击不停，并控制拔出速度，对一般土层，以不大于 1m/min 为宜；在软弱土层及软硬土层交界处，应控制在 0.8m/min 以内。拔管时还要经常探测混凝土落下的扩散情况，注意保持管内的混凝土略高于地面，一直到全管拔出为止。桩的中心距在 5 倍桩管外径以内或小于 2m 时，均应跳打，中间空出的桩须待邻桩混凝土达到设计强度的 50% 以后，方可施打。

为了提高桩的质量和承载力，常采用复打扩大灌注桩。其施工顺序为：在第一次灌注桩施工完毕，拔出套管后，清除管外壁上的污泥和桩孔周围地面的浮土，立即在原桩位再预埋桩靴或合好活瓣第二次复打沉套管，使未凝固的混凝土向四周挤压扩大桩径，然后再浇筑第二次混凝土。施工时要注意：前后两次沉管的轴线应重合；复打施工必须在第一次灌注的混凝土初凝之前进行。

锤击灌注桩宜用于一般黏性土、淤泥质土、砂土和人工填土地基。

b　振动灌注桩

振动灌注桩采用激振器或振动冲击锤沉管，施工工艺流程如图 2-22 所示，施工时，先安装好桩机，将桩管下活瓣合起来，对准桩位，徐徐放下套管，压入土中，勿使偏斜，即可开动激振器沉管。激振器又称振动锤，由电动机带动装有偏心块的轴旋转而产生振动。振动沉套管与振动法沉桩相似。沉管时必须严格控制最后两个两分钟的贯入速度，其值按设计要求，或根据试桩和当地长期的施工经验确定。

振动灌注桩可采用单打法、反插法或复打法施工。

单打施工时，在沉入土中的套管内灌满混凝土，开动激振器，振动 5~10s，开始拔管，边振边拔。每拔 0.5~1m，停拔振动 5~10s，如此反复，直到套管全部拔出。在一般土层内拔管速度宜为 1.2~1.5m/min。在较软弱土层中，拔管速度不得大于 0.8~1.0m/min。

反插法施工时，在套管内灌满混凝土后，先振动再开始拔管，每次拔管高度 0.5~

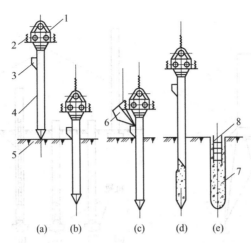

图 2-22　振动沉管灌注桩工艺流程

（a）就位；（b）振动沉管；（c）第一次灌注混凝土；（d）边振边拔边继续灌注混凝土；（e）成桩

1—振动锤；2—加压减震弹簧；3—加料口；4—桩管；5—活瓣桩尖；6—上料斗；7—混凝土桩；8—短钢筋内架

1.0m，向下反插深度 0.3~0.5m。如此反复进行并始终保持振动，直到套管全部拔出地面。反插法能使桩的截面增大，从而提高桩的承载力，宜在较差的软土地基上应用。

复打法要求与锤击灌注桩相同。

振动灌注桩的适用范围除与锤击灌注桩相同外，并适用于稍密及中密的碎石土地基。

D　人工挖孔灌注桩施工

人工挖孔灌注桩的桩径一般为 0.8~2.5m，桩深 6~30m，直径较大的桩也称墩。桩身直径大，有很高的强度和刚度，能穿过深厚的软土层直接支承在岩石或密实土层上。在地下水位高的软土地区开挖桩身，要注意隔水。否则，在开挖桩身时大量排水，会使地下水位大量下降，有可能造成附近周围地面的下沉，影响附近已有的建筑物和管线的安全。

人工挖孔时，一般由一人在孔内挖土，故桩的直径除应满足设计承载力要求外，还应满足人在下面操作的空间要求，所以桩径（不含护壁）一般不小于 800mm。当桩净距小于 2 倍桩径且小于 2.5m 时，应采用间隔跳挖，跳挖的最小施工净距不得小于 4.5m，孔深不宜大于 30m。图 2-23 所示为人工挖孔桩施工示意图。

a　井壁支护

人工开挖桩孔，为确保人工挖（护）孔桩施工过程中的安全，必须考虑防止孔壁坍塌支护措施，需制作护圈，护圈多为钢筋混凝土现浇，每开挖一段浇筑一段，混凝土护圈的厚度不宜小于 100mm，混凝土强度等级不得低于桩身混凝土强度等级，采用多节护圈时，上下节护圈间宜用钢筋拉结。常用的井壁护圈有下列 3 种：

（1）混凝土护圈。护圈的结构形式为斜阶形，每阶高 1m 左右，护壁厚度一般为 100~200mm，可用素混凝土，如图 2-24 所示。土质较差时可加少量钢筋（环筋 ϕ10~12，间距 200mm；竖筋 ϕ10~12，间距 400mm）。如果为素混凝土护壁时，一般每阶护壁插入下层护壁内 8 根 ϕ6~8、长 1m 左右的直钢筋，使上下护壁有拉结，避免当某段护壁出现流砂、淤泥等情况造成护壁由于自重而塌陷的现象。

（2）沉井护圈。沉井护圈（见图 2-25）是先在桩位上制作钢筋混凝土井筒，然后在

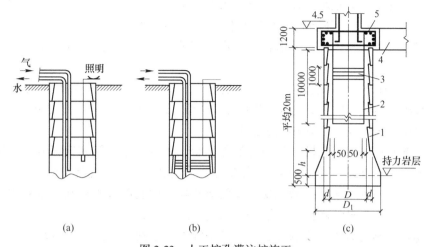

图 2-23 人工挖孔灌注桩施工

（a）在护圈保护下开挖土方；（b）支模板浇筑混凝土护圈；（c）浇筑混凝土桩墩
1—护壁；2—主筋；3—箍筋；4—承台梁；5—桩头及承台梁；
D—桩径；D_1—扩大头直径；d—护壁厚度

筒内挖土，沉井井壁靠其自重或附加荷载来克服沉井壁与土壁之间的摩阻力，下沉至设计标高后，再在筒内吊放钢筋笼，浇筑桩身混凝土。

（3）钢套管护圈。钢套管护圈（见图 2-26）是在桩位先测量定位并构筑井圈后，用桩锤将钢套管强行打入土层中至设计标高，再在钢套管的保护下，将套管内的土挖出并进行底部扩孔，吊放钢筋笼，桩基混凝土边浇筑边拔管。钢套管由 12～16mm 厚的钢板卷焊而成，长度由设计需求而定。采用钢套管护圈方法施工，可穿越流砂强透水层，预防流砂和管涌事故，但不得采用边浇筑边拔管的方法。

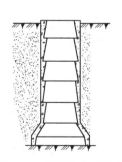

图 2-24 混凝土护圈挖孔

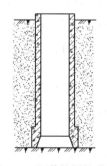

图 2-25 沉井护圈挖孔桩

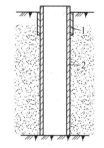

图 2-26 钢套管护圈挖孔桩
1—井圈；2—钢套管

b 人工挖孔灌注桩施工工艺

人工挖孔桩的施工工艺流程：按设计图纸放线、定桩位→开挖土方→测量控制→支设护壁模板→在模板顶放置操作平台→浇筑护壁混凝土→拆除护壁模板继续下一段的施工→…→桩扩大头施工→清除孔底渣土→钢筋笼吊放→浇筑桩身混凝土。

（1）放线定位。按基础平面图，放线定位，放线工序完成后，办理预检手续。

（2）开挖土方。开挖承台以上土方，当考虑桩孔土方就地回填时，要考虑桩孔土方量（需要考虑可松性），确定土方超挖（相对承台底标高而言）深度。

（3）测量控制。桩位轴线采取在地面设十字控制网、基准点，并引测到每个桩孔上口的护壁上。

（4）支设护壁模板。模板高度取决于挖土施工段的高度，一般为1m，由4块或8块活动钢模板组合而成。护壁支模时，将桩控制轴线、高度引到第一节混凝土护壁上，每节以十字线对中，吊大线锤控制中心点位置。

（5）设置操作平台。在模板顶设置操作平台，平台可用角钢和钢板制成半圆形，两个合起来即为一个整圆，用来临时放置混凝土拌合料和灌注护壁混凝土用。

（6）灌注护壁混凝土。护壁混凝土要注意捣实，因它起着护壁与防水双重作用，在护壁混凝土中放入8根竖直插筋，上下护壁间搭接50～100mm。

（7）拆除模板继续下一段的施工。当护壁混凝土达到一定强度（按承受土的侧向压力计算）后，便可拆除模板，一般在常温情况下约24h可以拆除模板，再开挖下一段土方，然后继续护壁施工，如此循环，直到挖到设计要求的深度。

（8）钢筋笼吊放。钢筋笼就位，对质量1000kg以内的小型钢筋笼，可用带有小卷扬机和活动三脚拔杆等小型吊运机具吊放入孔就位；对长度大、重量重的钢筋笼，可用履带吊或汽车吊进行吊放。

（9）浇筑桩身混凝土。在灌注混凝土前，应先放置钢筋笼，垫设好保护层，并再次测量孔内虚土厚度，超过要求应进行清理，然后灌注桩身混凝土，坍落度一般控制在8～10cm。

c　人工挖孔桩施工应采取下列安全措施

（1）孔内必须设置应急软爬梯供人员上下；使用的电葫芦、吊笼等应安全可靠，并配有自动卡紧保险装置，不得使用麻绳和尼龙绳吊挂或脚踏井壁凸缘上下。电葫芦宜用按钮式开关，使用前必须检验其安全起吊能力。

（2）每日开工前必须检测井下的有毒、有害气体的含量及浓度，并应有足够的安全防范措施。当桩孔开挖深度超过10m时，应有专门向下送风的设备，风量不宜小于25L/s。

（3）孔口四周必须设置护栏，护栏高度宜为0.8m。

（4）挖出的土石方应及时运离孔口，不得堆放在孔口周边1m范围内，机动车辆的通行不得对井壁的安全造成影响。

（5）桩孔内电缆、电线必须有防磨损、防潮、防断等保护措施。照明应采用安全矿灯或12V以下的安全灯。

2.3.3　灌注桩后注浆

灌注桩后注浆是指在灌注桩成桩后，通过预设在桩身内的注浆导管再次注入水泥浆。注浆不仅通过桩底和桩侧后注浆加固桩底沉渣（虚土）和桩身收缩裂缝，而且通过渗入（粗颗粒土）、劈裂（细粒土）和压密（非饱和松散土）注浆起到加固桩底和桩侧一定范围土体作用，从而提高单桩承载力，减少桩基沉降。

在优化注浆工艺参数的前提下，可使单桩承载力提高40%～120%，粗粒土增幅高于细粒土，桩侧、桩底复式注浆高于桩底注浆；桩基沉降减小 30%左右。可利用预埋于桩身的后注浆钢导管进行桩身完整性超声检测，注浆用钢导管可取代等承载力桩身纵向钢筋。

A 灌注桩后压浆工艺流程

准备工作→按设计水灰比拌制水泥浆液→水泥浆经过滤至储浆桶（不断搅拌）→注浆泵、加筋软管与桩身压浆管连接→打开排气阀并开泵放气→关闭排气阀先试压清水，待注浆管道通畅后再压注水泥浆液→桩检测。

B 注浆方法

根据地层性状、桩长、承载力增幅和桩的使用功能（抗压、抗拔）等因素，灌注桩后注浆可采用桩底注浆、桩侧注浆、桩侧桩底复式注浆等形式。主要技术指标为：

（1）浆液水灰比：地下水位以下 0.45~0.65，地下水位以上 0.70~0.90。

（2）最大注浆压力：软土层 4~8MPa，风化岩 10~16MPa。

（3）单桩注浆水泥量：$G_c = \alpha_p d + \alpha_s nd$，式中桩端注浆量经验系数 $\alpha_p = 1.5~1.8$，桩侧注浆量经验系数 $\alpha_s = 0.5~0.7$，n 为桩侧注浆断面数，d 为桩径（m）。

（4）注浆流量不宜超过 75L/min。

C 适用范围

灌注桩后注浆技术适用于除沉管灌注桩外的各类泥浆护壁和干作业的钻、挖、冲孔灌注桩。实际工程中，注浆参数应根据土的类别、饱和度及桩的尺寸、承载力增幅等因素适当调整，并通过现场试注浆和试桩试验最终确定。

2.3.4 桩承台

2.3.4.1 一般规定

桩承台是将上部结构的力传递给桩基础的受力构件，桩基承台的构造，除应满足抗冲切、抗剪切、抗弯承载力和上部结构要求外，尚应符合下列要求：

（1）柱下独立桩基承台的最小宽度不应小于 500mm，边桩中心至承台边缘的距离不应小于桩的直径或边长，且桩的外边缘至承台边缘的距离不应小于 150mm。对于墙下条形承台梁，桩的外边缘至承台梁边缘的距离不应小于 75mm，承台的最小厚度不应小于 300mm。

（2）承台混凝土材料及其强度等级应符合结构混凝土耐久性的要求和抗渗要求；承台底面钢筋的混凝土保护层厚度，当有混凝土垫层时，不应小于 50mm，无垫层时不应小于 70mm。

（3）柱下独立桩基承台钢筋应通长配置，对四桩以上（含四桩）承台宜按双向均匀布置，对三桩的三角形承台应按三向板带均匀布置，且最里面的三根钢筋围成的三角形应在柱截面范围内。

（4）桩嵌入承台内的长度对中等直径桩不宜小于 50mm；对大直径桩不宜小于 100mm。混凝土桩的桩顶纵向主筋应锚入承台内，钢筋锚固长度自边桩内侧（当为圆桩时，应将其直径乘以 0.8 等效为方桩）算起，不宜小于 35 倍纵向主筋直径。当承台高度不满足锚固要求时，竖向锚固长度不应小于 20 倍纵向主筋直径，并向柱轴线方向呈 90°弯折。

2.3.4.2　管桩与承台连接

管桩与承台连接，一般采用填芯混凝土的做法，填芯灌注深度不得小于 $3d$（d 为管桩外径），且不得小于 1.5m，填芯混凝土强度等级不得低于 C40。

采用管桩内的纵向钢筋直接与承台锚固时，锚固长度不得小于 50 倍纵向钢筋直径，且不小于 500mm。当采用锚入和腔内的后插钢筋与承台连接时，其锚入承台内长度不应小于 35 倍纵向钢筋直径。

在施工完基础素混凝土垫层后，如管桩内有积水应排出，并用吊筋下放 3mm 厚的圆形钢板托板，伸入管桩内 1000~1500mm 左右，待承台浇筑混凝土时一同灌入同强度等级混凝土增强桩头受力截面。同时在桩端头板上焊接伸入承台的锚固钢筋，伸入承台内，然后进行承台钢筋的绑扎作业。

职业技能

技 能 要 点			掌握程度	应用方向
各类基础的施工要点及质量要求			了解	土建项目经理、工程师
预制桩的施工要点及质量要求			掌握	
灌注桩的施工要点及质量要求			熟悉	
打钎验槽及地基处理			掌握	
桩基础中桩的分类			熟悉	
地基	地基加固方法		掌握	土建工程师
	地基强度或承载力检验及检验数量		熟悉	
	地基处理质量检验与检测主要内容		掌握	
桩基础	静力压桩、混凝土预制桩、混凝土灌注桩	施工机具	了解	
		施工要点	掌握	
		适用条件	掌握	
有关桩基及基坑支护的施工工艺			熟悉	土建造价师
打桩、送桩、接桩、截桩的定义			熟悉	

习 题

2-1　选择题

(1) 锤击沉桩法施工，不同规格钢筋混凝土预制桩的沉桩顺序是（　　）。

A. 先大后小，先短后长　　　　B. 先小后大，先长后短

C. 先大后小，先长后短　　　　D. 先小后大，先短后长

(2) 预制桩的垂直偏差应控制的范围是（　　）。

A. 1%之内　　B. 3%之内　　C. 2%之内　　D. 1.5%之内

(3) 施工时无噪声，无振动，对周围环境干扰小，适合城市中施工的是（　　）。

A. 锤击沉桩　　B. 振动沉桩　　C. 射水沉桩　　D. 静力压桩

(4) 摩擦型灌注桩采用锤击沉管法成孔时，桩管入土深度的控制以（　）为主，以（　）为辅。

A. 标高，贯入度　B. 标高，垂直度　C. 贯入度，标高　D. 垂直度，标高

(5) 在起吊时预制桩混凝土的强度应达到设计强度等级的（　）。

A. 50%　　B. 100%　　C. 75%　　D. 25%

(6) 干作业成孔灌注桩采用的钻孔机具是（　）。

A. 螺旋钻　　B. 潜水钻　　C. 回转钻　　D. 冲击钻

(7) 沉桩施工的要求是（　）。

A. 重击低锤　　B. 先沉坡脚，后沉坡顶

C. 先沉浅的，后沉深的　　D. 重锤低击

(8) 对打桩锤重的选择影响最大的因素是（　）。

A. 地质条件　B. 桩的类型　C. 桩的密集程度　D. 单桩极限承载力

(9) 在泥浆护壁成孔灌注桩施工中埋设护筒时，护筒中心与桩位中心的偏差不过（　）。

A. 10mm　　B. 20mm　　C. 30mm　　D. 50mm

(10) 下列关于沉入桩施工的说法中错误的是（　）。

A. 当桩埋置有深浅之别时，宜先沉深的，后沉浅的桩

B. 在斜坡地带沉桩时，应先沉坡脚，后沉坡顶的桩

C. 当桩数较多时，沉桩顺序宜由中间向两端或向四周施工

D. 在砂土地基中沉桩困难时，可采用水冲锤击法沉桩

2-2　简答题

(1) 简述地基处理的目的及常用方法。

(2) 简述钻孔灌注桩的施工工序。

(3) 简述人工挖孔灌注桩的施工工艺。

(4) 简述预制桩的施工要点。

2-3　案例分析

某大桥工程采用沉入桩基础，在平面尺寸为5m×30m的承台下，布置了148根桩；顺桥方向5行桩，桩中心距为0.8m，横桥方向29排，桩中心距1m，桩长15m，分两节采用法兰盘等强度接头，由专业公司分包负责沉桩作业，合同工期为一个月。项目部编制的施工组织设计拟采取如下技术措施：

(1) 为方便预制，桩节长度分为4种，期中72根上节长7m，下节长8m（带桩靴），73根上节长8m，下节长7m，81根上节长6m，下节长9m，其余剩下的上节长9m，下节长6m。

(2) 为了挤密桩间，增加桩与土体的摩擦力，打桩顺序定位四周向中心打。

(3) 为防止桩顶或桩身出现裂缝、破碎，决定以贯入度为主控制。

【问题】

(1) 项目部预制桩分节和沉桩方法是否符合规定？

(2) 在沉桩过程中，遇到哪些情况应暂停沉桩？并分析原因，采取有效措施。

(3) 在沉桩过程中，如何妥善掌握控制桩尖标高与贯入度的关系？

3 砌体工程

学习要点：
- 了解砌体材料的种类和性能；
- 了解脚手架形式、垂直运输机械的选择；
- 掌握各类砌体的施工工艺及施工工艺特点；
- 掌握各类砌块砌体的质量检查及控制方法。

主要国家标准：
- 《烧结多孔砖和多孔砌块》（GB 13544）；
- 《烧结空心砖和空心砌块》（GB/T 13545）；
- 《蒸压粉煤灰砖》（JC/T 239）；
- 《砌体结构工程施工质量验收规范》（GB 50203）；
- 《砌体结构设计规范》（GB 50003）；
- 《建筑抗震设计规范（附条文说明）》（GB 50011）；
- 《砌筑砂浆配合比设计规程》（JGJ/T 98）；
- 《混凝土小型空心砌块建筑技术规程》（JGJ/T 14）；
- 《建筑施工扣件式钢管脚手架安全技术规范》（JGJ 130）。

案例导航

某 5 层住宅突然倒塌

近年来，砌体结构经常出现由于墙体开裂引发的工程质量问题，并发生多起因承重墙首先破坏而导致建筑物整体倒塌的事故。在这些事故中，有的是因设计错误，有的则是施工质量低劣造成的。

2009 年宁波一幢 5 层居民楼发生倒塌，所幸住户在事发前 8h 全部撤离，未造成人员伤亡（见图 3-1）。经专家现场勘查鉴定，认为房屋倒塌的原因是施工质量差。具体情况

图 3-1　楼房倒塌

为，倒塌房屋的砌筑砂浆粉化后强度接近零；砌筑方式不规范，墙体断砖较多；砖强度等级低；钢筋混凝土构件中混凝土离析，蜂窝麻面，导致混凝土强度低；块石基础为干砌，不符原设计要求。

【问题讨论】

(1) 在你生活周围有墙体开裂的建筑吗？一般裂缝出现在哪些部位？

(2) 在砌筑施工中，如何确保砌筑砂浆的强度？

3.1　砌体材料性能

3.1.1　砌筑用块材

3.1.1.1　砖

砌体工程所用的砖种类较多，根据制作方法的不同，有烧结砖和非烧结砖两大类。

A　烧结砖

烧结砖是以黏土、页岩、煤矸石、粉煤灰为主要原料，经压制成型、焙烧而成。常用的有：

(1) 烧结多孔砖。烧结多孔砖的规格较多，其长度有 290mm、240mm，宽度有 190mm、180mm、140mm，厚度有 115mm、90mm，孔形多为竖孔，此外还有长条孔、圆孔、椭圆孔、方形孔、菱形孔等。其抗压强度分为 MU30、MU25、MU20、MU15、MU10 五个强度等级，可用于砌筑承重墙。

(2) 烧结空心砖及砌块。烧结空心砖的孔洞率大于 40%，孔形主要有矩形条孔、方形孔及菱形孔，其尺寸规格较多，长度有 390mm、290mm、240mm、190mm、180mm、140mm，宽度有 190mm、180mm、175mm、140mm、115mm，厚度有 180mm、140mm、115mm、90mm。抗压强度等级较低，分为 MU3.5、MU5.0、MU7.5、MU10.0 四个强度等级，只能用于非承重砌体。

B　非烧结砖

非烧结砖一般采用蒸汽养护或蒸压养护的方法生产，根据主要原材料的不同，分为灰砂砖、粉煤灰砖、煤渣砖、炉渣砖、煤矸石砖等。

(1) 蒸压灰砂砖。蒸压灰砂砖是以石灰和砂为主要原料，经坯料制备、压制成型、蒸压养护而制成的实心砖或空心砖（孔洞率大于 15%）。现主要以实心砖为主，其长度为 240mm，宽度有 115mm、180mm，高度有 175mm、115mm、103mm、53mm 等。按力学性能分为 MU10、MU15、MU20、MU25 四个抗压强度等级。

(2) 蒸压粉煤灰砖。蒸压粉煤灰砖是以粉煤灰、生石灰为主要原料，可掺加适量的石膏等外加剂和其他集料，经坯料制备、压制成型、高压蒸汽养护而成的实心砖，产品代号 AFB。主要规格有：240mm×115mm×53mm、400mm×115mm×53mm。按力学性能分为 MU10、MU15、MU20、MU25 四个抗压强度等级。

(3) 混凝土多孔砖。混凝土多孔砖是以水泥为胶结材料，以砂、石等为主要集料，加水搅拌、成型、养护制成的一种多排小孔的混凝土砖。其孔洞率等于或大于 25%，孔的尺寸小而数量多，大部分用于建筑物的围护结构、隔墙，少量用于承重结构。按强度等级分为 MU10、MU15、MU20、MU25、MU30。主规格尺寸为 240mm×115mm×90mm。

3.1.1.2　砌块

目前我国砌块的种类规格较多,按有无孔洞分为实心砌块和空心砌块两种。按规格分为小型砌块、中型砌块和大型砌块,砌块高度在 115～380mm 称小型砌块;高度在 380～980mm 的称中型砌块;高度大于 980mm 称大型砌块;按用途分为承重砌块和非承重砌块。

A　承重砌块

承重砌块有烧结多孔砌块和混凝土空心砌块,以普通混凝土小型空心砌块为主,它有竖向方孔,主规格尺寸为 390mm×190mm×190mm,还有一些辅助规格的砌块以配合使用,最小壁肋厚度为 30mm。按力学性能分为 MU3.5、MU5、MU7.5、MU10、MU15、MU20 六个强度等级。砌块可以制作成半封底和不封底两种,半封底的砌块用于一般砌体,不封底的砌块主要用于填实插筋砌体。

B　非承重砌块

非承重砌块主要包括蒸压加气混凝土砌块、轻骨料混凝土小型空心砌块、粉煤灰硅酸盐砌块及各种工业废渣砌块等。

(1) 蒸压加气混凝土砌块按抗压强度分为 A1.5、A2.0、A2.5、A3.5、A5.0 五个级别;强度级别 A1.5、A2.0 适用于建筑保温。按干密度分为 B03、B04、B05、B06、B07 五个级别;干密度级别 B03、B04 适用于建筑保温。

(2) 粉煤灰硅酸盐砌块的主规格尺寸为 880mm×380mm×240mm 和 880mm×430mm×240mm 两种,需用其他规格尺寸时,可由供需双方协商确定。强度等级分为 MU5、MU7.5、MU10、MU15,其中常用的有 MU10 和 MU15 两个级别。

(3) 其他工业废渣砌块,规格不一,以主规格尺寸为 390mm×190mm×190mm 的居多,其强度等级也各不相同,最高的可达 MU10,最低的为 MU2.5。

C　新型砌块

近几年新型墙体材料种类越来越多,包括:石膏或水泥轻质隔墙板、新型复合自保温砌块、陶粒砌块、石膏砌块、BM 轻集料连锁砌块等。

通常这些新型墙体材料以粉煤灰、煤矸石、石粉、炉渣、竹炭等为主要原料,具有质轻、隔热、隔声、保温、无甲醛、无苯、无污染等特点。部分新型复合节能墙体材料集防火、防水、防潮、隔声、隔热、保温等功能于一体,装配简单快捷,使墙体变薄,具有更大的使用空间。

3.1.2　墙体节能技术

在建筑围护结构中,墙体的保温隔热性能直接影响着建筑节能能耗,墙体与周围环境的冷热交换约占总能耗的 32.1%～36.2%,因此,如何改善墙体的保温隔热性能成为重中之重。墙体节能技术分为复合墙体节能与单一墙体节能。

单一墙体节能指通过改善主体围护结构材料本身的热工性能以达到墙体节能效果,目前常用的单一节能墙材有加气混凝土、空洞率高的多孔砖或空心砌块。

复合墙体节能是指在墙体单一围护材料基础上增加一层或几层复合的绝热保温材料来

改善整个墙体的热工性能。根据复合材料与围护结构位置的不同，又分为内保温、外保温、夹心保温及综合保温四种保温形式。

A　国内外墙体材料发展现状

"绿色建材"是当今世界各国发展方向，轻质、高强、高效、绿色环保以及复合型新型墙体材料是发展趋势。各国单一节能墙材发展情况各不相同，但主要有以下六大类。

a　混凝土砌块（见图3-2）

在美国和日本，混凝土砌块已成为墙体材料的主要产品，分别占墙体材料总量的34%和33%。欧洲国家中，混凝土砌块的用量占墙体材料的比例在10%~30%之间。

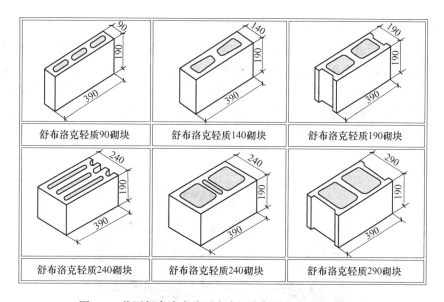

| 舒布洛克轻质90砌块 | 舒布洛克轻质140砌块 | 舒布洛克轻质190砌块 |
| 舒布洛克轻质240砌块 | 舒布洛克轻质240砌块 | 舒布洛克轻质290砌块 |

图3-2　美国舒布洛克公司在中国市场的混凝土砌块产品

b　灰砂砖（见图3-3）

产品种类很多，从小型砖到大型砌块。灰砂砖以空心制品为主，灰砂砌块均为凹槽连接，具有很好的结构稳定性。德国是灰砂砖生产和使用量较大的国家，灰砂砖产量较大的国家还有俄罗斯、波兰和其他东欧国家。

图3-3　德国系列灰砂砖

c　纸面石膏板

美国是纸面石膏板最大生产国，目前年产量已超过20亿平方米。日本，目前年产量为6亿平方米。其他产量较大的国家有加拿大、法国、德国、俄罗斯等。近年来，在石膏原料方面，用工业废石膏生产石膏板和石膏砌块发展迅速。

d　加气混凝土

俄罗斯是加气混凝土生产和用量最大的国家，其次是德国、日本和一些东欧国家。在原料方面，加大了对粉煤灰、炉渣、工业废石膏、废石英砂和高效发泡剂的利用。法国、瑞典和芬兰已将密度小于300kg/m³的产品投入市场，产品具有较低的吸水率和良好的保温性能。

e　复合轻质板（见图3-4）

复合轻质板包括玻璃纤维增强水泥（GRC）板、石棉水泥板、硅钙板与各种保温材料复合而成的复合板，金属面复合板、钢丝网架聚苯乙烯夹芯板（CS板与20世纪80年代中期，国内引进美国的"泰柏板"，随后引进韩国的"舒乐舍板"等均属类似板材）等。法国的复合外墙板占全部预制外墙板的比例是90%，英国是34%，美国是40%。

图3-4　GRC防火隔墙板

f　新型复合自保温砌块

新型复合自保温砌块是由主体砌块、外保温层、保温芯料、保护层及保温连接柱销组成，如图3-5所示。主体砌块的内、外壁间，主体砌块与外保护层间，是通过"L形T形点状连接肋"和"贯穿保温层的点状柱销"组合为整体，在柱销中设置有钢丝。在确保安全的前提下，最大限度地降低冷桥效应，具有极其优异的保温性能。新型复合保温砌块的特点有：

（1）有效减少墙面裂缝的产生，显著提高工程质量。连接主体砌块的内、外壁和外保护层的"L形T形点状连接肋"和"贯穿保温层的点状柱销"的总面积仅约为0.009m²，与在砌块空腔中加保温材料的自保温砌块比，约减少70%的冷桥面积。

（2）采用嵌入式砌筑方式，显著增加砌体强度。在主体砌块的内外壁与"L形T形点状连接肋"组成的空间中，填充的是低密度EPS板，砌筑砂浆在砌块重量与砌块间挤压力的作用下，自然地压入EPS板，嵌固在砌块的内、外壁与条状连接肋之间，形成嵌入式砌筑，有效地增强砌体的抗剪强度和抗震性能。

B　外墙保温复合技术

在墙体围护结构上增加一层或多层保温材料形成内保温、夹心保温和外保温复合墙

图 3-5 新型复合自保温砌块

体。现在主要有：

（1）A 级无机保温材料：岩棉、珍珠岩、泡沫玻璃等。缺点是导热系数不够好，岩棉很容易变形，珍珠岩吸水率太高。

（2）B1、B2 级保温材料：改性酚醛、EPS 聚苯板和 XPS 挤塑板、发泡聚氨酯等。由这些材料构成了各种保温系统。

3.1.3 砌筑砂浆

按组成材料不同可以分为水泥砂浆、水泥混合砂浆和非水泥砂浆三类。

3.1.3.1 砌筑砂浆原材料的质量要求

A 水泥

水泥进场时应对其品种、等级、包装或散装仓号、出厂日期进行检查，并应对其强度、安定性进行复验。

水泥强度等级应根据砂浆品种及强度等级的要求进行选择，M15 及以下强度等级的砌筑砂浆宜选用 32.5 级的通用硅酸盐水泥或砌筑水泥；M15 以上强度等级的砌筑砂浆宜选用 42.5 级普通硅酸盐水泥。

当在使用中对水泥质量受不利环境影响或水泥出厂超过 3 个月、快硬硅酸盐水泥超过 1 个月时，应进行复验，并应按复验结果使用。不同品种、不同强度等级的水泥不得混合使用。

B 砂

砂浆用砂宜采用过筛中砂，砂中含泥量、云母、轻物质、有机物、硫化物、硫酸盐及氯盐含量（配筋砌体砌筑用砂）等应符合现行行业标准《普通混凝土用砂、石质量及检验方法标准》（JGJ 52）的有关规定。

C 水

拌制砂浆用水的水质，应符合现行行业标准《混凝土用水标准》（JGJ 63）的有关规定。

D 掺合料

粉煤灰、建筑生石灰、建筑生石灰粉的品质指标应符合现行行业标准《粉煤灰在混凝土及砂浆中应用技术规程》（JGJ 28）、《建筑生石灰》（JC/T 479）、《建筑生石灰粉》（JC/T 480）的有关规定。

建筑生石灰、建筑生石灰粉熟化为石灰膏，其熟化时间分别不得少于 7d 和 2d；沉淀池中储存的石灰膏，应防止干燥、冻结和污染，严禁使用脱水硬化的石灰膏；建筑生石灰粉、消石灰粉不得代替石灰膏配制水泥混合砂浆。

E 外加剂

在砂浆中掺入的砌筑砂浆增塑剂、早强剂、缓凝剂、防冻剂、防水剂等砂浆外加剂，其品种和用量应经有资质的检测单位检验和试配确定。所用外加剂的技术性能应符合国家现行有关标准《砌筑砂浆增塑剂》（JG/T 164）、《混凝土外加剂》（GB 8076）、《砂浆、混凝土防水剂》（JC 474）的质量要求。

3.1.3.2 砌筑砂浆的强度等级

砌筑砂浆的强度等级是以标准养护 28d 的抗压强度为准，可分为 M5、M7.5、M10、M15、M20、M25、M30 共七个等级。施工中不应采用强度等级小于 M5 水泥砂浆替代同强度等级水泥混合砂浆，如需替代，应将水泥砂浆提高一个强度等级。

3.1.3.3 砂浆的稠度和保水性

砌筑砂浆的种类、强度等级应符合设计要求，此外还应有适宜的稠度和良好的保水性。砂浆的稠度越大，流动性越好，流动性好的砂浆便于操作，使灰缝平整、密实，从而既可提高劳动生产率，又能保证砌筑质量。砂浆的稠度应符合表 3-1 的规定。

表 3-1 砌筑砂浆的稠度

砌 体 种 类	砂浆稠度/mm
烧结普通砖砌体、蒸压粉煤灰砖砌体	70~90
混凝土实心砖、混凝土多孔砖砌体、普通混凝土小型空心砌块砌体、蒸压灰砂砖砌体	50~70
烧结多孔砖、空心砖砌体、轻骨料小型空心砌块砌体、蒸压加气混凝土砌块砌体	60~80
石砌体	30~50

注：1. 采用薄灰砌筑法砌筑蒸压加气混凝土砌块砌体时，加气混凝土粘结砂浆的加水量按照其产品说明书控制；砌筑其他块体时，其砌筑砂浆的稠度可根据块体吸水特性及气候条件确定；

2. 薄层砂浆砌筑法即采用蒸压加气混凝土砌块专用砂浆砌筑蒸压加气混凝土砌块墙体的施工方法，水平灰缝厚度和竖向灰缝宽度为 2~4mm，简称薄灰砌筑法。

保水性能较好的砂浆被砌块吸走的水分少，可保持良好的工作性能，易使砌体灰缝饱满均匀、密实，并能提高水硬性砂浆的强度。为改善砂浆的保水性，可在砂浆中掺石灰膏、粉煤灰、磨细生石灰等无机塑化剂或皂化松香（微沫剂）等有机塑化剂。

3.1.3.4 砂浆的拌制和使用

配制砌筑砂浆时，组分材料应采用质量计量，水泥及各种外加剂配料的允许偏差为 ±2%，砂、粉煤灰、石灰膏等配料的允许偏差为 ±5%。

现场拌制的砂浆应随拌随用，拌制的砂浆应 3h 内使用完毕；当施工期间最高气温超过 30℃ 时，应在 2h 内使用完毕。预拌砂浆及蒸压加气混凝土砌块专用砌筑砂浆的使用时间应按照厂方提供的说明书确定。

3.1.3.5 砂浆的强度检验

（1）砌筑砂浆的验收批：

1）同一类型、强度等级的砂浆试块应不少于 3 组；

2）同一验收批砂浆只有一组或两组试块时，每组试块抗压强度的平均值应大于或等于设计强度等级值的 1.1 倍；

3）对于建筑结构的安全等级为一级或设计使用年限为 50 年及以上的房屋，同一验收批砂浆试块的数量不得少于 3 组。

（2）砂浆强度应以标准养护、28d 龄期的试块抗压强度为准。

（3）制作砂浆试块的砂浆稠度应与配合比设计一致。

3.1.3.6 砌筑砂浆强度合格标准

砌筑砂浆试块强度验收时其强度合格标准应符合下列规定：

（1）同一验收批砂浆试块强度平均值应大于或等于设计强度等级值的 1.10 倍；

（2）同一验收批砂浆试块抗压强度的最小一组平均值应大于或等于设计强度等级值的 85%。

3.2 砌筑工程施工

3.2.1 砌筑用脚手架

搭设于建筑物内部的脚手架称为里脚手架。里脚手架在每完成一层墙体砌筑或者抹灰后，就将其转移到上一层楼上去重新搭设。频繁装拆的特点要求其结构轻便灵活、装拆方便，一般常用的工具式里脚手架有折叠式、支柱式、门架式等。

A 折叠式里脚手架

根据材料不同，分为角钢、钢管和钢筋折叠式里脚手架。图 3-6 所示为角钢折叠式里脚手架，其架设间距，砌墙时不超过 2m，抹灰粉刷时不超过 2.5m，可以搭设两步脚手架，第一步高约 1m，第二步高约 1.65m。钢管和钢筋折叠式里脚手架的架设间距，砌墙时不超过 1.8m，抹灰粉刷时不超过 2.2m。

B 支柱式里脚手架

支柱式里脚手架由若干支柱和横杆组成，图 3-7 所示为套管式支柱，将插管插入立管

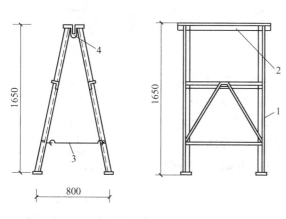

图 3-6 角钢折叠式里脚手架
1—立柱；2—横楞；3—挂钩；4—铰链

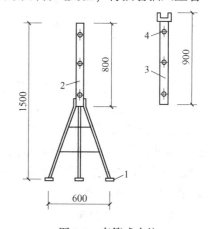

图 3-7 套管式支柱
1—支脚；2—立管；3—插管；4—销孔

中，以销孔间距调节高度，在插管顶端的凹形支托内搁置方木或脚手管，横杆上铺设脚手板。其搭设间距砌墙时不超过2.0m，抹灰粉刷时不超过2.5m。架设高度一般为1.5~2.1m。

　　C　门架式里脚手架

　　门架式里脚手架由两片A形支架与门架组成，如图3-8所示。它适用于砌墙和粉刷，其架设高度为1.5~2.4m，A形支架的间距，砌墙时不超过2.2m，粉刷时不超过2.5m。

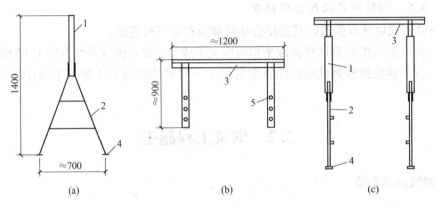

图3-8　门架式里脚手架
（a）A形支架；（b）门架；（c）安装示意
1—立管；2—支脚；3—门架；4—垫板；5—销孔

3.2.2　砌筑用垂直运输工具

　　砌筑工程垂直运输量较大，在施工过程中要运送大量的成品及半成品材料。目前常用的垂直运输设施有塔式起重机、井架、龙门架、施工电梯等。

3.2.2.1　塔式起重机

　　塔式起重机具有提升、回转、水平输送等功能，不仅是重要的吊装设备，也是重要的垂直运输设备，尤其在吊运长、大、重的物料的能力远远超过其他垂直运输设备，详见第4章。

3.2.2.2　井架

　　井架是施工中最常用的垂直运输设施，一般用型钢或钢管支设，也可用脚手架材料搭设而成，井架的起重能力5~10kN，回转半径可达10m。井架多为单孔井架，但也可构成两孔或多孔井架。随着高层和超高层建筑的发展，搭设高度超过100m的附着式高层井架得到越来越多的应用，并取得很好的效果，如图3-9所示。

3.2.2.3　龙门架

　　龙门架是以地面卷扬机为动力由两根立柱及横梁构成的门式架体的提升机，如图3-10所示。近年来为适应高层施工的

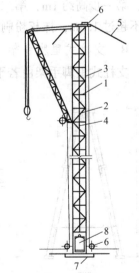

图3-9　井架
1—平撑；2—斜撑；3—立柱；
4—钢丝绳；5—缆风绳；6—滑轮；
7—垫木；8—内吊盘

需要，采用附着方式的龙门架技术得到较快的发展。立柱是由若干个格构柱用螺栓拼装而成，而格构柱是用角钢及钢管焊接而成或直接用厚壁钢管构成。在龙门架上设有滑轮、导轨、吊盘、安全装置以及起重索、缆风绳等，构成垂直运输体系。根据立柱结构不同，龙门架高度为15~30m，起重量为5~12kN。

3.2.2.4 施工电梯

建筑施工电梯（施工升降机）是高层建筑施工中主要的垂直运输设备，由垂直井架和导轨式外用笼式电梯组成，多数为人货两用型，其载重量为10~20kN，每笼可乘人员12~25人。电梯附着在外墙或其他结构部位，随建筑物升高，架设高度可达200m以上，如图3-11所示。

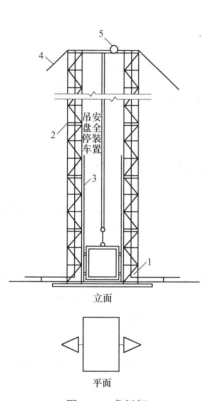

图 3-10　龙门架
1—地轮；2—立柱；3—导轨；4—缆风绳；5—天轮

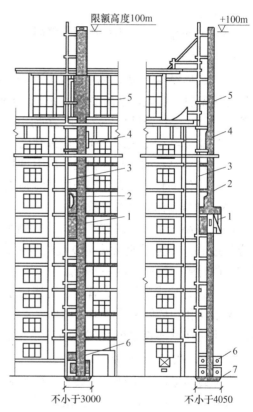

图 3-11　建筑施工电梯
1—吊笼；2—小吊杆；3—架设安装杆；4—平衡箱；
5—导轨架；6—底笼；7—混凝土基础

3.2.3　砌筑工艺

3.2.3.1　砖砌体

建筑工程施工中常用的砖砌体包括烧结普通砖、烧结多孔砖、混凝土多孔砖、蒸压灰砂砖、蒸压粉煤灰砖等。

A　砖砌体的一般规定

（1）为预防墙体早期开裂，砌体砌筑时混凝土多孔砖、混凝土实心砖、蒸压灰砂砖、蒸压粉煤灰砖等块体的产品龄期不应小于28d。

(2) 有冻胀环境和条件的地区，地面以下或防潮层以下的砌体，不宜采用多孔砖。

(3) 砌筑烧结普通砖、烧结多孔砖、蒸压灰砂砖、蒸压粉煤灰砖砌体时，砖应提前1~2d适度湿润，严禁采用干砖或处于吸水饱和状态的砖砌筑，块体湿润程度宜符合下列规定：

1) 烧结类块体的相对含水率（含水率与吸水率的比值）为60%~70%；

2) 混凝土多孔砖及混凝土实心砖不需要浇水湿润，但在气候干燥炎热的情况下，宜在砌筑前对其喷水湿润；其他非烧结类块体的相对含水率为40%~50%。

(4) 240mm厚承重墙的每层墙最上一皮砖、砖砌体的台阶水平面上及挑出层的外皮砖，应整砖丁砌。

(5) 不同品种的砖不得在同一楼层混砌。

B 基本规定

(1) 砌体结构工程所用的材料应有产品的合格证书、产品性能型式检测报告，质量应符合国家现行有关标准的要求。块体、水泥、钢筋、外加剂尚应有材料主要性能的进场复验报告，并应符合设计要求。严禁使用国家明令淘汰的材料。

(2) 砌体结构工程施工前，应编制砌体结构工程施工方案。

(3) 砌体结构的标高、轴线，应引自基准控制点。

(4) 砌体的转角处和交接处应同时砌筑。当不能同时砌筑时，应按规定留槎、接槎。

(5) 砌筑墙体应设置皮数杆。

(6) 在墙上留置临时施工洞口，其侧边离交接处墙面不应小于500mm，洞口净宽度不应超过1m。抗震设防烈度为9度的地区建筑物的临时施工洞口位置，应会同设计单位确定。临时施工洞口应做好补砌。

(7) 设计要求的洞口、管道、沟槽应于砌筑时正确留出或预埋，未经设计同意，不得打凿墙体和在墙体上开凿水平沟槽。宽度超过300mm的洞口上部，应设置钢筋混凝土过梁。不应在截面长边小于500mm的承重墙体、独立柱内埋设管线。

C 砖墙砌筑的组砌形式

普通砖墙厚度有半砖、一砖、一砖半和二砖等，组砌形式通常有一顺一丁、三顺一丁、梅花丁、全顺砌法、全工砌法和两平一侧砌法等。

D 砖墙的砌筑工艺

砖墙砌筑工艺一般是：找平→弹线→摆砖样→立皮数杆→盘角→挂线→砌筑墙体→（勾缝）→构造柱、圈梁、楼盖结构施工→楼层轴线、标高引测→下一个楼层砖砌体施工。

a 找平、弹线

砌砖墙前，应先在基础防潮层或楼面上用水泥砂浆或C15细石混凝土找平，然后弹出墙身中心轴线、边线及门窗洞口位置。

b 摆砖样

摆砖样也称摆底，是在弹好轴线的基面上按组砌方式用干砖摆，借助灰缝调整，尽量使门窗洞口、附墙垛等处符合砖的模数，以尽可能减少砍砖，并使砌体灰缝均匀，组砌得当。

c 立皮数样

皮数杆是一层楼墙体的标志杆，其上划有每皮砖和灰缝的厚度以及门窗洞口、过梁、楼板、梁底等的标高，用以控制砌体的竖向尺寸。皮数杆一般立在墙的转角处及纵横墙交接处，如墙身长度很长，可每隔 10~15m 再立一根。立皮数杆时，应使皮数杆上所示标高线与抄平所确定的设计标高相吻合。

d 盘角、挂线

墙角是确定墙面横平竖直的主要依据，故可以根据皮数杆先砌墙角部分，并保证其垂直平整，称为盘角。盘角时应做到随砌随盘，每盘一次角不要超过 5 皮砖，并且要随时吊靠，如发现偏差应及时纠正。还要对照皮数杆的皮数和标高砌筑，做到水平灰缝一致。

挂线又称甩麻线、挂准线。砌筑墙体中间部分时，主要依靠挂线来保证砌筑质量，防止出现螺丝墙。砌一砖墙可以单面挂线，砌一砖半及其以上的墙体则应双面挂线。

e 砌筑

砌筑墙体的操作方法各地不一，但为保证砌筑质量，一般以"三一"砌筑法为宜，即一铲灰、一块砖、一挤揉。对砌筑质量要求不高的墙体，也可采用铺浆法砌筑。砌砖工程当采用铺浆法砌筑时，铺浆长度不得超过 750mm；施工期间气温超过 30℃时，铺浆长度不得超过 500mm。砌墙时，还要有整体观念，隔层的砖缝要对齐，相邻的上下层砖缝要错开，防止"游丁走缝"。

f 勾缝

勾缝是砌清水墙的最后一道工序，具有保护墙面和增加墙面美观的作用。内墙面可采用砌筑砂浆随砌随勾缝，称为原浆勾缝；外墙面应待砌完整个墙体后，再用细砂拌制 1:1.5 的水泥砂浆或加色砂浆勾缝，称加浆勾缝。勾缝的形式主要有平缝、凹缝、斜缝、凸缝等几种。

勾缝前，应清除墙面上粘结的砂浆、灰尘等，并洒水湿润。勾缝顺序应从上而下，先勾横缝，后勾竖缝。勾好的横缝和竖缝要深浅一致，横平竖直，不得有瞎缝、丢缝、裂缝和粘结不牢等现象。

g 楼层轴线引测及标高控制

砌上层墙时，应先弹出该层墙轴线，可利用引测在外墙面上的墙身轴线，用经纬仪或线锤把墙身轴线引测到楼层上去。各层墙轴线应重合。

各层标高除可用皮数杆控制外，还可用在室内弹出的水平线来控制。即当底层砌到一定高度后，用水准仪根据龙门板上的±0.000 标高，在室内墙角引测出标高控制点，一般比室内地坪高 200~500mm（多为 500mm），然后根据该控制点弹出水平线，用以控制过梁、圈梁及楼板的标高。第二层墙体砌到一定高度后，先从底层水平线用钢尺往上量出第二层水平线的第一个标志，然后以此标志为准，定出各墙面的水平线，以控制第三层的标高，依次类推。但各层轴线及标高均应从首层引测，以避免误差累积。

3.2.3.2 混凝土小型空心砌块砌体

根据《砌体结构工程施工规范》（GB 50924—2014）规定，厚度为 190mm 的自承重小砌块墙体宜与承重墙同时砌筑。厚度小于 190mm 的自承重小砌块墙宜后砌，且应按设计要求预留拉结筋或钢筋网片。砌筑小砌块时，宜使用专用铺灰器铺放砂浆，且应随铺随砌。当未采用专用铺灰器时，砌筑时的一次铺灰长度不宜大于2块主规格块体的长度。水平灰缝应满铺下皮小砌块的全部壁肋或单排、多排孔小砌块的封底面；竖向灰缝宜将小砌块一个端面朝上满铺砂浆，上墙应挤紧，并应加浆插捣密实。

A　基本要求

（1）底层室内地面以下或防潮层以下的砌体，应采用水泥砂浆砌筑，小砌块的孔洞应采用强度等级不低于Cb20或C20的混凝土灌实。Cb20混凝土性能应符合现行行业标准《混凝土砌块（砖）砌体用灌孔混凝土》（JC 861）的规定。

（2）防潮层以上的小砌块砌体，采用专用砂浆砌筑；当采用其他砌筑砂浆时，应采取改善砂浆和易性和粘结性的措施。

（3）小砌块砌筑时的含水率，对普通混凝土小砌块，宜为自然含水率，当天气干燥炎热时，可提前浇水湿润；对轻骨料混凝土小砌块，宜提前1~2d浇水湿润。不得雨天施工，小砌块表面有浮水时，不得使用。

B　混凝土小型空心砌块砌体施工工艺

工艺流程：找平→墙体放线→立皮数杆→排列砌块→拉线→砌筑→勾缝。

（1）砌筑前应在基础面或楼层结构面上定出各层的轴线位置和标高，并用1∶2水泥砂浆或C15细石混凝土找平。

（2）砌筑前应按砌块尺寸和灰缝厚度计算皮数和排数。

（3）砌筑一般采用"披灰挤浆"，先用瓦刀在砌块底面的周肋上满披灰浆，铺灰长度不宜大于2块主规格块体的长度，在待砌的砌块端头满披头灰，然后双手搬运砌块，进行挤浆砌筑。

（4）砌体灰缝应横平竖直，砂浆严实。水平和垂直灰缝的宽度应为（10±2）mm。

（5）墙转角及纵横墙交接处，应将砌块分皮咬槎，交错搭砌，如果不能咬槎时，按设计要求采取其他的构造措施。砌体垂直缝与门窗洞口边线应避开同缝，且不得采用砖镶砌。墙体临时间断处应砌成斜槎，斜槎水平投影长度不应小于高度的2/3（一般按一步脚手架高度控制）。如必留槎应设φ4钢筋网片拉结。

C　混凝土小型空心砌块砌体施工要点

施工前，应按房屋设计图编绘小砌块平、立面排列图，施工中应按排块图施工，混凝土小型空心砌块砌体施工质量保证措施：

（1）砌筑墙体时，小砌块产品龄期不应小于28d。

（2）厚度为190mm的自承重小砌块墙体宜与承重墙同时砌筑。厚度小于190mm的自承重小砌块墙宜后砌，且应按设计要求预留拉结筋或钢筋网片。

当砌筑厚度大于190mm的小砌块墙体时，宜在墙体内外侧双面挂线；小砌块应将生产时的底面朝上反砌于墙上。小砌块墙内不得混砌黏土砖或其他墙体材料。当需局部嵌砌时，应采用强度等级不低于C20的适宜尺寸的配套预制混凝土砌块。

（3）小砌块墙体应孔对孔、肋对肋、错缝搭砌。小砌块砌体应对孔错缝搭砌。搭砌应符合下列规定：

1）单排孔小砌块的搭接长度应为块体长度的1/2，多排孔小砌块的搭接长度不宜小于砌块长度的1/3；

2）当个别部位不能满足搭砌要求时，应在此部位的水平灰缝中设 φ4 钢筋网片，且网片两端与该位置的竖缝距离不得小于 400mm，或采用配块，如图 3-12 所示；

3）墙体竖向通缝不得超过 2 皮小砌块，独立柱不得有竖向通缝。

（4）砌筑小砌块时，宜使用专用铺灰器铺放砂浆，且应随铺随砌。当未采用专用铺灰器时，砌筑时的一次铺灰长度不宜大于 2 块主规格块体的长度。水平灰缝应满铺下皮小砌块的全部壁肋或单排、多排孔小砌块的封底面；竖向灰缝宜将小砌块一个端面朝上满铺砂浆，上墙应挤紧，并应加浆插捣密实。小砌块砌体的水平灰缝厚度和竖向灰缝宽度宜为 10mm，但不应小于 8mm，也不应大于 12mm，且灰缝应横平竖直。

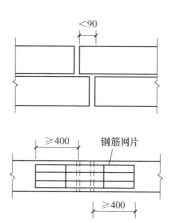

图 3-12 水平缝设 φ4 钢筋网片

（5）空心砌块墙的转角处，纵、横墙砌块应相互搭砌，即纵、横墙砌块均应隔皮端面露头，如图 3-13 所示。砌块墙的丁字交接处，应使横墙砌块隔皮端面露头，为避免出现通缝，应在纵墙上交接处砌一块三孔的大规格砌块，砌块的中间孔正对横墙露头砌块靠外的孔洞，如图 3-14 所示。

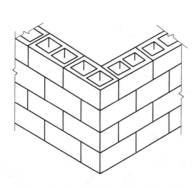

图 3-13 混凝土空心砌块墙转角砌法

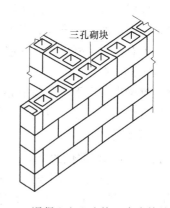

图 3-14 混凝土空心砌块 T 字交接处砌法

（6）墙体转角处和纵横交接处应同时砌筑。临时间断处应砌成斜槎，斜槎水平投影长度不应小于斜槎高度。临时施工洞口可预留直槎，但在补砌洞口时，应在直槎上下搭砌的小砌块孔洞内用强度等级不低于 Cb20 或 C20 的混凝土灌实。如图 3-15 所示。

（7）直接安放钢筋混凝土梁、板或设置挑梁墙体的顶皮小砌块应正砌，并应采用强度等级不低于 Cb20 或 C20 混凝土灌实孔洞，其灌实高度和长度应符合设计要求。

（8）固定现浇圈梁、挑梁等构件侧模的水平拉杆、扁铁或螺栓所需的穿墙孔洞，宜在砌体灰缝中预留，或采用设有穿墙孔洞的异型小砌块，不得在小砌块上打洞。利用侧砌的小砌块孔洞进行支模时，模板拆除后应采用强度等级不低于 Cb20 或 C20 混凝土填实孔洞。

（9）砌筑小砌块墙体应采用双排脚手架或工具式脚手架。当需在墙上设置脚手眼时，

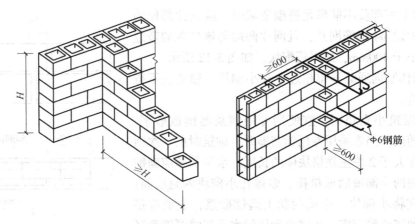

图 3-15　空心砌块斜槎和直槎

可采用辅助规格的小砌块侧砌，利用其孔洞作脚手眼，墙体完工后应采用强度等级不低于 Cb20 或 C20 的混凝土填实。

（10）正常施工条件下，小砌块砌体每日砌筑高度宜控制在 1.4m 或一步脚手架高度内。

（11）在墙体的下列部位，应用 C20 混凝土灌实砌块的孔洞：

1）底层室内地面以下或防潮层以下的砌体；

2）无圈梁的楼板支承面以下的一皮砌块；

3）没有设置混凝土垫块的屋架、梁等构件支承面下，高度不应小于 600mm，长度不应小于 600mm 的区域；

4）挑梁支承面下，距墙中心线每边不应小于 300mm，高度不应小于 600mm 的砌体；

5）散热器、厨房、卫生间等需要安装设备卡具的部位。

D　混凝土芯柱

（1）砌筑芯柱部位的墙体，应采用不封底的通孔小砌块。

（2）每根芯柱的柱脚部位应采用带清扫口的 U 形、E 形、C 形或其他异型小砌块砌留操作孔。砌筑芯柱部位的砌块时，应随砌随刮去孔洞内壁凸出的砂浆，直至一个楼层高度，并应及时清除芯柱孔洞内掉落的砂浆及其他杂物。

（3）浇筑芯柱混凝土，应符合下列规定：

1）应清除孔洞内的杂物，并应用水冲洗，湿润孔壁；

2）当用模板封闭操作孔时，应有防止混凝土漏浆的措施；

3）砌筑砂浆强度大于 1.0MPa 后，方可浇筑芯柱混凝土，每层应连续浇筑；

4）浇筑芯柱混凝土前，应先浇 50mm 厚与芯柱混凝土配比相同的去石混凝土；每浇筑 500mm 左右高度，应捣实一次，或边浇筑边用插入式振捣器捣实；

5）应预先计算每个芯柱的混凝土用量，按计量浇筑混凝土；

6）芯柱与圈梁交接处，可在圈梁下 50mm 处留置施工缝。

（4）芯柱混凝土在预制楼盖处应贯通，不得削弱芯柱截面尺寸。

3.2.3.3　自保温混凝土复合砌块砌体

自保温混凝土复合砌块是指由粗细集料、胶结料、粉煤灰、外加剂、水等组分构成的混凝土拌合料，经过砌块成型机成型、满足保温热性能要求、不需要再做保温处理的多排孔砌块，或者由混凝土拌合料与高效保温材料复合而成、具有满足建筑力学性能和保温隔热性能要求、不需要再做保温处理的砌块。保温复合砌块既适合北方的冬季保温，也适用于南方的夏季隔热，具有广泛的地区适应性。

A　工艺流程

确定组砌方法→拌制专用胶粘剂→排砖摆底→砌砖→植筋（或者安装"L"形铁件连接）→勾缝清理→顶部塞缝（一般静置沉实后7d）。

B　施工要点

自保温混凝土复合砌块施工除按照普通砌体的技术要求砌筑外，尚应符合下列规定：

（1）自保温砌块的型号、强度等级必须符合相关规范规定，成品必须满足28d以上的养护龄期，方可进入施工现场。

（2）对插EPS保温板的砌块，采用薄铺灰法铺摊专用胶粘剂，留有盲孔的可反砌，不留盲孔的可用网格布覆盖后，铺灰砌筑；常温下砌块的日砌筑高度宜控制在2m左右。

（3）砌筑时尽量采用主规格砌筑，砌块上下皮错缝，一般搭砌长度不应小于90mm。如有平面尺寸不满足产品规格要求，可在构造柱处用素混凝土补齐，外侧留出一定保温处理厚度。

（4）当砌体上设置竖向水电配管时，应采用机械开槽形式，管槽设于自保温砌块孔内，水电配管宜采用半硬阻燃型塑材管，管槽背面和周围用保温浆料填充密实，表面用200mm宽耐碱玻纤网铺贴。

（5）砌块填充墙顶部宜与主体结构的梁或顶板有可靠的拉结。

1）砌块墙体与混凝土柱、墙相接处应植筋，或者设置专用连接件（L形铁件）进行拉结，间距2~3皮，但必须放在整砖上；砌块墙体与混凝土柱、墙间保留10mm空隙，后期塞发泡剂；板底用水泥砂浆塞缝。

2）柱、墙高超过4m时，宜在墙体半高处设置与主体结构的柱、墙连接且沿墙全长贯通的钢筋混凝土水平系梁。

3）自保温砌块墙体长度大于5m时，墙顶与梁宜有拉结；墙长超过8m或层高2倍时，宜设置钢筋混凝土构造柱；砌体无约束的端部必须增设构造柱，构造柱外侧应进行保温处理。

（6）当自保温砌块墙体挂重量较大的物件时（如热水器、隔柜、洗面盆），应将锚固件位置的砌块内侧空腔全部用C20混凝土灌实；固定门窗框的门窗洞口两侧相应位置切开砌块壁或取出孔腔保温芯材，灌入C20混凝土形成固结点。门窗框和洞口砌体间缝隙应用高效保温材料填塞，并用防水密封材料填实，缝口处应用密封胶嵌缝。

（7）自保温砌块墙体抹灰宜在墙体砌筑完成60d后进行，最短不应少于45d，抹灰前应对基层墙体进行界面砂浆处理，并应覆盖全部基层表面，厚度不宜大于2mm。

3.2.3.4　填充墙

墙体按照结构受力情况不同，有承重墙、非承重墙之分。凡分隔内部空间其重量由楼板或梁承受的墙基本都是非承重墙，框架结构中分隔内部空间填充在柱子之间的墙是非承重填充墙；短肢剪力墙结构间的墙体也为非承重填充墙。非承重填充墙一般采用轻质墙体材料。

A　蒸压加气混凝土砌块墙

a　构造要求

（1）加气混凝土砌块一般不得使用于建筑物标高±0.000以下的部位；也不得使用于受酸碱化学物质侵蚀的部位。

（2）加气混凝土砌块外墙墙面水平方向的凹凸部分（如线脚、雨篷、出檐、窗台等），应做泛水和滴水，墙表面应做饰面保护层，如图3-16所示。

（3）后砌的填充墙与承重墙、构造柱相交处，应沿墙每两皮设置2φ6拉结钢筋，且伸入填充墙内的长度不得小于700mm，抹灰砂浆中间压入耐碱玻纤网布如图3-17所示。

b　工艺流程

基层清理→铺灰→砌块吊装就位→校正→灌竖缝→镶砖。

（1）基层清理。将楼地面（基层）和混凝土柱（墙）面的灰渣清扫干净，基层高出的部分应剔除平整，基层轻微凹陷部分用水泥砂浆填补平整，基层应验收合格。

（2）铺灰。灰缝应横平竖直，砂浆饱满，铺灰宜用加气混凝土砌块砌筑专用砂浆，其中又分为"薄灰砌筑法"和"非薄灰砌筑法"砌筑砂浆。

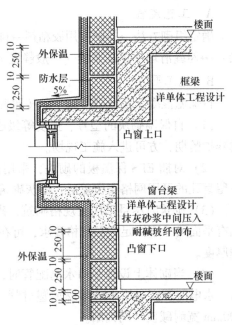

图3-16　加气块填充墙外墙凹凸处处理

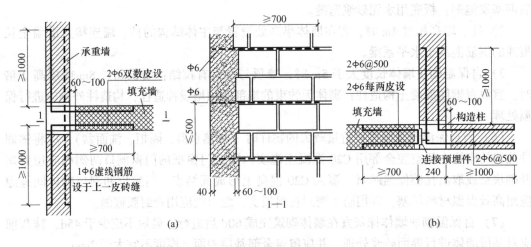

图3-17　加气块填充墙拉结筋设置

（a）填充墙与承重墙连接构造；（b）填充墙与构造柱连接构造

（3）砌块就位。应从转角处或砌块定位处开始，按砌块排列图依次吊装。为减少台灵架的移动，常根据台灵架的起重半径及建筑物开间的大小，按1~2开间划分施工段，逐段吊装，段间应留阶梯形斜槎。

（4）校正。砌块吊装就位后，如发现偏斜、高低不同时，可用人工校正，直至校正为止。如人工不能校正，应将砌块吊起，重新铺平灰缝砂浆，再重新安装。不得用石块或楔块等垫在砌块底部，以求平整。

（5）灌竖缝。校正后即灌竖缝，应做到随砌随灌，灌缝应密实。超过 30mm 的竖缝应用强度等级不低于 C15 的细石混凝土灌实。砌块灌缝后，不得碰撞或撬动，如发生错位，应重新铺砌。

（6）镶砖。用于较大的竖缝和梁底找平，镶砖的强度不应低于 MU10。砖间的灰缝厚为 6~15mm，砖与砌块间的竖缝为 15~30mm。在两砌块之间凡是不足 150mm 的竖向间隙不得镶砖，而需用与砌块强度等级相同的细石混凝土灌注。

B　空心砖墙

空心砖墙应侧砌，其孔洞呈水平方向，上下皮垂直灰缝相互错开 1/2 砖长。空心砖墙底部宜砌 3 皮烧结普通砖，如图 3-18 所示。

空心砖墙与烧结普通砖交接处，应以普通砖墙引出不小于 240mm 长与空心砖墙相接，并每隔 2 皮空心砖高交接处的水平灰缝中设置 2φ6 钢筋作为拉结筋，拉结钢筋在空心砖墙中的长度不小于空心砖长加 240mm，如图 3-19 所示。

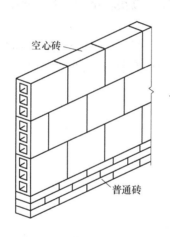

图 3-18　空心砖墙

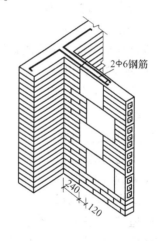

图 3-19　空心砖墙与普通砖墙交接

空心砖墙的转角处，应用烧结普通砖砌筑，砌筑长度角边不小于 240mm。空心砖墙砌筑不得留置斜槎或直槎，中途停歇时，应将墙顶砌平。在转角处、交接处，空心砖与普通砖应同时砌起。空心砖墙中不得留置脚手眼，不得对空心砖进行砍凿。

C　填充墙的构造要求

（1）对于 200mm（100mm）左右厚的墙身，当墙净高大于 4m（3m）时，应在墙高的中部或门洞顶部设置一道与柱连接且沿墙全长贯通的水平圈梁，圈梁钢筋应锚入柱 30d；当圈梁被门洞截断时，可在洞顶设置附加圈梁，或将圈梁垂直拐弯。

（2）对于 200mm（100mm）左右厚的墙身，当墙长超过 5m（4m）而中间又无横墙或柱支承时，宜在墙顶与梁板结合处设置拉筋并设置混凝土构造柱；当墙长超过 2H（H

为层高）而中间又无横墙或柱支承时，除在端部或墙体转角处设置混凝土构造柱外，尚应在中间部位设置混凝土构造柱，其间距应为 2H；混凝土构造柱施工时，应先砌墙后浇柱，并在其所处的梁面及梁底预留钢筋。

（3）填充墙应沿框架柱全高设置墙身拉结筋，伸入墙内的长度不小于墙长的 1/5 且不小于 700mm（抗震设计时则均为全长贯通）；在混凝土构造柱及墙体相互连接处，也应设置上述拉结筋。

（4）轻骨料混凝土小型空心砌块和蒸压加气混凝土砌块的产品龄期不应小于 28d，蒸压加气混凝土砌块的含水率宜小于 30%。

（5）填充墙拉结筋处的下皮小砌块宜采用半盲孔小砌块或用混凝土灌实孔洞的小砌块；薄灰砌筑法施工的蒸压加气混凝土砌块砌体，拉结筋应放置在砌块上表面设置的沟槽内。

（6）砌筑填充墙时应错缝搭砌，蒸压加气混凝土砌块搭砌长度不应小于砌块长度的 1/3；轻骨料混凝土小型空心砌块搭砌长度不应小于 90mm；竖向通缝不应大于 2 皮。

（7）填充墙的水平灰缝厚度和竖向灰缝宽度应正确，烧结空心砖、轻骨料混凝土小型空心砌块砌体的灰缝应为 8~12mm；蒸压加气混凝土砌块砌体当采用水泥砂浆、水泥混合砂浆或蒸压加气混凝土砌块砌筑砂浆时，水平灰缝厚度和竖向灰缝宽度不应超过 15mm；当蒸压加气混凝土砌块砌体采用蒸压加气混凝土砌块粘结砂浆时，水平灰缝厚度和竖向灰缝宽度宜为 3~4mm。

（8）填充墙砌至板、梁底附近后，应待砌体沉实后再用斜砌法把下部砌体与上部板、梁间用砌块斜砌填实，斜砌角度为 45°~60°，填充墙顶部斜砌间隔时间不小于 7d，构造柱顶采用干硬性混凝土捻实。

D　构造柱

a　构造柱的设置位置

（1）墙体的两端；

（2）较大洞口的两侧；

（3）房屋纵横墙交界处；

（4）构造柱的间距，当按组合墙考虑构造柱受力时，或考虑构造柱提高墙体的稳定性时，其间距不宜大于 4m，其他情况不宜大于墙高的 1.5~2 倍及 6m，或按有关的规范执行。

b　构造柱构造要点

（1）马牙槎凹凸尺寸不宜小于 60mm，高度不应超过 300mm，马牙槎应先退后进，对称砌筑，如图 3-20 所示；

（2）预留拉结钢筋的规格、尺寸、数量及位置应正确，拉结钢筋应沿墙高每隔 500mm 设 2ϕ6，伸入墙内不宜小于 600mm；

（3）构造柱配筋如图 3-21 所示；

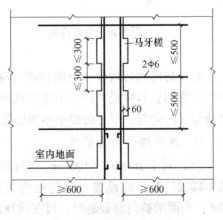

图 3-20　马牙槎示意图

（4）构造柱与填充墙的连接如图 3-22 所示。

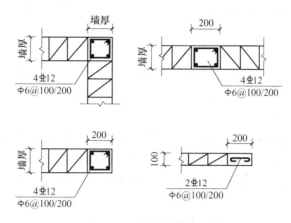

图 3-21 构造柱配筋图

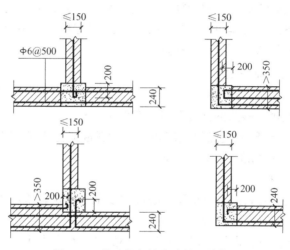

图 3-22 构造柱与填充墙的连接构造

c 构造柱免支模施工

构造柱免支模施工方法适用于所有墙厚大于 120mm 的加气块填充墙，利用预制 U 形砌块作为构造柱外模，通过 U 形砌块的砌筑，完成一次性构造柱外模板的设置。主要操作要点与质量技术措施：

（1）预制构造柱 U 形砌块壁厚 20mm，采用细石混凝土筑模，配比可按 C25 细石混凝土进行配比。

（2）墙体砌筑前，需进行砌体预排版，调整最底皮构造柱 U 形砌块高度，在预制时可调整高度，使之最上皮 U 形砌块与梁底结合严密。

E 过梁

a 分类

过梁的形式有钢筋砖过梁、砌砖平拱、砖砌弧拱和钢筋混凝土过梁、砖砌楔拱过梁、砖砌半圆拱过梁、木过梁等。

（1）钢筋砖过梁是指在平砌砖定的灰缝中加适量的钢筋而形成的过梁，其跨度不应超过 1.5m，对有较大振动荷载或可能产生不均匀沉降的房屋，不应采用砖砌过梁，而应采用钢筋混凝土过梁。

（2）砖拱过梁分平拱、弧拱，当洞口宽度小于 1m 时使用。

（3）钢筋混凝土过梁，有矩形、L 形等形式。宽度同墙厚，高度及配筋根据结果计算确定。两端伸进墙内不小于 250mm。

b 过梁的一般规定

（1）对有较大振动荷载或可能产生不均匀沉降的房屋，应采用混凝土过梁。当过梁的跨度小于 1.5m 时，可采用钢筋砖过梁；小于 1.2m 时，可采用砖砌平拱过梁。对有较大振动荷载或可能产生不均匀沉降的房屋，应采用钢筋混凝土过梁。

（2）砖砌过梁的构造，应符合下列规定：

1）砖砌过梁截面计算高度内的砂浆不宜低于 M5；

2）砖砌平拱用竖砖砌筑部分的高度不应小于 240mm；

3）钢筋砖过梁底面砂浆层处的钢筋，其直径不应小于 6mm，间距不宜大于 120mm，钢筋伸入支座砌体内的长度不宜小于 240mm，砂浆层的厚度不宜小于 30mm。

（3）当过梁紧贴梁底时，可与梁一起整浇。

F 填充墙质量的保证措施

（1）砌筑填充墙时，轻骨料混凝土小型空心砌块和蒸压加气混凝土砌块的产品龄期不应小于 28d，填充墙砌筑砂浆的强度等级不宜低于 M5。

（2）烧结空心砖、蒸压加气混凝土砌块、轻骨料混凝土小型空心砌块进场后应按品种、规格堆放整齐，堆置高度不宜超过 2m。

（3）砌块含水率的控制：

1）吸水率较小的轻骨料混凝土小型空心砌块及采用薄灰砌筑法施工的蒸压加气混凝土砌块，砌筑前不应对其浇（喷）水浸润；

2）在气候干燥炎热的情况下，对吸水率较小的轻骨料混凝土小型空心砌块宜在砌筑前喷水湿润；

3）采用普通砌筑砂浆砌筑填充墙时，烧结空心砖、吸水率较大的轻骨料混凝土小型空心砌块应提前 1~2d 浇（喷）水湿润；烧结空心砖的相对含水率为 60%~70%；吸水率较大的轻骨料混凝土小型砌块、蒸压加气混凝土砌块的相对含水率为 40%~50%；

4）采用蒸压加气混凝土砌块砌筑砂浆或普通砌筑砂浆砌筑砌块时，应在砌筑当天对砌块砌筑面喷水湿润。

（4）在厨房、卫生间、浴室等处采用轻骨料混凝土小型空心砌块、蒸压加气混凝土砌块砌筑墙体时，墙底部宜现浇混凝土坎台等，其高度宜为 150mm。

（5）除在门窗洞口处两侧填充墙上、中、下部可采用其他块体局部嵌砌外，蒸压加气混凝土砌块、轻骨料混凝土小型空心砌块不应与其他块体混砌，不同强度等级的同类砌块也不得混砌。

（6）砌筑填充墙时应错缝搭砌，蒸压加气混凝土砌块搭砌长度不应小于砌块长度的1/3，且不应小于 150mm。轻骨料混凝土小型空心砌块搭砌长度不应小于 90mm。竖向通缝不应大于 2 皮。当某些部位搭接无法满足要求时，可在水平灰缝中设置 2φ4 的钢筋网片加强，长度不小于500mm。

（7）填充墙砌体砌筑，应待承重主体结构检验批验收合格后进行；填充墙与承重主体结构间的空（缝）隙部位，应在填充墙砌筑14d后进行。

（8）墙上预留孔洞、管道、沟槽和预埋件，应在砌筑时预留或预埋，不得在砌好的墙体上打凿；在以往的二次结构施工过程中，水电配管往往在砌筑后开槽后配管，开槽工作量较大，产生的垃圾较多，修补工作也较为繁琐，产生许多质量通病。下面介绍砌体免开槽施工：

1）工艺流程：

土建墙体位置放线→管道提前配管→无管道位置正常砌筑→管路位置砌块侧面开槽或砌块机械成孔→线盒位置留设（根据开关线盒大小确定是否设置过梁）→线盒标高微调、稳固。

2）主要操作要点与质量技术措施：

①在预埋阶段要确保管道预留位置处于墙体中间部位；

②配管工作的提前规划，不能出现管道遗漏；

③盒口留孔的扩开要采用机械套割；

④开关线盒嵌固时要考虑粉刷抹灰层厚度。

3.2.3.5　配筋砌体工程

配筋砌体是由配置钢筋的砌体作为建筑物主要受力构件的结构。常用配筋砌体包括面层和砖组合砌体、构造柱和砖组合砌体、网状配筋砖砌体、配筋砌块砌体、芯柱和砌块组合砌体等。

A　构造柱和砖组合砌体

a　构造要求

构造柱和砖组合砌体由钢筋混凝土构造柱、砖墙以及拉结钢筋等组成。

（1）构造柱和砖组合墙的房屋，应在纵横墙交接处、墙端部和较大洞口的洞边设置构造柱，其间距不宜大于4m。各层洞口宜设置在对应位置，并宜上下对齐。

（2）构造柱和砖组合墙的房屋，应在基础顶面、有组合墙的楼层处设置现浇钢筋混凝土圈梁。圈梁的截面高度不宜小于240mm。

（3）构造柱必须牢固地生根于基础或圈梁上，砌筑墙体时应保证构造柱截面尺寸，构造柱最小截面可采用240mm×180mm。构造柱与圈梁连接处，构造柱的纵筋应穿过圈梁，保证构造柱纵筋上下贯通，且层与层之间构造柱不得相互错位。砖墙所用砖的强度等级不宜低于MU10，砌筑砂浆强度等级不得低于M5。构造柱的混凝土强度等级不应低于C15，钢筋宜用HPB300级钢筋。钢筋混凝土保护层厚度宜为20mm，且不小于15mm。

（4）砖墙与构造柱的连接处应砌成马牙槎，每个马牙槎沿高度方向的尺寸不宜超过300mm（5皮砖高），每个马牙槎退进应不小于60mm，从每层柱脚开始，先退后进。砖墙与构造柱连接处，应按要求砌入拉结钢筋，拉结钢筋的数量为每120mm墙厚放置一根 $\phi6$ 钢筋，间距沿墙高不得超过500mm，每边伸入墙内均不应小于600mm，且钢筋末端应做成90°弯钩。

b　砌体施工

施工程序为：绑扎钢筋→砌砖墙、马牙槎→支模板→浇构造柱混凝土→拆模。

支模时，模板必须与所在墙的两侧严密贴紧，防止漏浆。构造柱在浇筑混凝土前，应清除干净钢筋上的干砂浆块，清除柱内落地灰、砖渣等杂物。构造柱底部应设置清扫口，以便清除模板内的杂物，清除后封闭。先在结合面处注入适量与构造柱混凝土配比相同的水泥砂浆，然后分层浇筑混凝土，并振捣密实。振捣时，应避免触碰墙体。

B 配筋砌块砌体

配筋砌块砌体，所用砌块强度等级不应低于 MU10；砌筑砂浆强度等级不应低于 M7.5；灌孔混凝土强度等级不应低于 Cb20。

配筋砌块砌体施工前，应按设计要求，将所配置钢筋加工成型，砌块的砌筑应与钢筋设置互相配合。砌块的砌筑应采用专用的小砌块砌筑砂浆和专用的小砌块灌孔混凝土。灰缝中钢筋外露砂浆保护层厚度不宜小于 15mm。

C 芯柱和砌块组合砌体

a 构造要求

（1）砌块墙体的下列部位宜设置芯柱：

1）在外墙转角、楼梯间四角的纵横墙交接处的三个孔洞，宜设置素混凝土芯柱；

2）五层及五层以上的房屋，应在上述部位设置钢筋混凝土芯柱。

（2）芯柱的构造要求：

1）芯柱截面不宜小于 120mm×120mm，宜用不低于 C20 的细石混凝土浇灌；

2）钢筋混凝土芯柱每孔内插竖筋不应小于 1ϕ10（抗震设防地区不应小于 1ϕ12），底部应伸入室内地面下 500mm 或与基础圈梁锚固，顶部与屋盖圈梁锚固；

3）在钢筋混凝土芯柱处，沿墙高每隔 500mm 应设 ϕ4 钢筋网片拉结，每边伸入墙体不小于 600mm，如图 3-23 所示，抗震设防地区不小于 1000mm；

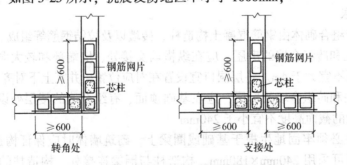

图 3-23 芯柱沿墙钢筋网片设置

4）芯柱应沿房屋的全高贯通，在楼盖处应贯通，不得削弱芯柱截面尺寸，并与各层圈梁整体现浇，上下楼层的插筋可在楼板面上搭接，搭接长度不小于 40 倍插筋直径。

b 芯柱施工

小砌块砌体的芯柱混凝土不得漏灌。振捣芯柱时的振动力对墙体的整体性带来不利影响，为此规定浇灌芯柱混凝土时，砌筑砂浆强度必须大于 1MPa。对于素混凝土芯柱，可在砌筑砌块的同时浇灌芯柱混凝土。

（1）在芯柱部位，每层楼的第一皮砌块，应采用开口小砌块或 U 形小砌块砌筑，以形成清理口，为便于施工操作，开口一般应朝向室内，以便清理杂物、绑扎和固定钢筋。

（2）浇筑混凝土前，从清理口掏出孔洞内的落地灰等杂物，校正钢筋位置，并用水冲洗孔洞内壁,将积水排出。

(3) 为了保证混凝土密实,应分层浇灌混凝土,并分层捣实。

(4) 浇捣后的芯柱混凝土上表面,应低于最上一皮砌块表面(上口)50~80mm,以使圈梁与芯柱交接处形成一个暗键,加强抗震能力。

3.2.3.6 石砌体

A 石砌体基本要求

(1) 石砌体的转角处和交接处应同时砌筑。对不能同时砌筑而又需留置的临时间断处,应砌成斜槎。

(2) 梁、板类受弯构件石材,不应存在裂痕。梁的顶面和底面应为粗糙面,两侧面应为平整面;板的顶面和底面应为平整面,两侧面应为粗糙面。

(3) 石砌体应采用铺浆法砌筑,砂浆应饱满,叠砌面的粘灰面积应大于80%。

(4) 石砌体每天的砌筑高度不得大于1.2m。

B 毛石砌体施工要点

(1) 毛石砌体所用毛石应无风化剥落和裂纹,无细长扁薄和尖锥,毛石应呈块状,其中部厚度不宜小于150mm。

(2) 毛石砌体宜分皮卧砌,错缝搭砌,搭接长度不得小于80mm,内外搭砌时,不得采用外面侧立石块中间填心的砌筑方法,中间不得有铲口石、斧刃石和过桥石(见图3-24);毛石砌体的第一皮及转角处、交接处和洞口处,应采用较大的平毛石砌筑。

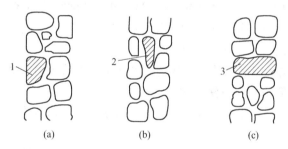

图 3-24 铲口石、斧刃石、过桥石示意图

(a) 铲口石;(b) 斧刃石;(c) 过桥石

1—铲口石;2—斧刃石;3—过桥石

(3) 毛石砌体的灰缝应饱满密实,表面灰缝厚度不宜大于40mm,石块间不得有相互接触现象。石块间较大的空隙应先填塞砂浆,后用碎石块嵌实,不得采用先摆碎石后塞砂浆或干填碎石块的方法。

(4) 砌筑时,不应出现通缝、干缝、空缝和孔洞现象。

(5) 砌筑毛石基础的第一皮毛石时,应先在基坑底铺设砂浆,并将大面向下。阶梯形毛石基础的上级阶梯的石块应至少压砌下级阶梯的1/2,相邻阶梯的毛石应相互错缝搭砌。

(6) 毛石基础砌筑时应拉垂线及水平线。

(7) 毛石砌体应设置拉结石,拉结石应符合下列规定:

1) 拉结石应均匀分布,相互错开,毛石基础同皮内宜每隔2m设置一块;毛石墙应每 0.7m² 墙面至少设置一块，且同皮内的中距不应大于 2m；

2）当基础宽度或墙厚不大于 400mm 时，拉结石的长度应与基础宽度或墙厚相等，如图 3-25 所示，当基础宽度或墙厚大于 400mm 时，可用两块拉结石内外搭接，搭接长度不应小于 150mm，且其中一块的长度不应小于基础宽度或墙厚的 2/3。

图 3-25　毛石砌体拉结石示意图

（8）砌筑毛石挡土墙应符合下列规定：

1）毛石的中部厚度不宜小于 200mm；

2）每砌 3~4 皮宜为一个分层高度，每个分层高度应找平一次；

3）外露面的灰缝厚度不得大于 40mm，两个分层高度间的错缝不得小于 80mm。

（9）料石挡土墙宜采用同皮内丁顺相间的砌筑形式。当中间部分用毛石填砌时，丁砌料石伸入毛石部分的长度不应小于 200mm。

（10）砌筑挡土墙，应按设计要求架立坡度样板收坡或收台，并应设置伸缩缝和泄水孔，泄水孔宜采取抽管或埋管方法留置。

（11）挡土墙必须按设计规定留设泄水孔；当设计无具体规定时，其施工应符合下列规定：

1）泄水孔应在挡土墙的竖向和水平方向均匀设置，在挡土墙每米高度范围内设置的泄水孔水平间距不应大于 2m；

2）泄水孔直径不应小于 50mm；

3）泄水孔与土体间应设置长宽不小于 300mm、厚不小于 200mm 的卵石或碎石疏水层。

3.2.4　砌体质量检查

3.2.4.1　砌筑工程质量的基本要求

砌筑工程质量的基本要求是：横平竖直、厚薄均匀，砂浆饱满，上下错缝、内外搭砌，接槎可靠。

A　横平竖直、厚薄均匀

砖砌体抗压性能好，而抗剪抗拉性能差。为使砌体均匀受压，不产生剪切及水平推力，墙、柱等承受竖向荷载的砌体，其灰缝应横平竖直，厚薄均匀。

横平，即要求每一皮砖必须在同一水平面上。为此，首先应将基础或楼面找平，砌筑时严格按皮数杆层层挂水平准线并要拉紧，将每皮砖砌平，砌不平出现"螺丝墙"，影响墙体受力。竖直，即竖向灰缝（隔皮灰缝）必须垂直对齐。砖砌体水平灰缝厚度和竖向灰缝宽度宜为10mm，不得小于8mm，也不应大于12mm。水平灰缝过厚不仅易使砖块浮滑，墙身侧倾，同时由于砌体受压时，砂浆和砖的横向膨胀不一致，而使砖块受拉，且灰缝越厚，则砖块拉力越大，砌体强度降低越多。当灰缝过薄时，则会降低砖块之间的粘结力。

B 砂浆饱满

为保证砖块均匀受力和使块体紧密结合，要求水平灰缝砂浆饱满，否则砖块不能均匀传力，而产生弯曲、剪切破坏作用。砂浆饱满程度以砂浆饱满度表示，为保证砌体的抗压强度，要求砖墙水平灰缝砂浆饱满度不低于80%，竖向灰缝对砌体的抗压强度影响不大，但对抗剪强度有明显影响，况且竖缝砂浆饱满，可避免透风漏水，改善保温性能，竖向灰缝宜采用挤浆或加浆方法使其饱满，不得出现透明缝、瞎缝和假缝。砖柱水平灰缝和竖向灰缝饱满度不得低于90%。

C 上下错缝、内外搭砌

砌体工程是由块体和砂浆砌筑而成的，砌体的强度是通过块体和砂浆的共同工作实现的，砌体结构构件主要承受轴心或小偏心压力，而很少受拉或受弯。砌块组砌方式往往会影响砌体的整体受力性能，砌体中块体必要的搭接长度是保证砌体强度的关键，能够防止砌体受荷后过早出现局部承压或剪切破坏。

为提高砌体的整体性、稳定性和承载能力，砖块排列应遵守上下错缝、内外搭砌的原则，应避免出现连续的竖向"通缝"。错缝或搭砌长度一般不小于60mm，同时还应考虑砌筑方便，砍砖少的要求。对于砖柱严禁采用包心砌法。

D 接槎可靠

接槎是指相邻砌体不能同时砌筑而又必须设置的临时间断，以便于先、后砌筑的砌体之间的接合。为保证砌体的整体性，砖砌体的转角处和交接处应同时砌筑。严禁无可靠措施的内外墙分砌施工。在抗震设防烈度为8度及8度以上的地区，对不能同时砌筑而又必须留置的临时间断处应砌成斜槎，普通砖砌体斜槎水平投影长度不应小于高度的2/3。多孔砖砌体的斜槎长高比不应小于1/2，斜槎高度不得超过一步脚手架的高度。如图3-26（a）所示，斜槎操作简便，接槎砂浆饱满，质量容易得到保证。

非抗震设防及抗震设防烈度为6度、7度地区的临时间断处，当不能留斜槎时，除转角处外，可留直槎，但直槎必须做成凸槎，如图3-26（b）所示，并加设拉结筋。每120mm墙厚放置末端带有90°弯钩1ϕ6拉结钢筋（或采用ϕ4焊接钢筋网片），间距沿墙高不应超过500mm，埋入长度从留槎处算起对实心墙每边不小于500mm，砖墙与构造柱的马牙槎连接处每边伸入墙内均不应小于600mm，对于多孔砖墙和砌墙不小于700mm，对抗震设防的地区拉结钢筋伸入墙内不应小于1000mm，拉结钢筋应错开截断，相距不宜小于200mm。填充墙墙顶应与框架梁紧密结合，顶面遇上部结构接触处宜用一皮砖或配砖斜砌楔紧。

抗震设防烈度6度、7度时，底部1/3楼层，8度时底部1/2楼层，9度时全部楼层，

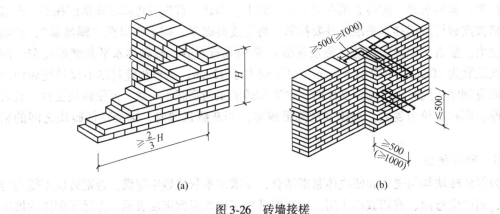

图 3-26　砖墙接槎

(a) 斜槎；(b) 直槎

上述拉结钢筋网片应沿墙体水平通长设置。

E　砌体质量检验

砌体质量检验分为主控项目和一般项目，具体要求应符合现行国家规范《砌体工程施工质量验收规范》（GB 50203）的规定。

砌体结构工程检验批验收时，其主控项目应全部符合规范的规定；一般项目应有80%及以上的抽检处符合规范的规定；有允许偏差的项目，最大超差值为允许偏差值的1.5倍。

3.2.4.2　质量保证措施

（1）雨天不宜在露天砌筑墙体，对下雨当日砌筑的墙体应进行遮盖。继续施工时，应复核墙体的垂直度，如果垂直度超过允许偏差，应拆除重新砌筑。正常施工条件下，砖砌体、小砌块砌体每日砌筑高度宜控制在 1.5m 或一步脚手架高度内，石砌体不宜超过 1.2m。

（2）为保证墙面垂直、平整，砌筑过程中应随时检查，做到"三皮一吊、五皮一靠"。

（3）房屋相邻部分高差较大时，应先建高层部分。分段施工时，砌体相邻施工段的高差，不得超过一层楼，也不得大于 4m。

（4）多孔砖的孔洞应垂直于受压面砌筑。

（5）砌体施工时，楼面和屋面堆载不得超过楼板的允许荷载值。施工层进料口楼板下，宜采取临时加撑措施。

（6）砖墙体砌筑时，各层承重墙的最上一皮砖应砌丁砖层，以使楼板支承点牢靠稳定，锚固和受力均较合理。在梁或梁垫的下面，变截面砖砌体的台阶水平面及砌体的挑出层（挑檐、腰线）等处，也应用丁砖层砌筑，以保证砌体的整体强度。

（7）在墙上留置临时施工洞口，其侧边离交接处墙面不应小于 500mm，洞口净宽度不应超过 1m。抗震设防烈度为 9 度的地区建筑物的临时施工洞口位置，应会同设计单位确定。临时施工洞口应做好补砌。

（8）下列墙体或部位不得留置脚手眼：

1）120mm 厚墙、清水墙、料石墙、独立柱和附墙柱；

2）过梁上与过梁成 60°角的三角形范围及过梁净跨度 1/2 的高度范围内；

3）宽度小于 1m 的窗间墙；

4）门窗洞口两侧石砌体 300mm，其他砌体 200mm 范围内；转角处石砌体 600mm，其他砌体 450mm 范围内；

5）梁或梁垫下及其左右 500mm 范围内；

6）设计不允许设置脚手眼的部位；

7）轻质墙体；

8）夹心复合墙外叶墙。

（9）宽度超过 300mm 的洞口上部，应设置钢筋混凝土过梁。砖过梁底部的模板及其支架拆除时，灰缝砂浆强度不应低于设计强度的 75%。

（10）弧拱式及平拱式过梁的灰缝应砌成楔形缝，拱底灰缝宽度不宜小于 5mm，拱顶灰缝宽度不应大于 15mm，拱体的纵向及横向灰缝应填实砂浆；平拱式过梁拱脚下面应伸入墙内不小于 20mm，砖砌平拱过梁底应有 1% 的起拱。

（11）搁置预制梁、板的砌体顶面应找平，安装时应坐浆。当设计无具体要求时，应采用 1∶2.5 的水泥砂浆。

（12）设置在潮湿环境或有化学侵蚀性介质的环境中的砌体灰缝内的钢筋应采取防腐措施。

（13）设计要求的洞口、管道、沟槽应于砌筑时正确留出或预埋，未经设计同意，不得打凿墙体和在墙体上开凿水平沟槽。不应在截面长边小于 500mm 的承重墙体、独立柱内埋设管线。

职业技能

技 能 要 点	掌握程度	应用方向
砌体材料的质量要求	熟悉	土建 项目经理、工程师
砌砖工程的构造要求	了解	
砌块结构的施工要点	熟悉	
材料质量要求	熟悉	
放线要求	掌握	
砌筑顺序、洞口留置的规定、不得留置脚手眼的规定	了解	土建工程师
砌筑墙体或柱自由高度的规定	了解	
填充墙砌体工程的规定、主控项目及检验方法	了解	
砖砌体、砌块砌体主控项目、一般项目及检验方法	掌握	
各种砌体及砌块的施工方法、材料性质及特点	了解	土建造价师
基础与墙体的划分界限，各种墙体的形式及应用	掌握	
新型节能保温墙体材料的构成	了解	
砌体中有关砌筑砂浆的规定	掌握	
砌筑砂浆的材料要求	了解	试验工程师

习 题

3-1　选择题

(1) 砖基础施工时，砖基础的转角处和交界处应同时砌筑，当不能同时砌筑时，应留置（　　）。

A. 直槎　　　　B. 凸槎　　　　C. 凹槎　　　　D. 斜槎

(2) 砌筑砂浆应随拌随用，当施工期间最高气温在 30℃ 以内时，水泥混合砂浆最长应在 (　　) h 内使用完毕。

A. 2　　　　B. 3　　　　C. 4　　　　D. 5

3. 砌砖工程当采用铺浆法砌筑时，施工期间气温超过 30℃ 时，铺浆长度最大不得超过(　　)mm。

A. 400　　　　B. 500　　　　C. 600　　　　D. 700

(4) 关于加气混凝土砌块工程施工，正确的是 (　　)。

A. 砌筑时必须设置皮数杆，拉水准线

B. 上下皮砌块的竖向灰缝错开不足 150mm 时，应在水平灰缝设置 500mm 2φ6 拉结

C. 水平灰缝的宽度宜为 20mm，竖向灰缝宽度宜为 15mm

D. 砌块墙的 T 字交接处应使用纵墙砌块隔皮露墙面，并坐中于横墙砌块

(5) 关于一般脚手架拆除作业的安全技术措施，正确的有 (　　)。

A. 按与搭设相同的顺序上下同时进行

B. 先拆除上部杆件，最后松开连墙件

C. 分段拆除架体高差达 3 步

D. 及时取出、放下已松开连接的杆件

E. 遇有六级及六级以上大风时，停止脚手架拆除作业

(6) 砌体基础必须采用 (　　) 砂浆砌筑。

A. 防水　　　　B. 水泥混合　　　　C. 水泥　　　　D. 石灰

3-2　案例分析

某小区内拟建一座 6 层普通砖混结构住宅楼，外墙厚 370mm，内墙厚 240mm，抗震设防烈度 7 度。某施工单位于 2009 年 5 月与建设单位签订了该工程总承包合同。现场施工工程中为了材料运输方便，在内墙处留置临时施工洞口。内墙上留直槎，并沿墙高每八皮砖 (490mm) 设置了 2φ6 钢筋，钢筋外露长度为 500mm。

【问题】砖留槎的质量控制是否正确？说明理由。

4 模架与垂直运输设备

学习要点：

·掌握各类脚手架、模板、模板支架的施工方法及施工要点；

·熟悉各类脚手架、模板的分类及施工方案的编制；

·熟悉塔式起重机、混凝土泵的方案选择；

·了解扣件式悬挑脚手架、胶合板模板的设计要点。

主要国家标准：

·《建筑施工脚手架安全技术统一标准》（GB 51210）；

·《建筑施工扣件式钢管脚手架安全技术规范》（JGJ 130）；

·《钢管脚手架扣件》（GB 15831）；

·《建筑施工工具式脚手架安全技术规范》（JGJ 202）；

·《混凝土模板用胶合板》（GB/T 17656）；

·《混凝土结构工程施工规范》（GB 50666）；

·《塔式起重机》（GB/T 5031）；

·《塔式起重机安全规程》（GB 5144）；

·《起重机械安全规程》（GB 6067）；

·《施工升降机》（GB/T 10054）。

案例导航

中　国　尊

北京中信大厦（CITIC Tower），又名中国尊（见图 4-1），是中国中信集团总部大楼，占地面积 11478m^2，总高 528m，地上 108 层、地下 7 层，可容纳 1.2 万人办公，总建筑面积 43.7 万平方米，建筑外形仿照古代礼器"尊"进行设计，内部有全球首创超 500m 的 JumpLift 跃层电梯。2014 年，北京中信大厦被评为"中国当代十大建筑"。

北京中信大厦是 8 度抗震设防烈度区的在建的最高建筑，体型呈中国古代用来盛酒的器具"尊"的形状。为满足结构抗震与抗风的技术要求，北京中信大厦在结构上采用了含有巨型柱、巨型斜撑及转换桁架的外框筒以及含有组合钢板剪力墙的核心筒，形成了巨型钢-混凝土筒中筒结构体系。为配合建筑外轮廓，

图 4-1　建设中的中国尊

结构设计使用了 BIM 技术特别是结构参数化设计和分析手段，满足了建筑功能的要求，达到了经济性和安全性的统一。

【问题讨论】

整体自动顶升回转式多吊机集成运行平台具有哪些功能？

4.1　概　　述

4.1.1　脚手架

脚手架是用来满足施工要求而搭设的支架，有的支架用来承受施工荷载，有的支架起安全防护作用，在施工中，需要根据使用要求选择脚手架的类型。

传统落地式钢管脚手架搭设高度超过 50m 时就属于重大危险源工程，高层施工一般选用架体高度不超过 20m 的悬挑式脚手架，在超高层施工中，一般选用提升高度不超过 150m 附着式整体和分片提升脚手架；超过 150m 的建筑物，多采用全封闭施工升降平台。

4.1.2　模板及支架

模板系统由模板、支架系统组成，模板的主要功能就是满足混凝土成型的要求，所以模板必须保证形状、尺寸准确，接缝严密、不漏浆。目前推广的铝模板、塑料模板、铝框复合模板相对于传统的木模板、钢模板而言，具有自重轻、混凝土表面光滑的特点。自重轻改善了每吊模板吊量，光滑平整的混凝土外观可以减少后期装饰的粉刷工作量，所以这些新兴模板正逐渐被施工单位接受。

模板支架系统推广使用承插盘扣式脚手架，这种模板支架节点受力工况优于扣件式脚手架，解决了扣件式钢管脚手架节点受力不合理的弊端（扣件连接的钢管脚手架的水平杆和立杆的轴线在节点上不交汇，如果通过横杆给立杆传递荷载，就产生 53mm 的偏心距）。

对于超高层建筑，模板支架需要配合高层施工升降平台协同工作，就大模板体系、滑（顶）模体系和爬模体系而言：大模板体系不能自主爬升，无法适应快速施工要求；滑模体系又因对结构平面布置和截面厚度有一定要求，且其混凝土边浇捣、模板边提升的工艺决定了钢筋被扰动的缺陷，目前常用的是整体顶升钢平台模架体系。金茂大厦核心筒施工中的格构柱支撑式整体钢平台模架体系、上海中心大厦高达 580m 的核心筒结构施工中的筒架支撑式液压爬升整体钢平台模架体系的成功使用（见图 4-2），使超高层模板支架系统的智能、绿色、安全施工水平达到了一个新高度。

图 4-2　上海中心钢平台模架

4.1.3　垂直运输设备

建筑施工常用的垂直运输设备有：塔式起重机、施工外用电梯、混凝土泵等，中建集团研发的单塔多笼施工升降机、天津 117 大厦项目上研发的"通道塔"技术使超高层垂直运输设备达到了一个新高度。实践表明，在建筑施工中，垂直运输设备的选型、空间规划、平面布置、吊运计划管理是至关重要的，垂直运输机械的合理选型、布置、吊运计划可以缩短工期、提高经济效益。

超高层建筑塔机布置，常规采用外挂、内爬等形式附着于建筑主体结构，为满足吊装需要，施工单位往往会投入数部大型塔机。中建三局在武汉绿地中心项目上首次将超高层建筑施工的大型塔机 ZSL380 集成于平台上，实现了塔机、模架一体化安装与爬升，并将核心筒立体施工同步作业面从 3 层半增至 4 层半。

在中国尊项目上，2 台 M900D 集成于平台上，形成"整体自动顶升回转式多吊机集成运行平台"，开创了大型塔吊与钢平台体系一体化结合的先河。该平台塔机置于回转平台系统上（见图 4-3），依托平台回转驱动系统可进行 360°圆周移位，实现塔机吊装范围的 360°全覆盖，并可根据吊装需求选择大小级配的塔机进行合理配置，充分发挥每台塔机的工作性能。

图 4-3　回转驱动系统

4.1.4　集成施工平台

近年来，以上海建工、中建三局为代表的施工单位，经过对超高层施工装备的不断探索与试验，先后研发了各类超高层施工顶升平台。其中，中建三局在中国尊项目上研发的超高层建筑施工操作平台有 7 层楼高，整个平台四周全封闭，高度的设备集成，尤其首次将超高层建筑施工大型塔机（武汉绿地中心 1 台 ZSL380、北京中国尊 2 台 M900D）直接集成在平台上，平台如同移动的制造工厂。

大型塔吊、施工电梯、布料机、模板、堆场等施工用设备设施集成施工平台，集模架、大型塔机、安全防护、智能监控系统在内的各类施工装备于一体，显著提升了超高层建筑建造过程的工业化及绿色、安全施工水平。

4.2　脚手架工程

脚手架是土木工程施工中为工人操作以及安全防护而搭设的临时施工作业架或防护架。无论在主体结构施工阶段，还是装修、安装施工阶段，都需要搭设脚手架。脚手架的费用列入工程估价的措施费中。

脚手架的种类很多，按用途可分为操作脚手架、防护用脚手架、承重和支撑用脚手架；按其构造形式分为多立杆式、门式、吊式、挂式、悬挑式、附着升降式等。

脚手架结构设计应根据脚手架种类、搭设高度和荷载采用不同的安全等级。脚手架安全等级的划分见表4-1。

表4-1　脚手架的安全等级

落地作业脚手架		悬挑脚手架		满堂支撑脚手架（作业）		支撑脚手架		安全等级
搭设高度/m	荷载标准值/kN	搭设高度/m	荷载标准值/kN	搭设高度/m	荷载标准值/kN	搭设高度/m	荷载标准值/kN	
≤40	—	≤20	—	≤16	—	≤8	≤15kN/m³ 或≤20kN/m 或≤7kN/点	Ⅱ
>40	—	>20	—	>16	—	>8	>15kN/m³ 或>20kN/m 或>7kN/点	Ⅰ

注：1. 支撑脚手架的搭设高度、荷载中任一项不满足安全等级为Ⅱ级的条件时，其安全等级应划为Ⅰ级；

2. 附着式升降脚手架安全等级均为Ⅰ级；

3. 竹、木脚手架搭设高度在其现行行业规范限值内，其安全等级均为Ⅱ级。

4.2.1　承插型盘扣式钢管脚手架

插销式脚手架是采用楔形插销连接的一种脚手架，它具有结构合理、承载力高、装拆方便的优点。这种脚手架的插座、插头和插销的种类很多，如插座有圆形插座、方形插座、梅花形插座、V形耳插座、U形耳插座等；插孔有四个，也有八个；插头和插销的品种规格非常多，名称也各不相同。

4.2.1.1　基本构造

(1) 承插型盘扣节点应由焊接于立杆上的连接盘、水平杆杆端扣接头和斜杆杆端扣接头组成，如图4-4所示。

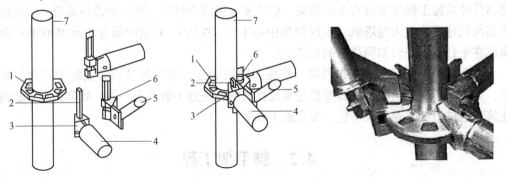

图4-4　盘扣主节点

1—连接盘；2—插销；3—水平杆杆端扣接头；4—水平杆；

5—斜杆；6—斜杆杆端扣接头；7—立杆

（2）插销外表面应与水平杆和斜杆杆端扣接头内表面吻合，插销连接应保证锤击自锁后不拔脱，抗拔力不得小于3kN。

（3）插销应具有可靠防拔脱构造措施，且应设置便于目视检查楔入深度的刻痕或颜色标记。

（4）立杆盘扣节点间距宜距0.5m模数设置；横杆长度宜按0.3m模数设置。

4.2.1.2 承插型盘扣式钢管双排外脚手架的搭设

（1）用承插型盘扣式钢管支架搭设双排脚手架时，搭设高度不宜大于24m。可根据使用要求选择架体几何尺寸，相邻水平杆步距宜选用2m，立杆纵距宜选用1.5m或1.8m，且不宜大于2.1m，立杆横距宜选用0.9m或1.2m。

（2）脚手架首层立杆宜采用不同长度的立杆交错布置，错开立杆竖向间距不宜小于500mm，立杆底部应配置可调底座。

（3）双排脚手架的斜杆或剪刀撑设置应符合下列规定：

1）沿架体外侧纵向每5跨每层应设置一根竖向斜杆，如图4-5（a）所示；

2）每5跨间设置扣件钢管剪刀撑，端跨的横向每层应设置竖向斜杆，如图4-5（b）所示。

（4）承插型盘扣式钢管支架应由塔式单元扩大组合而成。拐角为直角的部位应设置立杆间的竖向斜杆。当作为外脚手架使用时，单跨立杆间可不设置斜杆。

（5）对双排脚手架的每步水平杆层，当无挂扣钢脚手架板加强水平层刚度时，应每5跨设置水平斜杆。

（6）连墙件的设置应符合下列规定：

1）连墙件必须采用可承受拉压荷载的刚性杆件，连墙件与脚手架立面及墙体应保持垂直，同一层连墙件应在同一平面，水平间距不应大于3跨，与主体结构外侧距离不宜大于300mm；

2）连墙件应设置在有水平杆的盘扣节点旁，连接点至盘扣节点距离不得大于300mm，采用钢管扣件做连墙杆时，连墙杆应采用直角扣件与立杆连接；

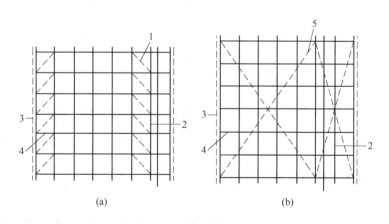

（a）　　　　　　　　　　（b）

图4-5　承插型盘扣式双排外脚手架斜杆或剪刀撑设置示意图

（a）每5跨每层设斜杆；（b）每5跨设扣件钢管剪刀撑

1—斜杆；2—立杆；3—两端竖向斜杆；4—水平杆；5—扣件钢管剪刀撑

3）当脚手架下部暂不能搭设连墙件时，宜外扩搭设多排脚手架并设置斜杆形成外侧斜面状附加梯形架，待上部连墙件搭设后方可拆除附加梯形架。

（7）脚手板设置应符合下列规定：

1）钢脚手板的挂钩必须完全扣在水平杆上，挂钩必须处于锁住状态，作业层脚手板应满铺。

2）作业层的脚手板架体外侧应设挡脚板和防护栏，护栏高度宜为1000mm，均匀设置两道，并应在脚手架外侧立面满挂密目安全网。

（8）挂扣式钢梯宜设置在尺寸不小于0.9m×1.8m的脚手架框架内，钢梯宽度应为廊道宽度的1/2，钢梯可在一个框架高度内折线上升；钢架拐弯处应设置钢脚手板及扶手。

4.2.1.3 脚手架的拆除

（1）脚手架应经单位工程负责人确认并签署拆除许可令后拆除。

（2）脚手架拆除时应划出安全区，设置警戒标志，派专人看管。

（3）拆除前应清理脚手架上的器具，多余的材料和杂物。

（4）脚手架拆除应按后装先拆、先装后拆的原则进行，严禁上下同时作业。

（5）连墙件应随脚手架逐层拆除，分段拆除的高度差不应大于两步。如因作业条件限制，出现高度差大于两步时，应增设连墙件加固。

4.2.2 扣件式钢管脚手架

虽然扣件脚手架存在许多安全问题，但是调查发现，其在建筑施工现场的使用率仍然高达70%或以上，主要原因是其装拆灵活，价格便宜。扣件式钢管脚手架各杆件之间是用扣件连接起来的，扣件基本形式有三种，如图4-6所示。

(a)   (b)   (c)

图 4-6　扣件形式
（a）旋转扣件；（b）直角扣件；（c）对接扣件

扣件式钢管脚手架可搭成单排或双排，双排脚手架较为常用，如图4-7所示。

单排脚手架搭设高度不应超过24m；双排脚手架搭设高度不宜超过50m，高度超过50m的双排脚手架，应采用分段搭设等措施。

4.2.2.1 扣件式钢管脚手架构造要求

A　立杆

每根立杆底部宜设置底座或垫板，纵向扫地杆应采用直角扣件固定在距钢管底端不大于200mm处的立杆上，横向扫地杆应采用直角扣件固定在紧靠纵向扫地杆下方的立杆上。

双排与满堂脚手架立杆接长除顶层顶步外，其余各层各步接头必须采用对接扣件连

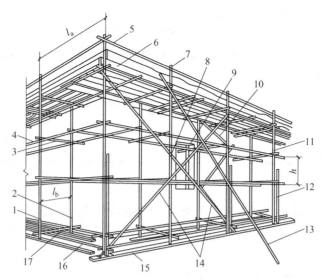

图 4-7　双排扣件式钢管脚手架各杆件位置

1—外立杆；2—内立杆；3—横向水平杆；4—纵向水平杆；5—栏杆；6—挡脚板；
7—直角扣件；8—旋转扣件；9—连墙件；10—横向斜撑；11—主立杆；12—副立杆；
13—抛撑；14—剪刀撑；15—垫板；16—纵向扫地杆；17—横向扫地杆

接，脚手架立杆顶端栏杆宜高出女儿墙上端 1m，宜高出檐口上端 1.5m。

B　纵向水平杆、横向水平杆

纵向水平杆应设置在立杆内侧，单根杆长度不应小于 3 跨，纵向水平杆接长应采用对接扣件连接或搭接。

主节点处必须设置一根横向水平杆，用直角扣件扣接且外露不小于 100mm，严禁拆除。

作业层上非主节点处的横向水平杆，宜根据支承脚手板的需要等间距设置，最大间距不应大于纵距的 1/2。

C　连墙件

脚手架连墙件数量的设置除应满足计算要求外，还应符合表 4-2 的规定。连墙件必须采用可承受拉力和压力的构造。对高度 24m 以上的双排脚手架，采用刚性连墙件与建筑物连接。

表 4-2　连墙件布置最大间距

搭接方法	高度/m	竖向间距	水平间距	每根连墙件覆盖面积/m²
双排落地	≤50	$3h$	$3l_a$	≤40
双排悬挑	>50	$2h$	$3l_a$	≤27
单排	≤24	$3h$	$3l_a$	≤40

注：h—步距；l_a—纵距。

D　剪刀撑构造

每道剪刀撑跨越立杆的根数应按表 4-3 的规定确定，每道剪刀撑宽度不应小于 4 跨，且不应小于 6m, 斜杆与地面的倾角应在 45°~60°之间, 剪刀撑斜杆的接长应采用搭接或对接, 高度在 24m 及以上的双排脚手架应在外侧全立面连续设置剪刀撑; 高度在 24m 以下的单、双排脚手架, 均必须在外侧两端、转角及中间间隔不超过 15m 的立面上, 各设置一道剪刀撑, 并应由底至顶连续设置。

表 4-3　剪刀撑跨越立杆的最多根数

剪刀撑斜杆与地面的倾角 α/(°)	45	50	60
剪刀撑跨越立杆的最多根数 n	7	6	5

E　横斜撑构造

高度在 24m 以下的封闭型双排脚手架可不设横向斜撑, 高度在 24m 以上的封闭型脚手架, 除拐角应设置横向斜撑外, 中间应每隔 6 跨距设置一道。开口型双排脚手架的两端均必须设置横向斜撑。

4.2.2.2　扣件式钢管脚手架的搭设

A　施工准备工作

脚手架搭设前, 应按专项施工方案向施工人员进行交底。立杆垫板或底座底面标高宜高于自然地坪 50~100mm。脚手架基础经验收合格后, 按施工组织设计或专项方案的要求放线定位。

B　搭设顺序

铺设垫板→摆放纵向扫地杆→逐根立立杆, 随即与纵向扫地杆扣紧→搭设横向扫地杆, 并在紧靠纵向扫地杆下方与立杆扣紧→搭设第 1 步纵向水平杆, 并与立杆扣紧→搭设第 1 步横向水平杆, 并与纵向水平杆扣紧→搭设第 2 步纵向水平杆→搭设第 2 步横向水平杆→搭设临时抛撑→搭设第 3 步、第 4 步的纵向水平杆和横向水平杆→连墙件固定→接长立杆→搭设剪刀撑→铺脚手板→搭设防护栏杆→挂安全网。

C　搭设要点

(1) 单、双排脚手架必须配合施工进度搭设, 一次搭设高度不应超过相邻连墙件以上两步; 如果超过相邻连墙件以上两步, 无法设置连墙件时, 应采取撑拉固定等措施与建筑结构拉结。

(2) 底座、垫板均应准确地放在定位线上; 垫板应采用长度不少于 2 跨、厚度不小于 50mm、宽度不小于 200mm 的木垫板。

(3) 脚手架立杆、纵向水平杆、横向水平杆搭设时必须满足《建筑施工扣件式钢管脚手架安全技术规范》(JGJ 130) 的相关规定。

(4) 连墙件的安装应随脚手架搭设同步进行, 不得滞后安装。

(5) 脚手架剪刀撑与双排脚手架横向斜撑应随立杆、纵向和横向水平杆等同步搭设, 不得滞后安装。

(6) 脚手板应铺满、铺稳, 离墙面的距离不应大于 150mm; 作业层端部脚手板探头长度应取 150mm, 其板的两端均应用直径 3.2mm 的镀锌钢丝固定在支承杆件上。

(7) 作业层、斜道的栏杆和挡脚板均应搭设在外立杆的内侧, 上栏杆上皮高度应为 1.2m, 中栏杆应居中设置, 挡脚板高度不应小于 180mm。

4.2.2.3 扣件式钢管脚手架的检查与验收

（1）扣件进入施工现场应检查产品合格证，并应进行抽样复试，技术性能应符合现行国家标准《钢管脚手架扣件》（GB 15831）的规定。扣件在使用前应逐个挑选，有裂缝、变形、螺栓出现滑丝的严禁使用。

（2）脚手架使用中，应定期检查下列内容：

1）杆件的设置和连接，连墙件、支撑、门洞桁架等的构造是否符合规范和专项施工方案的要求；

2）地基是否积水、底座松动、立杆悬空；

3）扣件螺栓是否松动；

4）高度在 24m 以上的双排、满堂脚手架、20m 以上满堂支撑架，其立杆的沉降与垂直度的偏差是否符合规范规定；

5）安全防护措施是否符合规范要求；

6）是否超载使用。

4.2.2.4 扣件式钢管脚手架的拆除

（1）脚手架拆除应按专项方案施工，拆除前应做好下列准备工作：

1）应全面检查脚手架的扣件连接、连墙件、支撑体系等是否符合构造要求；

2）应根据检查结果补充完善脚手架专项方案中的拆除顺序和措施，经审批后方可实施；

3）拆除前应对施工人员进行交底；

4）应清除脚手架上杂物及地面障碍物。

（2）单、双排脚手架拆除作业必须由上而下逐层进行，严禁上下同时作业；连墙件必须随脚手架逐层拆除，严禁先将连墙件整层或数层拆除后再拆脚手架；分段拆除高差大于两步时，应增设连墙件加固。

（3）当脚手架拆至下部最后一根长立杆的高度（约6.5m）时，应先在适当位置搭设临时抛撑加固，然后再拆除连墙件。当单、双排脚手架采取分段、分立面拆除时，对不拆除的脚手架两端，应先按规范的有关规定设置连墙件和横向斜撑加固。

（4）架体拆除作业应设专人指挥，当有多人同时操作时，应明确分工、统一行动，且应具有足够的操作面。

（5）卸料时各构配件严禁抛掷至地面。

（6）运至地面的构配件应及时检查、整修与保养，并应按品种、规格分别存放。

4.2.2.5 扣件式钢管脚手架的安全管理

（1）作业层上的施工荷载应符合设计要求，不得超载。不得将模板支架、缆风绳、泵送混凝土和砂浆的输送管等固定在架体上；严禁悬挂起重设备，严禁拆除或移动架体上安全防护设施。

（2）当有六级强风及以上风、浓雾、雨或雪天气时应停止脚手架搭设与拆除作业。雨、雪后上架作业应有防滑措施，并应扫除积雪。

（3）脚手板应铺设牢靠、严实，并应用安全网双层兜底。施工层以下每隔10m应用安全网封闭。

（4）单、双排脚手架、悬挑式脚手架沿架体外围应用密目式安全网全封闭，密目式安全网宜设置在脚手架外立杆的内侧，并应与架体绑扎牢固。

（5）搭拆脚手架时，地面应设围栏和警戒标志，并应派专人看守，严禁非操作人员入内。

4.2.3 悬挑式脚手架

悬挑式脚手架适用于高层建筑主体阶段的施工，是在建筑结构边缘向外伸出临时悬挑结构来支承外脚手架，并将脚手架的荷载传递给建筑结构。悬挑式脚手架的关键是悬挑支承结构（挑梁），它必须有足够的强度、刚度和稳定性，并能将脚手架的荷载传递给建筑结构。架体可用扣件式钢管脚手架、碗扣式钢管脚手架和门式脚手架等搭设，架体高度可依据施工要求、结构承载力和塔吊的提升能力（当采取塔吊分段整体提升时）确定，最高可搭设至 12 步，约 20m 高，可同时进行 2~3 层作业。

4.2.3.1 挑梁形式

（1）悬挂式挑梁，型钢挑梁一端固定在结构上，另一端用拉杆或拉绳拉结到结构的可靠部位上。拉杆或拉绳应有收紧措施，以使在收紧以后承担脚手架荷载。

（2）下撑式挑梁，其挑梁受拉。

（3）桁架式挑梁，一般采用型钢制作支撑三角桁架，通过螺栓与结构连接，螺栓穿在刚性墙体或柱的预留孔洞或预埋套管中，可以方便地拆除和重复使用。

目前，常用的挑梁多为工字钢挑梁，如图 4-8 所示，楼板上预埋钢筋环对挑梁进行固定。

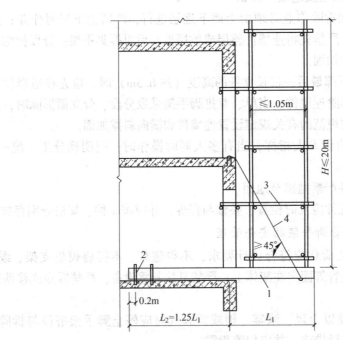

图 4-8 型钢悬挑脚手架

1—型钢悬挑梁；2—预埋钢环；3—连墙件；4—钢丝绳

4.2.3.2 型钢悬挑脚手架构造

（1）型钢悬挑梁宜采用双轴对称截面的型钢。悬挑钢梁型号及锚固件应按设计确定，钢梁截面高度不应小于160mm。悬挑梁应固定在钢筋混凝土梁板结构上不少于两处，锚固型钢悬挑梁的U形钢筋拉环或锚固螺栓直径不宜小于16mm。

（2）型钢悬挑梁悬挑端应设置能使脚手架立杆与钢梁可靠固定的定位点，定位点离悬挑梁端部不应小于100mm。

（3）锚固位置设置在楼板上时，楼板的厚度不宜小于120mm。如果楼板的厚度小于120mm，应采取加固措施。

（4）悬挑梁间距应按悬挑架架体立杆纵距设置，每一纵距设置一根。

（5）悬挑架的外立面剪刀撑应自下而上连续设置。剪刀撑、横向斜撑、连墙件设置应符合规范的规定。

（6）锚固型钢的主体结构混凝土强度等级不得低于C20。

4.2.4 附着升降式脚手架

附着升降式脚手架是指搭设一定高度并附着于工程结构上，依靠自身的升降设备和装置，可随工程结构逐层爬升或下降，具有防倾覆、防坠落装置的外脚手架。这种脚手架吸收了吊脚手架和挂脚手架的优点，具有成本低、使用方便和适应性强等特点，建筑物越高，其经济效益越显著，近年来已成为高层和超高层建筑施工脚手架的主要形式。

附着升降式脚手架主要由架体结构、提升设备、附着支撑结构和防倾、防坠装置等组成。按爬升方式可分为套管式、悬挑式、互爬式和导轨式等，图4-9所示为套管式附着升降脚手架。其升降方法有整体升降和分段升降两种，前者是建筑物四周的外脚手架连成一体，由提升设备整体升降；后者是将脚手架按单元分别升降。

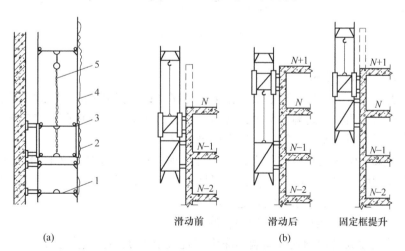

滑动前 (a)　　滑动后 (b)　　固定框提升

图4-9　套管式附着升降脚手架示意图

（a）套管式附着升降脚手架的基本结构；（b）套管式附着升降脚手架的升降原理

1—固定框；2—滑动框；3—纵向水平杆；4—安全网；5—提升机具

架体外侧必须用密目式安全立网，密目式安全立网的网目不应低于2000目/100cm²，且应可靠固定在架体上；作业层外侧应设置 1.2m 高的防护栏杆和 180mm 高的挡脚板；附着升降式脚手架的制作、安装、拆除必须遵守《建筑施工工具式脚手架安全技术规范》（JGJ 202）的规定。

4.2.5　其他类型脚手架

4.2.5.1　碗扣式钢管脚手架

碗扣式钢管脚手架其杆件接点处采用碗扣连接，碗扣式钢管脚手架，构件全部轴向连接，力学性能好，连接可靠，组成的脚手架整体性好。

碗扣式钢管脚手架由钢管立杆、横杆、碗扣接头等组成。其基本构造和搭设要求与扣件式钢管脚手架类似，不同之处主要在于碗扣接头。碗扣接头（见图 4-10）是由上碗扣、下碗扣、横杆接头和上碗扣的限位销等组成。在立杆上焊接下碗扣和上碗扣的限位销，将上碗扣套入立杆内。在横杆和斜杆上焊接插头。组装时，将横杆和斜杆插入下碗扣内，压紧和旋转上碗扣，利用限位销固定上碗扣。碗扣间距 600mm，碗扣处可同时连接 9 根横杆，可以互相垂直或偏转一定角度。可组成直线形、曲线形、直角交叉形等多种形式。

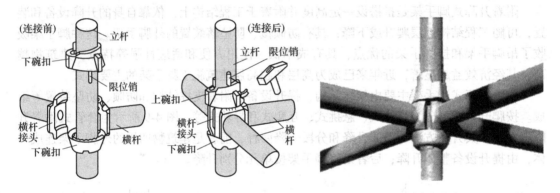

图 4-10　碗扣接头

4.2.5.2　门式脚手架

门式脚手架不仅可作为外脚手架，也可作为移动式里脚手架或满堂脚手架，还可用于搭设垂直运输的井架。门式脚手架因其几何尺寸已标准化，所以具有结构合理，受力性能好，施工中装拆方便，安全可靠，经济实用等特点。

门式钢管脚手架的主要构件由立杆、横杆及加强杆焊接组成，如图 4-11 所示，通过与其他配件及加固件组合，再配上斜梯、栏杆等即组成上下步相通的脚手架，门式脚手架的构造要求以及搭设必须遵守有关规范规定。

（1）不同型号的门架与配件严禁混合使用。

（2）门式脚手架的内侧立杆离墙面净距不宜大于 150mm；当大于 150mm 时，应采取内设挑架板或其他隔离防护的安全措施。

（3）门式脚手架顶端栏杆宜高出女儿墙上端或檐口上端 1.5m。

（4）门式脚手架的底层门架下端应设置纵、横向通长的扫地杆。纵向扫地杆应固定在距门架立杆底端不大于 200mm 处的门架立杆上，横向扫地杆宜固定在紧靠纵向扫地杆下方的门架立杆上。

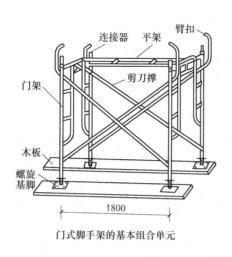

图 4-11 门式脚手架

（5）连墙件设置的位置、数量应按专项施工方案确定，并应按确定的位置设置预埋件。

（6）在门式脚手架的转角处或开口型脚手架端部，必须增设连墙件，连墙件的垂直间距不应大于建筑物的层高，且不应大于 4.0m。

4.2.5.3 吊式脚手架

吊式脚手架又称吊篮，是一种能自升的悬吊式脚手架，适用于外墙装修。

4.2.5.4 挂式脚手架

挂式脚手架主要适用于全现浇剪力墙结构，也可用于框架、框剪结构的施工。

4.3 模 板 工 程

近年来，因模板支撑体系的局部失稳或整体失稳所导致的模板坍塌事故层出不穷，造成事故的主要原因是没有按规定对模板进行设计、计算、论证、搭设、检查、验收。只有对模板支撑架的设计、搭设、使用、拆除这四个重点环节加强事前控制和预防，才能减少和避免事故的发生。

4.3.1 模板体系的组成

模板体系由面板、支架和连接件三部分组成。面板是直接接触新浇混凝土的承力板，包括拼装的板和加肋楞板；支架是支撑面板用的楞梁、立柱、斜撑、剪刀撑和水平拉条等构件的总称；连接件是面板与楞梁的连接、面板自身的拼接、支架结构自身的连接和其中两者相互间连接所用的零配件，包括卡销、螺栓、扣件、卡具、拉杆等。对模板体系的要求：

（1）保证工程结构构件各部分形状尺寸和相互位置的正确。

（2）模板及其支架应具有足够的承载能力、刚度和稳定性，能可靠地承受新浇筑混凝土的重量、侧压力以及施工荷载。

（3）构造简单、装拆方便、重量轻，便于钢筋的绑扎、安装和混凝土的浇筑、养护等要求。

（4）模板面板必须平整、光滑，接缝应严密，不得漏浆。

（5）因地制宜，合理选材，做到用料经济，通用性强，并能多次周转使用。

4.3.2　模板的种类

模板按所用的材料不同，分为木模板、竹模板、钢模板、钢木模板、钢竹模板、胶合板模板、塑料模板、玻璃钢模板、铝合金模板、预应力混凝土薄板模板、轻质绝热永久性泡沫模板、建筑用菱镁钢丝网复合模板等，此外，还有一种以纸基加胶或浸塑制成的各种直径和厚度的圆形筒模和半圆形筒模，它们可方便锯割成使用长度，用于在墙板中设置各种管径的预留孔道和构造圆柱模板。

按工艺分：有组合式模板、大模板、滑升模板、爬升模板、永久性模板以及飞模、模壳、隧道模等；按其结构构件的类型不同分为基础模板、柱模板、梁模板、楼板模板、墙模板、楼梯模板、壳模板和烟囱模板等；按其形式不同分为整体式模板、定型模板、工具式模板、滑升模板、胎模等。

4.3.2.1　组合钢模板

组合钢模板是一种工具式定型模板，由钢模板、连接件和支承件三部分组成。

4.3.2.2　胶合板模板

胶合板模板包括木胶合板模板和竹胶合板模板。

A　木胶合板模板

模板用的木胶合板通常由5、7、9、11层等奇数层单板经热压固化而胶合成型，其表板和内层板对称地配置在中心层或板芯的两侧，最外层表板的纹理方向和胶合板面的长向平行，因此，整张胶合板的长向为强方向，短向为弱方向，使用时须加以注意。

混凝土模板用的木胶合板属具有高耐气候、耐水性的 I 类胶合板，胶粘剂为酚醛树脂胶，主要用桦木、马尾松、云南松、落叶松等树种加工。

B　竹胶合板模板

竹胶合板是一组竹片铺放成的单板相互垂直组坯胶合而成的板材，具有收缩率小、膨胀率和吸水率低以及承载能力大的特点，是目前市场上应用最广泛的模板。

C　板面处理

经树脂饰面处理的混凝土模板用胶合板，简称涂胶板。经浸渍胶膜纸贴面处理的混凝土模板用胶合板，简称覆膜板。这两种胶合板用作模板时，增加了板面耐久性；脱模性能良好，外观平整光滑，最适用于有特殊要求的、混凝土外表面不加修饰处理的清水混凝土工程，如混凝土桥墩、立交桥、筒仓、烟囱以及塔等。

4.3.2.3　铝模板

铝模板，全称为建筑用铝合金模板系统，是继竹木模板、钢模板之后出现的新一代模板，采用铝合金制作成建筑模板，表面非常光滑、平整、观感好，而且铝模板的重复使用次数多，平均使用成本低，报废后的回收价值高。

铝模板体系需要根据楼层特点进行配套设计，铝模板系统中约80%的模块可以在多个项目中循环利用，铝模板系统适用于标准化程度较高的超高层建筑或多层楼群和别墅群。

4.3.2.4 大模板

大模板是采用定型化的设计和工厂加工制作而成的一种工具式模板，它的单块模板面积较大，通常是以一面现浇混凝土墙体为一块模板。施工时配以相应的吊装和运输机械，用于现浇钢筋混凝土墙体，广泛应用于各种剪力墙结构的多高层建筑、桥墩和筒仓等结构体系中。大模板由面板、次肋、主肋、支撑桁架及稳定装置组成。面板要求平整、刚度好；板面须喷涂脱模剂以利脱模。两块相对的大模板通过对销螺栓和顶部卡具固定；大模板存放时应打开支撑架，将板面后倾一定角度，防止倾倒伤人。

4.3.2.5 液压滑升模板

液压滑动模板（简称滑模）主要用于现场浇筑钢筋混凝土竖向、高耸的建（构）筑物，如烟囱、筒仓、高桥墩、电视塔、竖井等。液压滑动模板由模板系统、平台系统和滑升系统组成。模板系统由模板、围圈和提升架组成，用于成型混凝土；平台系统包括操作平台、辅助平台、内外吊脚手架，是施工操作场所；滑升系统包括支承杆、液压千斤顶、高压油管和液压控制台，是滑升动力装置。

4.3.2.6 爬升模板

爬升模板（简称爬模），是一种适用于现浇钢筋混凝土竖向、高耸建（构）筑物施工的模板工艺，其工艺优于液压滑模。其工作原理是：以建筑物的钢筋混凝土墙体为支承主体，通过附着于已浇筑完成的钢筋混凝土墙体上的爬升支架或大模板，利用连接爬升支架与模板的爬升设备，使一方固定，另一方相对运动，交替向上爬升，以完成模板的爬升、下降、就位和校正等工作。

4.3.2.7 隧道模

隧道模是同时浇筑竖向结构和水平结构的大型工具式模板，它能将各开间沿水平方向逐段整体浇筑，结构的整体性、抗震性好，施工速度快。隧道模有全隧道模和半隧道模两种。全隧道模又称为隧道衬砌台车，因其自重大，推移时需铺设轨道，目前逐渐少用。

4.3.2.8 台模

台模（其外形如桌，亦称飞模、桌模）是一种大型工具式模板，适用于大进深、大柱网、大开间的钢筋混凝土楼盖施工，尤其适用现浇板柱结构（无梁楼盖）的施工。施工要求用起重设备从已浇筑混凝土的楼板下吊运飞出至上层重复使用，故称飞模。

4.3.2.9 钢（铝）框胶合板模板

钢（铝）框胶合板模板是以钢材或铝材为周边框架，以木胶合板或竹胶合板作面板，并加焊若干钢肋承托面板的一种新型工业化组合模板，亦称板块组合式模板。支撑其板面的框架均在工厂铆焊定型，施工现场使用时，只进行板块式模板单元之间的组合。

板块式组合模板依据其模板单元面积和重量的大小，可分为轻型和重型两种。在结构构造上，这两种模板的主要区别是边框的截面形状不同。轻型边框是板式实心截面，而重型边框是箱形空心截面。

4.3.2.10 塑料模板

塑料模板是通过高温200℃挤压而成的复合材料，是一种节能型和绿色环保产品，是继木模板、组合钢模板、竹木胶合模板、全钢大模板之后又一新型换代产品。它能完全取代传统的钢模板、木模板、方木，具有平整光洁、轻便易装、脱模简便、稳定耐候、利于养护、可变性强、降低成本、节能环保八大优势。

塑料模板的周转次数能达到 30 次以上，还能回收再造。温度适应范围大，规格适应性强，可锯、钻，使用方便。模板表面的平整度、光洁度超过了现有清水混凝土模板的技术要求，有阻燃、防腐、抗水及抗化学品腐蚀的功能，有较好的力学性能和电绝缘性能，能满足各种长方体、正方体、L 形、U 形的建筑支模的要求。

模壳是用于钢筋混凝土现浇密肋楼板的一种工具式塑料，如图 4-12 所示。塑料模壳主要采用聚丙烯塑料和玻璃纤维增强塑料制成，配置以钢支柱（或门架）、钢（或木）龙骨等支撑系统，使模板施工的工业化程度大大提高，特别适用于大空间、大柱网的工业厂房、仓库、商场和图书馆等公共建筑。

图 4-12　模壳安装示意图

塑料和玻璃钢模壳具有可按设计尺寸和形状加工，质轻、坚固、耐冲击、不腐蚀、施工简便、周转次数高以及拆模后混凝土表面光滑等优点，特别适用于密肋楼板的模板工程。

4.3.2.11　永久性模板

永久性模板，又称一次性消耗模板，即在现浇混凝土结构浇筑后模板不再拆除，其中有的模板与现浇结构叠合后组合成共同受力构件。

A　永久性模板的优点

永久性模板具有施工工序简化、操作简便、改善了劳动条件、不用或少用模板支撑、节约模板支拆用工量和加快施工进度等优点。

B　永久性模板的材料

用来作为永久性模板的材料主要有以下几类：压型（镀锌）钢板类、钢筋（或钢丝网）混凝土薄板类、挤压成型的聚苯乙烯泡沫板类、木材（或竹材）水泥板类、FRP（纤维增强聚合物）板类等。目前装配式建筑的楼板均采用叠合板，楼板的预制部分同时扮演了模板的角色（见图 4-13）。

压型钢板做永久性模板，其施工工艺过程为：搭设楼板支撑→钢梁间铺设压型钢板→栓钉锚固压型钢板与钢梁上→绑扎楼板钢筋→浇筑楼板混凝土。压型板不再拆除，作为楼

图 4-13 混凝土楼板模板

板结构的一部分。楼层结构由栓钉将钢筋混凝土、压型钢板和钢梁组合成整体结构（见图 4-14）。

图 4-14 压型钢板永久性模板构造
1—压型钢板；2—栓钉；3—钢梁；4—混凝土

4.3.3 模板支架

建筑工程的模板支架多以扣件式钢管脚手架和承插式钢管脚手架为主，而承插式钢管脚手架受力比扣件式钢管脚手架更合理；在桥梁施工中，支撑架以碗扣式钢管脚手架居多，门式钢管脚手架也呈上升趋势。安全防护脚手架大多采用扣件式钢管脚手架。

4.3.3.1 扣件式钢管作模板支架

采用钢管和扣件搭设的支架设计时，应符合下列规定：

（1）钢管和扣件搭设的支架宜采用中心传力方式。

（2）单根立杆的轴力标准值不宜大于 12kN，高大模板支架单根立杆的轴力标准值不宜大于 10kN。

（3）立杆顶部承受水平杆扣件传递的竖向荷载时，立杆应按不小于 50mm 的偏心距进行承载力验算，高大模板支架的立杆应按不小于 100mm 的偏心距进行承载力验算。

（4）支承模板的顶部水平杆可按受弯构件进行承载力验算。

（5）扣件抗滑移承载力验算，可按现行行业标准《建筑施工扣件式钢管脚手架安全技术规范》（JGJ 130）的有关规定执行。

（6）钢管扣件搭设的支架一般构造：

1）立杆纵距、立杆横距不应大于 1.5m，支架步距不应大于 2.0m；立杆纵向和横向要设置扫地杆，纵向扫地杆距立杆底部不宜大于 200mm，横向扫地杆宜设置在纵向扫地杆的下方；立杆底部宜设置底座或垫板。

2）立杆接长除顶层步距可采用搭接外，其余各层步距接头应采用对接扣件连接，两个相邻立杆的接头不应在同一步距内。

3）立杆步距的上下两端应设置双向水平杆，水平杆与立杆的交错点应采用扣件连接，双向水平杆与立杆的连接扣件之间的间距不应大于 150mm。

4）支架周边应连续设置竖向剪刀撑。支架长度或宽度大于 6m 时，应设置中部纵向或横向的竖向剪刀撑，剪刀撑的间距和单幅剪刀撑的宽度均不宜大于 8m，剪刀撑与水平杆的夹角宜为 45°~60°；支架高度大于 3 倍步距时，支架顶部宜设置一道水平剪刀撑，剪刀撑应延伸至周边。

5）立杆、水平杆、剪刀撑的搭接长度，不应小于 0.8m，且不应少于 2 个扣件连接，扣件盖板边缘至杆端不应小于 100mm。

6）扣件螺栓的拧紧力矩不应小于 40N·m，且不应大于 65N·m。

7）支架立杆搭设的垂直偏差不宜大于 1/200。

8）支撑梁、板的支架立柱安装构造应符合《建筑施工模板安全技术规范》(JGJ 162) 的规定。

(7) 采用扣件式钢管作高大模板支架时，还应满足下列要求：

1）宜在支架立杆顶部插入可调托座，可调托座螺杆外径不应小于 36mm，螺杆插入钢管长度不应小于 150mm，螺杆伸出钢管的长度不应大于 300mm，可调托座伸出顶层水平杆的悬臂长度不应小于 500mm。

2）立杆的纵距、横距不应大于 1.2m，支架步距不应大于 1.8m。

3）立杆顶层步距内采用搭接时，搭接长度不应小于 1m，且不应少于 3 个扣件连接。

4）宜设置中部纵向或横向的竖向剪刀撑，剪刀撑的间距不宜大于 5m，沿支架高度方向搭设的剪刀撑的间距不宜大于 6m。

5）立杆的搭设垂直偏差不宜大于 1/200，且不宜大于 100mm。

6）应根据周边结构的情况，采取有效的连接措施加强支架整体稳固性。

4.3.3.2　盘扣式脚手架作模板支架

(1) 在模板支撑体系中，模板支架高度不宜超过 24m，超过 24m 应另行专门设计。

(2) 当搭设高度不超过 8m 的满堂模板支架时，步距不宜超过 1.5m，支架架体四周外立面向内的第一跨每层均应设置竖向斜杆，架体整体底层以及顶层均应设置竖向斜杆，并应在架体内部区域每隔 5 跨由底至顶纵、横向均设置竖向斜杆（见图 4-15（a））或采用扣件钢管搭设的剪刀撑（见图 4-15（b）），当满堂模板支架的架体高度不超过 4 个步距时，可不设置顶层水平斜杆；当架体高度超过 4 个步距时，应设置顶层水平斜杆或扣件钢管水平剪刀撑。

(3) 当搭设高度超过 8m 的模板支架时，竖向斜杆应满布设置，水平杆的步距不得大于 1.5m，沿高度每隔 4~6 个标准步距应设置水平层斜杆或扣件钢管剪刀撑（见图 4-16）周边有结构物时，宜与周边结构形成可靠拉结。

(4) 当模板支架搭设成无侧向拉结的独立塔状支架时，架体每个侧面，每步距均应设竖向斜杆。

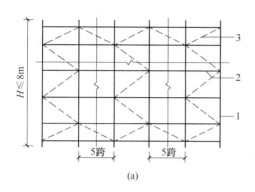 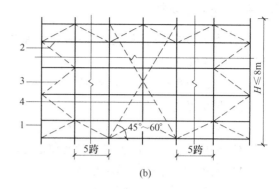

图 4-15　承插盘扣式脚手架斜杆及剪刀撑构造 (一)
(a) 满堂架高度不大于 8m 斜杆设置立面图；(b) 满堂架高度不大于 8m 剪刀撑设置立面图
1—立杆；2—水平杆；3—斜杆；4—扣件钢管剪刀撑

（5）对于长条状的高支模架体，架体总高度与架体的宽度之比 H/B 不宜大于 3。

（6）模板支架可调托座伸出顶层水平杆或双槽钢托梁的悬臂长度严禁超过 650mm，且丝杠外露长度严禁超过 400mm，可调托座插入立杆或双槽钢托架梁长度不得小于 150mm（见图 4-17）。

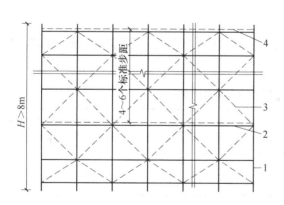 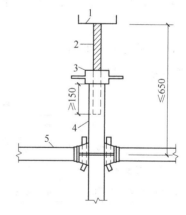

图 4-16　承插盘扣式脚手架斜杆及剪刀撑构造 (二)
（满堂架高度大于 8m 水平斜杆设置立面图）
1—立杆；2—水平杆；3—斜杆；
4—水平层斜杆或扣件钢管剪刀撑

图 4-17　立杆带可调托座伸出顶层
水平杆的悬臂长度
1—可调托座；2—立杆悬臂端；
3—顶层水平杆；4—立杆；5—水平杆

（7）高大模板支架最顶层水平杆步距应比标准步距缩小一个盘扣间距。

（8）模板支架可调底座调节丝杆外露长度不应大于 300mm，作为扫地杆的最底层水平杆，离地高度不应大于 550mm。

（9）当在模板支架内设置人行通道时，如果通道宽度与单支水平杆同宽，可间接抽除第一层水平杆和斜杆，通道两侧立杆应设置竖向斜杆。如果通道宽度与单支水平杆不同宽度，应在通道上部架设支撑横梁。

4.3.4 模板系统设计

模板及支架的形式和构造应根据工程结构形式、荷载大小、地基土类别、施工设备和材料供应等条件确定。

4.3.4.1 模板系统设计内容

(1) 模板及支架的选型及构造设计;

(2) 模板及支架上的荷载及其效应计算;

(3) 模板及支架的承载力、刚度和稳定性验算;

(4) 模板及支架的抗倾覆验算;

(5) 绘制模板及支架施工图。

4.3.4.2 模板及支架的设计规定

(1) 模板及支架的结构设计宜采用以分项系数表达的极限状态设计方法;

(2) 模板及支架的结构分析中所采用的计算假定和分析模型,应有理论或试验依据,或经工程验证;

(3) 模板及支架应根据施工过程中各种受力状况进行结构分析,并确定其最不利的作用效应组合;

(4) 承载力计算应采用荷载基本组合,变形验算可仅采用永久荷载标准值。

4.3.4.3 模板系统荷载设计

A 荷载标准值

(1) 模板及支架自重标准值 G_{1k},根据模板设计图纸确定,肋形楼板及无梁楼板的荷载可按表 4-4 采用。

表 4-4　楼板模板自重参考表

项 目 名 称	木模板/$kN \cdot m^{-2}$	定型组合钢模板/$kN \cdot m^{-2}$
无梁楼板的模板及小楞的自重	0.30	0.50
有梁楼板模板的自重(其中包括梁的模板)	0.50	0.75
楼板模板及其支架的自重(楼层高度为4m以下)	0.75	1.10

(2) 新浇筑混凝土自重标准值 G_{2k},对普通混凝土可采用 $24kN/m^3$,其他混凝土可根据实际重力密度 γ_c 确定。

(3) 钢筋自重标准值 G_{3k},根据设计图纸确定。对一般梁板结构,钢筋混凝土的钢筋自重可按楼板 $1.1kN/m^3$、梁 $1.5kN/m^3$ 取用。

(4) 新浇混凝土对模板的最大侧压力标准值 G_{4k},当采用插入式振动器且浇筑速度不大于10m/h,混凝土坍落度不大于180mm 时,可按式 (4-1)、式 (4-2) 计算,并应取其中的较小值;当浇筑速度大于10m/h,混凝土坍落度大于180mm 时,可按式(4-2)计算。

$$F = 0.28\gamma_c t_0 \beta V^{\frac{1}{2}} \tag{4-1}$$

$$F = \gamma_c H \tag{4-2}$$

式中 F ——新浇筑混凝土作用于模板的最大侧压力标准值，kN/m²；

  γ_c ——混凝土的重力密度，kN/m³；

  t_0 ——新浇筑混凝土的初凝时间，h，可按实测确定；当缺乏试验资料时，可采用 $t_0 = 200/(T + 15)$ 计算，T 为混凝土的温度，℃；

  β ——混凝土坍落度影响修正系数：当坍落度大于 50mm 且不大于 90mm 时，β 取 0.85；坍落度大于 90mm 且不大于 130mm 时，β 取 0.9；坍落度大于 130mm 且不大于 180mm 时，β 取 1.0；

  V ——浇筑速度，取混凝土浇筑高度（厚度）与浇筑时间的比值，m/h；

  H ——混凝土侧压力计算位置处至新浇筑混凝土顶面的总高度，m。

混凝土侧压力的计算分布图形如图 4-18 所示，图中 h 为有效压头高度：$h = F/\gamma_c$。

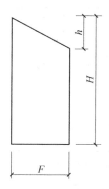

图 4-18 混凝土侧压力分布图

h—有效压头高度；H—模板内混凝土总高度；F—最大侧压力

（5）施工人员及施工设备产生的荷载标准值 Q_{1k}，可根据实际情况计算，且不应小于 2.5kN/m²。

（6）混凝土下料产生的水平荷载标准值 Q_{2k}，可按表 4-5 采用，其作用范围：在新浇筑混凝土侧压力的有效压头高度 h 之内。

表 4-5 混凝土下料产生的水平荷载标准值 Q_{2k}   （kN/m²）

下 料 方 式	水 平 荷 载
溜槽、串筒、导管或泵管下料	2
吊车配备斗容器下料或小车直接倾倒	4

（7）泵送混凝土或不均匀堆载等因素产生的附加水平荷载标准值 Q_{3k}，可取计算工况下竖向永久荷载标准值的 2%，并应作用在模板支架上端水平方向。

（8）风荷载标准值 Q_{4k}，可按现行国家标准《建筑结构荷载规范》（GB 50009）的有关规定确定。

B 荷载基本组合的效应设计值

模板及支架的荷载基本组合的效应设计值，可按下式计算：

$$S = 1.35\alpha \sum_{i \geqslant 1} S_{G_{ik}} + 1.4\psi_{cj} \sum_{j \geqslant 1} S_{Q_{jk}} \tag{4-3}$$

式中　$S_{G_{ik}}$——第 i 个永久荷载标准值产生的效应值；

　　　$S_{Q_{jk}}$——第 j 个可变荷载标准值产生的效应值；

　　　α——模板及支架的类型系数：对侧面模板，取 0.9，对底面模板及支架，取 1.0；

　　　ψ_{cj}——第 j 个可变荷载的组合值系数，宜取 $\psi_{cj} \geqslant 0.9$。

C　荷载组合

模板及支架应根据施工过程中各种受力工况进行结构分析，并确定其最不利的作用效应组合。参与模板及支架承载力计算的各项荷载如表 4-6 所示。

表 4-6　参与模板及支架承载力计算的各项荷载

计 算 内 容		参与荷载项
模板	底面模板的承载力	$G_1 + G_2 + G_3 + G_4$
	侧面模板的承载力	$G_4 + Q_2$
支架	支架水平杆及节点的承载力	$G_1 + G_2 + G_3 + Q_1$
	立杆的承载力	$G_1 + G_2 + G_3 + Q_1 + Q_4$
	支架结构的整体稳定	$G_1 + G_2 + G_3 + Q_1 + Q_3$ $G_1 + G_2 + G_3 + Q_1 + Q_4$

注：表中的"+"仅表示各项荷载参与组合，而不表示代数相加。

4.3.4.4　模板及支架的承载力计算

模板及支架结构构件应按短暂设计状况进行承载力计算。承载力计算应符合下式要求：

$$\gamma_0 S = \frac{R}{\gamma_R} \tag{4-4}$$

式中　γ_0——结构重要性系数：对重要的模板及支架宜取 $\gamma_0 \geqslant 1.0$，对一般的模板及支架取 $\gamma_0 \geqslant 0.9$；

　　　S——模板及支架按荷载基本组合计算的效应设计值，可按式（4-3）计算；

　　　R——模板及支架结构构件的承载力设计值，应按国家现行有关标准计算；

　　　γ_R——承载力设计值调整系数，应根据模板及支架重复使用情况取用，不应小于 1.0。

4.3.4.5　模板及支架的变形要求

模板及支架的变形验算应符合下列规定：

$$\alpha_{fG} \leqslant \alpha_{f,\lim} \tag{4-5}$$

式中　α_{fG}——按永久荷载标准值计算的构件变形值；

　　　$\alpha_{f,\lim}$——构件变形限值。

模板及支架的变形限值应根据结构工程要求确定，并宜符合下列规定：

（1）对结构表面外露的模板，其挠度限值宜取为模板构件计算跨度的 1/400；

（2）对结构表面隐蔽的模板，其挠度限值宜取为模板构件计算跨度的 1/250；

（3）支架的轴向压缩变形限值或侧向挠度限值，宜取为计算高度或计算跨度的 1/1000。

4.3.4.6 模板支架抗倾覆验算

模板支架的高宽比不宜大于 3；当高宽比大于 3 时，应加强整体稳固性措施，并应进行支架的抗倾覆验算。

模板支架应按混凝土浇筑前和混凝土浇筑时两种工况进行抗倾覆验算。支架的抗倾覆验算应满足下式要求：

$$\gamma_0 M_0 \leq M_r \tag{4-6}$$

式中　M_0——支架的倾覆力矩设计值，按荷载基本组合计算，其中永久荷载的分项系数取 1.35，可变荷载的分项系数取 1.4；

　　　M_r——支架的抗倾覆力矩设计值，按荷载基本组合计算，其中永久荷载的分项系数取 0.9，可变荷载的分项系数取 0。

4.3.4.7 模板结构构件长细比

支架结构中钢构件的长细比不应超过表 4-7 规定的容许值。

表 4-7　支架结构钢构件容许长细比

构 件 类 别	容许长细比
受压构件的支架立柱及桁架	180
受压构件的斜撑、剪刀撑	200
受拉构件的钢杆件	350

4.3.4.8 其他规定

（1）多层楼板连续支模时，应分析多层楼板间荷载传递对支架和楼板结构的影响。

（2）支架立柱或竖向模板支承在土层上时，应按现行国家标准《建筑地基基础设计规范》（GB 50007）的有关规定对土层进行验算；支架立柱或竖向模板支承在混凝土结构构件上时，应按现行国家标准《混凝土结构设计规范》（GB 50010）的有关规定对混凝土结构构件进行验算。

（3）采用门式、碗扣式、盘扣式或盘销式等钢管架搭设的支架，应采用支架立柱杆端插入可调托座的中心传力方式，其承载力及刚度可按国家现行有关标准的规定进行验算。

4.3.5 模板系统的安装与拆除

模板系统的安装与拆除应严格遵守《混凝土结构工程施工规范》（GB 50666—2011）的相关规定及《建筑施工模板安全技术规范》（JGJ 162—2008）的相关规定。

4.3.5.1 模板系统的安装

（1）模板安装应按设计与施工说明书顺序拼装。木杆、钢管、门架等支架立柱不得混用。

（2）竖向模板和支架立柱支承部分安装在基土上时，应加设垫板，垫板应有足够强度和支承面积，且应中心承载。基土应坚实，并应有排水措施，对特别重要的结构工程要采用防止支架柱下沉的措施。

（3）现浇钢筋混凝土梁、板，当跨度大于 4m 时，模板应起拱；当设计无具体要求时，起拱高度宜为全跨长度的 1/1000～3/1000。

（4）现浇多层或高层房屋和构筑物，安装上层模板及其支架应符合下列规定：

1）下层楼板应具有承受上层施工荷载的承载能力，否则应加设支撑支架；

2）上层支架立柱应对准下层支架立柱，并应在立柱底铺设垫板；

3）当采用悬臂吊模板、桁架支模方法时，其支撑结构的承载能力和刚度必须符合设计构造要求。

4.3.5.2 模板系统的拆除

（1）拆模的顺序和方法应按模板的设计规定进行。当设计无规定时，可采取先支的后拆、后支的先拆、先拆非承重模板、后拆承重模板，并应从上而下进行拆除。对于后张预应力混凝土结构构件，侧模宜在预应力筋张拉前拆除；底模及支架不应在结构构件建立预应力前拆除。

（2）多个楼层间连续支模的底层支架拆除时间，应根据连续支模的楼层间荷载分配和混凝土强度的增长情况确定。当上层及以上楼板正在浇筑混凝土时，下层楼板立柱的拆除，应根据下层楼板结构混凝土强度的实际情况，经过计算确定，强度不足时，应加设临时支撑。

（3）底模及其支架拆除时的混凝土强度应符合设计要求；当设计无具体要求时，混凝土强度应符合表4-8的规定。

表 4-8 底模拆除时的混凝土强度要求

构件类型	构件跨度/m	达到设计的混凝土立方体抗压强度标准值的百分率/%
板	≤2	≥50
	>2，≤8	≥75
	>8	≥100
梁、拱、壳	≤8	≥75
	>8	≥100
悬臂构件	—	≥100

4.3.5.3 后浇带支模

后浇带是在现浇钢筋混凝土结构施工过程中，为了消除由于混凝土内外温差、收缩、不均匀沉降可能产生有害裂缝，而设置的临时施工间断，后浇带内的钢筋不得间断，后浇带的宽度应考虑施工简便，避免应力集中，一般其宽度为 80～100cm。通过近年来的工程实践，后浇带的设置有效地预防了大体积混凝土裂缝的产生。

设计中，当地下地上均为现浇结构时，后浇带应贯通地下及地上结构，遇梁断梁，遇墙断墙（钢筋不断），一般在设计图中要标定后浇带留缝支模位置，后浇带应尽力设在梁或墙中内力较小位置，尽量避开主梁位置，具体位置需经过设计单位认可，基本和施工缝留设要求一致。

A 后浇带间距

后浇带间距首先应考虑能有效地削减温度收缩应力，其次考虑与施工缝结合，在正常施工条件下，后浇带的间距约为 30~40m。

B 后浇带支模

后浇带的垂直支架系统宜与其他部位分开设置。后浇带拆模时，混凝土强度应达到设计强度的 100%，但对改变结构受力的后浇带，如梁的截断处，不得撤除竖向支撑系统。

C 后浇带的宽度及构造

后浇带一般宽度为 800~1000mm 左右，在后浇带处，钢筋应贯通。后浇带两侧应采用钢筋支架和钢丝网隔断，也可用快易收口网进行支挡。后浇带内要保持清洁，防止钢筋锈蚀或被压弯、踩弯，并应保证后浇带两侧混凝土的浇筑质量。后浇带可做成平接式、企口式、台阶式，如图 4-19 所示。

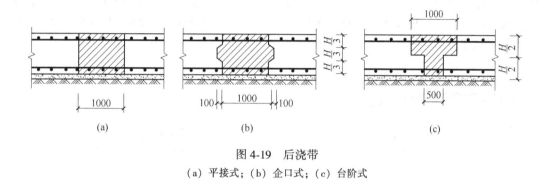

图 4-19 后浇带
（a）平接式；（b）企口式；（c）台阶式

当地下室有防水要求时，地下室后浇带不宜采用平接式留成直槎，在后浇带处应做好后浇带与整体基础连接处的防水处理。

4.4 垂直运输设备

工程施工过程中，需要运送大量的建筑材料、施工工具、构配件到各施工操作面上，因此，合理选择垂直运输设备是施工的主要经济技术工作。

目前，常用的垂直运输设备有塔式起重机、井架、龙门架、施工升降机、混凝土泵等，其中井架、龙门架已在第 3 章介绍。

4.4.1 塔式起重机

塔式起重机的塔身直立，起重臂作 360°回转，在完成垂直运输的同时完成水平运输，在吊运长、大、重的物料时有明显的优势。

4.4.1.1 塔式起重机分类

A 按行走机构、变幅方式、回转机构位置及爬升方式分类

塔式起重机按行走机构、变幅方式、回转机构位置及爬升方式的不同而分成若干类型。固定式塔式起重机将塔身基础固定在地基基础或结构物上，塔身不能行走；附着式塔

式起重机每隔一定间距通过支撑将塔身锚固在构筑物上；内爬式塔式起重机设置在建筑物内部或高层核心筒外墙，通过支撑在结构物上的爬升装置，使整机随着建筑物的升高而爬升；行走式塔式起重机能负荷在轨道上行走，同时完成水平运输和垂直运输，且能在直线和曲线轨道上运行，但因需要铺设轨道，装拆及转移耗费工时。

　　a　行走式塔式起重机

　　行走式塔机根据其工作时的行走方式的不同又可分为轨道式、履带式、轮胎式和汽车式四种。目前在建筑工地上应用较多的是轨道式，轨道式塔机可以带载行走，工作效率高，行走平稳，容易就位，但需铺设专用轨道基础。采用水母式底架及其他辅助装置后，塔机还能沿曲线轨道行走，可适应不同平面形状的建筑物的施工要求，在大型建筑工区内通过铺设弯轨，塔机不用拆卸、装运，即可由一个施工点转移到另一个施工点。

　　b　附着式塔式起重机

　　附着式塔式起重机是固定在配套独立基础上的起重机械，每隔 20m 左右采用附着支架装置，将塔身固定在建筑物上，以保持稳定。塔身可借助顶升系统向上自升，自升系统包括顶升套架、长行程液压千斤顶、承座、顶升横梁及定位销等。如图 4-20 所示为 QT4-10 型附着式塔式起重机。

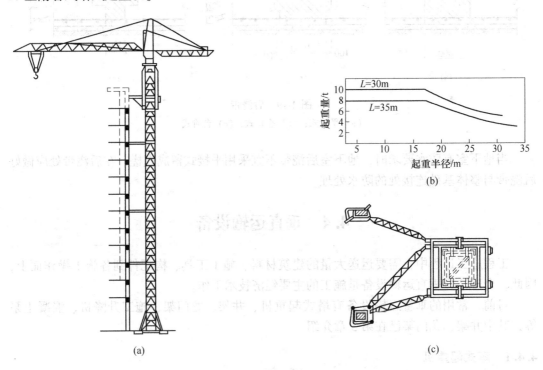

图 4-20　QT4-10 型附着式塔式起重机
(a) 全貌图；(b) 性能曲线；(c) 锚固装置图

　　c　内爬式塔式起重机

　　内爬式塔式起重机分为内爬内置式和内爬外挂式两种。

　　(1) 内爬内置式。内爬内置式是安装在建筑物内部电梯井或特设开间的结构上，借助爬升机构随建筑物的升高而向上爬升的起重机械。一般每隔 1~2 层楼爬升一次。其特点是塔身短，不需轨道和附着装置，不占施工场地；但全部荷载均由建筑物承受，拆卸时需在屋面架设辅助起重设备，缺点是司机视线受阻，操作不便。内爬式内置塔式起重机由底座、套架、塔身、塔顶、起重臂和平衡臂等组成。内爬式塔式起重机的爬升过程如图4-21所示。

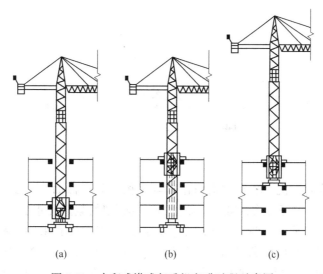

图4-21　内爬式塔式起重机爬升过程示意图
（a）升塔；（b）提升固定套架；（c）固定套架收回下部支腿

（2）内爬外挂式。内爬外挂式是用一套组合挂架支撑体系将塔吊附着于核心筒外壁，并随着楼层的升高而不断爬升，改变了将塔吊布置于核心筒内或外附于钢结构外框的传统附着方式，如图4-22所示。

组合挂架支撑体系与普通内爬体系和外附着体系相比，可以实现塔吊布置最佳位置的选择，提高了塔吊性能有效使用率，减少了塔身对楼层穿插施工工序的影响，加快了高层建筑整体施工速度。

图4-22　内爬外挂式塔式起重机

B　按臂架结构方式分类

（1）小车变幅式塔机。小车变幅式塔机起重臂固定，变幅是通过起重臂上的运行小车来实现的，起重小车可以开到靠近塔的地方，变幅迅速，但不能调整仰角。

（2）动臂变幅式塔机。动臂变幅式塔机的吊钩滑轮组的定滑轮固定在吊臂头部，起重机变幅由改变起重臂的仰角来实现，如图4-23所示。

（3）折臂变幅式塔机。折臂变幅式塔机的基本特点是小车变幅式，同时吸收了动臂变幅式的某些优点。它的吊臂由前后两段组成（前段吊臂永远保持水平状态，后段可以俯仰摆动），也配有起重小车，构造上与小车变幅式的吊臂、小车相同。

图 4-23　动臂变幅式塔机示意图

C　按有无塔尖分类

（1）塔头塔式起重机。塔头式塔机吊臂与平衡臂具有截面小、受力合理等特点，与平头塔机相比，采用拉杆形式，减轻臂架受力，其臂架的截面尺寸小。

（2）平头塔式起重机。平头塔式起重机是最近几年发展起来的一种新型塔式起重机（见图 4-24），没有传统塔机那种塔头、平衡臂、吊臂及拉杆之间的铰接连接方式，其特点是在原自升式塔机的结构上取消了塔帽及其前后拉杆部分，增强了大臂和平衡臂的结构强度，大臂和平衡臂直接相连。其优点是：

1）整机体积小，安装便捷安全，降低运输和仓储成本；

2）起重臂耐受性能好，受力均匀一致，对结构及连接部分损坏小；

3）部件设计可标准化、模块化、互换性强，减少设备闲置，提高投资效益。

其缺点是在同类型塔机中平头塔机价格稍高。

图 4-24　平头塔吊起重机

D　多吊机回转平台

超高层建筑塔机布置，常规采用外挂、内爬等形式附着于建筑主体结构，塔机位置固定，吊装范围有限，爬升工艺复杂。为满足吊装需要，施工单位往往会投入数部大型塔机，且附着、爬升耗时费力，投入大、工效低，成为制约超高层建筑施工的关键技术难题。但不解决好垂直运输问题，直接影响施工工期。

几台不同吨位的塔吊安装在同一个旋转平台上，平台可 360°无死角转动，与码头装运塔吊机、海洋石油钻井平台上的塔吊机有异曲同工效果。

4.4.1.2 塔式起重机参数

我国塔机型号组成为：QT+(形式、特性代号)+主参数代号，其中形式、特性代号标识：下回转式 X、上回转自升式 Z、下回转自升式 S、固定式 G、内爬式 P。例如 QTG60 为 60t·m 的固定式塔式起重机。表 4-9 是 QTZ5513 塔的技术参数。

表 4-9 QTZ5513 塔的技术参数

额定起重力矩		800kN·m	
机构载荷率	起升机构	JC40%	
	回转机构	JC25%	
	小车行走机构	JC25%	
最大起重量		6.0t	
起升高度	独立式/m	45	
	附着式/m	150	
幅度	最大幅度/m	55	
	最小幅度/m	2.5	
起升高度	倍率	2	4
	起升速度/m·min^{-1}	9/40/80	4.5/20/40
	电机功率/kW	24/24/5.4	
	最小起重量/t	1.3	
	最大起重量/t	6.0	
牵引机构	牵引速度/m·min^{-1}	19/38	
	电机功率/kW	2.2/3.3	
回转机构	回转速度/r·min^{-1}	0~0.60	
	电机功率/kW	3.7×2	
顶升机构	顶升速度/m·min^{-1}	0.5	
	电机功率/kW	5.5	
	工作压力/MPa	20	
平衡配重	55m 臂	2.6×5+1.6=14.6t	
	50m 臂	2.6×5=13t	
工作温度		−20~40℃	
总装机容量		40.2kW	
整机自重		34.226t（不含配重）	

塔式起重机的主要技术参数有最大起重量、端部吊重（起重力矩）、最大/最小幅度、最大起升高度、结构形式、变幅方式、塔身截面尺寸等，外形参数如图 4-25 所示。进行高层建筑施工选用塔式起重机时，需要根据施工对象确定所要求的主要技术参数进行综合分析。

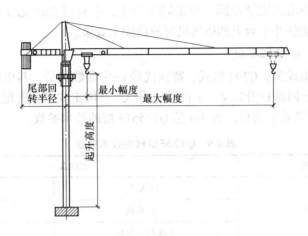

图 4-25　塔吊外形参数

A　幅度

幅度又称回转半径或工作半径，即塔吊回转中心至吊钩中心的水平距离。幅度又包括最大幅度与最小幅度两个参数。高层建筑施工选择塔式起重机时，首先应考察该塔吊的最大幅度是否能满足施工需要。

B　额定起重量

额定起重量是指塔式起重机在各种工况下，安全作业所容许的起吊重物的最大重量。起重量包括所吊重物、吊具和盛物装置（如料斗、砖笼等）的重量，但不包括吊钩的重量。不同幅度处的额定起重量是不同的。

C　最大起重量

塔机在正常工作条件下，允许吊起的最大重量。图 4-26 中 QTZ5513 塔是上回转自升式塔式起重机，最大吊重 4 倍率时是 6t（≤16m 臂长），2 倍率时是 3t（≤28m 臂长）。

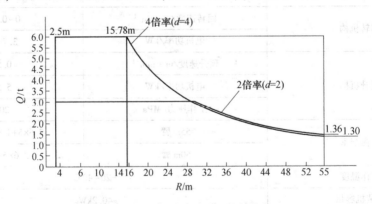

图 4-26　QTZ5513 起重机特性曲线

D　起重力矩

初步确定起重量和幅度参数后，还必须根据塔吊技术说明书中给出的资料，核查是否超过额定起重力矩。所谓起重力矩（kN·m）指的是塔式起重机的幅度与相应于此幅度下的起重量的乘积，能比较全面和确切地反映塔式起重机的工作能力。图 4-26 中 QTZ5513 塔端部吊重力矩为 $55m \times 13kN = 715kN \cdot m$。

E　起升高度

起升高度是指自塔吊基础顶面至吊钩中心的垂直距离，其大小与塔身高度及臂架构造形式有关。一般应根据构筑物的总高度、预制构件或部件的最大高度、脚手架构造尺寸及施工方法等综合确定起升高度。

F　最大起重力矩

最大起重力矩是最大额定起重力与其在设计确定的各种组合臂长中所能达到的最大工作幅度的乘积，计量单位是"$kN \cdot m$"。查 QTZ5513 性能表，最大起重力矩为 $800kN \cdot m$。

G　工作速度

塔机的工作速度包括起升速度、回转速度、变幅速度等。

（1）起升速度：起吊各稳定运行速度档位对应的最大额定起重量、吊钩上升过程中稳定运动状态下的上升速度，单位是"m/min"。

（2）回转速度：塔机在最大额定起重力矩载荷状态、风速小于 3m/s、吊钩位于最大高度时的稳定回转速度，单位是"r/min"。

（3）小车变幅速度：起吊最大幅度时的额定起重量、风速小于 3m/s、小车稳定运行的速度，单位是"m/min"。

H　塔机重量

塔机重量包括塔机的自重、平衡重和压重的重量。

I　尾部回转半径

塔机回转中心线至平衡臂端部的最大距离。为保证塔机拆卸时能正常降塔，确定塔机基础位置时，需要注意这一参数。

4.4.1.3　塔吊的设置

A　塔吊的位置布置

在编制施工组织设计、绘制施工总平面图时，合适的塔式起重机安设位置应满足下列要求：

（1）塔式起重机的幅度与起重量均能很好地适应主体结构（包括基础阶段）施工需要，并留有充足的安全余量。

（2）要有环形交通道，便于安装辅机和运输塔式起重机部件的卡车和平板拖车进出施工现场。

（3）在一个栋号同时装设两台塔式起重机的情况下，要注意其工作面的划分和相互之间的配合，同时还要采取妥善措施防止相互干扰。

两台塔机之间的最小架设距离应保证处于低位塔机的起重臂端部与另一台塔机的塔身之间至少有 2m 的距离；处于高位塔机的最低位置的部件（吊钩升至最高点或平衡重的最低部位）与低位塔机中处于最高位置部件之间的垂直距离不应小于 2m。

（4）塔机的尾部与周围建筑物及其外围施工设施之间的安全距离不小于 0.6m。

（5）工程竣工后，仍留有充足的空间，便于拆卸塔式起重机并将部件运出现场。

（6）应靠近工地电源变电站；有架空输电线的场合，塔机的任何部位与输电线的安全距离，应符合表4-10的规定。如因条件限制不能保证表中的安全距离时，应与有关部门协商，并采取安全防护措施后方可架设。

表 4-10　塔机与输电线的安全距离

安全距离	电压/kV				
	<1	1~15	20~40	60~110	220
沿垂直方向	1.5	3.0	4.0	5.0	6.0
沿水平方向	1.0	1.5	2.0	4.0	6.0

B　塔式起重机附墙装置的计算

为了保证安全，一般塔式起重机的高度超过30~40m就需要附墙装置，在设置第一道附墙装置后，塔身每隔14~20m须加设一道附墙装置。附墙装置由锚固环、附着杆组成。锚固环由型钢、钢板拼焊成方形截面，用连接板与塔身腹杆相连，并与塔身主弦杆卡固。附墙拉杆有多种布置形式，可以使用三根或四根拉杆，根据施工现场情况而定。三根拉杆附着杆节点如图4-27所示。

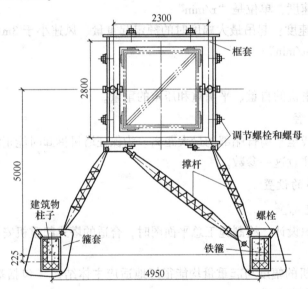

图 4-27　塔吊三根拉杆附着杆节点

4.4.1.4　塔机的安装与拆除

A　塔机的安装程序

找平底梁→吊装标准节→吊装套架→吊装上下转台→吊装塔帽→吊装配重臂→吊装配重→吊装起重臂→补齐配重块→吊装驾驶室→连接电源线→运转试车→顶升加节→固定底架斜撑杆→调试安全装置→负载试车。

B　塔机安装后的质量要求

塔吊安装完毕后必须经质量验收和试运转试验，达到标准要求的方可使用。其标准应按《塔式起重机安全规程》（GB 5144—2006）、《建筑机械技术试验规程》（JGJ 34—86）、

《建筑机械使用安全技术规程》（JGJ 33—2012）、《起重机械安全规程》（GB 6067—2010）中的有关规定执行。

a 绝缘试验

须有专业人员测验塔机是否处于带电状态，如发生漏电须及时进行绝缘处理，确保塔吊安全作业。

b 空载试验

检测设备零部件是否符合设计与施工要求，然后通电操作，检查各装置灵敏度、可靠性。

c 载荷试验

（1）额定起升载荷试验。检测力矩限制器、起重量限制器的精确度和灵敏度。

（2）超载静态试验。检查起重机及其部件的结构承载能力。

（3）超载动态试验。检查起重机各机构运转的灵活性和制动器的可靠性。

C 塔机的提升程序

（1）吊起一个塔身标准节，启动回转机构，将起重臂旋转到引入塔身标准节的方向。

（2）将牵引小车吊起一个塔身标准节，开到 10.5m 幅度处左右，以保持顶升部分的重心大体落在油缸中心线上，调整爬升架滚轮与标准节的间隙，同进使回转机构处于制动状态。

（3）详细检查各机械部位、电气部分、液压部分，检查油缸横梁的销轴是否已插入标准节的踏步销孔中，经检查确信无误后，再作准备顶升。

（4）拆开下支座与下塔身之间的连接螺栓副，然后开油泵将上部结构顶起，使爬升架的爬爪支承在塔身的顶升支板上。

（5）操纵手柄，使活塞杆收回，这时横梁提升到上一个顶升支板内，再次爬升，待活塞再次伸出全长后，即可引入塔身标准节。

（6）将塔身标准节对正下塔身，用螺栓副将引进的塔身标准节与下塔身连接拧紧，完成一个塔身标准提升过程。

D 塔机的拆除程序

（1）拆除标准节。按照塔机操作程序，与提升相同的反向操作步骤，进行降塔至初装高度；拆变幅和起升机构的钢丝绳。

（2）拆除配重。利用汽车吊先拆除配重，只保留从臂尾指向塔身一块位置上的配重。

（3）大臂的拆除。汽车吊稍微吊起起重臂，有起升机构的钢丝绳绕过塔顶和吊臂拉杆上的滑轮组，对起重臂拉杆进行拆除，再拆卸大臂根部的销轴，然后吊至地面上。

（4）拆除平衡臂。汽车吊稍微吊起平衡臂进行拆除拉杆，然后至平衡臂水平位置时进行根部的销轴拆除，将平衡臂吊至地面。

（5）塔帽、驾驶室和回转机构总成的拆除。在拆除回转台与套架销轴和螺栓前，先进行对套架的固定。

（6）拆除套架和标准节。

4.4.2 施工升降机

施工升降机又称外用施工升降机或施工升降机，是一种很重要的高层建筑施工用垂直运输机械设备，多数是人货两用。

4.4.2.1　施工升降机的分类

（1）施工升降机按施工升降机的动力装置可分为电动与电动液压两种，电动液压驱动电梯工作速度比电机驱动电梯工作速度快，可达96m/min。

（2）施工升降机按用途可划分为载货电梯、载人电梯和人货两用电梯。载货电梯一般起重能力较大，起升速度快，而载人电梯或人货两用电梯对安全装置要求高一些。目前，在实际工程中用得比较多的是人货两用电梯。

（3）施工升降机按驱动形式可分为钢索曳引、齿轮齿条曳引和星轮滚道曳引三种形式。目前用得比较多的是齿轮齿条曳引这种结构形式。

（4）施工升降机按吊厢数量可分为单吊厢式和双吊厢式。

（5）施工升降机按承载能力可分为两级（一级能载重物1t或人员11~12人，另一级载重量为2t或载乘员24名）。我国施工升降机用得比较多的是前者。

（6）施工升降机按塔架多少分为单塔架式和双塔架式。双塔架桥式施工升降机目前很少用。

4.4.2.2　施工升降机的构成

施工升降机的主要部件为吊笼、带有底笼的平面主框架结构、立柱导轨架、驱动装置、电控系统提升系统、安全装置等。

4.4.2.3　施工升降机的选择和使用

A　施工升降机的选型

20层以下的高层建筑，采用绳轮驱动施工升降机；25~30层以上的高层建筑选用齿轮齿条驱动施工升降机。高层建筑施工升降机的机型选择，应根据建筑体型、建筑面积、运输总量、工期要求以及施工升降机的造价与供货条件等确定。

B　施工升降机的使用

（1）确定施工升降机位置。施工升降机安装的位置应尽可能满足：

1）有利于人员和物料的集散；

2）各种运输距离最短；

3）方便附墙装置安装和设置；

4）接近电源，有良好的夜间照明，便于司机观察。

（2）加强施工升降机的管理。施工升降机全部运转时，输送物料的时间只占运送时间的30%~40%，在高峰期，特别在上下班时刻，人流集中，施工升降机运量达到高峰，如何解决好施工升降机人、货矛盾，是一个关键问题。

（3）施工升降机基础及附墙装置的构造做法。施工升降机的基础为带有预埋地脚螺栓的现浇钢筋混凝土。一般采用配筋为 $\phi8@250mm$ 的C30钢筋混凝土筏板基础，地基土的地耐力应满足施工升降机要求的地基承载力。施工升降机基础顶面标高有三种：高于地面、与地面齐平、低于地面。

（4）施工升降机技术要求详见《施工升降机》（GB/T 10054—2005）的规定；施工升降机各部分的安全要求详见《施工升降机安全规程》（GB 10055—2007）的规定。

4.4.3 混凝土输送泵

混凝土输送泵能同时完成混凝土的水平运输和垂直运输，在高层、超高层建筑、桥梁、水塔、烟囱、隧道和各种大型混凝土结构的施工中应用广泛；近些年来，在高层建筑施工中泵送预拌混凝土的技术日新月异，2015 年我国天津 117 大厦混凝土泵送高度已达 621m。

4.4.3.1 混凝土输送泵的分类

混凝土输送泵按驱动方式分为活塞式泵和挤压式泵，目前用得较多的是活塞式泵。按混凝土泵所使用的动力可分为机械式活塞泵和液压式活塞泵，目前用得较多的是液压式活塞泵；液压式活塞泵按推动活塞的介质又分为油压式和水压式两种，现在用得较多的是油压式；按混凝土泵的机动性分为固定式泵和移动式泵。

4.4.3.2 活塞式混凝土输送泵的工作原理

活塞式混凝土输送泵主要由料斗、液压缸、活塞、混凝土缸、分配阀、Y 形管、冲洗设备、液压系统和动力系统等部分组成，如图 4-28 所示。

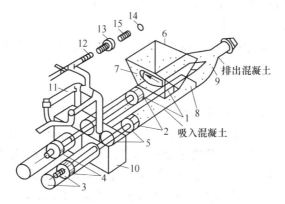

图 4-28 液压活塞式混凝土泵工作原理

1—混凝土缸；2—混凝土活塞；3—液压缸；4—液压活塞；5—活塞杆；6—受料斗；
7—吸入端水平片阀；8—排除端竖直片阀；9—Y 形输送管；10—水箱；11—水洗装置换向阀；
12—水洗用高压软管；13—水洗用法兰；14—海绵球；15—清洗活塞

活塞式混凝土输送泵工作时，混凝土进入料斗内，料斗内的混凝土在自重和吸力作用下进入混凝土缸。混凝土在压力作用下沿管道直接输送到浇筑地点，同时完成水平和垂直运输。

4.4.3.3 混凝土输送管路布置

混凝土输送管路系统设计，要根据工程和施工场地特点、混凝土浇筑方案等合理选择配管方法和泵送工艺。管路系统的设计应保证安全施工，便于装拆维修。

A 混凝土泵（泵车）位置的选择

在泵送混凝土施工过程中，混凝土泵（泵车）的停放位置直接影响混凝土运输能力。混凝土泵车的布置应考虑以下要点：

（1）混凝土泵或泵车停放的场地要平整、坚实，以保证混凝土搅拌输送车的供料、调车，最好能有供 3 台搅拌运输车同时停放和卸料的场地条件。

（2）混凝土泵或泵车停放位置力求距离浇筑地点最近，并且供水、供电方便；在混凝土泵的作业范围内，不得有阻碍物、高压电线，同时要有防范高空坠物的措施。

（3）浇筑的混凝土构件应在布料杆的工作范围内，尽量少移动泵车。多台混凝土泵（泵车）同时浇筑时，选定的位置要与浇筑区域最接近，要求尽量一次浇筑完毕，避免留置施工缝。

（4）采用接力泵泵送混凝土时，接力泵位置的设置应使上、下泵的输送能力匹配，且应验算接力泵荷载对结构的影响，必要时应采取加固措施。

B　混凝土泵数量的选择

混凝土泵的台数，可根据混凝土浇筑量、单机的实际平均输出量和施工作业时间，按式（4-7）计算：

$$N_2 = Q/(Q_1 \times T) \tag{4-7}$$

式中　N_2——混凝土泵数量，其结果取整，小数进位；

　　　Q——混凝土浇筑体积量，m^3；

　　　Q_1——每台混凝土泵的实际平均输出量，m^3/h；

　　　T——混凝土泵送施工作业时间，h。

重要工程的混凝土泵送施工，混凝土泵所需台数，除根据计算确定外，宜有一定的备用台数。

C　配管设计

混凝土输送管分多种。管径有 100m、125m、150m、180m 四种；管段长度有 0.5m、1.0m、2.0m、3.0m、4.0m 五种；弯管有 15°、30°、45°、60° 和 90°；连接输送管的锥形管处压力损失大，易产生堵塞；软管装在输送管末端，作为施工用具直接用来浇筑混凝土。管段之间用快速装拆的管接头连接，管接头内侧装有橡胶圈。

为了防止垂直输送管中的混凝土因自重而反流，需要在泵出口的水平输送管段设截止阀；向下泵送混凝土时，要防止由于向下的自流而产生的气堵。混凝土输送管路如图 4-29 所示。

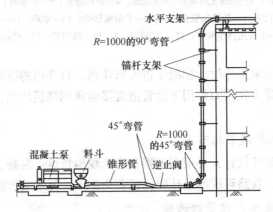

图 4-29　泵送混凝土管路

在选择混凝土泵和计算泵送能力时，通常是将混凝土输送管的各种工作状态（包括直管、弯管、锥形管、软管、管接头和截止阀）换算成水平长度。换算长度可按表 4-11 换算。混凝土输送管道的配管整体水平换算长度，应不超过计算所得的最大水平泵送距离。

表 4-11　混凝土输送管的水平换算长度

管类别或布置状态	换算单位	管规格		水平换算长度/m
向上垂直管	每米	管径/mm	100	3
			125	4
			150	5
倾斜向下管（倾角 α）	每米	管径/mm	100	$\cos\alpha+3\sin\alpha$
			125	$\cos\alpha+4\sin\alpha$
			150	$\cos\alpha+5\sin\alpha$
垂直向下及倾斜向下管	每米			1
锥形管	每根	锥径变化/mm	175→150	4
			150→125	8
			125→100	16
弯管（张角 $\beta \leqslant 90°$）	每只	弯曲半径/mm	500	$2\beta/15$
			1000	0.1β
胶管	每根	长 3~5m		20

4.4.3.4　混凝土输送管路安全技术措施

（1）混凝土输送管的规格应根据粗骨料最大粒径进行配套选用，如表 4-12 所示。在同一管线中，要采用相同管径的混凝土输送管，使用无龟裂、无凹凸损伤和无弯折的管段，配管尽量要短，少用弯管和软管，输送管应具有与泵送条件相适应的强度，输送管的接头应严密，并能快速装拆。

表 4-12　混凝土输送管管径与粗骨料最大粒径关系

粗骨料最大粒径/mm	输送管最小内径/mm
25	125
40	150

（2）垂直向上、倾斜向下、泵管的固定见《混凝土泵送施工技术规程》（JGJ/T 10—2011）中的相关规定。

（3）在风雨或暴热天气输送混凝土，容器上应加遮盖，以防进水或水分蒸发。夏季最高气温超过 40℃时，宜采取用湿布、湿草袋等遮盖混凝土输送管的隔热措施，避免阳光照射。严寒季节施工，宜用保温材料包裹混凝土输送管，防止管内混凝土受冻，并保证混凝土的入模温度。

（4）当输送高度超过混凝土泵的最大输送距离时，可用接力泵（后继泵）进行泵送。

（5）应定期检查管道特别是弯管等部位的磨损情况，以防爆管。

职业技能

技　能　要　点	掌握程度	应用方向
模板计算内容及方法	了解	土建项目经理、质工程师、造价师
大模板安装的具体要求	熟悉	
脚手架的基本要求和分类	掌握	
模板及支架的施工要点	掌握	
垂直运输设备的种类和设备的参数性能	熟悉	
现浇模板的类型	熟悉	

习　题

4-1　简答题

（1）新浇筑混凝土对模板的侧压力是怎么分布的，如何确定侧压力的最大值？

（2）脚手架如何分类，分为哪几类，基本要求是什么？

（3）承插盘扣式、扣件式钢管脚手架的施工工艺，有哪些构造要求？

（4）悬挑式脚手架的挑梁形式有哪些，目前最常用的悬挑式脚手架采用什么方式？

（5）附着式降式脚手架按爬升式方式可分为哪几类？

（6）模板体系的基本要求是什么？

（7）现浇结构拆模时应注意哪些问题？

（8）爬升模板有哪些爬升方式，如何爬升？

（9）模板设计应考虑哪些荷载，各项荷载标准值如何确定？

（10）塔式起重机有哪几种类型，各有何特点？

4-2　案例分析

某工程现浇混凝土框架，采用商品混凝土，内部振动器捣密实，混凝土上午 8 时开始浇筑，15 时浇筑结束。混凝土浇筑时在混凝土拌制中心随机取样制作试块，并送实验室标准养护。混凝土结构采用自然养护，第二天上午 8 时开始浇水并覆盖。第 8 天，根据实验室标准养护试块的强度检验结果，已经达到混凝土拆模强度要求，准备当天拆模。

【问题】此施工过程有错误吗？如果有，请指出来，并说明理由。

5 钢筋混凝土结构工程

学习要点：

· 掌握钢筋下料计算及钢筋加工、钢筋构造及绑扎施工要点；
· 掌握混凝土浇筑质量控制要点；
· 熟悉混凝土质量评定方法；
· 了解预应力混凝土、大体积混凝土、水下混凝土及钢管钢骨混凝土的要求与施工方法。

主要国家标准：

· 《建筑工程施工质量验收统一标准》（GB 50300）；
· 《钢筋混凝土用钢第 2 部分：热轧带肋钢筋》（GB 1499.2）；
· 《钢筋焊接及验收规程》（JGJ 18）；
· 《混凝土质量控制标准》（GB 50163）；
· 《混凝土结构工程施工规范》（GB 50666）；
· 《用于水泥和混凝土中的粉煤灰》（GB/T 1596）；
· 《用于水泥和混凝土中的粒化高炉矿渣粉》（GB/T 18046）；
· 《用于水泥和混凝土的钢渣粉》（GB/T 20491）；
· 《混凝土外加剂》（GB 8076）；
· 《混凝土外加剂应用技术规范》（GB 50119）；
· 《混凝土搅拌机》（GB/T 9142）；
· 《混凝土结构工程施工规范》（GB 50666）；
· 《混凝土质量控制标准》（GB 50164）；
· 《混凝土强度检验评定标准》（GB/T 50107）。

案例导航

是"谁"创造了奇迹

世界第一高建筑哈利法塔（又称为迪拜塔）如图 5-1 所示，有 160 层，总高 828m，堪称建筑史上的一个奇迹。

哈利法塔结构形式为：-30~601m 为钢筋混凝土剪力墙结构；601~828m 为钢结构。总共使用 33m³ 混凝土和 10.4 万吨钢材（高强钢筋为 6.5 万吨，型钢为 3.9 万吨），并且史无前例地把混凝土单级垂直泵送到 601m 的高度。为此，其采用了 3 台世界上最大的混凝土泵（压力可达 35MPa，配套直径为 150mm 的高压输送管）。设想，如果没有这样高强度的建筑材料和先进的机械设备，这座举世瞩目的塔楼能屹立在"沙漠之洲"吗？

哈利法塔的墙体用自升式模板系统施工，端柱则采用钢模施工，无梁楼板用压型钢板

图 5-1 哈利法塔

作为模板施工。首先浇筑核心筒及其周边楼板，然后浇筑翼墙及相关楼板，最后是端柱和附近楼板。

另外，在哈利法塔混凝土施工中应关注的两点：一是竖向结构混凝土要求 10h 强度达到 10MPa，以保证混凝土施工正常循环；二是迪拜冬天冷，夏天气温则在 50℃ 以上，所以不同季节要调节混凝土强度增长率及和易性损失值。

【问题讨论】

模板拆模是否要在混凝土达到 28d 强度时才能进行？

根据现行国家标准《建筑工程施工质量验收统一标准》（GB 50300—2013）附录 B 建筑工程分部（子分部）工程、分项工程划分规定：混凝土结构是主体结构分部的一个子分部，混凝土结构子分部包括模板、钢筋、混凝土、预应力、现浇结构、装配式结构六个分项工程。本章主要介绍钢筋、混凝土、预应力、现浇结构四个分项工程。同时介绍钢管混凝土结构、型钢混凝土结构两个子分部工程。

现浇钢筋混凝土的施工工艺包括模板加工与安装、钢筋加工与绑扎、混凝土制备与浇筑三个主要分项内容，基于绿色施工和混凝土质量稳定性问题，目前国内大部分建筑工程采用预拌混凝土。

5.1 钢 筋 工 程

高强钢筋可以减少钢筋用量，改善钢筋密集的现状，有利于混凝土浇捣。在高层或大跨度建筑中应用高强钢筋，效果更明显，约节省钢筋用量 30%。相关资料表明，以 HRB400 替代 HRB335 钢筋的省钢率约 12%~14%；HRB500 取代 HRB400 钢筋可再节约 5%~7%。

5.1.1 钢筋种类

5.1.1.1 钢筋牌号

我国钢筋标准中规定的牌号与国际通用规则是一致的，热轧钢筋由表示轧制工艺和外形的英文首字母与钢筋屈服强度的最小值表示。普通钢筋的种类如表 5-1 所示。

表 5-1 普通钢筋的种类及相关参数

类别	牌号	符号	公称直径d/mm	屈服强度标准值f_{yk}	极限强度标准值f_{stk}
热轧光圆钢筋	HPB300	ϕ	6~14	300	420
普通热轧带肋钢筋	HRB335	$\underline{\phi}$	6~14	300	420
	HRB400	$\underline{\Phi}$	6~50	400	540
	HRB500	$\overline{\underline{\Phi}}$	6~50	500	630
余热处理钢筋	RRB400	$\underline{\Phi}^R$	6~50	400	540
细晶粒热轧带肋钢筋	HRBF400	$\overline{\underline{\Phi}}^F$	6~50	400	540
	HRBF500		6~50	500	630

对于抗震设防的结构，要采用有较好延性的钢筋，为了与普通钢筋区别，牌号后加 E，例如 HRB400E，见图 5-2（4E 标识 HRB400E、SG 标识沙钢、25 标识直径为 25）。对按一、二、三级抗震等级设计的框架和斜撑构件（含梯段）中，纵向受力钢筋应采用抗震结构用钢筋，规范规定的抗震结构用钢筋（牌号中带 E）力学性能要求：

（1）钢筋的抗拉强度实测值与屈服强度实测值的比值不应小于 1.25；

（2）钢筋的屈服强度实测值与屈服强度标准值的比值不应大于 1.30；

（3）钢筋的最大力下总伸长率不应小于 9%。

图 5-2 HRB400E 钢筋实物标识图例

5.1.1.2 钢筋的选用

（1）纵向受力普通钢筋可采用 HRB400、HRB500、HRBF400、HRBF500、HRB335、RRB400、HPB300 钢筋；梁、柱和斜撑构件的纵向受力普通钢筋宜采用 HRB400、HRB500、HRBF400、HRBF500 钢筋。

（2）筋宜采用 HRB400、HRBF400、HRB335、HPB300、HRB500、HRBF500 钢筋。

（3）预应力筋宜采用预应力钢丝、钢绞线和预应力螺纹钢筋。

5.1.1.3 钢筋的检验

A 检验批

现行国家标准《钢筋混凝土用钢第 2 部分：热轧带肋钢筋》（GB 1499.2）规定：同一牌号、同一炉罐号、同一规格的钢筋，每批重量不大于 60t。超过 60t 的部分，每增加 40t（或不足 40t 的余数），增加一个拉伸试验试样和一个弯曲试验试样。

允许同一牌号、同一冶炼方法的不同炉罐号组成混合批，各炉罐号含碳量之差不大于 0.02%，含锰量之差不大于 0.15%。混合批的重量不大于 60t。

由于工程量、运输条件和各种钢筋的用量等的差异，很难对各种钢筋的进场检查数量做出统一规定。实际检查时，若有关标准中只对产品出厂检验数量的规定，则在进场检验时，检查数量可按下列情况确定：

（1）当一次进场的数量大于该产品的出厂检验批量时，应划分为若干个出厂检验批量，然后按出厂检验的抽样方案执行；

（2）当一次进场的数量小于或等于该产品的出厂检验批量时，应作为一个检验批量，然后按出厂检验的抽样方案执行；

（3）对连续进场的同批钢筋，当有可靠依据时，可按一次进场的钢筋处理。

B 检验方法

钢筋的包装、标志、质量证明书应符合有关规定，钢筋进场应检查产品合格证、出厂检验报告和进场复验报告。进场复验报告是进场抽样检验的结果，并作为判断材料能否在工程中应用的依据，复验报告内容包括钢筋标牌、重量偏差检验和外观检查，并按照有关规定取样，进行机械性能试验，并按照品种、批号及直径分批验收。

（1）钢筋在运输和存放时，不得损坏包装和标志，并应按牌号、规格、炉批分别挂牌堆放，并标明数量。室外堆放时，应采用避免钢筋锈蚀的措施。

（2）钢筋是以重量偏差交货，钢筋可按理论重量交货，也可按实际重量交货。按理论重量交货时，理论重量为钢筋长度乘以钢筋的每米理论重量。

（3）外观检查要求热轧钢筋表面不得有裂缝、结疤和折叠，表面凸块不得超过横肋的最大高度，外形尺寸应符合规定；钢绞线表面不得有折断、横裂和相互交叉的钢丝，并无润滑剂、油渍和锈坑。钢筋应平直、无损伤，表面不得有裂纹、油污、颗粒状或片状老锈。

（4）机械性能试验时，热轧钢筋、钢绞线应从每批外观尺寸检查合格的钢筋中任选两根，每根取两个试件分别进行拉伸试验（包括屈服点、抗拉强度和伸长率的测定）和冷弯试验。如有一项试验结果不符合规定，则应从同一批钢筋中另取双倍数量的试件重做各项试验，如果仍有一个试件不合格，则该批钢筋为不合格品。

（5）当发现钢筋脆断、焊接性能不良或力学性能显著不正常等现象时，应停止使用该批钢筋，并对该批钢筋进行化学成分检验或其他专项检验。

5.1.2 钢筋的加工

钢筋加工过程包括除锈、调直、切断、镦头、弯曲、连接（焊接、机械连接和绑扎）等。

5.1.2.1 钢筋除锈

钢筋在加工前，其表面应洁净，油渍、漆污和用锤敲击时能剥落的浮皮、铁锈等应清除干净。钢筋的除锈，一般可通过以下途径：

（1）通过钢筋冷拉或调直过程中除锈；

（2）机械方法除锈，如采用电动除锈机除锈，对钢筋的局部除锈较为方便；

（3）手工除锈（用钢丝刷、砂盘）。

在除锈过程中发现钢筋表面的氧化铁皮鳞落现象严重并已损伤钢筋截面，或在除锈后钢筋表面有严重的麻坑、斑点伤蚀截面时，应降级使用或剔除不用。

5.1.2.2 钢筋调直

在调直细钢筋时，要根据钢筋的直径选用调直模和传送压辊，并要正确掌握调直模的偏移量和压辊的压紧程度。调直筒两端的调直模一定要在一条轴心线上，这是钢筋能否调直的一个关键。

5.1.2.3 钢筋切断

切断钢筋的方法分机械切断和人工切断两种。钢筋切断机切断钢筋时，要先将机械固定，并仔细检查刀片有无裂纹，刀片是否固紧，安全防护罩是否齐全牢固；进料要在活动刀片后退时进料，不要在刀片前进时进料；进料时手与刀口的距离不应小于150mm。切断短钢筋时要使用套管或夹具，禁止剪切超过机器剪切能力规定的钢筋和烧红的钢筋；钢筋切断时应将同规格钢筋根据不同长度长短搭配，统筹下料，减少损耗。

机械连接、对焊、电渣压力焊、气压焊等接头，要求钢筋接头断面平整，所以宜采用无齿锯切断，尽量不用钢筋切断机切断，钢筋切断机切断的断面呈马蹄状，影响连接质量。

5.1.2.4 钢筋弯曲

钢筋弯曲有机械弯曲和手工弯曲两种。

在进行弯曲操作前，首先应熟悉弯曲钢筋的规格、形状和各部分的尺寸，以便确定弯曲方法、准备弯曲工具。粗钢筋、形状复杂的钢筋加工时，必须先划线，按不同的弯曲角度扣除其弯曲量度差，试弯一根，检查是否符合设计要求，并核对钢筋划线、扳距是否合适，经调整合适后，方可成批加工。

A 钢筋弯曲机

钢筋弯曲机包括减速机、大齿轮、小齿轮、弯曲盘面，圆盘回转时便将钢筋弯曲。在工作盘上的插孔以插入不同直径的销轴，不同直径钢筋相应地更换不同直径的销轴。

B 钢筋的弯曲

a 钢筋弯弧内直径

《混凝土结构工程施工规范》（GB 50666—2011）规定了钢筋弯弧内直径的要求。

（1）HPB300级光圆直钢筋末端需加工成180弯钩，其弯曲加工时的弯弧内直径不应小于钢筋直径的2.5倍；末端弯钩的平直部分长度不应小于钢筋直径的3倍。受压光圆钢筋末端可不作弯钩，如图5-3（a）所示。

（2）HRB335级、HRB400级钢筋弯曲加工时的弯弧内直径不应小于钢筋直径的4倍。弯钩的平直部分长度应符合设计要求，如图5-3（b）、（c）所示。

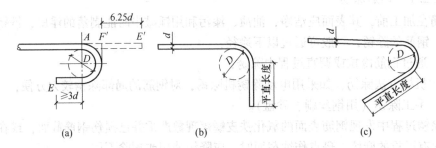

图 5-3　钢筋弯曲示意图

（a）180°；（b）90°；（c）135°

（3）HRB500 级，直径为 28mm 以下的带肋钢筋弯曲加工时的弯弧内直径不应小于钢筋直径的 6 倍，直径为 28mm 及以上的钢筋不应小于其直径的 7 倍。

（4）框架结构的顶层端节点，对梁上部纵向钢筋、柱外侧纵向钢筋在节点角部弯折处，当钢筋直径为 28mm 以下时，弯曲加工时的弯弧内直径不宜小于钢筋直径的 12 倍，钢筋直径为 28mm 及以上时，弯弧内直径不宜小于钢筋直径的 16 倍。

（5）箍筋弯折处的弯弧内直径不应小于纵向受力钢筋直径。

b　箍筋弯钩、拉钩构造

除焊接封闭环式箍筋，其他形式箍筋的末端应作弯钩，弯钩形式应符合设计要求，当设计无具体要求时，对一般结构，弯折角度不应小于 90°，弯折后平直部分长度不应小于箍筋直径的 5 倍；对有抗震设防，箍筋弯钩的弯折角度不应小于 135°，弯折后平直部分长度不应小于箍筋直径的 10 倍和 75mm 的较大值；箍筋及拉筋弯钩的构造要求如图 5-4 所示。

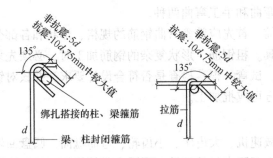

图 5-4　箍筋与拉筋构造

5.1.2.5　钢筋的连接

受运输工具长度的限制，当钢筋直径不大于 12mm 时，一般以圆盘形式供货；当大于 12mm 时，则以直条形式供货，直条长度一般为 12m。钢筋的连接有 3 种常用的连接方法：绑扎连接、焊接连接和机械连接。抗震设防的混凝土结构，纵向受力钢筋连接的位置宜避开梁端、柱端箍筋加密区，如必须在此连接时，应采用机械连接或焊接。要求进行疲劳验算的构件，其纵向受拉钢筋不得采用绑扎搭接接头，也不宜采用焊接接头。

A　焊接连接

a　焊接连接种类

焊接连接是利用焊接技术将钢筋连接起来的传统钢筋连接方法，要求对焊工进行专门培训，持证上岗；施工受气候、电流稳定性的影响，接头质量不如机械连接可靠。

钢筋焊接常用方法有电弧焊、闪光对焊、电阻点焊、埋弧压力焊、气压焊和电渣压力焊等。

（1）电弧焊。电弧焊是以焊条作为一极，钢筋为另一极，利用焊接电流通过产生的电弧热进行焊接的一种熔焊方法，如图5-5所示。

电弧焊所使用的弧焊机有直流与交流之分，常用的交流弧焊机有：BX-300、BX-500型；直流电弧焊机有：AX-300、AX-500型。

电弧焊所用焊条，其直径为1.6～5.8mm，长度为215～400mm，焊条的选用和钢筋牌号、弧焊接头形式有关，电弧焊所采用的焊条应符合现行国家标准《非合金钢及细晶粒钢焊条》（GB/T 5117—2012）或《热强钢焊条》（GB/T 5118—2012）的规定，其型号应根据设计确定。

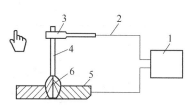

图5-5　电弧焊示意图

1—电源；2—导线；3—焊钳；4—焊条；
5—被焊钢筋；6—焊条的熔敷金属

电弧焊的接头形式有搭接接头、帮条接头、坡口（剖口）接头、窄间隙焊和熔槽帮条焊五种形式。电弧焊连接的形式、适用范围如表5-2所示。

表5-2　电弧焊连接的形式与适用范围

电弧焊法	接头示意图	适用范围	
		钢筋牌号	钢筋直径/mm
搭接	(a) 双面焊缝　(b) 单面焊缝	HPB300	10～22
		HRB335 HRBF335	10～40
		HRB400 HRBF400	10～40
		HRB500 HRBF500	10～32
帮条	(a) 双面焊接　(b) 单面焊接	HPB300	10～22
		HRB335 HRBF335	10～40
		HRB400 HRBF400	10～40
		HRB500 HRBF500	10～32
坡口	(a) 坡口平焊　(b) 坡口立焊	HPB300	18～22
		HRB335 HRBF335	18～40
		HRB400 HRBF400	18～40
		HRB500 HRBF500	18～32

续表 5-2

电弧焊法	接头示意图	适用范围	
		钢筋牌号	钢筋直径/mm
窄间隙焊		HPB300	16~22
		HRB335 HRBF335	16~40
		HRB400 HRBF400	16~40
		HRB500 HRBF500	18~32
熔槽帮条焊		HPB300	20~22
		HRB335 HRBF335	20~40
		HRB400 HRBF400	20~40
		HRB500 HRBF500	20~32
角焊赛焊	(a) 角焊　(b) 穿孔塞焊	当钢筋直径为6~25mm时，可采用角焊；当钢筋直径为20~28mm时，宜采用穿孔塞焊。角焊缝焊脚高度 K 不小于 $0.5d$（HPB300 级钢筋）~$0.6d$（HRB335 级及以上钢筋）	

（2）电渣压力焊。电渣压力焊是将两钢筋安放成竖向对接形式，利用焊接电流通过两钢筋端面间隙，在焊剂中形成电弧过程和电渣过程，产生电弧热和电阻热熔化钢筋，再加压完成的一种压焊方法，电渣压力焊焊接工艺包括引弧、造渣、电渣和顶锻四个过程，如图 5-6 所示。

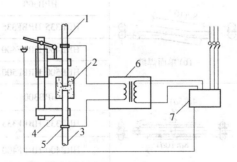

图 5-6　电动凸轮式钢筋自动电渣压力焊示意图

1—上钢筋；2—焊药盒；3—下钢筋；4—焊接夹具；
5—焊钳；6—焊接电源；7—控制箱

引弧过程是在通电后迅速将上钢筋提起 2~4mm 以引弧。造渣过程是靠电弧的高温作用，将钢筋端头的凸出部分不断烧化；电渣过程是在渣池形成一定深度后，将上钢筋缓缓插入渣池中，由于电流直接通过渣池，产生大量的电阻热，使渣池温度升到近 2000℃，将钢筋端头迅速而均匀地熔化，在停止供电的瞬间，对钢筋施加挤压力，把焊口部分熔化的金属、熔渣及氧化物等杂质全部挤出结合面形成焊接接头。

主要用于柱、墙等现浇混凝土结构中直径为 12~32mm 的竖向或斜向（倾斜度不大于 10°）受力钢筋的连接，不得在竖向焊接后用于梁、板等构件中作水平钢筋使用，不宜用于 RRB400 级钢筋的连接。

（3）其他焊接方法简介：

闪光对焊。闪光对焊是利用电阻热使钢筋接头接触点金属熔化，产生强烈飞溅，形成闪光，迅速顶锻完成的一种压焊方法。闪光对焊可分为连续闪光焊、预热闪光焊、闪光→预热→闪光焊三种工艺，可根据钢筋牌号、直径和所用焊机容量（kV·A）选用。

电阻点焊。就是将两钢筋安放成交叉叠接形式，压紧于两电极之间，利用电阻热熔化母材金属，加压形成焊点的一种压焊方法。

钢筋气压焊。采用氧、乙炔火焰或氧液化石油气火焰（或其他火焰），对两钢筋对接处加热，使其达到热塑性状态后，加压完成的一种压焊方法。

钢筋二氧化碳气体保护电弧焊。以焊丝作为一极，钢筋为另一极，并以 CO_2 气体作为电弧介质，保护金属熔滴、焊接熔池和焊接区高温金属的一种熔焊方法。

箍筋闪光对焊。将待焊箍筋两端以对接形式安放在对焊机上，利用电阻热使接触点金属熔化，产生强烈闪光和飞溅，迅速施加顶锻力，焊接形成封闭环式箍筋的一种压焊方法。

预埋件钢筋埋弧压力焊。将钢筋与钢板安放成 T 形接头形式，利用焊接电流通过，在焊剂层下产生电弧，形成熔池，加压完成的一种压焊方法。

预埋件钢筋埋弧螺柱焊。用电弧螺柱焊焊枪夹持钢筋，使钢筋垂直对准钢板，采用螺柱焊电源设备产生强电流、短时间的焊接电弧，在熔剂层保护下使钢筋焊接端面与钢板产生熔池后，适时将钢筋插入熔池，形成 T 形接头的焊接方法。

b 不同直径的钢筋焊接连接

两根同牌号、不同直径的钢筋可进行闪光对焊、电渣压力焊或气压焊；闪光对焊时，其径差不得超过 4mm；电渣压力焊或气压焊时，其径差不得超过 7mm。焊接工艺参数可在大、小直径钢筋焊接工艺参数之间偏大选用，两根钢筋的轴线应在同一直线上，轴线偏移的允许值按较小直径钢筋计算，对接头强度的要求，应按较小直径钢筋计算。

c 钢筋焊接头的质量检验

（1）检验批：

1）在现浇混凝土结构中，应以 300 个同牌号钢筋、同形式接头作为一批，当同一台班内焊接的接头数量较少，可在一周之内累计计算，累计仍不足 300 个接头时，应按一批计算；在房屋结构中，应在不超过连续两楼层中 300 个同牌号钢筋、同形式接头作为一批。

封闭环式箍筋闪光对焊接头，以 600 个同牌号、同直径的接头作为一批，只做拉伸试验。

2）力学性能检验时，在柱、墙的竖向钢筋连接中，应从每批接头中随机切取 3 个接头做拉伸试验；在梁、板的水平钢筋连接中，应另切取 3 个接头做弯曲试验，异径接头、电弧焊、电渣压力焊只进行拉伸试验。

（2）质量检验。质量检验应包括外观质量检查和力学性能检验，并划分为主控项目和一般项目两类。焊接接头力学性能检验应为主控项目，焊接接头的外观质量检查应为一般项目。纵向受力钢筋焊接接头的外观质量检查应从每一检验批中随机抽取 10% 的焊接接头，力学性能检验应在接头外观检查合格后随机抽取 3 个试件进行试验。

外观检查和力学性能试验质量检验评定如表 5-3 所示。

表 5-3　焊接接头质量检验评定

	外 观 检 查	力 学 性 能 试 验
电弧焊	（1）焊缝表应平整，不得有凹陷或焊瘤； （2）焊接接头区域不得有肉眼可见的裂纹； （3）焊缝余高应为 2~4mm； （4）咬边深度、气孔、夹渣等缺陷允许值及接头尺寸的允许偏差，应符合规范的规定	1. 拉伸试验结果评定如下： （1）当 3 个试件均断于钢母材，呈延性断裂，其抗拉强度不小于该牌号钢筋抗拉强度标准值； （2）当 2 个试件断于钢筋母材，呈延性断裂，其抗拉强度不小于该牌号钢筋抗拉强度标准值，另一个试件断于焊缝，呈脆性断裂，其抗拉强度不小于该牌号钢筋抗拉强度标准值的 1.0 倍时，应评定该批接头拉伸实验合格。 不符合上述条件时，应进行复验。复验时，应再切取 6 个试件进行试验。试验结果，若有 4 个或 4 个以上试件断于母材，呈延性断裂，其抗拉强度均不小于该牌号钢筋抗拉强度标准值，另两个或两个以下试件断于焊缝，呈脆性断裂，其抗拉强度均不小于该牌号钢筋抗拉强度标准值的 1.0 倍，应评定该检验批接头拉伸试验复验合格。
闪光对焊	（1）闪光对焊接头表面不得有肉眼可见的裂纹； （2）与电极接触处的钢筋表面不得有烧伤； （3）接头处的弯折角度不得大于 2°； （4）接头处的钢筋轴线偏移量不得大于 0.1 倍钢筋直径，也不得大于 1mm	2. 弯曲试验结果评定如下： （1）钢筋闪光对焊接头、气压焊接头进行弯曲试验时，当弯曲至 90°，有 2 个或 3 个试件外侧（含焊缝和热影响区）未发生宽度达到 0.5mm 的裂纹，应评定该批接头弯曲试验合格； （2）当有 2 个试件发生宽度达到 0.5mm 的裂纹，应进行复验。复验时，应再加取 6 个试件，当不超过 2 个试件发生宽度达到 0.5mm 的裂纹，应评定该批接头复验为合格； （3）当有 3 个试件发生宽度达到 0.5mm 的裂纹，则判定该批接头为不合格
电渣压力焊	（1）四周焊肉凸出钢筋表面的高度，直径 25mm 的钢筋不得小于 4mm，直径 28mm 及以上的钢筋不得小于 6mm； （2）钢筋与电极接触处，应无烧伤缺陷； （3）接头处的弯折角不得大于 2°； （4）接头处的轴线偏移不得大于 1mm	

B　机械连接

钢筋机械连接就是通过钢筋与机加工连接件的机械咬合作用或钢筋端面的承压作用，将一根钢筋中的力传递至另一根钢筋的连接方法。

a　钢筋机械连接种类

20 世纪 80 年代，钢筋机械连接相继出现了套筒挤压连接、锥螺纹套筒连接、直螺纹套筒连接、活塞式组合带肋钢筋连接等技术。现行规程《钢筋机械连接技术规程》（JGJ 107）描述了套筒挤压连接、锥螺纹套筒连接、直螺纹套筒连接三种。

（1）套筒挤压连接。套筒挤压连接是将两根待接钢筋插入优质钢套筒，用液压挤压设备沿径向挤压钢套筒，使之产生塑性变形，依靠变形后的钢套筒与被连接钢筋纵、横肋产生的机械咬合作用使套筒与钢筋成为整体的连接方法。这种方法适用于直径 18~40mm 的带肋钢筋的连接，所连接的两根钢筋的直径之差不宜大于 5mm。该方法具有接头性能可靠、质量稳定、不受气候的影响、连接速度快、安全、无明火、节能等优点。但设备笨重，工人劳动强度大，不适合在高密度布筋的场合使用。

（2）锥螺纹套筒连接。锥螺纹套筒连接是将两根待接钢筋端头用套丝机加工出锥形丝扣，然后用带锥形内丝的钢套筒将钢筋两端拧紧的连接方法。

钢筋锥螺纹的加工是在钢筋套丝机上进行。为保证丝扣精度，对已加工的丝扣端要用牙形规及卡规逐个进行自检，要求钢筋丝扣的牙形必须与牙形规吻合，丝扣完整牙数不得小于规定值。锥螺纹套筒加工宜在专业工厂进行，以保证产品质量。

钢筋锥螺纹连接预先将套筒拧入钢筋的一端，连接钢筋时，将已拧套筒的钢筋拧到被连接的钢筋上，并用扭力扳手按规定的力矩值连接钢筋，扭力扳手是保证钢筋连接质量的测力扳手，它可以按照钢筋直径大小规定的力矩值，把钢筋与连接套筒拧紧，直至扭力扳手的力矩值达到调定的力矩值，并随手画上油漆标记，以防有的钢筋接头漏拧。

（3）直螺纹套筒连接。直螺纹套筒连接是将两根待接钢筋端头切削或滚压出直螺纹，然后用带直内丝的钢套筒将钢筋两端拧紧的连接方法，如图 5-7 所示。该方法综合了套筒挤压连接和锥螺纹连接的优点，是目前工程应用最广泛的粗钢筋连接方法。

按螺纹丝扣加工工艺不同，可分为镦粗直螺纹套筒连接、滚压直螺纹套筒连接和剥肋滚压直螺纹套筒连接三种。

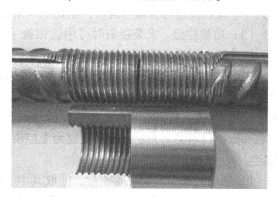

图 5-7　钢筋直螺纹连接

b　钢筋机械连接接头的选择

（1）机械连接钢筋接头的性能等级钢筋机械连接接头根据极限抗拉强度、残余变形、最大力下总伸长率以及高应力和大变形条件下反复拉压性能，分为下列三个性能等级：

Ⅰ级接头：连接件极限抗拉强度大于或等于被连接钢筋抗拉强度标准值的 1.10 倍，残余变形小并具有高延性及反复拉压性能。

Ⅱ级接头：连接件极限抗拉强度不小于被连接钢筋极限抗拉强度标准值，残余变形小并具有高延性及反复拉压性能。

Ⅲ级接头：连接件极限抗拉强度不小于被连接钢筋屈服强度标准值的 1.25 倍，残余变形小并具有一定的延性及反复拉压性能。

（2）机械连接钢筋接头的设置。结构设计图纸中应列出设计选用的钢筋接头等级和应用部位，接头等级的选定应符合下列规定：

1）结构构件中纵向受力钢筋的连接接头宜设置在受力较小部位，宜相互错开，当受力钢筋采用机械连接接头或焊接接头时，设置在同一构件的接头钢筋机械连接区段的长度为 35d（焊接接头且不小于 500mm），d 为连接钢筋的较小直径。

2）混凝土结构中要求充分发挥钢筋强度或对延性要求高的部位应优先选用Ⅱ级或Ⅰ级接头；当在同一连接区段内钢筋接头面积百分率为 100% 时，应选用Ⅰ级接头。

3）混凝土结构中钢筋应力较高但对延性要求不高的部位可选用Ⅲ级接头。

4）当需要在高应力部位设置接头时，在同一连接区段内Ⅲ级接头的接头百分率不应大于 25%。Ⅱ级接头的接头百分率不应大于 50%。

5）接头不宜设置在有抗震设防要求的框架梁端、柱端的箍筋加密区；当无法避开时应采用Ⅱ级接头或Ⅰ级接头，且接头百分率不应大于 50%。

c　钢筋机械连接的质量检验

接头安装前检查连接件产品合格证及套筒生产批号标识；产品合格证应包括适用钢直径和接头性能等级、套筒类型、生产单位、生产日期以及可追溯产品原材料力学性能加工质量的生产批号。

（1）形式检验与工艺检验。工程中应用接头时，应对接头技术提供单位提交的接头相关技术资料进行审查验收。接头工艺检验应针对不同钢筋生产厂的钢筋进行，施工过程中更换钢筋生产厂或接技术提供单位时，应补充进行工艺检验。

（2）检验批。同钢筋生产厂、同强度等级、同规格、同类型和同形式接头应以 500 个为一个验收批进行检验与验收，不足 500 个也应作为一个验收批。

（3）质量检验。安装接头时可用管钳扳手拧紧，钢筋丝头应在套筒中央位置相互顶紧，标准型、正型、异径型接头安装后的单侧外露螺纹不宜超过 $2p$。接头安装后应用扭力扳手校核拧矩，拧紧扭矩值应符合规程《钢筋机械连接技术规程》（JGJ 107）规定。校核用扭力扳手和安装用扭力扳手应区分使用，校核用扭力扳应每年校核一次，准确度级别应选用 10 级。质量检验与检收应包括外观质量检查和力学性能检验，并划分为主控项目和一般项目两类。力学性能检验应为主控项目，外观质量检查应为一般项目。验收批的确定：

1）螺纹接头安装每一验收批，抽取其中 10% 的接头进行拧紧扭矩校核，拧紧扭不合格数超过被校核接头数的 5% 时，应重新拧紧全部接头，直到合格为止。

2）对接头的每一验收批，均应在工程结构中随机抽 3 个试件做极限抗拉强度试验，按设计要求的接头性能等级进行评定。当 3 个试件检验结果均符合现行行业标准《钢筋机械连接技术规程》（JGJ 107）中的强度要求时，该验收批为合格。如有一个试件的抗拉强度不符合要求，应再取 6 个试件进行复检。复检中如仍有 1 个试件的极限抗拉强度不符合要求，则该验收批试件应评为不合格。

现场截取抽样试件后，原接头位置的钢筋可采用同等规格的钢筋进行可靠连接。

C　绑扎搭接

一般一级框架梁采用机械连接，二、三、四级可采用绑扎搭接或焊接连接；混凝土结构中受力钢筋的连接接头宜设置在受力较小处。

同一构件中相邻纵向受力钢筋的绑扎搭接接头宜互相错开。钢筋绑扎搭接接头连接区段的长度为 1.3 倍搭接长度，凡搭接接头中点位于该连接区段长度内的搭接接头均属于同一连接区段。

a　受拉钢筋搭接接头面积要求

（1）对梁类、板类及墙类构件，不宜大于 25%；对柱类构件，不宜大于 50%。当工程中确有必要增大受拉钢筋搭接接头面积百分率时，对梁类，不宜大于 50%；对板、墙、柱及预制构件的拼接处，可根据实际情况放宽。

（2）并筋采用绑扎搭接连接时，应按每根单筋错开搭接的方式连接。接头面积百分率应按同一连接区段内所有的单根钢筋计算。并筋中钢筋的搭接长度应按单筋分别计算。

b　纵向受拉钢筋绑扎搭接接头的搭接长度要求

根据位于同一连接区段内的钢筋搭接接头面积百分率按规范公式计算绑扎搭接接头的搭接长度，且不应小于300mm。

构件中的纵向受压钢筋当采用搭接连接时，其受压搭接长度不应小于纵向受拉钢筋搭接长度的70%，且不应小于200mm。

c　绑扎搭接接头的其他规定

（1）绑扎搭接接头中钢筋的横向净距不应小于钢筋直径，且不应小于25mm；

（2）轴心受拉及小偏心受拉杆件的纵向受力钢筋不得采用绑扎搭接；其他构件中的钢筋采用绑扎搭接时，受拉钢筋直径不宜大于25mm，受压钢筋直径不宜大于28mm；

（3）柱类构件的纵向受力钢筋搭接范围要避开柱端的箍筋加密区；

（4）需进行疲劳验算的构件，其纵向受拉钢筋不得采用绑扎搭接接头。

D　钢筋机械连接、焊接接头或绑扎搭接的有关规定

a　钢筋机械连接、焊接接头位置的有关规定

（1）柱纵向钢筋应贯穿中间层的中间节点或端节点，接头应设在节点区以外，每层柱第一个钢筋接头位置距楼地面高度不宜小于500mm、柱高的1/6及柱截面长边（或直径）的较大值；图5-8所示为框架柱钢筋接头连接示意。

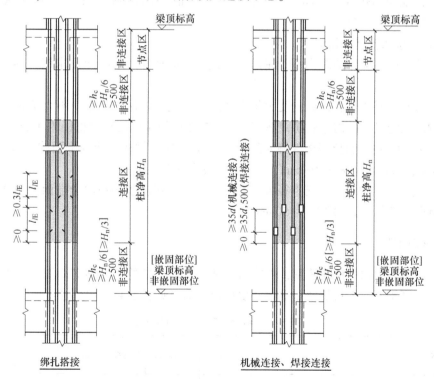

图5-8　框架柱钢筋接头连接示意

（2）连续梁、板的上部钢筋接头位置宜设置在跨中1/3跨度范围内，下部钢筋接头位置宜设置在支座1/3范围内，如图5-9所示。

（3）同一纵向受力钢筋不宜设置两个或两个以上的接头。接头末端至钢筋弯起点的

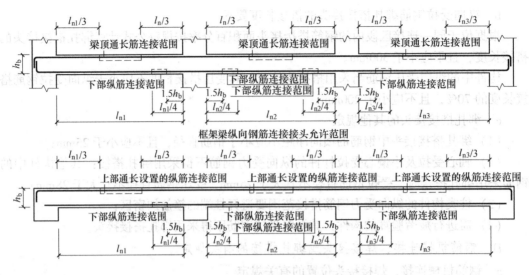

图 5-9　梁纵向钢筋接头连接示意

距离不应小于钢筋公称直径的 10 倍。

（4）细晶粒热轧带肋钢筋以及直径大于 28mm 的带肋钢筋，其焊接应经试验确定；余热处理钢筋不宜焊接。

　　b　搭接接头箍筋的设置

当在梁、柱类构件的纵向受力钢筋搭接长度范围内，无设计要求时，应符合下列规定：

（1）在梁、柱类构件的纵向受力钢筋搭接长度范围内保护层厚度不大于 $5d$ 时，搭接长度范围内应配置横向构造钢筋，箍筋直径不应小于搭接钢筋较大直径的 0.25 倍。

（2）对梁、柱、斜撑等构件箍筋间距不应大于 $5d$，对板、墙等平面构件箍筋间距不应大于 $10d$，且均不应大于 100mm，此处 d 为搭接钢筋的直径。

（3）当柱中纵向受力钢筋直径大于 25mm 时，应在搭接接头两个端面外 100mm 范围内各设置两个箍筋，其间距宜为 50mm。

5.1.3　钢筋下料

钢筋配料是根据构件配筋图，先绘出各种形状和规格的单根钢筋简图，并加以编号，然后分别计算钢筋的下料长度和根数，填写配料单（见表 5-4），申请加工。

表 5-4　钢筋配料单（部分钢筋）

构件名称	钢筋编号	简图	钢号	直径/mm	下料长度/mm	单位根数	合计根数	质量/kg
某建筑物 L1 梁 （共 5 根）	①	6690　150	φ	25	7202.5	2	10	277.3
	②	265　1740　175　635　4810　635	φ	22	8447	1	5	125.9
	③	3155	φ	20	3405	2	10	84.1
	④	463　162	φ	6	1300	33	165	47.6

下料长度计算是配料计算中的关键。由于结构受力上的要求，大多数钢筋需在中间弯曲和两端弯成弯钩。钢筋弯曲时，其外壁伸长，内壁缩短，而中心线长度并不改变。但是简图尺寸或设计图中注明的尺寸不包括端头弯钩长度，它是根据构件尺寸、钢筋形状及保护层的厚度等按外包尺寸进行计算的。显然外包尺寸大于中心线长度，它们之间存在一个差值，称之为"量度差值"。因此钢筋的下料长度应为：

$$钢筋下料长度 = 外包尺寸 + 端头弯钩长度 - 量度差值$$
$$箍筋下料长度 = 箍筋周长 + 箍筋调整值$$

当弯钩的弯曲直径为 $2.5d$（d 为钢筋的直径）时，半圆弯钩的增加长度和各种弯曲角度的量度差值，其计算方法如下：

（1）半圆弯钩的增加长度（见图 5-10（a））：

弯钩全长：$3d + \dfrac{3.5d\pi}{2} = 8.5d$

弯钩增加长度（包括量度差值）：$8.5d - 2.25d = 6.25d$

（2）弯 90°量度差值（见图 5-10（b））：

外包尺寸：$2.25d + 2.25d = 4.5d$

中心线弧长：$\dfrac{3.5d\pi}{4} = 2.75d$

量度差值：$4.5d - 2.75d = 1.75d$（取 $2d$）

（3）弯 45°时的量度差值（见图 5-10（c））：

外包尺寸：$2\left(\dfrac{2.5d}{2} + d\right)\tan 22°30' = 1.87d$

中心线长度：$\dfrac{3.5d\pi}{8} = 1.37d$

量度差值：$1.87d - 1.37d = 0.5d$

同理，可得其他常用弯曲角的量度差值，如表 5-5 所示。

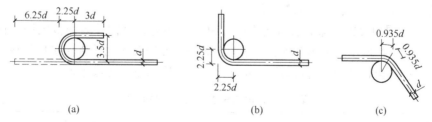

图 5-10　钢筋弯钩及弯曲计算

（a）半圆弯钩；（b）弯曲 90°；（c）弯曲 45°

表 5-5　箍筋弯曲量度差值

钢筋弯曲角度	30°	45°	60°	90°	135°
量度差值	$0.35d$	$0.5d$	$0.85d$	$2d$	$2.5d$

（4）箍筋调整值为弯钩增加长度与弯曲量度差值两项之和。根据箍筋外包尺寸或内包尺寸而定，如表 5-6 所示。

表 5-6 箍筋调整值

箍筋量度方法	箍筋直径/mm			
	4~5	6	8	10~12
量外包尺寸	40	50	60	70
量内包尺寸	80	100	120	150~170

根据以上所述,可计算出表5-4中各钢筋的下料长度分别为:

①号:$2 \times 150 + 6690 + 2 \times 6.25 \times 25 - 2 \times 2 \times 25 = 7202.5(mm)$;

②号:$175 + 265 + 2 \times 635 + 4810 + 1740 - 4 \times 0.5 \times 22 - 2 \times 22 + 2 \times 6.25 \times 22 = 8447(mm)$;

③号:$3155 + 2 \times 6.25 \times 20 = 3405(mm)$;

④号:$(162 + 463) \times 2 + 50 = 1300(mm)$。

由于钢筋的配料既是钢筋加工的依据,同时也是签发工程任务单和限额领料的依据,故配料计算时要仔细,计算完成后还要认真复核。

为了加工方便,根据配料单上的钢筋编号,分别填写钢筋料牌,作为钢筋加工的依据。加工完成后,应将料牌系于钢筋上,以便绑扎成型和安装过程中识别。

5.1.4 钢筋安装

5.1.4.1 钢筋网片、骨架制作前的准备工作

钢筋网片、骨架制作成型的正确与否,直接影响着结构构件力学性能。其准备工作包括:

(1)熟悉施工图纸。明确各个单根钢筋的形状及各个细部的尺寸,确定各类结构的绑扎程序。

(2)核对钢筋配料单及料牌。根据料单和料牌,核对钢筋半成品的钢号、形状、直径和规格数量是否正确,有无错配、漏配。

(3)保护层的设置。保护层指结构构件中钢筋外边缘至构件表面范围用于保护钢筋的混凝土,其最小厚度如表5-7所示。保护层的垫设方法有水泥砂浆保护层垫块、钢筋撑脚、塑料垫块和塑料环圈,通常每隔1m放置一个,呈梅花形交错布置。

表 5-7 混凝土保护层的最小厚度 C (mm)

环境类别	板、墙、壳	梁、柱、杆	备注说明
一	15	20	(1)混凝土强度等级不大于C25时,表中保护层厚度数值应增加5mm;
二 a	20	25	
二 b	25	35	(2)钢筋混凝土基础宜设置混凝土垫层,基础中钢筋的混凝土保护层厚度应从垫层顶面算起,且不应小于40m
三 a	30	40	
三 b	40	50	

（4）划钢筋位置线。板的钢筋，在模板上划钢筋位置线；柱的箍筋，在两根对角线主筋上划点；梁的箍筋，在架立筋上划点；基础的钢筋，在双向各取一根钢筋上划点或在固定架上划线。钢筋接头应根据下料单确定接头位置、数量，并在模板上划线。

5.1.4.2 钢筋绑扎

A 基础钢筋绑扎

a 扩展基础

扩展基础底板受力钢筋的最小直径不宜小于10mm，间距不宜大于200mm，也不宜小于100mm；墙下钢筋混凝土条形基础纵向分布钢筋的直径不宜小于8mm，间距不大于300mm；每延米分布钢筋的面积应不小于受力钢筋面积的15%。

当柱下钢筋混凝土独立基础的边长和墙下钢筋混凝土条形基础的宽度大于或等于2.5m时，底板受力钢筋的长度可取边长或宽度的0.9倍，并宜交错布置（见图5-11(a)）。

钢筋混凝土条形基础底板在T形及十字形交接处，底板横向受力钢筋仅沿一个主要受力方向通长布置，另一方向的横向受力钢筋可布置到主要受力方向底板宽度的1/4处（见图5-11(b)）在拐角处底板横向受力钢筋应沿两个方向布置（见图5-11(c)）。

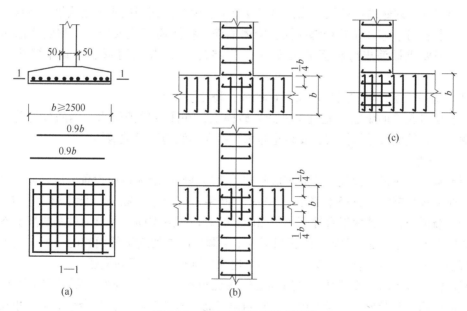

图 5-11 扩展基础底板受力钢筋

b 筏形基础

箱基底板、筏板顶部跨中钢筋应全部连通，筏形基础应采用双向钢筋网片分别配置在板的顶面和底面，钢筋间距不应小于150mm，也不宜大于300mm，受力钢筋直径不宜小于12mm。箱基底板和筏基的底部支座钢筋应分别有1/4和1/3贯通全跨，梁板式筏基墙柱的纵向钢筋要贯通基础梁，并从梁上皮起满足锚固长度的要求；平板式筏基柱下板带和跨中板带的底部钢筋应有1/3~1/2贯通全跨，顶部钢筋应按计算配筋全部连通。当筏板基础厚度大于2000mm时，宜在板厚中间设置直径不小于12mm、间距不大于300mm的双向钢筋网。

筏形基础的地下室钢筋混凝土墙体内应设置双面钢筋，钢筋不宜采用光面圆钢筋，水平钢筋的直径不应小于12mm，竖向钢筋的直径不应小于10mm，间距不应大于200mm。

筏板与地下室外墙的接缝、地下室外墙沿高度处的水平接缝应严格按施工缝要求施工，必要时可设通长止水带。

（1）绑底板下层网片钢筋。根据在防水保护层上弹好的钢筋位置线，先铺下层网片的长向钢筋，钢筋接头尽量采用机械连接，要求接头在同一截面相互错开50%，同一根钢筋在35d 或500mm 的长度内不得有两个接头；后铺下层短向钢筋，钢筋接头同长向钢筋；绑扎局部加强筋。

（2）绑扎地梁钢筋。在地梁下层水平主钢筋上，绑扎地梁钢筋，地梁箍筋与主筋要垂直，箍筋的弯钩叠合处沿梁水平筋交错布置绑扎在受压区。地梁也可在基槽外预先绑扎好后，根据已划好的梁位置线用塔吊直接吊装到位，但必须注意地梁钢筋龙骨不得出现变形。

（3）绑扎筏板上层网片钢筋。铺设铁马凳，马凳短间距1.2~1.5m；先在马凳上绑架立筋，在架立筋上划好的钢筋位置线，按图纸要求，顺序放置上层钢筋的下铁，钢筋接头尽量采用机械连接，要求接头在同一截面相互错开50%，同一根钢筋尽量减少接头；根据在上层下铁上划好的钢筋位置线，顺序放置上层钢筋，钢筋接头同上层钢筋下铁。

（4）根据柱、墙体位置线绑扎柱、墙体插筋，将插筋绑扎就位，并和底板钢筋点焊固定，一般要求插筋出底板面的长度不小于45d，柱绑扎两道箍筋，墙体绑扎一道水平筋。

（5）垫保护层，保护层垫块间距600mm，梅花形布置。

（6）绑扎钢筋时钢筋不能直接抵到外砖模上，并注意保护防水。钢筋绑扎前，保护墙内侧防水必须甩浆做保护层，要防止防水卷材在钢筋施工时被破坏。

c　箱形基础

箱形基础的底板和顶板构造同筏形基础，箱形基础的墙体内应设置双层钢筋，每层钢筋的竖向和水平钢筋的直径不应小于10mm，间距不应大于200mm。除上部为剪力墙外，内外墙的墙顶处宜配置两根直径不小于20mm 的通长构造钢筋。洞口上过梁的高度不宜小于层高的1/5，洞口四周附加钢筋面积不应小于洞口内被切断钢筋面积的一半，且不少于两根直径为14mm 的钢筋，此钢筋应从洞口边缘处延长40 倍钢筋直径。

底层柱与箱形基础交接处，柱边和墙边或柱角和八字角之间的净距不宜小于50mm，柱下三面或四面有箱形基础墙的内柱，除四角钢筋应直通基底外，其余钢筋可终止在顶板底面以下40 倍钢筋直径处；外柱、与剪力墙相连的柱及其他内柱的纵向钢筋应直通到基底，对预制长柱，应设置杯口，按高杯口基础设计要求处理。

当高层建筑箱形基础下天然地基承载力或沉降变形不能满足设计要求时，可采用桩加箱形或筏形基础，桩的纵向钢筋锚入箱基或筏基底板内的长度不宜小于钢筋直径的35 倍，对于抗拔桩基不应少于钢筋直径的45 倍。

B　主体结构钢筋网片骨架的制作与安装

主体结构绑扎安装钢筋时，要根据不同构件的特点和现场条件，确定绑扎顺序，一般钢筋绑扎的要求：

（1）墙、柱、梁钢筋骨架中各垂直面钢筋网交叉点应全部扎牢，交叉点应采用20～22号铁丝绑扣；板上部钢筋网的交叉点应全部扎牢，底部钢筋网除边缘部分外可间隔交错扎牢。

（2）框架节点处梁纵向受力钢筋宜置于柱纵向钢筋内侧；次梁钢筋宜放在主梁钢筋上面；剪力墙中水平分布钢筋宜放在外部，并在墙边弯折锚固。

（3）梁、柱的箍筋弯钩及焊接封闭箍筋的对焊点应沿纵向受力钢筋方向错开设置。

（4）采用复合箍筋时，箍筋外围应封闭。梁类构件复合箍筋内部宜选用封闭箍筋，单数肢也可采用拉筋；柱类构件复合箍筋内部可部分采用拉筋。当拉筋设置在复合箍筋内部不对称的一边时，沿纵向受力钢筋方向的相邻复合箍筋应交错布置。

（5）填充墙构造柱纵向钢筋宜与框架梁钢筋共同绑扎，但不同时浇筑。

（6）钢筋安装应采用定位件固定钢筋的位置，混凝土框架梁、柱保护层内不宜采用金属定位件。

5.1.4.3 钢筋绑扎质量检查验收

施工单位完成一个验收批并自检合格后，填报钢筋验收申请报现场监理工程师，监理工程师在检查报送资料合格的基础上，组织钢筋绑扎现场验收，验收人员依据《混凝土结构工程施工质量验收规范》（GB 50204）进行隐蔽验收，并记录隐蔽验收。

钢筋检查的内容主要有以下四个方面：

（1）钢筋的级别、直径、根数、间距、位置和预埋件的规格、位置、数量是否与设计图相符，要特别注意悬挑结构如阳台、挑梁、雨篷等的上部钢筋位置是否正确，浇筑混凝土时是否会被踩下。

（2）钢筋接头位置、数量、搭接长度是否符合规定。

（3）钢筋绑扎是否牢固，钢筋表面是否清洁，有无污物、铁锈等。

（4）混凝土保护层是否符合要求等。

5.1.4.4 钢筋工程成品保护

成品保护是贯穿施工全过程的关键性工作，做好成品保护工作，就是在施工过程中对已完工分项进行保护。成品保护是施工管理重要组成部分，是工程质量管理、项目成本控制和现场文明施工的重要内容，制定成品保护措施是为了最大限度地消除和避免成品在施工过程中的污染和损坏，以达到减少和降低成本，提高成品一次合格率、一次成优率的目的。钢筋工程成品保护主要措施如下：

（1）加工成型的钢筋或骨架运至现场后，应分别按工号、结构部位、钢筋编号和规格等整齐堆放，保持钢筋表面清洁，防止被油渍、泥土污染或压弯变形。

（2）绑扎完的梁、顶板钢筋，要设钢筋马凳，上铺脚手板作人行通道，要防止板的负弯矩筋被踩下移以及受力构件配筋位置变化而改变受力构件结构。

（3）浇筑混凝土时，地泵管应用钢筋马凳架起并放置在跳板上，不允许直接铺放在绑好的钢筋上，以免泵管振动将结构钢筋振动移位。浇筑混凝土时派专人（钢筋工）负责修理、看护保证钢筋的位置准确。

（4）浇筑混凝土时，竖向钢筋会受到混凝土浆的污染，因此，在混凝土浇筑前用塑料布将钢筋（预留混凝土厚度）向上包裹40cm，混凝土浇筑完毕后，将包裹的塑料布拆掉（并采用棉纱随浇筑随清理），并将有污染的钢筋上的混凝土渣用钢丝刷刷掉，保证混凝土对钢筋的握裹力。

（5）安装电线管、暖卫管线或其他设施时，不得任意切断和移动钢筋。钢筋如需切断，必须经过设计同意，并采取相应的补强措施。

（6）钢筋绑扎成形后，认真执行三检制度，对钢筋的规格、数量、锚固长度、预留洞口的加固筋、构造加强筋等都要逐一检查核对。

5.2 混凝土工程

混凝土是以胶凝材料、水、细骨料、粗骨料、外加剂和矿物掺合料等多组分材料按适当重量比例混合，经过均匀拌制、密实成型、养护硬化而成。

混凝土强度等级应按立方体抗压强度标准值确定。

5.2.1 混凝土的配料

5.2.1.1 原材料的质量要求

A 水泥

常用的水泥的种类有：硅酸盐水泥、普通硅酸盐水泥、矿渣硅酸盐水泥、火山灰质硅酸盐水泥、粉煤灰硅酸盐水泥和复合硅酸盐水泥；泵送混凝土宜选用硅酸盐水泥、普通硅酸盐水泥、矿渣硅酸盐水泥和粉煤灰硅酸盐水泥。

水泥品种与强度等级的选用应根据设计、施工要求以及工程所处环境确定。对于一般建筑结构及预制构件的普通混凝土，宜采用普通硅酸盐水泥；高强混凝土和有抗渗、抗冻融要求的混凝土宜采用硅酸盐水泥或普通硅酸盐水泥；有预防混凝土碱-骨料反应要求的混凝土工程宜采用碱含量低于 0.6% 的水泥；大体积混凝土宜采用中、低水化热硅酸盐水泥或低水化热矿渣硅酸盐水泥，用于生产混凝土的水泥温度不宜高于 60℃。

水泥进场时，应按不同厂家、不同品种和强度等级、出厂日期分批存储，防止混掺使用，并应采取防潮措施；出现结块的水泥不得用于混凝土工程；水泥出厂超过 3 个月（硫铝酸盐水泥超过 45d），应进行复检，合格者方可使用。强度、安定性是水泥的重要性能指标，进场时应作复验，其质量应符合现行国家标准的要求。

B 细骨料

细骨料按其产源可分为天然砂、人工砂；按砂的粒径可分为粗砂、中砂和细砂。

细骨料质量主要控制项目应包括颗粒级配、细度模数、含泥量、泥块含量、坚固性、氯离子含量和有害物质含量；海砂主要控制项目除应包括上述指标外尚应包括贝壳含量；人工砂主要控制项目除应包括上述指标外尚应包括石粉含量和压碎值指标，人工砂主要控制项目可不包括氯离子含量和有害物质含量。细骨料质量应符合现行行业标准《普通混凝土用砂、石质量及检验方法标准》（JGJ 52）的规定；混凝土用海砂应符合现行行业标准《海砂混凝土应用技术规范》（JGJ 206）的有关规定。细骨料的应用应符合下列规定：

（1）泵送混凝土宜采用中砂，且 300μm 筛孔的颗粒通过量不宜少于 15%，并应有良好的级配，细骨料对混凝土拌合物的可泵性有很大影响。对于高强混凝土，砂的细度模数宜控制在 2.6~3.0 范围之内，含泥量和泥块含量分别不应大于 2.0% 和 0.5%。不宜单独采用特细砂作为细骨料配制混凝土。

（2）对于有抗渗、抗冻或其他特殊要求的混凝土，砂中的含泥量和泥块含量分别不应大于 3.0% 和 1.0%；坚固性检验的质量损失不应大于 8%。

（3）钢筋混凝土和预应力混凝土用砂的氯离子含量分别不应大于 0.06% 和 0.02%，海砂氯离子含量不应大于 0.03%，贝壳含量应符合相关规定；海砂不得用于预应力混凝土。

（4）河砂和海砂应进行碱-硅酸反应活性检验；人工砂应进行碱-硅酸反应活性检验和碱-碳酸盐反应活性检验；预防混凝土碱骨料反应的工程，不宜采用有碱活性的砂。

C 粗骨料

普通混凝土所用的粗骨料可分为碎石和卵石。粗骨料应符合现行行业标准的规定。粗骨料质量主要控制项目应包括颗粒级配、针片状颗粒含量、含泥量、泥块含量、压碎值指标和坚固性，用于高强混凝土的粗骨料主要控制项目还应包括岩石抗压强度。根据《混凝土质量控制标准》（GB 50163—2011），粗骨料在应用方面应符合下列规定：

（1）混凝土粗骨料宜采用连续级配。

（2）对于混凝土结构，粗骨料最大公称粒径不得大于构件截面最小尺寸的 1/4，且不得大于钢筋最小净间距的 3/4；对混凝土实心板，骨料的最大公称粒径不宜大于板厚的 1/3，且不得大于 40mm；对于大体积混凝土，粗骨料最大公称粒径不宜小于 31.5mm。

（3）对于有抗渗、抗冻、抗腐蚀、耐磨或其他特殊要求的混凝土，粗骨料中的含泥量和泥块含量分别不应大于 1.0% 和 0.5%；坚固性检验的质量损失不应大于 8%。

（4）对于高强混凝土，粗骨料的岩石抗压强度应至少比混凝土设计强度高 30%；最大公称粒径不宜大于 25mm，针片状颗粒含量不宜大于 5% 且不应大于 8%；含泥量和泥块含量分别不应大于 0.5% 和 0.2%。

（5）对粗骨料或用于制作粗骨料的岩石，应进行碱活性检验，包括碱-硅酸反应活性检验和碱-碳酸盐反应活性检验；对于有预防混凝土碱-骨料反应要求的混凝土工程，不宜采用有碱活性的粗骨料。

（6）泵送混凝土的粗骨料针片状颗粒含量不宜大于 10%；粗骨料的最大公称粒径与输送管径之比宜符合表 5-8 的规定。

表 5-8 粗骨料的最大公称粒径与输送管径之比

粗骨料品种	泵送高度/m	粗骨料最大公称粒径与输送管径之比
碎石	<50	≤1:3.0
	50~100	≤1:4.0
	>100	≤1:5.0
卵石	<50	≤1:2.5
	50~100	≤1:3.0
	>100	≤1:4.0

D 矿物掺合料

用于混凝土中的矿物掺合料可包括粉煤灰、粒化高炉矿渣粉、硅灰、沸石粉、钢渣粉、磷渣粉；可采用两种或两种以上的矿物掺合料按一定比例混合使用。粉煤灰应符合现行国家标准《用于水泥和混凝土中的粉煤灰》（GB/T 1596）的有关规定，粒化高炉矿渣粉应符合现行国家标准《用于水泥和混凝土中的粒化高炉矿渣粉》GB/T 18046 的有关规定，钢渣粉应符合现行国家标准《用于水泥和混凝土的钢渣粉》（GB/T 20491）的有关规定，其他矿物掺合料应符合相关现行国家标准的规定并满足混凝土性能要求；矿物掺合料的放射性应符合现行国家标准《建筑材料放射性核素限量》（GB 6566）的有关规定。矿物掺合料的应用应符合下列规定：

（1）掺用矿物掺合料的混凝土，宜采用硅酸盐水泥和普通硅酸盐水泥。

（2）在混凝土中掺用矿物掺合料时，矿物掺合料的种类和掺量应经试验确定。

（3）矿物掺合料宜与高效减水剂同时使用。

（4）对于高强混凝土或有抗渗、抗冻、抗腐蚀、耐磨等其他特殊要求的混凝土，不宜采用低于Ⅱ级的粉煤灰。

（5）对于高强混凝土和有耐腐蚀要求的混凝土，当需要采用硅灰时，不宜采用二氧化硅含量小于90%的硅灰。

E　水

混凝土用水应符合国家现行行业标准《混凝土用水标准》（JGJ 63）的规定。混凝土用水主要控制项目应包括 pH 值、不溶物含量、可溶物含量、硫酸根离子含量、氯离子含量、水泥凝结时间差和水泥胶砂强度比。当混凝土骨料为碱活性时，主要控制项目还应包括碱含量。混凝土用水的应用应符合下列规定：

（1）未经处理的海水严禁用于钢筋混凝土和预应力混凝土。

（2）当骨料具有碱活性时，混凝土用水不得采用混凝土企业生产设备洗刷水。

F　外加剂

外加剂的种类繁多，按其作用不同可分为减水剂（塑化剂）、引气剂（加气剂）、速凝剂、缓凝剂、防水剂、抗冻剂、保水剂、膨胀剂和阻锈剂等。

外加剂的送检样品应与工程大批量进货一致，并应按不同的供货单位、品种和牌号进行标识，单独存放；粉状外加剂应防止受潮结块，如有结块，应进行检验，合格者应经粉碎至全部通过 600μm 筛孔后方可使用；液态外加剂应储存在密闭容器内，并应防晒和防冻，如有沉淀等异常现象，应经检验合格后方可使用。

混凝土中掺用外加剂的质量及应用技术应符合现行国家标准《混凝土外加剂》（GB 8076）、《混凝土外加剂应用技术规范》（GB 50119）等和有关环境保护的规定。预应力混凝土结构中，严禁使用含氯化物的外加剂。

钢筋混凝土结构中，当使用含氯化物的外加剂时，混凝土中氯化物的总含量应符合现行国家标准《混凝土质量控制标准》（GB 50164）的规定。

泵送混凝土应掺用泵送剂或减水剂，并宜掺用矿物掺合料。对于大体积混凝土结构，为防止产生收缩裂缝，还可掺入适量的膨胀剂。

5.2.1.2　原材料的进场检验

混凝土原材料进场时，供方应按规定批次向需方提供质量证明文件。质量证明文件应包括型式检验报告、出厂检验报告与合格证等，外加剂产品还应提供使用说明书。散装水泥应按每 500t 为一个检验批；袋装水泥应按每 200t 为一个检验批；粉煤灰或粒化高炉矿渣粉等矿物掺合料应按每 200t 为一个检验批；硅灰应按每 30t 为一个检验批；砂、石骨料应按每 400m³ 或 600t 为一个检验批；外加剂应按每 50t 为一个检验批；水应按同一水源不少于一个检验批。

5.2.1.3 混凝土配合比

混凝土应按国家现行标准《普通混凝土配合比设计规程》（JGJ 55）的有关规定，根据混凝土强度等级、耐久性和工作性等要求进行配合比设计。

合理的混凝土配合比应能满足两个基本要求：既要保证混凝土的设计强度，又要满足施工所需要的和易性。普通混凝土的配合比，应按国家有关标准进行计算，并通过试配确定。对于有抗冻、抗渗等要求的混凝土，尚应符合相关的规定。

A 配合比控制

对首次使用的混凝土配合比应进行开盘鉴定。开盘鉴定应符合下列规定：

（1）混凝土的原材料与配合比设计所采用原材料的一致性；

（2）出机混凝土工作性与配合比设计要求的一致性；

（3）混凝土强度；

（4）混凝土凝结时间；

（5）工程有要求时，尚应包括混凝土耐久性能等。

B 拌合物性能

混凝土拌合物性能应满足设计和施工要求。混凝土的工作性，应根据结构形式、运输方式和距离、泵送高度、浇筑和振捣方式以及工程所处环境条件等确定。

混凝土拌合物的稠度可采用坍落度、维勃稠度或扩展度表示。坍落度检验适用于坍落度不小于 10mm 的混凝土拌合物，维勃稠度检验适用于维勃稠度 5～30s 的混凝土拌合物，扩展度适用于泵送高强混凝土和自密实混凝土。

混凝土拌合物应在满足施工要求的前提下，尽可能采用较小的坍落度；泵送混凝土拌合物坍落度设计值不宜大于 180mm。泵送高强混凝土的扩展度不宜小于 500mm；自密实混凝土的扩展度不宜小于 600mm。

C 泵送混凝土配合比设计

泵送混凝土配合比设计应根据混凝土原材料、混凝土运输距离、混凝土泵与混凝土输送管径、泵送距离、气温等具体施工条件试配。必要时，应通过试泵送确定泵送混凝土的配合比。

为使混凝土泵送时的阻力最小，泵送混凝土应具有良好的流动性。保持泵送混凝土具有合适的坍落度是泵送混凝土配合比设计的重要内容，入泵送坍落度不宜小于 10cm。

5.2.1.4 混凝土施工配料

A 配合比设计

根据《混凝土结构工程施工规范》（GB 506661）的相关规定，遇有下列情况时，应重新进行配合比设计：

（1）当混凝土性能指标有变化或其他特殊要求时；

（2）当原材料品质发生显著改变时；

（3）同一配合比的混凝土生产间断三个月以上时。

混凝土拌制前，应测定砂、石含水率并根据测试结果调整材料用量，提出施工配合比。原材料的计量应按重量计，水和外加剂溶液可按体积计。

B　施工配合比的换算

混凝土设计配合比是根据完全干燥的粗细骨料试配的，但实际使用的砂、石骨料一般都含有一些水分，而且含水量亦经常随气象条件发生变化。所以，在拌制时应及时测定粗细骨料的含水率，并将设计配合比换算为骨料在实际含水量情况下的施工配合比。

5.2.2　混凝土的制备与运输

5.2.2.1　混凝土的制备

混凝土的制备就是水泥、粗细骨料、水、外加剂等原材料混合在一起进行均匀拌合的过程。搅拌后的混凝土要求匀质，且达到设计要求的和易性和强度。混凝土搅拌机应符合现行国家标准《混凝土搅拌机》（GB/T 9142）的有关规定，混凝土搅拌宜采用强制式搅拌机。

A　搅拌机

目前普遍使用的搅拌机根据其搅拌机理可分为自落式搅拌机和强制式搅拌机两大类。强制式搅拌机也称为剪切搅拌机理，如图 5-12 所示，适用于搅拌坍落度在 3cm 以下的普通混凝土和轻骨料混凝土，在构造上可分为立轴式和卧轴式两类，卧轴式搅拌机可分为单轴式和双轴式两类，对于双卧轴强制式搅拌机，可在保证搅拌均匀的情况下适当缩短搅拌时间。

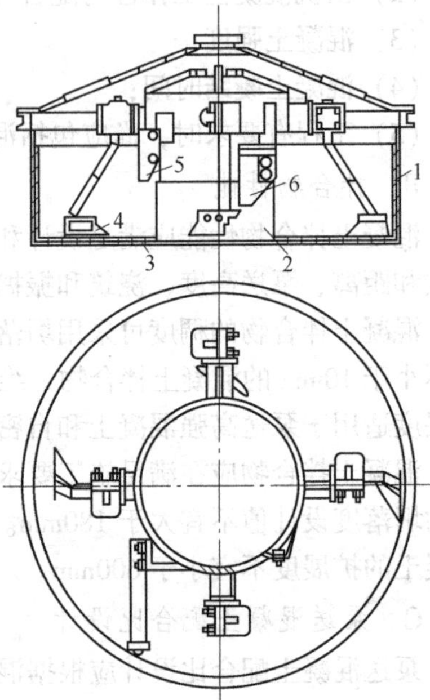

B　搅拌制度

a　装料容积

装料容积指的是搅拌一罐混凝土所需各种材料松散体积之和。一般来说装料容积是搅拌筒几何容积的 1/3～1/2，强制式搅拌机可取上限，自落式搅拌机可取下限。

搅拌完毕混凝土的体积称为出料容积，一般为搅拌机装料容积的 0.55～0.75。目前，搅拌机上标明的容积一般为出料容积。

图 5-12　强制式搅拌机
1—外衬板；2—内衬板；3—底衬板
4—拌叶；5—外刮板；6—内刮板

b　装料顺序

在确定混凝土各种原材料的投料顺序时，应考虑到如何才能保证混凝土的搅拌质量。减少机械磨损和水泥飞扬，减少混凝土的粘罐现象，降低能耗和提高劳动生产率等。目前采用的装料顺序有一次投料法、二次投料法等。

一次投料法：采用自落式搅拌机时，在料斗中常用的加料顺序是先倒石子，再加水泥，最后加砂。这种加料顺序的优点就是水泥位于砂石之间，进入拌筒时可减少水泥飞扬，提高搅拌质量。

二次投料法：可分为预拌水泥砂浆法和预拌水泥净浆法。预拌水泥砂浆法是指先将水泥、砂和水投入搅拌筒搅拌 1~1.5min 后加入石子再搅拌 1~1.5min。预拌水泥净浆法是先将水和水泥投入拌筒搅拌 1/2 搅拌时间，再加入砂石搅拌到规定时间。实验表明，由于预拌水泥砂浆或水泥净浆对水泥有一种活化作用，因而搅拌质量明显高于一次加料法。若水泥用量不变，混凝土强度可提高 15% 左右，或在混凝土强度相同的情况下，可减少水泥用量约 15%~20%。

当采用强制式搅拌机搅拌轻骨料混凝土时，若轻骨料在搅拌前已经预湿，先加粗细骨料和水泥搅拌 30s，再加水继续搅拌到规定时间；若在搅拌前轻骨料未经预湿，先加粗细骨料和总用水量的 1/2 搅拌 60s 后，再加水泥和剩余 1/2 用水量搅拌到规定时间。

c 搅拌时间

搅拌时间指的是从全部原材料装入拌筒时起，到开始卸料时为止的时间。一般来说，随着搅拌时间的延长，混凝土的匀质性有所增加，相应地混凝土的强度也有所提高。但时间过长，将导致混凝土出现离析现象。我国规范规定不同情况下搅拌混凝土的最短时间如表 5-9 所示。

表 5-9 搅拌混凝土的最短时间

混凝土坍落度 /mm	搅拌机类型	搅拌机出料量/L		
		<250	250~500	>500
≤40	强制式	60	90	120
>40 且<100	强制式	60	60	90
≥100	强制式	60		

注：1. 混凝土搅拌的最短时间系指全部材料装入搅拌筒中起到开始卸料止的时间；

2. 当掺有外加剂与矿物掺合料时，搅拌时间应适当延长；

3. 采用自落式搅拌机时，搅拌时间宜延长 30s；

4. 当采用其他形式的搅拌机设备时，搅拌的最短时间也可按设备说明书的规定或经试验确定。

C 混凝土搅拌站

搅拌站是生产混凝土的场所，根据混凝土生产能力、工艺安排、服务对象的不同，搅拌站可分为施工现场临时搅拌站和大型混凝土搅拌站两类。

a 施工现场临时搅拌站

简易的现场混凝土搅拌站设备简单，安拆方便，平面布置时水泥库布置在搅拌机的一侧、地表水流向的上游，注意防潮；砂、石布置较为灵活，只是需尽量靠近搅拌机的上料平台，由于石子用量较多，宜先布置且离磅秤和料斗较近。各种原材料的堆放位置都要便于运输，可直接卸货，不需倒运。

b 大型混凝土搅拌站

大型混凝土搅拌站有单阶式和双阶式两种。

单阶式混凝土搅拌站是由皮带螺旋输送机等运输设备一次将原材料提升到需要高度后，靠自重下落，依次经过储料、称量、集料、搅拌等程序，完成整个搅拌生产流程。单阶式搅拌站具有工作效率高、自动化程度高、占地面积小等优点，但一次投资大。

双阶式混凝土搅拌站是将原材料一次提升后，依靠材料的自重完成储料、称量、集料等工艺，再经第二次提升进入搅拌机进行搅拌。双阶式搅拌站的建筑物总高度较小，运输设备较简单，和单阶式相比投资相对要少，但材料需经两次提升进入拌筒，其生产效率和自动化程度较低，占地面积较大。

5.2.2.2　混凝土运输

A　混凝土运输的要求

（1）混凝土运输过程中，要能保持良好的均匀性，应控制混凝土不离析、不分层，并应控制混凝土拌合物性能满足施工要求。

（2）当采用搅拌罐车运送混凝土拌合物时，必须规划重车开行路线，考察沿线路桥载重路况。搅拌罐车运送冬期施工混凝土时，应有保温措施。

（3）当采用泵送混凝土时，混凝土运输应保证混凝土连续泵送，并应符合现行行业标准《混凝土泵送施工技术规程》（JGJ/T 10）的有关规定。

（4）混凝土自搅拌机中卸出后，应及时运至浇筑地点，混凝土拌合物从搅拌机卸出至施工现场接收的时间间隔不宜大于90min。

B　混凝土运输工具

混凝土运输大体可分为地面运输、垂直运输和楼面运输三种。

a　地面运输

地面运输工具有双轮手推车、机动翻斗车、混凝土搅拌运输车和自卸汽车。双轮手推车和机动翻斗车多用于路程较短的现场内运输。当混凝土需要量较大、远距离运输时，则多采用混凝土搅拌运输车。

采用混凝土搅拌输送车运送混凝土拌合物时，必须将搅拌筒内积水清净，卸料前应采用快挡旋转搅拌罐不少于20s，因运距过远、交通或现场等问题造成坍落度损失较大而卸料困难时，可采用在混凝土拌合物中掺入适量减水剂并快挡旋转搅拌罐的措施，减水剂掺量应有经试验确定的预案。混凝土搅拌运输车在运输途中，搅拌筒应保持正常转速，不得停转。在运输和浇筑成型过程中严禁加水。混凝土搅拌运输车的现场行驶道路，应符合下列规定：

（1）宜设置循环行车道，并应满足重车行驶要求；

（2）车辆出入口处，宜设置交通安全指挥人员；

（3）夜间施工时，现场交通出入口和运输道路上应有良好照明，危险区域应设安全标志。

在长距离运输时，也可将配制好的混凝土干料装入筒内，在运输途中加水搅拌，以减少因长途运输而引起的混凝土坍落度损失。

b　楼面运输

楼面运输可用手推车、皮带运输机、塔式起重机、混凝土布料杆。楼面运输应保证模板和钢筋不发生变形和位移，防止混凝土离析等。

混凝土布料杆是完成输送、布料、摊铺混凝土浇筑入模的一种设备。混凝土布料杆大致可分为汽车式布料杆（亦称混凝土泵车布料杆）和独立式布料杆两大类。

（1）汽车式布料杆。混凝土泵车布料杆，是在混凝土泵车上附装的既可伸缩也可曲折的混凝土布料装置。泵车的臂架形式主要有连接式、伸缩式和折叠式3种。图5-13

（a）所示是一种三叠式布料杆。

（2）独立式布料杆。独立式布料杆根据它的支承结构形式大致上有 4 种形式：移置式布料杆、管柱式机动布料杆、装在塔式起重机上的布料杆。图 5-13（b）所示是一种移置式布料杆。

（a）   （b）

图 5-13　混凝土布料杆
（a）汽车式布料杆；（b）独立式布料杆

c　垂直运输

垂直运输可用井架、卷扬机、人货两用电梯、塔式起重机、混凝土泵等机具。

5.2.3　混凝土成型

混凝土成型是将混凝土拌合料浇筑在符合设计尺寸要求的模板内，加以捣实，使其具有良好的密实性，达到设计要求的强度。混凝土成型过程包括浇筑与捣实，是混凝土工程施工关键，将直接影响构件的质量和整体性。因此，混凝土经浇筑捣实后内实外光、尺寸准确，面平整，钢筋及预埋件的位置符合设计要求，新旧混凝土结合良好。

5.2.3.1　混凝土浇筑

A　浇筑前施工准备

浇筑前要根据工程对象、结构特点，结合具体条件，制定混凝土浇筑的施工方案。混凝土浇筑前应检查和控制模板、钢筋、保护层和预埋件等的尺寸、规格、数量和位置，检查模板支撑的稳定性以及模板接缝的严密情况。对模板内的垃圾、木片、刨花、锯屑、泥土和钢筋上的油污等杂物，应清除干净。

对钢筋及预埋件应请工程监理人员共同检查钢筋的级别、直径、排放位置及保护层厚度是否符合设计和规范要求，并认真做好隐蔽工程记录，模板和隐蔽工程项目应分别进行预检和隐蔽验收，符合要求后，方可进行浇筑。检查安全设施、劳动配备是否妥当，能否满足浇筑速度的要求。

浇筑前应检查混凝土送料单，核对混凝土配合比，确认混凝土强度等级，检查混凝土运输时间，测定混凝土坍落度或扩展度，在确认无误后再进行混凝土浇筑。

做好施工组织工作和技术、安全交底工作；在混凝土浇筑期间，要保证水、电、照明不中断。随时掌握天气的变化情况，特别在雷雨台风季节和寒流突然袭击之际，应准备好在浇筑过程中所必需的抽水设备和防雨、防暑、防寒等物资。

B　混凝土的浇筑

混凝土浇筑应保证混凝土的均匀性和密实性。混凝土浇筑过程中，要保证混凝土保护层厚度及钢筋位置的正确性。不得踩踏钢筋，不得移动预埋件和预留孔洞的原来位置。如发现偏差和位移，应及时校正。

混凝土运输、输送入模的过程宜连续进行，从运输到输送入模的延续时间不宜超过规定时间，掺早强型减水外加剂的混凝土以及有特殊要求的混凝土，应根据设计及施工要求，通过试验确定允许时间。混凝土应在初凝前浇筑完毕，如已有初凝现象，则应进行二次搅拌才能入模；混凝土在浇筑过程中严禁加水，散落的混凝土严禁用于结构浇筑。如混凝土在浇筑前有离析现象，亦须重新拌合才能浇筑。

对于高强混凝土的运输和浇筑等步骤都需要在较短时间内完成，因为高强混凝土的坍落度损失比较快。

a　泵送混凝土

（1）泵送。采用泵送输送管浇筑混凝土时，宜由远而近浇筑；采用多根输送管同时浇筑时，其浇筑速度宜保持一致；混凝土浇筑的布料点宜接近浇筑位置，应采取减少混凝土下料冲击的措施。宜先浇筑竖向结构构件，后浇筑水平结构构件；区域结构平面有高差时，宜先浇筑低区部分再浇筑高区部分。

泵送混凝土时，如输送管内吸入了空气，应立即反泵吸出混凝土至料斗中重新搅拌，排出空气后再泵送。

混凝土泵送即将结束前，应正确计算尚需用的混凝土数量，并应及时告知混凝土供应厂家。泵送过程中，泵送终止时多余的混凝土，应按预先确定的处理方法和场所，及时进行妥善处理。泵送完毕时，应将混凝土泵和输送管清洗干净。

（2）超高泵送混凝土。混凝土超高泵送一般是指泵送高度超过200m。超高泵送混凝土技术是一项综合技术，包含混凝土制备技术、泵送参数计算、泵送机械选定与调试、泵管布设和过程控制等内容。目前已经应用的典型工程有：上海金茂大厦，C40混凝土泵送高度为382.5m；上海环球金融中心，C60混凝土泵送高度为289.55m，C50混凝土泵送高度为344.3m，C40混凝土泵送高度为492m；广州珠江新城西塔工程，C80混凝土泵送高度为410m，C90混凝土泵送高度为167m；阿联酋迪拜塔，C80混凝土泵送高度达到了601m；天津117大厦，C60混凝土泵送高度为621m。

超高泵送混凝土应选择C2S含量高的水泥，提高混凝土的流动性和减少坍落度损失；粗骨料宜选用连续级配，应控制针片状含量，而且要考虑最大粒径与泵送管径之比；细骨料选用中砂；采用性能优良的矿物掺合料，如矿粉、硅粉和一级粉煤灰等，提高工作性；外加剂应优先选用减水率高、保塑时间长的聚羧酸型泵送剂，泵送剂应与水泥和掺合料有良好的相容性。

必须严格检测到场混凝土的坍落度、扩展度和含气量，如出现不正常情况，及时采取应对措施。

b　水平与竖向结构混凝土强度不一致的浇筑方法

（1）柱、墙混凝土设计强度比梁、板混凝土设计强度高一个等级时，柱、墙位置梁、板高度范围内的混凝土经设计单位同意，可采用与梁、板混凝土设计强度等级相同的混凝土进行浇筑。

（2）柱、墙混凝土设计强度比梁、板混凝土设计强度高两个等级及以上时，应在交界区域采取分隔措施。分隔位置应在低强度等级的构件中，且距高强度等级构件边缘不应小于500mm。

（3）宜先浇筑高强度等级混凝土，后浇筑低强度等级混凝土。

c 消除混凝土质量问题的浇筑工艺

（1）烂根。浇筑竖向结构混凝土结构前，底部应先浇入50~100mm厚与混凝土成分相同的水泥砂浆，以避免出现烂根现象。

浇筑柱、墙模板内的混凝土时自由倾落高度：粗骨料粒径大于25mm时，倾落高度不大于3m；粗骨料粒径小于等于25mm时，倾落高度不大于6m。当不能满足上述规定时，应加设串筒、溜管、溜槽等装置。

（2）裂缝。混凝土拌合物入模温度不应低于5℃，且不应高于35℃，现场环境温度高于35℃时宜对金属模板进行洒水降温，以消除温度裂缝。为消除温度裂缝也可采用混凝土分层浇筑的方法，混凝土浇筑过程应分层进行，分层振捣最大厚度：采用振动棒振捣时为振动棒作用部分长度的1.25倍，采用平板振动器时为200mm，采用附着振动器时通过试验确定，上层混凝土应在下层混凝土初凝之前浇筑完毕。当底层混凝土初凝后浇筑上一层混凝土时，应按施工缝的要求进行处理。

混凝土浇筑后，在混凝土初凝前和终凝前宜分别对混凝土裸露表面进行抹面处理，并覆盖塑料薄膜，以消除干缩裂缝。

C 施工缝

为保证混凝土的整体性，混凝土浇筑工作应连续进行，混凝土运输、浇筑及间歇的全部时间不应超过混凝土的初凝时间。当不能一次连续浇筑时或由于技术上或施工组织上原因必须间歇时，其间歇时间超过表5-10的规定时，可留设施工缝。

表5-10　运输、输送入模及其间歇总的时间限值　　　　　（min）

条　件	气　温	
	≤25℃	>25℃
不掺外加剂	180	150
掺外加剂	240	210

施工缝是指在混凝土浇筑过程中，因设计要求或施工需要分段浇筑而在先、后浇筑的混凝土之间所形成的新旧混凝土接茬。

施工缝的留设位置应在混凝土浇筑之前确定。一般宜留设在结构受剪力较小且便于施工的位置。受力复杂的结构构件或有防水抗渗要求的结构构件，施工缝留设位置应经设计单位认可。施工缝的留设规定：

（1）水平施工缝的留设位置应符合下列规定，如图5-14所示：

柱、墙水平施工缝可留设在基础、楼层结构顶面，柱施工缝与结构上表面的距离宜为0~100mm，墙施工缝与结构上表面的宜为0~300mm；也可留设在楼层结构底面，施工缝与结构下表面的距离宜为0~50mm；当板下有梁托时，可留设在梁托下0~20mm。

（2）垂直施工缝留设位置应符合下列规定，如图5-15所示：

1）有主次梁的楼板施工缝应留设在次梁跨度中间的 1/3 范围内；

2）单向板施工缝应留设在平行于板短边的任何位置；

3）楼梯梯段施工缝宜设置在梯段板跨度端部的 1/3 范围内；

4）墙的垂直施工缝宜设置在门洞口过梁跨中 1/3 梁跨范围内，也可留设在纵横交接处；

5）特殊结构部位留设垂直施工缝应征得设计单位同意。

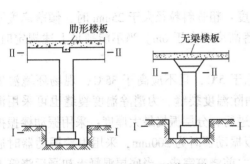

图 5-14 浇筑柱的施工缝位置图
（Ⅰ—Ⅰ、Ⅱ—Ⅱ表示施工缝位置）

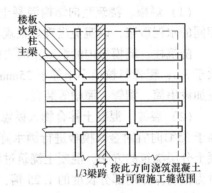

图 5-15 浇筑有主次梁楼板施工缝位置图

（3）施工缝处理。在施工缝处继续浇筑前，为解决新旧混凝土的结合问题，应对已硬化的施工缝表面进行处理。施工缝处的混凝土应细致捣实，使新旧混凝土紧密结合。

1）结合面应采用粗糙面；结合面应清除浮浆、疏松石子、软弱混凝土层，并应清理干净；

2）结合面处应采用洒水方法进行充分湿润，并不得有积水；

3）施工缝处已浇筑混凝土的强度不应小于 1.2MPa。

5.2.3.2 混凝土捣实成型

混凝土入模时呈疏松状，重面含有大量的空洞与气泡，必须采用适当的方法在其初凝前捣实成型。捣实成型方法主要有振捣法、离心法、真空吸水法等。

A 振捣法

混凝土振捣应能使模板内各个部位混凝土密实、均匀，不应漏振、欠振、过振，混凝土振捣应采用插入式振动棒、平板振动器或附着振动器，必要时可采用人工辅助振捣。

混凝土的振动机械的构造原理基本相同，如图 5-16 所示，主要是利用偏心锤的高速旋转，使振动设备因离心力而产生振动。

a 插入式振动棒

内部振动器又称插入式振动器，它由电动机、软轴和振动棒三部分组成，如图 5-16（a）所示。工作时依靠振动棒插入混凝土产生振动力而捣实混凝土。插入式振动器是工地用得最多的一种，常用以振捣梁、柱、墙等尺寸较小而深度较大构件。

插入式振动器的振捣方法有垂直振捣和斜向振捣两种，插入式振动器垂直振捣的操作要点是："直上和直下，快插与慢拔"，振动器插点要均匀排列，可采用"行列式"或"交错式"的次序移动，防止漏振；每次移动两个插点的间距不宜大于振动器作用半径的

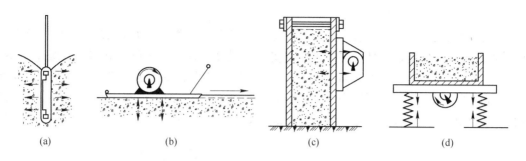

图 5-16 振动器的原理

（a）插入式振动棒；（b）表面振动器；（c）附着振动器；（d）振动台

1.5 倍（振动器的作用半径一般为 300~400mm）；振动棒与模板的距离，不应大于其作用半径的 0.5 倍，并应避免碰撞钢筋、模板、芯管、吊环、预埋件等。混凝土振捣时间要掌握好，振动时间过短，不能使混凝土充分捣实，过长则可能产生分层离析，以混凝土不下沉、气泡不上升、表面泛浆为准。

　　b　表面振动器

　　表面振动器又称平板振动器，它将一个带有偏心块的电动振动器安装在一块平板上，通过平板与混凝土表面接触将振动力传给混凝土达到捣实的目的。平板可用木板或铁板制成，尺寸依具体需要而定。

　　由于平板振动器是放在混凝土表面进行振捣，其作用深度较小（150~250mm），因此仅适用于表面积大而平整、厚度小的结构，如楼板、路面等，如图 5-16（b）所示。

　　c　附着振动器

　　附着式振动器是直接安装在模板外侧的横档或竖档上，利用偏心块旋转时所产生的振动力通过模板传递给混凝土，使之振实。附着式振动器体积小、结构简单、操作方便，可以改制成平板振动器。它的缺点是振动作用的深度小（约250mm），因此仅适用于钢筋较密、厚度较小以及不宜使用插入式振动器的结构和构件中，并要求模板有足够的刚度。一般要求混凝土的水灰比亦比内部振动器的大一些，如图 5-16（c）所示。

　　d　振动台

　　振动台是一个支承在弹性支座上的工作平台，在平台下面装有振动机构，当振动机构运转时，即带动工作台做强迫振动，从而使工作台上的混凝土构件得到振实。振动台是成型工艺中生产效率较高的一种设备，是预制构件常用的振动机械。利用振动台生产构件，当混凝土厚度小于 200mm 时，可将混凝土一次装满振捣；如厚度大于 200mm 则可分层浇筑，每层厚度不大于 200mm，亦可随浇随振，如图 5-16（d）所示。

　　B　离心法

　　离心法成型，就是将装有混凝土的钢制模板放在离心机上，当模板旋转时，由于摩擦力和离心力的作用，使混凝土分布于模板的外侧内壁，并将混凝土中的部分水分排出，使混凝土密实。适用于管柱、管桩、电杆及上下水管等构件的生产。

　　采用离心法成型，石子最大粒径不应超过构件壁厚的 1/4~1/3，并不得大于 15~20mm；砂率应为 40%~50%；水泥用量不应低于 350kg/m³，且不宜使用火山灰水泥；坍落度控制在 30~70mm 以内。

C   混凝土真空吸水

在混凝土浇筑施工中，有时为了使混凝土易于成型，常采用加大水灰比，提高混凝土流动性的方式，但随之降低了混凝土的密实性和强度，真空吸水就是利用真空吸水设备，将已浇筑完毕的混凝土中的游离水吸出，以达到降低水灰比的目的。经过真空吸水的混凝土，密实度大，抗压强度可提高25%~40%，减少混凝土收缩。混凝土真空吸水设备主要由真空泵机组、真空吸盘、连接软管等组成，如图5-17所示。

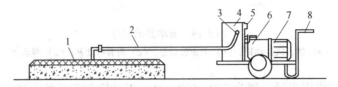

图 5-17   真空吸水设备工作示意图

1—真空吸盘；2—软管；3—吸水进门；4—集水箱；5—真空；6—真空泵；7—电动机；8—手推小车

采用混凝土真空吸水技术，一般初始水灰比以不超过0.6为宜，最大不超过0.7，坍落度可取50~90mm，由于真空吸水后混凝土体积会相应缩小，因此振平后的混凝土表面应比设计略高2~4mm。

在放置真空吸盘前应先铺设过滤网，过滤网必须平整紧贴在混凝土上，真空吸盘放置时应注意其周边的密封是否严密，防止漏气，并保证两次抽吸区域有30mm的搭接。开机吸水的延续时间取决于真空度、混凝土厚度、水泥品种和用量、混凝土浇筑前的坍落度和温度等因素。真空度越高，抽吸量越大，混凝土越密实，一般真空度为66.661~69.993kPa。在真空度一定时，混凝土层越厚，需开机的时间越长。

5.2.3.3   混凝土的养护

混凝土浇筑后应及时进行保湿养护，养护的目的是为混凝土硬化创造必需的湿度、温度条件，防止水分过早蒸发或冻结，出现收缩裂缝、剥皮、起砂、冻涨等现象，保证水泥水化作用能正常进行，确保混凝土质量。保湿养护可采用洒水、覆盖、喷涂养护剂等方式。选择养护方式应考虑现场条件、环境温湿度、构件特点、技术要求、施工操作等因素。

混凝土养护方法主要有自然养护、加热养护和蓄热养护。其中蓄热养护多用于冬期施工，而加热养护除用于冬期施工外，常用于预制构件养护。

自然养护是指在自然气温条件下（高于+5℃），对混凝土采取覆盖、浇水润湿、挡风、保温等养护措施。对于一般塑性混凝土应在浇筑后10~12h内（炎夏时缩短至2~3h），对高强混凝土应在浇筑后1~2h内，即用麻袋、草帘、锯末或砂进行覆盖，并及时浇水养护，以保持混凝土具有足够润湿状态。

A   混凝土的养护时间

混凝土浇筑完毕后，应按施工技术方案及时采取有效的养护措施，混凝土的养护时间应符合下列规定：

（1）采用硅酸盐水泥、普通硅酸盐水泥或矿渣硅酸盐水泥配制的混凝土，不应少于7d，采用其他品种水泥时，养护时间应根据水泥性能确定；

（2）采用缓凝型外加剂、大掺量矿物掺合料配制的混凝土，不应少于 14d；

（3）抗渗混凝土、强度等级 C60 及以上的混凝土，不应少于 14d；

（4）后浇带混凝土的养护时间不应少于 14d；

（5）地下室底层墙、柱和上部结构首层墙、柱宜适当增加养护时间；

（6）基础大体积混凝土养护时间应根据施工方案确定。

B　洒水养护

（1）洒水养护宜在混凝土裸露表面覆盖麻袋或草帘后进行，也可采用直接洒水、蓄水等养护方式，洒水养护应保证混凝土处于湿润状态；

（2）次数应能保持混凝土处于湿润状态，混凝土拌合及养护用水应符合现行行业标准《混凝土用水标准》（JGJ 63）的有关规定；

（3）当日最低温度低于 5℃时，不应采用洒水养护。

C　覆盖养护

（1）覆盖养护宜在混凝土裸露表面覆盖塑料薄膜、塑料薄膜加麻袋、塑料薄膜加草帘进行；

（2）塑料薄膜应紧贴混凝土裸露表面，塑料薄膜内应保持有凝结水；

（3）覆盖物应严密，覆盖物的层数应按施工方案确定。

D　喷涂养护剂养护

（1）应在混凝土裸露表面喷涂覆盖致密的养护剂进行养护；

（2）养护剂应均匀喷涂在结构构件表面，不得漏喷；养护剂应具有可靠的保湿效果，保湿效果可通过试验检验；

（3）养护剂使用方法应符合产品说明书的有关要求。

E　不同构件的养护

（1）基础大体积混凝土裸露表面应采用覆盖养护方式；当混凝土构件内 40～100mm 位置的温度与环境温度的差值小于 25℃时，可结束覆盖养护。覆盖养护结束但尚未到达养护时间要求时，可采用洒水养护方式直至养护结束。

（2）柱、墙混凝土养护方法应符合下列规定：

1）地下室底层和上部结构首层柱、墙混凝土带模养护时间，不宜少于 3d；带模养护结束后可采用洒水养护方式继续养护，必要时也可采用覆盖养护或喷涂养护剂养护方式继续养护；

2）其他部位柱、墙混凝土可采用洒水养护；必要时，也可采用覆盖养护或喷涂养护剂养护。

（3）混凝土强度达到 1.2MPa 前，不得在其上踩踏、堆放物料、安装模板及支架。

5.2.4　混凝土的质量检查

混凝土质量检查包括施工中检查和施工后检查。施工中检查主要是对混凝土拌制和浇筑过程中所用材料的质量及用量、搅拌地点和浇筑地点的坍落度等的检查，为了保证混凝土的质量，必须对混凝土生产的各个环节进行检查，检查内容包括：水泥品种及等级、砂石的质量及含泥量、混凝土配合比、搅拌时间、坍落度、混凝土的振捣等环节。在每一工作班内至少检查两次；当混凝土配合比由于外界影响有变动时，应及时检查。

施工后的检查主要是对已完成混凝土的外观质量检查及其强度检查。混凝土结构件拆模后，应从外观上检查其表面有无麻面、蜂窝、孔洞、露筋、缺棱掉角、缝隙夹层等缺陷，外形尺寸是否超过允许偏差值，如有应及时加以修正；检查混凝土质量应做抗压强度试验，当有特殊要求时，还需做混凝土的抗冻性、抗渗性等试验。混凝土质量控制标准符合现行国家标准《混凝土质量控制标准》（GB 50164）的相关规定。

原材料进场时，应按规定批次验收型式检验报告、出厂检验报告或合格证等质量证明文件，外加剂产品还应具有使用说明书。

混凝土强度试样应在混凝土的浇筑地点随机取样，预拌混凝土的出厂检验应在搅拌地点取样，交货检验应在交货地点取样。试件的取样频率和数量应符合下列规定：

（1）每 100 盘，但不超过 100m³ 的同配合比的混凝土，取样次数不应少于一次；

（2）每一工作班拌制的同配合比的混凝土不足 100 盘和 100m³ 时其取样次数不应少于一次；

（3）当一次连续浇筑的同一配合比混凝土超过 1000m³ 时，每 200m³ 取样不应少于一次；

（4）对房屋建筑，每一楼层、同一配合比的混凝土，取样不应少于一次，每次取样应至少留置一组标准养护试件，同条件养护试件的留置组数应根据实际需要确定。

混凝土抗压强度通过试块做抗压强度试验判定，每组三个试件应由同一盘或同一车的混凝土中就地取样制作成边长 150mm 的立方体。当试块用于评定结构或构件的强度时，试块必须进行标准养护，即在温度为（20±3）℃和相对湿度为 90% 以上的潮湿环境中养护 28d。当试块作为施工的辅助手段，用于检查结构或构件的强度以确定拆模、出池、吊装、张拉及临时负荷时，应将试块置于测定构件同等条件下养护。并按下列规定确定该组。

试件的混凝土强度代表值取 3 个试块强度的算术平均值；当 3 个试块强度中的最大值或最小值与中间值之差超过中间值的 15% 时，取中间值；当 3 个试块强度中的最大值和最小值与中间值之差均超过 15% 时，该组试块不应作为强度评定的依据。

混凝土强度应分批进行验收。同一验收批的混凝土应由强度等级相同、龄期相同以及生产工艺和配合比基本相同且不超过三个月的若干组混凝土试块组成，并按单位工程的验收项目划分验收批，每个验收项目应按混凝土强度检验评定标准确定。同一验收批的混凝土强度，应以同批内全部标准试件的强度代表值来评定。

5.2.5 混凝土冬期施工

当室外日平均气温连续 5d 稳定低于 5℃ 即进入冬期施工；当室外日平均气温连续 5d 高于 5℃ 时解除冬期施工。

5.2.5.1 临界强度

混凝土受冻临界强度是指冬期浇筑的混凝土在受冻以前必须达到的最低强度，与水泥的品种、施工方法、混凝土强度等级、混凝土品种有关：

（1）采用蓄热法、暖棚法、加热法等施工的普通混凝土，采用硅酸盐水泥、普通硅酸盐水泥配制时，受冻临界强度不小于混凝土设计强度等级值的 30%；矿渣、粉煤灰、火山灰质、复合硅酸盐水泥配制的混凝土为 40%。

（2）当室外最低气温不低于-15℃时，采用综合蓄热法、负温养护法施工的混凝土，受冻临界强度不得小于4.0MPa；当室外最低气温不低于-30℃时，采用负温养护法施工的混凝土，受冻临界强度不得小于5.0MPa。

（3）对于强度等级等于或高于C50的混凝土，受冻临界强度不宜小于混凝土设计强度等级值的30%。

（4）对于有抗渗要求的混凝土，受冻临界强度不宜小于混凝土设计强度等级值的50%。

（5）对于有抗冻耐久性要求的混凝土，受冻临界强度不宜小于混凝土设计强度等级值的70%。

5.2.5.2 冬期施工的工艺要求

A 混凝土材料选择及要求

配制冬期施工的混凝土，应优先选用硅酸盐水泥或普通硅酸盐水泥。混凝土最小水泥用量不宜低于280kg/m³，水胶比不应大于0.55。强度等级不大于C15的混凝土，其水胶比和最小水泥用量可不受以上限制。采用蒸汽养护，宜选用矿渣硅酸盐水泥。

冬期浇筑的混凝土，宜使用无氯盐类防冻剂。对抗冻性要求高的混凝土，宜使用引气剂或引气减水剂。掺用防冻剂、引气剂或引气减水剂的混凝土施工，应符合国家标准的规定。

B 混凝土材料的加热

冬期拌制混凝土时应优先采用加热水的方法，当水加热仍不能满足要求时，再对细骨料进行加热。水及细骨料的加热温度应根据热工计算确定，一般情况，水泥强度等级小于42.5MPa，拌合水及细骨料的加热最高温度分别不大于80℃、60℃，水泥强度等级不小于42.5MPa时，加热最高温度下浮20℃。

C 混凝土的搅拌

搅拌前，应用热水或蒸汽冲洗搅拌机，搅拌时间应较常温延长50%。投料顺序为先投入骨料和已加热的水，然后再投入水泥。水泥不应与80℃以上的水直接接触，避免水泥假凝。混凝土拌合物的出机温度不宜低于10℃，入模温度不得低于5℃。对搅拌好的混凝土应经常检查其温度及和易性，若有较大差异，应检查材料加热温度和骨料含水率是否有误，并及时加以调整。在运输过程中要防止混凝土热量的散失和冻结。

D 混凝土的浇筑

混凝土在浇筑前，应清除模板和钢筋上的冰雪和污垢，并不得在强冻胀性地基上浇筑混凝土；当在弱冻胀性地基上浇筑混凝土时，基土不得遭冻；当在非冻胀性地基土上浇筑混凝土时，混凝土在受冻前，其抗压强度不得低于临界强度。

当分层浇筑大体积结构时，已浇筑层的混凝土温度，在被上一层混凝土覆盖前，不得低于按热工计算的温度，且不得低于2℃。

对加热养护的现浇混凝土结构，混凝土的浇筑程序和施工缝的位置，应能防止在加热养护时产生较大的温度应力；当加热温度在40℃以上时，应征得设计人员的同意。

5.2.5.3 混凝土冬期养护方法

混凝土冬期养护方法有蓄热法、综合蓄热法、蒸汽加热法、电热法、暖棚法以及掺外加剂法等。本书只介绍前两种。

（1）蓄热法：混凝土浇筑后，利用原材料加热及水泥水化热的热量，通过适当保温延缓混凝土冷却，使混凝土冷却到0℃以前达到临界强度的施工方法。

当室外最低温度不低于−15℃时，地面以下的工程，或表面系数 M（$M = F/V$，F 为构件的冷却表面积，V 为构件的体积）不大于 $5m^{-1}$ 的结构，宜采用蓄热法养护。对结构易受冻的部位，应加强保温措施。

（2）综合蓄热法：掺早强剂或早强型外加剂的混凝土浇筑后，利用原材料加热及水泥水化热的热量，通过适当保温，延缓混凝土冷却，使混凝土温度降到0℃或设计规定温度前达到预期要求强度的施工方法。

室外最低温度不低于−15℃时，对于表面系数为 $5 \sim 15m^{-1}$ 的结构，宜采用综合蓄热法养护，围护层散热系数宜控制在 $50 \sim 200kJ/(m^3 \cdot h \cdot K)$ 之间。

混凝土浇筑后应采用塑料布等防水材料对裸露表面覆盖并保温。对边、棱角部位的保温层厚度应增大到表面部位的 $2 \sim 3$ 倍，混凝土在养护期间应防风、防失水。

5.2.6 新型混凝土的应用

5.2.6.1 高耐久性混凝土

高耐久性混凝土是通过对原材料的质量控制和生产工艺的优化，并采用优质矿物微细粉和高效减水剂作为必要组分来生产的具有良好施工性能，满足结构所要求的各项力学性能，耐久性非常优良的混凝土。

高性能高耐久性混凝土适用于各种混凝土结构工程，如港口、海港、码头、桥梁及高层、超高层混凝土结构。已在以下工程中得到了应用：杭州湾大桥、山东东营黄河公路大桥、武汉武昌火车站、广州珠江新城西塔工程、湖南洞庭湖大桥等。

5.2.6.2 高强高性能混凝土

高强高性能混凝土（简称 HS-HPC）是强度等级超过 C80 的 HPC，其特点是具有更高的强度和耐久性，用于超高层建筑底层柱和梁，与普通混凝土结构具有相同的配筋率，可以显著地缩小结构断面，增大使用面积和空间，并达到更高的耐久性。适用于对混凝土强度要求较高的结构工程。国内的广州珠江新城西塔项目工程已大量应用 HS-HPC，国外超高层建筑及大跨度桥梁也大量应用了 HS-HPC。

5.2.6.3 自密实混凝土技术

自密实混凝土（Self-Compacting Concrete，简称 SCC），指混凝土拌合物不需要振捣仅依靠自重即能充满模板、包裹钢筋并能够保持不离析和均匀性，达到充分密实和获得最佳性能的混凝土，属于高性能混凝土的一种。

自密实混凝土适用于浇筑量大，浇筑深度、高度大的工程结构；配筋密实、结构复杂、薄壁、钢管混凝土等施工空间受限制的工程结构；工程进度紧、环境噪声受限制或普通混凝土不能实现的工程结构。已应用的典型工程有北京恒基中心过街通道工程、江苏润扬长江大桥、广州珠江新城西塔、苏通大桥承台。

5.2.6.4 轻骨料混凝土

轻骨料混凝土（Light Weight Aggregate Concrete）是指采用轻骨料的混凝土，其表观密度要比普通骨料低，一般不大于 $1900kg/m^3$。例如陶粒混凝土。

轻骨料混凝土利用其保温、自重轻等特点,适用于桥梁、高层建筑、大跨度结构等工程。在武汉天河机场新航站楼、武汉世茂锦绣长江 2 号楼、济南邮电大厦实验楼得到了应用。

5.2.6.5 纤维混凝土

纤维混凝土是指掺加短钢纤维或合成纤维作为增强材料的混凝土,钢纤维的掺入能显著提高混凝土的抗拉强度、抗弯强度、抗疲劳特性及耐久性;合成纤维的掺入可提高混凝土的韧性,特别是可以阻断混凝土内部毛细管通道,因而减少混凝土暴露面的水分蒸发,大大减少混凝土塑性裂缝和干缩裂缝。

纤维混凝土适用于对抗裂、抗渗、抗冲击和耐磨有较高要求的工程。已应用的典型工程有常州大酒店地下车库工程、湖北巴东长江大桥桥面、广州白云国际机场、江苏宜兴水利大坝混凝土等。纤维混凝土的应用应符合标准《纤维混凝土应用技术规程》(JGJ/T 221)的规定。

5.3 预应力混凝土工程

预应力混凝土是在外荷载作用前,预先建立有内应力的混凝土。一般是在混凝土结构或构件受拉区域,通过对预应力筋进行张拉、描固、放松,借助钢筋的弹性回缩,使受拉区混凝土事先获得预压应力。预压应力的大小和分布应能减少或抵消外荷载所产生的拉应力。

近年来,随着预应力混凝土设计理论和施工工艺与设备的不断完善和发展,高强材料性能的不断改进,预应力混凝土得到进一步的推广应用。预应力混凝土与普通混凝土相比,具有抗裂性好、刚度大、材料省、自重轻、结构寿命长等优点,为建造大跨度结构创造了条件。预应力混凝土已由单个预应力混凝土构件发展到整体预应力混凝土结构,广泛用于土木工程各个领域。

按施加预应力的方式分为机械张拉和电热张拉;按施加预应力的时间分为先张法、后张法。在后张法中,按预应力与构件混凝土是否粘结又分为有粘结和无粘结。

5.3.1 先张法施工

先张法是在浇筑混凝土前张拉预应力筋,并将张拉的预应力筋用夹具临时锚固在台座或钢模上,然后浇筑混凝土,待混凝土养护达到不低于混凝土设计强度值的 75%,保证预应力筋与混凝土有足够的粘结时,放松并切断预应力筋,借助于混凝土与预应力筋的粘结,对混凝土施加预应力的施工工艺(见图 5-18)。先张法一般适用于在固定的预制厂生产中小型构件。

5.3.1.1 台座

台座在先张法构件生产中是主要的承力构件,它必须具有足够的承载能力、刚度和稳定性,以免因台座的变形、倾覆和滑移而引起预应力的损失。台座的形式繁多,一般可分为墩式台座和槽式台座两种。

A 墩式台座

墩式台座由承力台墩、台面与横梁三部分组成,其长度宜为 50~150m。台座的承载

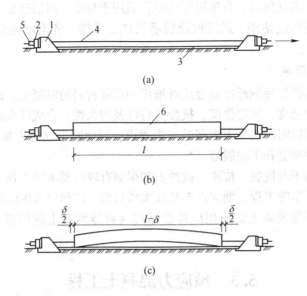

图 5-18　先张法施工工艺示意图
(a) 张拉预应力筋；(b) 浇筑混凝土；(c) 放张预应力筋
1—台座；2—横梁；3—台面；4—预应力筋；5—夹具；6—混凝土构件

力应根据构件张拉力的大小，可按台座每米宽的承载力为 200~500kN 设计台座。

（1）承力台墩。承力台墩一般埋置在地下，由现浇钢筋混凝土做成。台座应具有足够的承载力、刚度和稳定性。台墩的稳定性验算包括抗倾覆验算和抗滑移验算。

（2）台面。台面一般是在夯实的碎石垫层上浇筑一层厚度为 60~100mm 的混凝土而成，是预应力混凝土构件成型的胎模。台面伸缩缝可根据当地温差和经验设置，一般约为 10m 设置一道施工缝。

（3）横梁。台座的两端设置固定预应力钢丝的钢制横梁，一般用型钢制作，在设计横梁时，除考虑在张拉力的作用下有一定的强度外，应特别注意其变形，以减少预应力损失。

B　槽式台座

槽式台座由钢筋混凝土压杆、上下横梁及台面组成。台座的长度一般不超过 50m，承载力可大于 1000kN 或以上，适用于张拉吨位较大的大型构件，如吊车梁、屋架等。为了便于浇筑混凝土和蒸汽养护，槽式台座一般低于地面。在施工现场还可利用已预制的柱、桩等构件装配成简易的槽式台座。

5.3.1.2　张拉设备及夹具

A　张拉设备

先张法构件生产中，常采用的预应力筋有钢丝或钢筋两种。张拉预应力钢丝时，一般直接采用卷扬机或电动螺杆张拉机。张拉预应力钢筋时，在槽式台座中常采用四横梁式成组张拉装置，用千斤顶张拉。

张拉设备应装有测力仪表，以准确建立张拉力。张拉设备应由专人使用和保管，并定期维护与标定。预应力筋张拉机具设备及仪表,应定期维护和校验。

B 夹具

预应力筋张拉后用锚固夹具将预应力筋直接锚固于横梁上,锚固夹具要工作可靠、加工方便、成本低、能够多次周转使用。预应力钢丝的锚固夹具常采用圆锥齿板式锚固夹具,预应力钢筋常采用螺丝端杆锚固钢筋。

为了使钢筋张拉时达到设计控制应力,夹具应具有良好的自锚性能,不能在锚固装置达极限拉力时出现肉眼可见的裂缝和破坏。夹具应有良好的放松性能且能多次重复使用。

5.3.1.3 预应力筋的张拉

A 张拉控制应力 σ_{con}

预应力筋张拉应根据设计规定的张拉控制应力进行。钢筋张拉控制应力不能过高,否则会使钢筋应力接近破坏应力,易发生脆性破坏。预应力钢筋的张拉控制应力值 σ_{con} 应符合表 5-11 的规定。

表 5-11 预应力钢筋的张拉控制应力

预应力钢筋种类	消除应力钢丝、钢绞线	中强度预应力钢丝	预应力螺纹钢筋
张拉控制应力值 σ_{con}	$\leqslant 0.75 f_{ptk}$	$\leqslant 0.70 f_{ptk}$	$\leqslant 0.85 f_{pyk}$

注:1. f_{ptk} 为预应力筋极限强度标准值;f_{pyk} 为预应力筋屈服强度标准值;
    2. 消除应力钢丝、钢绞线、中强度预应力钢丝的张拉控制应力值不应小于 $0.4f_{ptk}$;预应力螺纹钢筋的张拉应力控制值不宜小于 $0.5f_{pyk}$。

当符合下列情况之一时,上述张拉控制应力限值可提高 $0.05f_{ptk}$ 或 $0.05f_{pyk}$:

(1) 要求提高构件在施工阶段的抗裂性能而在使用阶段受压区内设置的预应力钢筋;

(2) 要求部分抵消由于应力松弛、摩擦、钢筋分批张拉以及预应力钢筋与张拉台座之间的温差等因素产生的预应力损失。

B 张拉程序

预应力钢筋的张拉程序主要根据构件类型、张拉锚固体系,松弛损失等因素确定。分为以下三种情况:

(1) 设计时松弛损失按一次张拉程序取值:$0 \rightarrow \sigma_{con}$ 锚固;

(2) $0 \rightarrow 1.05\sigma_{con}$(持荷 2min)$\rightarrow \sigma_{con} \rightarrow$ 锚固;

(3) 设计时松弛损失按超张拉程序,但采用锥销锚具或夹片锚具:$0 \rightarrow 1.03\sigma_{con}$。

以上各种张拉操作程序,均可分级加载。对曲线束,一般以 $0.2\sigma_{con}$ 为起点,分二级加载($0.6\sigma_{con}$、$1.0\sigma_{con}$)或四级加载($0.4\sigma_{con}$、$0.6\sigma_{con}$、$0.8\sigma_{con}$ 和 $1.0\sigma_{con}$),每级加载均应量测伸长值。从 $0 \rightarrow 1.05\sigma_{con}$ 或从 $0 \rightarrow 1.03\sigma_{con}$ 超张拉的目的在于补足钢筋应力损失。

C 预应力值校核

当采用应力控制方法张拉时,应校核预应力筋的伸长值。实际伸长值与设计计算理论伸长值的相对允许偏差为±6%。

预应力钢丝张拉时,伸长值不作校核。预应力钢丝内力的检测,一般在张拉锚固后1h 进行。此时,锚固损失已完成,钢筋松弛损失也部分产生。检测时预应力设计规定值应在设计图纸上注明,当设计无规定时,可按表 5-12 取用。

表 5-12 钢丝预应力值检测时的设计规定值

张拉方法	检测值
长线张拉	$0.94\,\sigma_{con}$
短线张拉	$(0.91\sim0.93)\,\sigma_{con}$

D 先张法预应力筋的张拉顺序

(1) 应根据结构受力特点、施工方便及操作安全等因素确定张拉顺序;

(2) 预应力筋宜按均匀、对称的原则张拉;

(3) 现浇预应力混凝土楼盖,宜先张拉楼板、次梁的预应力筋,后张拉主梁的预应力筋;

(4) 对预制屋架等平卧叠浇构件,应从上而下逐榀张拉。

E 张拉注意事项

(1) 张拉时,张拉机具与预应力筋应在一条直线上,同时在台面上每隔一定距离放一根圆钢筋头或相当于保护层厚度的其他垫块,以防止预应力筋因自重而下垂,接触隔离剂污染预应力筋。

(2) 顶紧锚塞时,用力不要过猛,以防钢丝折断;在拧紧螺母时,应注意压力表读数始终保持所需的张拉力。

(3) 多根预应力筋同时张拉时,必须事先调整初应力,使相互间的应力一致。预应力筋张拉锚固后的实际预应力值与设计规定的检验值的相对允许偏差为±5%。

(4) 预应力筋张拉完毕后,对设计位置的偏差不得大于 5mm,也不得大于构件截面积最短边长的 4%。

(5) 张拉过程中应避免预应力筋断裂或滑脱;当发生断裂或滑脱时,对先张法预应力构件,在浇筑混凝土前发生断裂或滑脱的预应力筋必须予以更换。

(6) 预应力筋张拉时,应从零拉力加载至初拉力后,量测伸长值初读数,再以均匀速率加载至张拉控制力。塑料波纹管内的预应力筋,张拉力达到张拉控制力后宜持荷 $2\sim5$min。

(7) 台座两端应有防护设施。张拉时沿台座长度方向每隔 $4\sim5$m 放一个防护架,两端严禁站人,也不准许进入台座。

5.3.1.4 预应筋放张

预应力筋放张时,混凝土强度应符合设计要求;当设计无具体要求时,不应低于设计的混凝土立方体抗压强度标准值的 75%。

A 放张顺序

先张法预应力筋的放张顺序应符合下列规定:

(1) 宜采取缓慢放张工艺进行逐根或整体放张;

(2) 对轴心受压构件,所有预应力筋宜同时放张;

(3) 对受弯或偏心受压的构件,应先同时放张预压应力较小区域的预应力筋,再同时放张预压应力较大区域的预应力筋;

（4）当不能按（3）的规定放张时，应分阶段、对称、相互交错放张；

（5）放张后，预应力筋的切断顺序，宜从张拉端开始逐次切向另一端。

B 放张

放张前，应拆除侧模，使放张时构件能自由压缩，否则将损坏模板或使构件开裂。预应力筋的放张工作，应缓慢进行，防止冲击。

对预应力筋为钢丝或细钢筋的板类构件，放张时可直接用钢丝钳或氧炔焰切割，并宜从生产线中间处切断，以减少回弹量，且有利于脱模；对每一块板，应从外向内对称放张，以免构件扭转开裂，对预应力筋为数量较少的粗钢筋的构件，可采用乙炔焰在烘烤区轮换加热每根粗钢筋，使其同步升温，此时钢筋内力徐徐下降，外形慢慢伸长，待钢筋出现缩颈，即可切断。此法应采取隔热措施，防止烧伤构件端部混凝土。

对预应力筋配置较多的构件，不允许采用突然放张，以避免最后放张的几根预应力筋产生过大的冲击，致使构件开裂。应采用逐根放张，防止先放张的预应力筋引起后放张的预应力筋内力增大，而造成后放张钢筋拉断。

5.3.2 后张法施工

后张法是先制作构件（或块体），并在预应力筋的位置预留出相应的孔道，待混凝土强度达到设计规定的数值后，穿入预应力筋并施加预应力，最后进行孔道灌浆，张拉力由锚具传给混凝土构件而使之产生预压力。后张法不需要台座设备，大型构件可分块制作，运到现场拼装，利用预应力筋连成整体。图 5-19 所示为预应力后张法施工工艺流程。

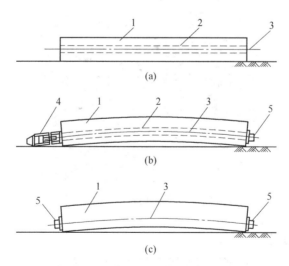

图 5-19 预应力后张法施工示意图

（a）制作混凝土构件或结构；（b）张拉预应力筋；（c）描固、孔道灌浆（有粘结）
1—混凝土构件或结构；2—预留孔道；3—预应力筋；4—千斤顶；5—锚具

5.3.2.1 埋管制孔

A 预应力筋孔道布置

预应力筋的预留孔道的定位应牢固，浇筑混凝土时不应出现移位和变形；孔道应平顺，端部的预埋锚垫板应垂直于孔道中心线；成孔用管道应密封良好，接头应严密且不得漏浆；灌浆孔的间距：对预埋金属螺旋管不宜大于 30m；对抽芯成形孔道不宜大于 12m；在曲线孔道的曲线波峰部位应设置排气兼泌水管，必要时可在最低点设置排水孔；灌浆孔及泌水管的孔径应能保证浆液畅通。

（1）孔道直径。对粗钢筋，孔道的直径应比预应力筋直径、钢筋对焊接头处外径或需穿过孔道的锚具或连接器外径大 10~15mm。

对钢丝或钢绞线，孔道的直径应比预应力束外径或锚具外径大 5~10mm，且孔道面积应大于预应力筋面积的两倍。

（2）孔道布置。预应力筋孔道之间的净距不应小于 50mm，孔道至构件边缘的净距不应小于 40mm，凡需起拱的构件，预留孔道宜随构件同时起拱。

（3）灌浆孔的间距。对预埋金属螺旋管不宜大于 30m；对抽芯成型孔道不宜大于 12m。

B　孔道成型方法

预应力筋的孔道可采用钢管抽芯、胶管抽芯和预埋管等方法成型。对孔道成型的基本要求是：孔道的尺寸与位置应正确，孔道应平顺，接头不漏浆，端部预埋钢板应垂直于孔道中心线等。孔道成型的质量，对孔道摩阻损失的影响较大，应严格把关。图 5-20 所示为南京火车站前广场高架桥预埋镀锌金属波纹管，内穿钢绞线的施工现场照片。

图 5-20　预埋金属波纹管预留孔道

5.3.2.2　预应力筋制作

预应力筋的制作，主要根据所用预应力钢材品种、锚（夹）具形式及生产工艺等确定。预应力筋的下料长度应由计算确定。计算时应考虑结构的孔道长度、锚夹具厚度、千斤顶长、焊接接头或镦头的预留量、冷拉伸长率、弹性回缩值、张拉伸长值等。

钢丝、钢绞线、热处理钢筋及冷拉Ⅳ级预应力筋应采用砂轮锯或切断机切断，不得采用电弧切割；当钢丝束两端采用镦头锚具时，同一束中各根钢丝长度的差不应大于钢丝长度的 1/5000，且不应大于 5mm。当成组张拉长度不大于 10m 的钢丝时，同组钢丝长度的差不得大于 2mm。

钢筋束、热处理钢筋和钢绞线是成盘状供应的，其制作工序是：开盘、下料和编束。

钢绞线在出厂前经过低温回火处理，因此在进场后无须预拉，钢绞线下料前应在切割口两侧各 50mm 处用 20 号铁丝绑扎牢固，以免切割后松散。

5.3.2.3 锚具

A 常用锚具

锚具的类型很多，各有其一定的适用范围，按使用锚具常分为单根钢筋的锚具、成束钢筋的锚具、钢丝束的锚具等。

a 单根钢筋锚具

（1）螺丝端杆锚具。由螺丝端杆、螺母及垫板组成（见图 5-21），是单根预应力粗钢筋张拉端常用的锚具。此锚具也可作先张法夹具使用，电热张拉时也可采用。型号有 LM18~LM36，适用于直径 18~36mm 的预应力筋。

螺丝端杆锚具的特点是将螺丝端杆与预应力筋对焊成一个整体，用张拉设备张拉螺丝杆，用螺母锚固预应钢筋。螺丝端杆锚具的强度不得低于预应力钢筋的抗拉强度实测值。

螺丝端杆可采用与预应力钢筋同级冷拉钢筋制作，也可采用冷拉或热处理 45 号钢制作。端杆的长度一般为 320mm，当构件长度超过 30m 时，一般采用 370mm；其净截面积应大于或等于所对焊的预应力钢筋截面面积。对焊应在预应力钢筋冷拉前进行，通过冷拉以检验焊接质量。冷拉时螺母的位置应在螺丝端杆的端部，经冷拉后螺丝端杆不得发生塑性变形。

（2）帮条锚具。由衬板和三根帮条焊接而成（见图 5-22），是单根预应力粗钢筋非张拉端用锚具。帮条采用与预应力钢筋同级别的钢筋，衬板采用 3 号钢。

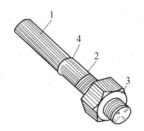

图 5-21　螺丝端杆锚具

1—钢筋；2—螺丝端杆；3—螺母；4—焊缝

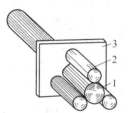

图 5-22　帮条锚具

1—预应力钢筋；2—帮条；3—垫板

帮条安装时，三根帮条应互成 120°，其与衬板相接触的截面应在一个垂直平面上，以免受力时产生扭曲。帮条的施焊方向应由里向外，引弧及熄弧均应在帮条上，严禁在预应力钢筋上引弧，并严禁将地线搭在预应力钢筋上。

（3）精轧螺纹钢筋锚具。由螺母和垫板组成端头锚具直接采用螺母，无需另焊接螺丝端杆，适用于锚固直径 25mm 和 32mm 的高强精轧螺纹钢筋。

b 预应力钢丝束锚具

（1）JM 型锚具。JM 型锚具由锚环与夹片组成（见图 5-23）。JM 型锚具的夹片属于分体组合型，组合起来的夹片形成一个整体锥形楔块，可以锚固多根预应力筋。锚固时，用穿心式千斤顶张拉钢筋后随即顶进夹片。JM 型锚具的特点是尺寸小、端部不需扩孔，构造简单，但不能用于吨位较大的锚固单元，故 JM

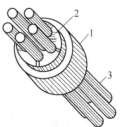

图 5-23　JM 型锚具

1—锚环；2—夹片；

3—钢筋束

型锚具主要用于锚固 3~6 根直径为 12mm 的钢筋束与 4~6 根直径为 12~15mm 的钢绞线束。

JM 型锚具根据所锚固的预应力筋的种类、强度及外形的不同，其尺寸、材料、齿形及硬度等有所差异，使用时应注意。

（2）XM 型锚具。XM 型锚具由锚板和夹片组成（见图 5-24）。锚板尺寸由锚孔数确定，锚孔沿锚板圆周排列，中心线倾角 1:20，与锚板顶面垂直。夹片为 120°，均分斜开缝三片式。开缝沿轴向的偏转角与钢绞线的扭角相反。

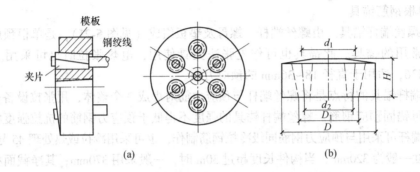

图 5-24 XM 型锚具
（a）装配图；（b）锚板

XM 型锚具适用于锚固 1~12 根直径为 15mm 的钢绞线，也可用于锚固钢丝束。其特点是每根钢绞线都是分开锚固的，任何一根钢绞线的锚固失效（如钢绞线拉断、夹片碎裂等），不会引起整束锚固失效。

XM 型锚具可作工具锚与工作锚使用。当用于工具锚时，可在夹片和锚板之间涂抹一层固体润滑剂（如石墨、石蜡等），以利夹片松脱。用于工作锚时，具有连续反复张拉的功能，可用行程不大的千斤顶张拉任意长度的钢绞线。

（3）QM 型锚具。QM 型锚具由锚板与夹片组成（见图 5-25）。但其与 XM 型锚具不同的是：锚孔是直的，锚板顶面是平的，夹片垂直开缝，备有配套喇叭形铸铁垫板与弹簧圈等。由于灌浆孔设在垫板上，锚板尺寸可稍小。

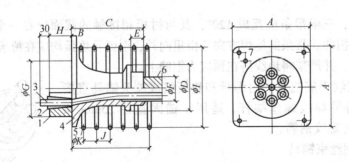

图 5-25 QM 型锚具及配件
1—锚板；2—夹片；3—钢绞线；4—铸铁垫板；5—弹簧圈；6—预留孔道用的波纹管；7—灌浆孔

QM 型锚具适用于锚固 4~31 根直径为 12mm 和 3~19 根直径为 15mm 钢绞线束。QM 型锚具备有配套自动工具锚，张拉和退出十分方便。张拉时要使用 QM 型锚具的配套限位器。

（4）固定端用镦头锚具。由锚固板和带镦头的预应力筋组成。当预应力钢筋束一端张拉时，在固定端可用这种锚具代替 JM 型锚具，以降低成本。

B 锚具质量检验

锚具产品进场验收时，除应按合同核对锚具的型号、规格、数量及适用的预应力筋品种、规格和强度等级外，尚应核对下列文件：

（1）锚具产品质量保证书，其内容应包括：产品的外形尺寸，硬度范围，适用的预应力筋品种、规格等技术参数，生产日期、生产批次等，产品质量保证书应具有可追溯性；

（2）锚固区传力性能检验报告。

5.3.2.4 后张法的施工工艺

A 张拉机械

a 拉杆式千斤顶

拉杆式千斤顶适用于张拉以螺丝端杆锚具为张拉锚具的粗钢筋，张拉以锥型螺杆锚具为张拉锚具的钢丝束。

b 锥锚式双作用千斤顶

锥锚式双作用千斤顶适用于张拉以 KT-Z 型锚具为张拉锚具的钢筋束和钢绞线束，张拉以钢质锥型锚具为张拉锚具的钢丝束。

c YC-60 型穿心式千斤顶

YC-60 型穿心式千斤顶（见图 5-26）适用于张拉各种形式的预应力筋，是目前我国预应力混凝土构件施工中应用最为广泛的张拉机械。YC-60 型穿心式千斤顶加装撑脚、张拉杆和连接器后，就可以张拉以螺丝端杆锚具为张拉锚具的单根粗钢筋，张拉以锥型螺杆锚具和 DM5A 型镦头锚具为张拉锚具的钢丝束。YC-60 型穿心式千斤顶增设顶压分束器，就可以张拉以 KT-Z 型锚具为张拉锚具的钢筋束和钢绞线束。

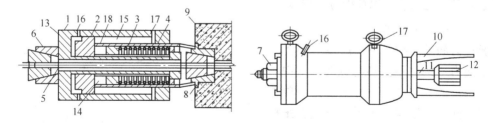

图 5-26 YC-60 型穿心式千斤顶的构造示意图

1—张拉油缸；2—顶压油缸（即张拉活塞）；3—顶压活塞；4—弹簧；5—预应力筋；6—工具锚；
7—螺帽；8—锚环；9—构件；10—撑脚；11—张拉杆；12—连接器；13—张拉工作油室；
14—顶压工作油室；15—张拉回程油室；16—张拉缸油嘴；17—顶压缸油嘴；18—油孔

B 预应力筋张拉方式

预应力筋张拉时，混凝土强度应符合设计要求。当设计无具体要求时，不应低于设计的混凝土立方体抗压强度标准值的 75%。根据预应力混凝土结构特点、预应力筋形状与长度，以及施工方法的不同，预应力筋张拉方式有以下六种：

　　a　一端张拉方式

　　张拉设备放置在预应力筋一端的张拉方式。适用于长度小于 30m 的直线预应力筋与锚固损失影响长度 $L_f \geq L/2$（L 为预应力筋长度）的曲线预应力筋。

　　b　两端张拉方式

　　张拉设备放置在预应力筋两端的张拉方式。适用于长度大于 30m 的直线预应力筋与锚固损失影响长度 $L_f < L/2$ 的曲线预应力筋。当张拉设备不足或由于张拉顺序安排关系，也可先在一端张拉完成后，再移至另端张拉，补足张拉力后锚固。

　　c　分批张拉方式

　　对配有多束预应力筋的构件或结构分批进行张拉的方式。由于后批预应力筋张拉所产生的混凝土弹性压缩对先批张拉的预应力筋造成预应力的损失，所以先批张拉的预应力筋张拉力应加上该弹性压缩损失值或将弹性压缩损失平均值统一增加到每根预应力筋的张拉力内。

　　d　分段张拉方式

　　在多跨连续梁板分段施工时，通长的预应力筋需要逐段进行张拉的方式。对大跨度多跨连续梁，在第一段混凝土浇筑与预应力筋张拉锚固后，第二段预应力筋利用锚头连接器接长，以形成通长的预应力筋。

　　e　分阶段张拉方式

　　在后张预应力梁等结构中，为了平衡各阶段的荷载，采取分阶段逐步施加预应力的方式。所加荷载不仅是外载（如楼层重量），也包括由内部体积变化（如弹性压缩、收缩与徐变）产生的荷载。梁在跨中处下部与上部应力应控制在容许范围内。这种张拉方式具有应力、挠度与反拱容易控制、材料省等优点。

　　f　补偿张拉方式

　　在早期预应力损失基本完成后，再进行张拉的方式。采用这种补偿张拉，可克服弹性压缩损失，减少钢材应力松弛损失，混凝土收缩徐变损失等，以达到预期的预应力效果。此法在水利工程与岩土锚杆中应用较多。

　　C　预应力筋张拉顺序

　　预应力筋的张拉顺序，应以混凝土不产生超应力、构件不扭转与侧弯、结构不变位等为目的；因此，对称张拉是一项重要原则，同时，还应考虑到尽量减少张拉设备的移动次数。图 5-27 所示为预应力混凝土屋架下弦杆钢丝束的张拉顺序。钢丝束的长度不大于 30m，采用一端张拉方式。图 5-27（a）所示预应力筋为两束，用两台千斤顶分别设置在构件两端对称张拉，一次完成。图 5-27（b）所示预应力筋为

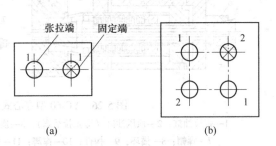

图 5-27　屋架下弦杆预应力筋张拉顺序
（a）两束；（b）四束
1，2—预应力筋分批张拉

四束，需要分两批张拉，用两台千斤顶分别张拉对角线上的两束，然后张拉另两束。分批张拉引起的预应力损失，统一增加到先批张拉的预应力筋的张拉力内。

D 平卧重叠构件张拉

后张法预应力混凝土屋架等构件一般在施工现场平卧重叠制作，重叠层数为3~4层。其张拉顺序宜先上后下逐层进行。为了减少上下层之间因摩擦引起的预应力损失，可逐层加大张拉力。

E 张拉伸长值校核

预应力筋张拉时，通过伸长值的校核，可以综合反映张拉力是否足够，孔道摩阻损失是否偏大，以及预应力筋是否有异常现象等。因此，对张拉伸长值的校核，要引起重视。

预应力筋张拉伸长值的量测，应在建立初应力之后进行。其实际伸长值 ΔL 应等于：

$$\Delta L_\text{实} = \Delta L_1 + \Delta L_2 - A - B - C \tag{5-1}$$

式中　ΔL_1——从初应力至最大张拉力之间的实测伸长值；

　　　ΔL_2——初应力前的推算伸长值；

　　　A——张拉过程中锚具楔紧引起的预应力筋内缩值；

　　　B——千斤顶体内预应力筋的张拉伸长值；

　　　C——施加应力时，后张法混凝土构件的弹性压缩值（其值微小时可略去不计）。

预应力筋的计算伸长值 $\Delta L_\text{计}$（mm）可按下式计算：

$$\Delta L_\text{计} = \frac{F_\text{p} L}{A_\text{p} E_\text{s}} \tag{5-2}$$

式中　F_p——预应力筋的平均张拉力（KN），直线筋取张拉端的拉力；两端张拉的曲线筋取张拉端的拉力与跨中扣除孔道摩阻力损失后的平均值；

　　　L——预应力筋的长度，mm；

　　　A_p——预应力筋的截面面积，mm；

　　　E_s——预应力筋的弹性模量，kN/mm^2。

根据规范的规定：如实际伸长值比计算伸长值超出限值，应暂停张拉，在采取措施予以调整后，方可继续张拉。此外，在锚固时应检查张拉端预应力筋的内缩值，以免由于锚固引起的预应力损失超过设计值。如实测的预应力筋内缩量大于规定值，则应改善操作工艺，更换锚具或采取超张拉办法弥补。

F 张拉注意事项

（1）张拉时应认真做到孔道、锚环与千斤顶同轴对中，防止孔道摩擦损失。

（2）采用锥锚式千斤顶张拉钢丝束时，先使千斤顶张拉缸进油，至压力表略有起动时暂停，检查每根钢丝的松紧并进行调整，然后再打紧楔块。

（3）工具锚的夹片，应注意保持清洁和良好的润滑状态。新的工具锚夹片第一次使用前，应在夹片背面涂上润滑剂，以后每使用5次，应将工具锚上的挡板连同夹片一同卸下，涂上一层润滑剂，以防夹片在退楔时卡住。润滑剂可采用石墨、二硫化钼、石蜡等。

（4）多根钢绞线束夹片锚固体系如遇到个别钢绞线滑移，可更换夹片，用小型千斤顶单根张拉。多根钢丝同时张拉时，构件截面中断丝和滑脱钢丝的数量不得大于钢丝总数的3%，且每束不得超过一根。

（5）每根构件张拉完毕后，应检查端部和其他部位是否有裂缝，并填写张拉记录表。

（6）后张法预应力筋锚固后外露部分宜采用机械方法切割，其外露长度不宜小于预应力筋直径的 1.5 倍，且不宜小于 30mm。长期外露锚具，可涂刷防锈油漆，或用混凝土封裹，以防腐蚀。

（7）锚具的封闭保护应符合设计要求。当设计无具体要求时，外露锚具和预应力筋的混凝土保护层厚度不应小于：一类环境时 20mm，二 a、二 b 类环境时 50mm，三 a、三 b 类环境时 80mm。

G　孔道灌浆

预应力筋张拉后处于高应力状态，对腐蚀非常敏感，所以应尽早进行孔道灌浆。灌浆是对预应力筋的永久性保护措施，故要求水泥浆饱满、密实，完全裹住预应力筋。灌浆质量的检验应着重于现场观察检查，必要时采用无损检查或凿孔检查，如图 5-28 所示。

图 5-28　预留孔道灌浆孔

a　灌浆材料

配制灌浆用水泥浆应采用强度等级不低于 42.5 的普通硅酸盐水泥；灌浆用水泥浆的水灰比不应大于 0.45，当需要增加孔道灌浆的密实性时，水泥浆中可掺入对预应力筋无腐蚀作用的外加剂（如掺入占水泥重量 0.05‰ 的铝粉，可使水泥浆获得 2%~3% 膨胀率，提高孔道灌浆饱度同时也能满足强度要求），灌浆用水泥浆的抗压强度不应小于 $30N/mm^2$。对空隙大的孔道，可采用砂浆灌浆。

b　灌浆施工

灌浆顺序应先下后上。直线孔道灌浆，应从构件的一端到另一端；在曲线孔道中灌浆，应从孔道最低处开始向两端进行；用连接器连接的多跨连续预应力筋的孔道灌浆，应张拉完一跨随即灌注一跨，不得在各跨全部张拉完毕后，一次连续灌浆。灌浆工作应缓慢均匀地进行，不得中断，并应排气通顺，在孔道两端冒出浓浆并封闭排气孔后，宜再继续加压至 $0.5~0.6N/mm^2$，稍后再封闭灌浆孔。

不掺外加剂的水泥浆，可采用二次灌浆法。二次灌浆时间要掌握恰当，一般在水泥浆泌水基本完成、尚未初凝时进行（夏季约 30~45min，冬季约 1~2h）。预应力混凝土的孔道灌浆，应在常温下进行。低温灌浆时，宜通入 50℃ 的温水，洗净孔道并提高孔道周边的温度（应在 5℃ 以上），灌浆时水泥的温度宜为 10~25℃，水泥浆的温度在灌浆后至少有 5d 保持在 5℃ 以上，且应养护到强度不小于 $15N/mm^2$。此外，在水泥浆中加适量的加气剂、减水剂、甲基酒精以及采取二次灌浆工艺，都有助于免除冻害。

5.3.3 无粘结预应力

无粘结预应力筋是采用专用防腐润滑油和塑料涂包的单根预应力钢绞线，其与被施加预应力的混凝土之间可保持相对滑动。无粘结预应力施工工艺与普通后张法施工的区别在于不用预留孔道和穿筋，预应力筋张拉完毕后，也不用进行孔道灌浆。无粘结预应力广泛应用于各种结构的梁与连续梁、双向连续平板和密肋板中。

5.3.3.1 无粘结预应力筋

无粘结预应力筋是指施加预应力后沿全长与周围混凝土不粘结的预应力筋。它由预应力钢材、涂料层和护套层组成，如图 5-29 所示。

（1）无粘结预应力筋。一般由钢丝、钢绞线等钢材制作成束使用。

（2）无粘结预应力筋的涂层。涂层应具有良好的化学稳定性，对周围材料无侵蚀作用。不透

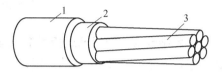

图 5-29 无粘结预应力筋
1—塑料护套；2—油脂；3—钢绞线或钢丝束

水，不吸湿，抗腐蚀性能强；润滑性能好，摩擦阻力小；在规定温度范围内高温（70℃）不流淌，低温（-20℃）不变脆，并有一定韧性。目前一般选用 1 号和 2 号建筑油脂作为涂料层使用。

（3）护套材料。护套材料应具有足够的韧性，抗磨及抗冲击性，对周围材料应无侵蚀作用，在规定的温度范围内，低温应不脆化，高温化学稳定性好。宜采用高密度聚乙烯，有可靠实践经验时，也可采用聚丙烯，但不得采用聚氯乙烯。

钢丝束（7φ5）、钢绞线涂料层的涂敷，以及护套的制作应一次完成，一般有缠丝工艺和挤塑涂层工艺两种制作方法。缠丝工艺是在缠丝机上连续作业完成编束、涂油、镦头、缠塑料布和切断等工艺；挤塑涂层工艺设备主要由放线盘、给油装置、塑料挤出机、水冷装置、牵引机、收线机等组成。

无粘结预应力筋进场时应逐盘检查。产品外观应油脂饱满均匀，不漏涂；护套圆整光滑，松紧恰当。油脂与塑料护套检查，每批抽样三根。每根长 1m，称出产品重后，用刀剖开塑料护套，分别用柴油清洗擦净，再分别用天平称出钢材与塑料护套重，即得油脂重；再用千分卡尺量取塑料每段端口最薄和最厚处的两个厚度取平均值。

5.3.3.2 无粘结预应力混凝土施工

A 无粘结预应力筋铺设与固定

无粘结预应力筋的铺设，通常是在底部钢筋铺设后进行。无粘结筋相互穿插，施工操作较为困难，必须事先编出无粘结筋的铺设顺序。

无粘结预应力筋的定位应牢固，浇筑混凝土时不应出现移位和变形；端部的预埋锚垫板应垂直于预应力筋；内埋式固定端垫板不应重叠，锚具与垫板应贴紧；无粘结预应力筋成束布置时应能保证混凝土密实并能裹住预应力筋；无粘结预应力筋的护套应完整，局部破损处应采用防水胶带缠绕紧密，如图 5-30 所示。

在双向连续平板中，各无粘结筋曲线高度的控制点用铁马凳垫好并扎牢，跨中部位的无粘结筋可直接绑扎在板的底部钢筋上。无粘结筋的水平位置应保持顺直。

图 5-30　无粘结预应力筋铺设

无粘结预应力曲线筋或折线筋末端的切线应与承压板相垂直，曲线段的起始点至张拉锚固点应有不小于 300mm 的直线段。无粘结预应力铺设固定完毕后，应进行隐蔽工程验收，当确认合格后，方可浇筑混凝土。

混凝土浇筑时，严禁踏压撞碰无粘结预应力筋、支撑钢筋及端部预埋件，张拉端与固定端混凝土必须振捣密实。

B　无粘结预应力筋张拉

无粘结预应力筋张拉与普通预应力钢丝束张拉相似，张拉程序一般采用 $0 \to 103\%$ σ_{con}。板中的无粘结筋一般采用前卡式千斤顶单根依次张拉，并用单孔夹片锚具锚固。梁中的无粘结筋宜对称张拉。

当无粘结预应力筋长度超过 30m 时，宜采取两端张拉；当筋长超过 60m 时，宜采取分段张拉和锚固。如遇到摩擦损失较大，则宜先松动一次再张拉。

在梁板顶面或墙壁侧面的斜槽内张拉无粘结预应力筋时，宜采用变角张拉装置。

变角张拉装置是由顶压器、变角块、千斤顶等组成，如图 5-31 所示。其关键部位是变角块，每一变角块的变角量为 5°，安装变角块时要注意块与块之间的槽口搭接，一定要保证变角轴线向结构外侧弯曲。

无粘结预应力筋张拉伸长值校核与有粘结预应力筋相同；对超长无粘结筋由于张拉初期的阻力大，初拉力以下的伸长值比常规推算伸长值小，应通过试验修正。

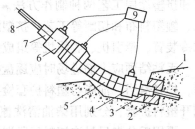

图 5-31　变角张拉装置

1—凹口；2—锚垫板；3—锚具；
4—液压顶压器；5—变角块；
6—千斤顶；7—工具锚；
8—预应力筋；9—油泵

C　无粘结预应力筋锚固

（1）在平板中单根无粘结预应力筋的张拉端可设在边梁或墙体外侧，有凸出式或凹入式两种做法（见图 5-32、图 5-33），前者利用外包钢筋混凝土圈梁封裹，后者利用掺膨胀剂的砂浆封口。承压钢板的参考尺寸为 80mm×80mm×12mm 或 90mm×90mm×12mm，根据预应力筋规格与锚固区混凝土强度确定。螺旋筋为 φ6 钢筋，螺旋直径 70mm，可直接点焊在承压钢板上。

（2）在梁中成束布置的无粘结预应力筋，宜在张拉端分散为单根布置，承压钢板上预应力筋的间距为 60~70mm。当一块钢板上预应力筋根数较多时，宜采用钢筋网片，网片采用 4~6 片 φ6 ~ φ8 钢筋网片。

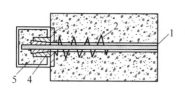

图 5-32 张拉端凸出式构造
1—无粘结预应力筋；2—螺旋筋；3—承压钢板；
4—夹片锚具；5—混凝土圈梁

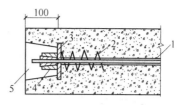

图 5-33 凹入式构造
1—无粘结预应力筋；2—螺旋筋；
3—承压钢板；4—夹片锚具；5—砂浆

（3）无粘结预应力筋的固定端可利用镦头锚板或挤压锚具，采取内埋式做法，如图 5-34 所示。对多根无粘结预应力筋，为避免内埋式固定端应力集中使混凝土开裂，可采取错开位置锚固。

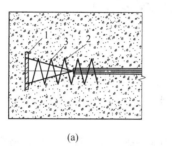

(a)

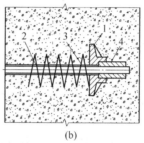

(b)

图 5-34 无粘结预应力筋固定端内埋式构造
（a）钢丝束镦头锚板；（b）钢绞线挤压锚具
1—锚板；2—钢丝或钢绞线；3—螺旋筋承压钢板；4—挤压锚具

（4）当无粘结预应力筋搭接铺设，分段张拉时，预应力筋的张拉端设在板面的凹槽处，其固定端埋设在板内。在预应力筋搭接处，由于无粘结筋的有效高度减少而影响截面的抗弯能力，可增加非预应力钢筋补足，如图 5-35 所示。

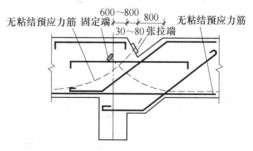

图 5-35 无粘结预应力筋搭接铺设分段张拉构造

无粘结预应力筋的锚固区，必须有严格的密封防护措施，严防水汽进入锈蚀预应力筋。一般是在锚具与承压板表面涂以防水涂料。为了使无粘结筋端头全封闭，在锚具端头涂防腐润滑油脂后，罩上封端塑料盖帽，或在两端留设的孔道内注入环氧树脂水泥砂浆，其抗压强度不低于 35MPa，灌浆时同时将锚头封闭，如图 5-36 所示。

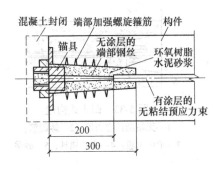

图 5-36　锚头端部处理

5.4　大体积混凝土

5.4.1　大体积混凝土概念

大体积混凝土（mass concrete）是指混凝土结构物实体最小几何尺寸不小于 1m 的大体量混凝土，或预计会因混凝土中胶凝材料水化引起的温度变化和收缩而导致有害裂缝产生的混凝土。

大体积混凝土一般多为建筑物、构筑物的基础，如钢筋混凝土箱形基础、筏形基础等。工程实践表明：混凝土的温升和温差与表面系数有关，单面散热的结构断面最小厚度在 750mm 以上，双面散热的结构断面最小厚度在 1000mm 以上，水化热引起的混凝土内外最大温差预计可能超过 25℃，应按大体积混凝土施工。大体积混凝土应符合下列要求：

（1）大体积混凝土宜采用后期强度作为配合比、强度评定的依据。基础混凝土可采用龄期为 60d（56d）、90d 的强度等级；柱、墙混凝土强度等级不小于 C80 时，可采用龄期为 60d（56d）的强度等级。采用混凝土后期强度应经设计单位认可。

（2）大体积混凝土的结构配筋除应满足结构强度和构造要求外，还应结合大体积混凝土的施工方法配置控制温度和收缩的构造钢筋。

（3）大体积混凝土置于岩石类地基上时，宜在混凝土垫层上设置滑动层。

（4）设计中宜采用减少大体积混凝土外部约束的技术措施。

（5）设计中宜根据工程的情况提出温度场和应变的相关测试要求。

5.4.1.1　筏形基础

筏形基础由整块钢筋混凝土平板或梁板组成，它在外形和构造上如同倒置的钢筋混凝土无梁楼盖或肋形楼盖，分为平板式和梁板式两类，梁板式筏基如图 5-37（a）所示，平板式筏基如图 5-37

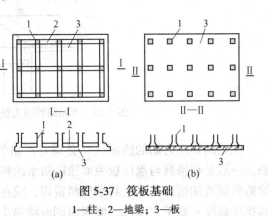

图 5-37　筏板基础

1—柱；2—地梁；3—板

（b）所示。这类基础由于扩大了基础底面积，整体性好，抗弯刚度大，可调整和避免结构物局部发生显著的不均匀沉降。

筏形基础的混凝土强度等级不低于 C30，筏形基础的混凝土强度等级不低于 C25。当筏形基础或箱形基础下的天然地基承载力或沉降值不能满足设计要求时，往往采用桩筏或桩箱基础。桩上筏形与箱形基础的混凝土强度等级不低于 C30。

A　构造要求

筏形基础上有地下室时应采用防水混凝土，防水混凝土的抗渗等级应根据基础埋深及地下水的最大水头与防渗混凝土厚度的比值，按现行《地下工程防水技术规范》（GB 50108）选用，但不应小于 P6，必要时宜设架空排水层。基础及地下室的外墙、底板，当采用粉煤灰混凝土时，可采用 60d 或 90d 龄期的强度指标作为其混凝土材料设计强度。

B　高建筑筏形基础与裙房基础之间的构造要求

（1）当高层建筑与相连的裙房之间设置沉降缝时，高层建筑的基础埋深应大于裙房基础的埋深至少 2m；当不满足要求时必须采取有效措施，例如沉降缝地面以下处，应用粗砂填实，如图 5-38（a）所示。

（2）当高层建筑与相连的裙房之间不设置沉降缝时，宜在裙房一侧设置后浇带，后浇带的位置宜设在距主楼边柱的第二跨内。后浇带混凝土必须在实测沉降值与计算后期沉降差满足要求后，方可进行浇筑，如图 5-38（b）所示。

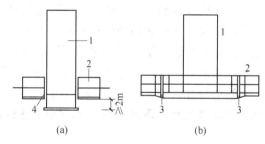

（a）　　　　　　　　　（b）

图 5-38　高层建筑与相连的裙房之间沉降缝、后浇带设置示意
1—高层；2—裙房及地下室；3—室外地坪以下用粗砂填实；4—后浇带

（3）当高层建筑与相连的裙房之间不允许设置沉降缝和后浇带时，高层建筑及与其紧邻一跨裙房的筏板应采用相同厚度，裙房筏板的厚度宜从第二跨裙房开始逐渐变化，应同时满足主、裙楼基础整体性和基础板的变形要求。

C　筏形基础施工工艺

基坑降水（若有）→基坑开挖→验槽→垫层施工→筏基边 240mm 砖胎模施工（外防外贴保护墙施工）→后浇带设置→地下防水平面施工（→地下防水立面外防内贴施工与砖胎模）→平面、立面防水保护层施工→筏基底部钢筋绑扎与连接（优选直螺纹机械连接）→梁板式筏基的梁底部钢筋绑扎与连接（优选直螺纹机械连接）→底部钢筋保护层垫设、架立筏板上层钢筋马凳→筏基上部钢筋绑扎与连接（优选直螺纹机械连接）→梁板式筏基的梁上部钢筋绑扎与连接（优选直螺纹机械连接）→柱、墙插筋定位→外墙及基坑模板支设→止水带安装→筏基混凝土浇筑。

5.4.1.2 箱形基础

箱形基础由底板、剪力墙、顶板三部分组成（见图5-39）。箱形基础的平面尺寸应根据地基土承载力和上部结构布置以及荷载大小等因素确定。

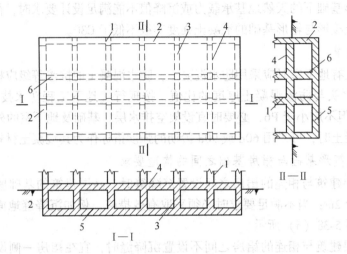

图5-39 箱形基础
1—柱；2—外墙；3—内横墙；4—顶板；5—底板；6—内纵墙

基础长度超过40m时，宜设置后浇带，当主楼与裙房为整体基础，采用后浇带时，后浇带的处理方法同筏形基础与裙房基础之间的构造要求，后浇带及整体基础底面的防水处理应同时做好，并注意保护。后浇带保留时间应根据沉降分析确定。

高层建筑同一结构单元内箱形基础的埋置深度宜一致，且不得局部采用箱形基础。抗震设防区天然土质地基上的箱形埋深不宜小于建筑物高度的1/15；当桩与箱基底板或筏板连接时，桩箱或桩筏基础的埋置深度（不计桩长）不宜小于建筑物高度的1/18。

A 构造要求

箱基防水采用密实混凝土刚性防水，外围结构混凝土强度等级不应低于C15，抗渗等级不应低于P6，必要时可采用架空隔水层方法或柔性防水方案。箱基在施工、使用阶段均应验算抗浮稳定性，地下水对箱形基础的浮力，一般不考虑折减，抗浮安全系数K_w宜取1.2。

B 高层建筑箱形基础与裙房基础之间的构造要求

当箱基的外墙设有窗井时，窗井的分隔墙应与内墙连成整体，视作箱形基础伸出的挑梁，窗井底板应按支承在箱基外墙、窗井外墙和分隔墙上的单向板或双向板计。与高层建筑相连的门厅等低矮单元基础，可采用从箱形基础挑出的基础梁方案，如图5-40所示，挑出长度不宜大于0.15倍箱基宽度，并考虑偏心影响。挑出部分下面应采取挑梁自由下沉的措施。

C 箱形基础施工工艺

箱基底板后浇带留设→箱基底板钢筋绑扎及柱、

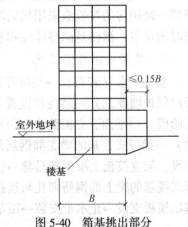

图5-40 箱基挑出部分

墙插筋→箱基底板及箱基墙体施工缝以下墙体混凝土施工→箱基墙体施工缝以上墙体施工
→箱基顶板模板支设、设备安装或留洞箱基顶板钢筋绑扎及混凝土浇筑。

D 主要工序应注意的问题

(1) 箱基底板施工同筏基，注意墙柱预埋甩出钢筋必须用塑料套管加以保护，避免
混凝土污染钢筋。

(2) 施工缝以下墙体模板安装。由于箱形基础底板
与墙体一般分开施工，且一般具有防水要求，考虑防
水、应力集中、施工缝留设的要求，一般在施工箱基底
板时，要施工一定高度的墙体，所以墙体施工缝一般留
在距底板顶部不小于 300mm 处，此处的止水带安装是
关键。因此，墙体模板必须和底板模板同时安装一部
分，这部分模板一般高度为 600mm 即可。采用吊模施
工内侧模板，在内侧模板底部用钢筋马凳支撑，内侧模
板和外侧模板用带止水片穿墙螺栓加以连接，外侧模板
用斜撑与基坑侧壁撑牢。如底板中有基础梁，则梁侧模
全部采用吊模施工，梁与梁之间用钢管加以锁定，如图
5-41 所示。

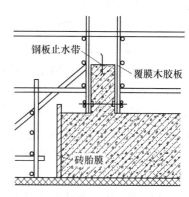

图 5-41 箱型基础底板与
墙体的施工缝示意图

(3) 240mm 砖胎模。砖胎模砌筑前，先在垫层面上放线，砌筑时要求拉直线，砖模
内侧、墙顶面抹 15mm 厚的水泥砂浆并压光，同时阴阳角做成圆弧形。

底板外墙侧模采用 240mm 厚砖胎模，高度同底板厚度，当可以兼作外墙部分模板时，
砖胎模高度以底板厚度加 450mm 为宜，内侧及顶面采用 1:2.5 水泥砂浆抹面。

考虑混凝土浇筑时侧压力较大，砖胎模外侧面必须支撑加固，支撑间距不大于 1.5m。

5.4.2 大体积混凝土施工要点

5.4.2.1 大体积混凝土配合比设计

A 原材料

水泥：选用低水化热的水泥，并宜掺加粉煤灰、矿渣粉和高性能减水剂，控制水泥用
量，大体积混凝土施工所用水泥 3d 的水化热不宜大于 240kJ/kg，7d 的水化热不宜大于
270kJ/kg。当混凝土有抗渗指标要求时，所用水泥的铝酸三钙含量不宜大于 8%；所用水
泥在搅拌站的入机温度不应大于 60℃。

骨料：细骨料宜采用中砂，其细度模数宜大于 2.3，含泥量不大于 3%；粗骨料宜选
用粒径 5~31.5mm，并连续级配，含泥量不大于 1%；应选用非碱活性的粗骨料；当采用
非泵送施工时，粗骨料的粒径可适当增大。

外加剂：外加剂的品种、掺量应根据工程所用胶凝材料经试验确定；应提供外加剂对
混凝土后期收缩性能的影响报告；耐久性要求较高或寒冷地区的大体积混凝土，宜采用引
气剂或引气减水剂。

B 配合比设计

大体积混凝土配合比的设计除应符合工程设计所规定的强度等级、耐久性、抗渗性、

体积稳定性等要求外，还应进行水化热、泌水率、可泵性等对大体积混凝土控制裂缝所需的技术参数的试验。

大体积混凝土配合比设计中，水胶比不宜大于 0.55，砂率宜为 38%~42%，拌合物泌水量宜小于 $10L/m^3$，拌合水用量不宜大于 $175kg/m^3$，入模坍落度不低于 160mm。

混凝土和易性宜采用掺合料和外加剂改善，粉煤灰掺量不宜超过胶凝材料用量的 40%，矿渣粉的掺量不宜超过胶凝材料用量的 50%，粉煤灰和矿渣粉掺合料的总量不宜大于混凝土中胶凝材料用量的 50%。

5.4.2.2　大体积混凝土运输

大体积混凝土宜采用预拌混凝土，其质量应符合国家现行标准《预拌混凝土》（GB/T 14902）的有关规定，并应满足施工工艺对入模坍落度、入模温度等的技术要求。在同一工程同时使用多厂家制备的预拌混凝土进行施工时，要求各厂家的原材料、配合比、材料计量、外加剂品种、制备工艺和质量检验必须相同。

A　混凝土搅拌运输车坍落度损失调整

搅拌运输过程中需补充外加剂或调整拌合物质量时，宜符合下列规定：

（1）当运输过程中出现离析或使用外加剂进行调整时，搅拌运输车应进行快速搅拌，搅拌时间应不小于 120s。

（2）运输过程中严禁向拌合物中加水。

（3）运输过程中，坍落度损失或离析严重，经补充外加剂或快速搅拌已无法恢复混凝土拌合物的工艺性能时，不得浇筑入模。

B　混凝土固定泵输送管线设置

混凝土固定泵输送管线宜直，转弯宜缓，避免布置大于 45°下弯输送管线。每个输送管接头必须加密封垫以确保严密，泵管支撑必须牢固。泵送前先用适量与混凝土强度同等级的减石子混凝土润管。减石子混凝土砂浆输送到基坑内，要抛散开，不允许减石子混凝土砂浆堆在一个地方。

5.4.2.3　大体积混凝土浇筑方案

大体积混凝土结构整体性要求较高，通常不允许留施工缝。因此，分层浇筑方案必须保证混凝土搅拌、运输、浇筑、振捣各工序协调配合，并在此基础上，根据结构大小，钢筋疏密等具体情况，选用浇筑方案。

A　全面分层（见图 5-42（a））

在整个结构内全面分层浇筑混凝土，要做到第一层全部浇筑完毕，在初凝前浇筑第二层，如此逐层进行，直至浇筑完成。采用此方案，结构平面尺寸不宜过大，施工时从短边开始，沿长边进行，必要时亦可从中间向两端或从两端向中间同时进行。

B　分段分层（见图 5-42（b））

混凝土从底层开始浇筑，进行一定距离后回来浇筑第二层，如此依次向上浇筑以上各层。分段分层浇筑方案适用于厚度不太大而面积或长度较大的结构。

C　斜面分层（见图 5-42（c））

适用于结构的长度超过厚度 3 倍的情况。斜面坡度为 1:3，斜面分层浇筑顺序宜从低处开始，沿长边方向自一端向另一端方向浇筑，一般采用斜面式薄层浇捣，利用

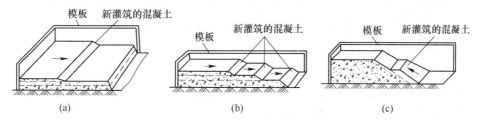

图 5-42 大体积混凝土浇筑方案

(a) 全面分层；(b) 分段分层；(c) 斜面分层

自然流淌形成斜坡，分层振捣密实，以利于混凝土的水化热的散失。如此依次向前浇筑以上各层，浇筑时应采取防止混凝土将钢筋推离设计位置的措施。边角处要多加注意，防止漏振，振捣棒不宜靠近模板振捣，且要尽量避免碰撞钢筋、止水带、预埋件等。

5.4.2.4 大体积混凝土的裂缝防治措施

大体积混凝土的裂缝防治，一般从控制混凝土的水化温升、延缓降温速率、减小混凝土收缩、提高混凝土的极限拉伸强度、改善约束条件等方面全面考虑。

大体积混凝土结构由于其结构截面大，水泥用量多，水泥水化所释放的水化热会产生较大的温度变化和收缩作用，由此形成的温度收缩应力是导致钢筋混凝土产生裂缝的主要原因。这种裂缝有表面裂缝和贯通裂缝两种，这两种裂缝都属有害裂缝。大体积混凝土的裂缝防治主要措施如下所述。

A　合理选择原材料，降低水泥水化热

(1) 水泥应选用水化热低和凝结时间长的水泥，如低热矿渣硅酸盐水泥、中热硅酸盐水泥、矿渣硅酸盐水泥、粉煤灰硅酸盐水泥、火山灰质硅酸盐水泥等；当采用硅酸盐水泥或普通硅酸盐水泥时，应采取相应措施延缓水化热的释放。

(2) 粗骨料宜采用连续级配，细骨料宜采用中砂。

(3) 大体积混凝土应掺用缓凝剂、减水剂和减少水泥水化热的掺合料，在拌和混凝土时，还可掺入适量的微膨胀剂或膨胀水泥，使混凝土得到补偿收缩，减少混凝土的温度应力。

(4) 大体积混凝土在保证混凝土强度及坍落度要求的前提下，应提高掺合料及骨料的含量，以降低每立方米混凝土的水泥用量。例如：在厚大无筋或少筋的大体积混凝土中，掺加总量不超过20%的大石块，减少混凝土的用量，以达到节省水泥和降低水化热的目的。

B　降低混凝土内外温度差

(1) 要合理安排施工顺序，控制混凝土浇筑速度，用多台输送泵同时进行浇筑时，输送泵管布料点间距不宜大于10m，并宜由远而近浇筑。用汽车布料杆输送浇筑时，应根据布料杆工作半径确定布料点数量，各布料点浇筑速度应保持均衡。

(2) 不能避开炎热天气时，可采用低温水或冰水搅拌混凝土，对骨料进行预冷、覆盖、遮阳等措施，运输工具如具备条件也应搭设避阳设施，以降低混凝土拌合物的入模温度。

（3）在混凝土入模时，采取措施改善和加强模内的通风，加速模内热量的散发；在基础内部预埋冷却水管，通入循环冷却水，强制降低混凝土内温度。

C   改善约束条件，削减温度应力

采取分层或分块浇筑大体积混凝土，合理设置水平或垂直施工缝，或在适当的位置设置施工后浇带，以放松约束程度，减少每次浇筑长度，在基础与垫层之间设置滑动层，如采用平面浇沥青胶、铺砂、刷热沥青或铺卷材。

贯通裂缝一般出现在超长大体积混凝土中，一般通过分层浇筑、留设后浇带分段浇筑或跳仓法施工方案，控制浇筑长度、改善约束条件的办法预防贯通裂缝的发生。

D   增加抵抗温度应力的构造配筋

在大体积混凝土基础内设置必要的温度配筋，在截面突变和转折处，增加斜向构造配筋，以改善应力集中，防止裂缝的出现。

E   加强施工中的温度控制

宜对施工阶段大体积混凝土浇筑体的温度应力及收缩应力进行试算，并确定施工阶段大体积混凝土浇筑体的升温峰值，里表温差及降温速率的控制指标，制定相应的温控技术措施。施工中要加强测温和温度监测与管理，实行信息化控制，随时控制混凝土内的温度变化，及时调整保温及养护措施，使混凝土的温度梯度不至于过大，以有效控制有害裂缝的出现。

F   改进施工工艺，消除表面裂缝

表面裂缝是由于混凝土表面和内部的散热条件不同，温度外低内高，形成了温度梯度，使混凝土内部产生压应力，表面产生拉应力，表面的拉应力超过混凝土抗拉强度而引起的。混凝土的表面收缩裂缝一般通过二次振捣多次搓平的方法，必要时可在混凝土表层设置钢丝网，减少表面收缩裂缝。具体方法是振捣完后先用长刮杠刮平，待表面收浆后，用木抹再搓平表面，并覆盖塑料薄膜。在终凝前掀开塑料薄膜再进行搓平，要求搓压三遍，最后一遍抹压要掌握好时间。混凝土搓平完毕后立即用塑料布覆盖养护，浇水养护时间为14d。

5.4.2.5   后浇带设置

后浇带浇筑需要在不少于40d后进行，后浇带浇筑混凝土前，应将缝内的杂物清理干净，无论何种形式的后浇带界面，在处理前都必须凿毛清理干净，涂刷界面剂，同时进行钢筋的除锈工作。后浇带宜选用早强、补偿收缩混凝土浇筑，并覆盖养护。补偿收缩混凝土一般采用掺加铝粉配制的混凝土或掺加 UEA 微膨胀剂的混凝土。当现场缺乏这类掺加剂时，亦可采用普通水泥拌制的混凝土，但要求混凝土比原结构的强度等级提高一个等级，长期潮湿养护。

5.4.2.6   大体积混凝土模板系统要求

大体积混凝土的模板和支架系统除应按国家现行有关标准的规定进行强度、刚度和稳定性验算外，同时还应结合大体积混凝土的养护方法进行保温构造设计。

大体积混凝土的拆模时间应满足国家现行有关标准对混凝土的强度要求，当模板作为保温养护措施的一部分时，其拆模时间应根据《大体积混凝土施工规范》（GB 50496）规定的温控要求确定。

施工中必须注意拆模后后浇带处支撑安全，近几年由于后浇带处支撑问题，出现了大量的工程质量事故，这是由于在未进行后浇带混凝土的浇筑及后浇带混凝土未达到强度前，如果撤除底模的支撑架后，后浇带处许多结构构件是处于悬臂状态，故其底模的支撑架的强度、刚度、稳定性，直接影响结构安全，所以后浇带处的支撑架不能随便拆卸。

5.4.2.7 大体积混凝土养护

大体积混凝土应进行保温保湿养护，在混凝土浇筑完毕初凝前，宜立即进行喷雾养护工作，尚应及时按温控技术措施要求进行保温养护，应专人负责保温养护工作，保湿养护持续时间不得少于 14d，应经常检查塑料薄膜或养护剂涂层的完整情况，保持混凝土表面湿润。在保温养护过程中，应对混凝土浇筑体的里表温差和降温速率进行现场监测，当实测结果不满足温控指标的要求时，应及时调整保温养护措施。当混凝土的表面温度与环境最大温差小于 20℃时，保温覆盖层可撤除。对于混凝土的泌水宜采用抽水机抽吸或在侧模上开设泌水孔排除。

5.4.3 大体积混凝土施工管理

5.4.3.1 大体积混凝土施工方案

大体积混凝土施工应编制专项施工技术方案，其主要内容有：
(1) 大体积混凝土浇筑体温度应力和收缩应力的计算；
(2) 施工阶段主要抗裂构造措施和温控指标的确定；
(3) 原材料优选、配合比设计、制备与运输；
(4) 混凝土主要施工设备和现场总平面布置；
(5) 温控监测设备和测试布置图；
(6) 混凝土浇筑运输顺序和施工进度计划；
(7) 混凝土保温和保湿养护方法；
(8) 主要应急保障措施、特殊部位和特殊气候条件下的施工措施。

5.4.3.2 大体积混凝土施工监测

A 抗浮监测

筏板和箱型基础施工期间抗浮问题尤为突出，在施工中一般通过施工降排水和地下水位监测解决和控制，但这一点往往被施工技术人员忽视。近年来，因施工期间停止降水，地下水位过早升高而发生的工程问题常有发生。如：某工程设有 4 层地下室，结构施工至±0.000 时，施工停止了降水，也未通知设计单位。两个月后，发现整个地下室上浮，最大处可达 20cm。因此施工期间的抗浮问题应该引起重视，同时做好地下水位监测，确保工程安全。

B 内外温差监测

混凝土结构在建设和使用过程中出现不同程度、不同形式的裂缝，这是一个相当普遍的现象，筏板和箱形基础的底板一般是大体积混凝土，其结构出现裂缝更普遍。在全国调查的高层建筑地下结构中，底板出现裂缝的现象占调查总数的 20% 左右，地下室的外墙混凝土出现裂缝的现象占调查总数的 80% 左右。据裂缝原因分析，属于由变形（温度、湿度、地基沉降）引起的约占 80% 以上，属于荷载引起的约占 20% 左右。为避免筏板和箱形基础在浇筑过程中，由于水泥水化热引起的混凝土内部温度和温度应力的剧烈变化，从而导致混凝土发生裂缝，需对筏板和箱形基础混凝土表面和内部的温度进行监测。采取有效措施控制因水化热引起的升温速度、内外温差及降温速度，防止混凝土出现有害的温度裂缝。

5.5　水下混凝土施工

深基础、沉井与沉箱的封底等，常需要进行水下浇筑混凝土，地下连续墙及钻孔灌注桩一般是在护壁泥浆中浇筑混凝土。水下混凝土浇筑的方法很多，常用的有导管法、压浆法和袋装法，以导管法应用最广。

5.5.1　水下混凝土

水下灌注混凝土必须具备良好的和易性，配合比应通过试验确定；坍落度宜为180~220mm；水泥用量不应少于360kg/m^3（掺粉煤灰除外）；水下灌注混凝土的含砂率宜为40%~50%，并宜选用中粗砂；粗骨料的最大粒径应小于40mm，并不得大于钢筋间距最小净距的1/3。水下灌注混凝土宜掺外加剂。水下灌注混凝土至桩顶时，应适当超过桩顶设计标高，以保证在凿除含有泥浆的桩段后，桩顶标高和质量能符合设计要求。

5.5.2　水下混凝土浇筑方法

5.5.2.1　导管法

（1）导管法是将导管装置在浇筑部位，导管顶部有贮料漏斗，导管由起重设备吊住，可以升降，开始浇筑时导管底部要接近浇筑部位的底部，一般为300mm。浇筑前，导管下口处以隔水球塞密封，然后在导管和贮料斗内储备一定量的混凝土拌合物后，在自重作用下混凝土迅速推出球塞冲向基底，冲出的混凝土向四周扩散并埋没导管口，将管口包住，形成混凝土堆，管外混凝土面不断被管内的混凝土挤压上升。

（2）浇筑过程中，导管内必须充满混凝土，并保持导管底口始终埋在已浇的混凝土内。边均衡地浇筑混凝土，边缓缓提升导管，导管下口必须始终保持在混凝土表面之下不小于表5-13的要求，直至结束，如图5-43所示。

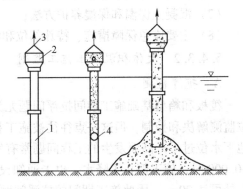

图5-43　导管法浇筑水下混凝土示意图
1—导管；2—承料漏斗；3—提升机具；4—球塞

表5-13　导管的最小埋入深度

混凝土水下浇筑深度/m	导管埋入混凝土最小深度/m
≤10	0.8
10~15	1.1
15~20	1.3
>20	1.5

（3）水下浇筑的混凝土量较大，将导管法与混凝土泵结合使用可以取得较好的效果。

5.5.2.2　压浆法

压浆法是在水下清理基底、安放模板并封密接缝后，填放粗骨料，埋置压浆管，然后用砂浆泵压送砂浆，施工方法同预填骨料压浆混凝土。

5.5.2.3　袋装法

袋装法是将混凝土拌合物装入麻袋到半满程度，缝扎袋口，依次沉放，堆筑在水中预定地点。堆筑时要交错堆放，互相压紧，以增加稳定性。有的国家使用一种水溶性薄膜材料的袋子，柔性较好，并有助于提高堆筑体的整体性。在浇筑水下混凝土时，水下清基、立模、堆砌等工作均需有潜水员配合作业。

5.5.3　导管法浇筑水下混凝土

导管采用每段长度为 1.5~2.5m（脚管 2~3m）、管径 200~300mm、壁厚 3~6mm 的钢管，导管接头用法兰盘加止水胶垫与螺栓连接而成。承料漏斗位于导管顶端，漏斗上方装有振动设备以防混凝土在导管中阻塞。提升机具用来控制导管的提升与下降，常用的提升机具有卷扬机、电动葫芦、起重机等。球塞可用橡胶、泡沫塑料等制成。

施工时，进入导管的第一批混凝土拌合物数量，能否使导管底部埋入混凝土内一定深度，是顺利浇注水下混凝土的关键环节。

5.5.3.1　导管法施工要求

（1）开始灌注混凝土时，导管底部至孔底的距离宜为 300~500mm。

（2）导管埋入混凝土深度需满足工况要求，严禁将导管提出混凝土灌注面，并应控制提拔导管速度，应有专人测量导管埋深及管内外混凝土灌注面的高差，填写水下混凝土灌注记录。

（3）灌注水下混凝土必须连续施工，每根桩的灌注时间应按初盘混凝土的初凝时间控制，对灌注过程中的故障应记录备案。

5.5.3.2　导管法施工注意事项

（1）首批混凝土数量，应满足导管埋入混凝土内的深度不得小于1m，事先应对导管的第一批混凝土的用量进行正确计算，保证混凝土的供应量应大于导管内混凝土必须保持的高度和开始浇筑时导管埋入混凝土堆内必需的埋置深度所要求的混凝土量。

（2）导管插入混凝土中的深度，与浇筑质量密切相关，其最佳深度与混凝土浇筑强度和拌合物的性质有关。在施工时，随着管外混凝土面的上升，导管也逐渐提高，但提管速率不能过快，必须保证导管下端始终埋入混凝土内。

（3）混凝土与水接触的表面为同一层面，其上升速度能在混凝土初凝前浇筑到所需高度。混凝土浇筑的最终高程应高于设计标高约 100mm，以便清除强度低的表层混凝土（清除应在混凝土强度达到 $2~2.5N/mm^2$ 后进行）。

（4）在整个浇筑过程中，直到混凝土顶面接近设计标高时，才可将导管提起，换插到另一浇筑点。严格控制导管提升高度，且只能上下升降，不能左右移动，以避免造成管内进水事故。

每根导管的作用半径一般不大于3m，所浇混凝土覆盖面积不宜大于30m²，当面积过大时，可用多根导管同时浇筑。混凝土浇筑应从最深处开始，相邻导管下口的标高差不应超过导管间距的1/20~1/15，并保证混凝土表面均匀上升。

（5）在浇筑过程中，要防止混凝土混入泥浆或环境水，影响水下混凝土的质量。

（6）水下混凝土必须连续浇筑，不能中断，以减少环境水对混凝土的不利影响。

（7）混凝土拌合物要求和易性好，流变性保持能力强，有较好的黏聚性和保水性，以及在运输和浇筑中具有抵抗泌水和离析的能力，故混凝土中水泥用量宜适当增加，砂率应不少于40%，泌水率控制在2%以内；粗骨料粒径不得大于导管的1/5或钢筋间距的1/4，并不宜超过60mm；混凝土水灰比应为0.55~0.66；坍落度为150~180mm，开始时采用低坍落度，正常施工则用较大的坍落度，且维持坍落度的时间不得少于1h，以便混凝土靠自重和自身的流动实现密实成型。

（8）导管法浇筑水下混凝土前，必须做好施工前的准备工作，方可开盘浇筑混凝土，尤其是施工中的人员、设备必须准备充分。同时，施工中拆卸导管的速度要快速，尽量缩短停、歇混凝土泵时间。

5.6 钢管、型钢混凝土

钢管、型钢混凝土结构的施工质量要求和验收标准应按现行国家标准《钢结构工程施工质量验收规范》（GB 50205）、《钢结构工程施工规范》（GB 50755）、《混凝土结构工程施工质量验收规范》（GB 50204）、《钢管混凝土施工质量验收规范》（GB 50628）、《钢管混凝土结构设计与施工规程》（CECS 28）、《组合结构设计规范》（JGJ 138）中的相关规定执行。

5.6.1 钢管混凝土结构施工要点

钢管混凝土是将普通混凝土填入薄壁圆形钢管内而形成的组合结构，如图5-44所示。钢管混凝土可借助内填混凝土增强钢管壁的稳定性，又可借助钢管对核心混凝土的约束作用，使核心混凝土处于三向受压状态，从而使核心混凝土具有更高的抗压强度和抗变形能力。近年来，随着理论研究的深入和新施工工艺的发展，工程应用日益广泛。钢管混凝土结构按照截面形式的不同可以分为矩形钢管混凝土结构、圆钢管混凝土结构和多边形钢管混凝土结构等，其中，矩形钢管混凝土结构和圆钢管混凝土结构应用较广。

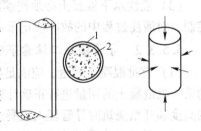

图5-44 钢管混凝土
1—钢管；2—混凝土

近20年来，随着建筑物高度的增加，钢管高强混凝土和钢管超高强混凝土结构的应用得到快速的发展。一般把混凝土强度等级在C50以下的钢管混凝土称为普通钢管混凝土；混凝土强度等级在C50以上的钢管混凝土称为钢管高强混凝土；混凝土强度等级在C100以上的钢管混凝土称为钢管超高强混凝土。

钢管混凝土最适合大跨、高层、重载和抗震抗爆结构的受压杆件。钢管可用直缝焊接的钢管、螺旋形缝焊接钢管和无缝钢管。钢管直径不得小于 100mm，壁厚不宜小于 4mm。钢管混凝土结构的混凝土强度等级不宜低于 C30。

5.6.1.1 钢管制作

钢管可用卷制焊接钢管，焊接时长直焊缝与螺旋焊缝均可。卷管方向应与钢板压延方向一致。卷管内径对 Q235 钢不应小于钢板厚度的 35 倍；对 16Mn 钢不应小于钢板厚度的 40 倍。卷制钢管前，应根据要求将板端开好坡口。坡口端应与管轴严格垂直。焊接钢管的焊条型号应与主体金属强度相适应。钢管混凝土结构中的钢管对核心混凝土起套箍作用，焊缝应达到与母材等强。焊缝质量应满足《钢结构工程施工质量验收规范》（GB 50205）中二级焊缝的要求。

5.6.1.2 钢管柱拼接组装

根据运输条件，柱段长度一般以不长于 12m 为宜。钢管对接应严格保持焊后肢管平直，应特别注意焊接变形对肢管的影响，一般宜用分段反向焊接顺序，分段施焊应尽量保持对称。肢管对接间隙应适当放大 0.5~2.0mm，以抵消收缩变形。

焊接前，小直径钢管采用点焊定位；大直径钢管可另用附加钢筋焊于钢管外壁作临时固定，固定点的间距以 300mm 为宜，且不少于 3 点；钢管对接焊接过程中如发现电焊定位处的焊缝出现微裂缝，则该微裂缝部位须全部铲除重焊。为确保连接处的缝质直，可在管内接缝处设置附加衬管，宽度为 20mm，厚度为 3mm，且与管内壁保持 0.5mm 的膨胀间隙，以确保焊缝的质量。

格构柱的肢管与腹杆连接尺寸和角度必须准确。腹杆与肢管连接处的间隙应按板全展开图进行放样。焊接时，根据间隙大小选用合适的焊条直径。肢管与腹杆的焊接次序应考虑焊接变形的影响。所有钢管构件必须在所有焊缝检查后方能按设计要求进行防腐处理。

5.6.1.3 钢管柱吊装

吊装时应注意减少吊装荷载作用下的变形，吊点位置应根据钢管本身的强度和稳定性验算后确定。必要时，应采取临时加固措施。

吊装钢管柱时，上口应包封，防止异物落入管内。采用预制钢管混凝土构件时，应待管内混凝土达到设计强度的 50% 后方可进行吊装。钢管柱吊装就位后，应立即进行校正并加以临时固定，以保证构件的稳定性，就位垂直度允许偏差应符合表 5-14 的规定。

表 5-14　钢管混凝土构件安装垂直度允许偏差（mm）

项　目		允许偏差	检验方法
单层	单层钢管混凝土构件的垂直度	$h/1000$，且不应大于 10.0	经纬仪、全站仪检查
多层及高层	主体结构钢管混凝土构件的整体垂直度	$H/250$，且不应大于 30.0	经纬仪、全站仪检查

注：h 为单层钢管混凝土构件的高度；H 为多层及高层钢管混凝土构件全高。

5.6.1.4 管内混凝土浇筑

管内混凝土浇筑可采用常规人工浇捣法、泵送顶升浇灌法、高位抛落无振捣法以及泵送顶升法。

（1）常规人工浇捣法。混凝土自钢管上口浇筑，用振捣器振捣。当管径不小于

400mm 时，宜采用插入式振捣器振捣，插点应均匀，每点振捣时间约 15~30s；当管径小于 400mm 时，可采用外部振捣器（附着式振捣器）于钢管外部振捣。混凝土一次浇灌高度不宜大于 1.5m。振捣器的位置应随管内混凝土面的升高加以调整，每次宜升高 1~1.5m。当管径不小于 1000mm 时，工人可以进入管内按常规方法用振捣棒振捣。

（2）高位抛落无振捣法。该法利用混凝土下落时产生的动能达到振实混凝土的目的。它适用于管径不小于 300mm，高度不小于 4m 的情况。对于抛落高度不足 4m 的区段，应辅以插入式振动器振实。

（3）泵送顶升法。在钢管接近地面的适当位置安装一个带闸门的进料支管，直接与泵车的输送管相连，由泵车将混凝土连续不断地自下而上灌入钢管，无须振捣。钢管直径宜大于进料管的两倍。

混凝土浇筑宜连续进行，需留施工缝时，应将管口封闭，以免水、油和杂物落入。当浇筑至钢管顶端时，可使混凝土稍为溢出，再将留有排气水的层间横隔板或封顶板紧压在管端，随即进行点焊。待混凝土达到 50%设计强度时，再将层间横隔板或封顶板按设计要求进行补焊。管内混凝土的浇筑质量，可用敲击钢管的方法进行初步检查，如有异常，可用超声脉冲技术检测。对不密实的部位，可用钻孔压浆法进行补强，然后将钻孔补焊封牢。

（4）钢管混凝土结构浇筑要点。钢管混凝土宜采用自密实混凝土浇筑，采用粗骨料粒径不大于 25mm 的高流态混凝土或粗骨料粒径不大于 20mm 的自密实混凝土时，混凝土最大倾落高度不宜大于 9m，倾落高度大于 9m 时，应采用串筒、溜槽、溜管等辅助装置进行浇筑；在混凝土浇筑前，在钢管适当位置应留有足够的排气孔，排气孔孔径不应小于 20mm，浇筑混凝土应加强排气孔观察，并应在确认浆体流出和浇筑密实后再封堵排气孔。

5.6.2 型钢混凝土结构施工要点

由混凝土包裹型钢做成的结构称为型钢混凝土结构。型钢混凝土中的型钢，除采用轧制型钢外，还广泛采用焊接型钢，配合使用钢筋和钢箍。型钢混凝土可做成多种构件，能组成各种结构，可代替钢结构和钢筋混凝土结构应用于工业和民用建筑中。

组合结构构件中钢材宜采用 Q345、Q390、Q420 低合金高强度结构钢及 Q235 碳素结构钢，质量等级不宜低于 B 级，且应分别符合现行国家标准《低合金高强度结构钢》（GB/T 1591）和《碳素结构钢》（GB/T 700）的规定。当采用较厚的钢板，可选材质、材性符合现行《建筑结构用钢板》（GB/T 19879）的各牌号钢板，其质量等级不宜低于 B 级。当采用其他牌号的钢材时，尚应符合国家现行有关标准的规定。

型钢混凝土柱内埋置的型钢，宜采用实腹式焊接型钢（见图 5-45（a）、（b）、（c））；对于型钢混凝土巨型柱，宜采用多个焊接型钢通过钢板连接成整体的实腹式焊接型钢（见图 5-45（d））。

型钢混凝土中型钢不受含钢率的限制，型钢在混凝土浇筑之前已形成钢结构，具有较大的承载能力，能承受构件自重和施工荷载，可将模板悬挂在型钢上，模板不需设支撑，简化支模，加快施工速度。在高层建筑中型钢混凝土不必等待混凝土达到一定强度就可以继续施工上层，可缩短工期。由于无临时立柱，为进行设备安装提供了可能；型钢混凝土结构具有良好的抗震性能。型钢混凝土结构较钢结构在耐久性、耐火性等方面均胜一筹。

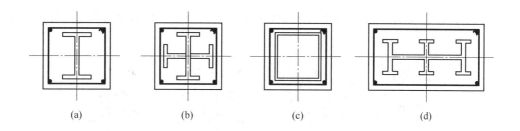

(a)　　　　　　(b)　　　　　　(c)　　　　　　(d)

图 5-45　型钢混凝土柱中的型钢截面配筋形式
（a）工字形实腹式焊接型钢；（b）十字形实腹式焊接型钢；
（c）箱形实腹式焊接型钢；（d）钢板连接成整体实腹式焊接型钢

A　型钢混凝土结构构造

型钢混凝土组合结构构件中，纵向受力钢筋直径不宜小于 16mm，纵筋与型钢的净间距不宜小于 30mm，其纵向受力钢筋的最小锚固长度、搭接长度应符合国家标准《混凝土结构设计规范》（GB 50010）的要求。考虑地震作用组合的型钢混凝土组合结构构件，宜采用封闭箍筋，其末端应有 135°弯钩，弯钩端头平直段长度不应小于 10 倍箍筋直径。型钢的混凝土保护层最小厚度：对梁不宜小于 100mm，且梁内型钢翼缘离两侧距离之和（b1+b2）不宜小于截面宽度的 1/3，对柱不宜小于 200mm（见图 5-46）。

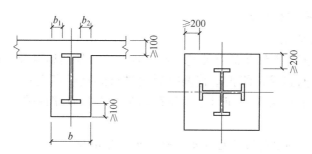

图 5-46　型钢的混凝土保护层最小厚度

a　型钢混凝土梁

型钢混凝土梁的实腹式型钢一般为工字形，可用轧制工字钢和 H 型钢。但大多是用钢板焊制的，焊成的截面可根据需要设计，上下翼缘不必相等，沿梁全长也不必强求一律，以充分发挥材料的性能为前提。有时用两根槽钢做成实腹式截面，便于穿过管道或剪力墙的钢筋。空腹式型钢截面一般用角钢焊成桁架，腹杆可用小角钢或圆钢，圆钢以直径不宜小于其长度的 1/40。当上下弦杆间距大于 600mm 时，腹杆宜用角钢。框架梁的型钢，应与柱子的型钢做成刚性连接。梁的自由端要设置专门的锚固件，将钢筋焊在型钢上，或用角钢、钢板做成刚性支座。

b　型钢混凝土柱

型钢多用钢板焊接而成，十字形截面用于中柱，T 字形截面用于边柱，L 形截面用于角柱。空腹式型钢柱一般由角钢或 T 形钢作为纵向受力构件，以圆钢或角钢作腹杆形成桁架型钢柱，也可用钢板作为缀板型钢柱。

c　梁柱节点

梁柱节点设计和施工都应重视。图5-47为实腹式型钢截面常用的几种梁柱节点形式。

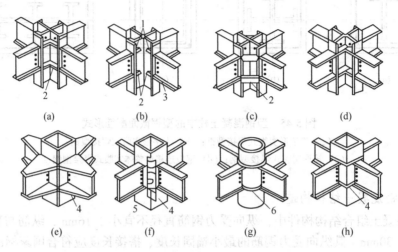

图 5-47　实腹式型钢梁柱节点

(a) 水平加劲板式；(b) 水平夹角夹劲板式；(c) 垂直加劲板式；(d) 梁翼缘贯通式；

(e) 外隔板式；(f) 内隔板式；(g) 加劲环式；(h) 贯通隔板式

1—主筋贯通孔；2—加劲板；3—箍筋贯通孔；4—隔板；5—留孔；6—加劲环

B　型钢混凝土结构施工

a　型钢和钢筋施工

型钢骨架施工遵守钢结构的有关规范和规程。安装柱的型钢骨架时，先在上下型钢骨架连接处进行临时连接，纠正垂直偏差后再进行焊接或高强螺栓固定，然后在梁的型钢骨架安装后，要再次观测和纠正因荷载增加、焊接收缩或螺栓松紧不一而产生的垂直偏差。

为使梁柱接头处的钢筋贯通且互不干扰，加工柱的型钢骨架时，在型钢腹板上要预留穿钢筋的孔洞，而且要相互错开，如图5-48所示。预留孔洞的孔径，既要便于穿钢筋，又不要过多削弱型钢腹板，一般预留孔洞的孔径较钢筋直径大4~6mm为宜。

在梁柱接头处和梁的型钢翼缘下部，由于浇筑混凝土时有部分空气不易排出，或因梁的型钢翼缘过宽妨碍浇筑混凝土，为此要在一些部位预留排除空气的孔洞和混凝土浇筑孔，如图5-49所示。

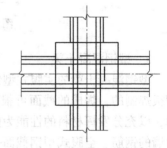

图 5-48　梁柱接头处穿钢筋
预留孔的位置

型钢混凝土结构的钢筋绑扎，与钢筋混凝土结构中的钢筋绑扎基本相同。由于柱的纵向钢筋不能穿过梁的翼缘，因此柱的纵向钢筋只能设在柱截面的四角或无梁的位置。在梁柱节点部位，柱的箍筋从型钢梁腹板上已留好的孔中穿过，然后将分段箍筋用电弧焊焊接。不宜将箍筋焊在梁的腹板上，因为节点处受力较复杂。

b 模板安装与混凝土浇筑

施工中可利用型钢骨架来承受混凝土的重量和施工荷载，可降低模板费用和加快施工。可将梁底模用螺栓固定在型钢梁或角钢桁架的下弦上，可完全省去梁下的支撑。楼盖模板可用钢框木模板和快拆体系支撑，达到加速模板周转的目的。

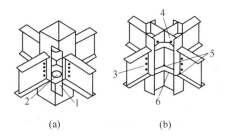

图 5-49 梁柱接头处预留孔洞位置
（a）钢管混凝土梁柱接头；（b）型钢混凝土梁柱接头
1—柱内加劲肋板；2—混凝土浇筑孔；3—箍筋通过孔；
4—梁主筋通过孔；5—排气孔；6—柱腹板加劲肋

施工时有关型钢骨架的安装，应遵守钢结构有关的规范和规程，型钢混凝土结构的混凝土浇筑，应遵守混凝土施工的规范和规程。在梁柱接头处和梁型钢翼缘下部等混凝土不易充分填满处，要仔细进行浇筑和捣实，浇筑时要保证其密实度和防止开裂。

职业技能

技 能 要 点	掌握程度	应用方向
混凝土搅拌、运输的有关规定、现场预应力钢筋混凝土的一般施工要点	熟悉	土建项目经理、工程师
钢筋焊接及绑扎的具体要求及其质量标准、钢筋冷加工的控制方法及验收标准	掌握	
普通混凝土施工配合比的调整计算、混凝土浇筑、振捣、养护的有关规定	掌握	
施工缝留置的原则及具体要求	掌握	
预应力钢筋混凝土的施工工艺	掌握	
子分部的分类、分项工程、检验批的划分	了解	土建工程师
检验批质量验收时实物检查的抽样方案和资料检查的内容	了解	
检验批、分项工程、混凝土结构子分部工程的质量验收程序和组织	了解	
混凝土结构施工现场质量管理要求	熟悉	
结构子分部、分项工程、检验批质量验收的内容	掌握	
检验批的合格质量要求	掌握	
混凝土工程的项目组成、模板工程的项目划分、表现形式及费用组成	了解	土建造价师
钢筋含量参考表的性质及使用	了解	
钢筋成型加工及运费的有关规定、各类构件模板计算规则	熟悉	
现浇混凝土构件、现场预制混凝土构件制作安装、预制混凝土构件接头灌缝的相互关系	掌握	
钢筋项目的设置和钢筋计算的有关规定	掌握	
钢筋机械连接及有粘结（无粘结）预应力钢丝表、钢绞线的计算及应用	掌握	
冷拉钢筋的冷加工硬化原理、时效、冷拉效果	了解	试验工程师
钢材的主要化学成分及对钢材性能的影响	熟悉	
混凝土的主要技术性质及其影响因素、混凝土配合比设计方法与设计步骤	熟悉	
混凝土原材料及质量要求	掌握	
热轧钢筋的级别划分、牌号表示方法、质量标准	掌握	

习 题

5-1 选择题

(1) 钢筋接头位置宜设在受力较小处，不宜设在构件的（　　）处。

A. 剪力最大　　　　B. 剪力最小　　　　C. 弯矩最大　　　　D. 弯矩最小

(2) 钢筋的链接方法有多种，在钢筋焊接中，对于现浇钢筋混凝土框架结构中竖向钢筋的连接，最宜采用（　　）。

A. 电弧焊　　　　B. 闪光对焊　　　　C. 电渣压力焊　　　　D. 电阻电焊

(3) 对普通混凝土机构，浇筑混凝土的自落倾落高度不得超过（　　），否则应使用串筒、溜槽或溜管等工具。

A. 1.2m　　　　B. 1.5m　　　　C. 2.0m　　　　D. 2.5m

(4) 地下室混凝土墙体一般只允许留设水平施工缝，其位置宜留在（　　）处。

A. 底板与侧墙交接处　　　　　　　　B. 出底板表面水小于300mm墙体侧墙

C. 顶板与侧墙交接处　　　　　　　　D. 中部

(5) 先张法使用的构件为（　　）。

A. 小型构件　　　　B. 中型构件　　　　C. 中、小型构件　　　　D. 大型构件

(6) 无粘结预应力混凝土构件中，外荷载引起的预应力束的变化全部由（　　）承担。

A. 锚具　　　　B. 夹具　　　　C. 千斤顶　　　　D. 台座

5-2 简答题

(1) 钢筋连接方法有哪些？有哪些规范规定？

(2) 如何计算钢筋的下料长度？

(3) 试述施工缝、后浇带留设的原则和处理方法。

(4) 大体积混凝土结构浇筑会出现哪些裂缝，为什么？大体积混凝土的三种浇筑方案中，哪种方案的单位时间浇筑量最大？

(5) 先张法和后张法的张拉程序有何不同，为什么？

(6) 后张法施工时孔道留设方法有哪几种，各适用什么范围？

(7) 如何进行水下混凝土浇筑？

(8) 简述钢管、型钢混凝土的施工工艺。

(9) 已知某C20混凝土的试验室配合比为0.61∶1∶2.54∶5.12（水∶水泥∶砂∶石），每立方米混凝土水泥用量310kg。经测定砂的含水率为4%，石子的含水率为2%。试求该混凝土的施工配合比。若用JZ250型混凝土搅拌机，试计算拌制一盘混凝土，各种材料的需用量。水泥按袋装考虑。

5-3 案例分析

某工程现浇混凝土框架，采用商品混凝土，内部振动器捣密实，混凝土上午8时开始浇筑，15时浇筑结束。混凝土浇筑时在混凝土拌制中心随机取样制作试块，并送实验室标准养护。混凝土结构采用自然养护，第二天上午8时开始浇水并覆盖。第8天，根据实验室标准养护试块的强度检验结果，已经达到混凝土拆模强度要求，准备当天拆模。

【问题】此施工过程有错误吗？如果有，请指出来，并说明理由。

6 装配式钢筋混凝土结构安装工程

学习要点：
- 掌握起重机最小臂长的计算；
- 掌握单层工业厂房结构安装方法预制构件平面布置；
- 掌握装配式钢筋混凝土结构的各类构件的吊装工艺；
- 熟悉装配式钢筋混凝土结构安装质量控制和安全技术措施；
- 了解结构吊装的准备工作；
- 了解各类起重机的性能及特点。

主要国家标准：
- 《建筑工程施工质量验收统一标准》（GB 50300）；
- 《工业安装工程施工质量验收统一标准》（GB 50252）；
- 《装配式大板居住建筑结构设计与施工规程》（JGJ 1）；
- 《建筑机械使用安全技术规程》（JGJ 33）；
- 《装配式混凝土建筑技术标准》（GB/T 51231）；
- 《装配式混凝土结构技术规程》（JGJ 1）。

案例导航

起重作业，被安全忽视的角落

随着我国城市建设的发展，建筑业的主要设备——起重机的使用也日益广泛。与此同时，令人担忧的是，施工现场起重机事故频发，导致人员财产的重大损失。建筑工地的生产安全正在成为人们关注的热点。图 6-1 所示为起重机施工事故现场。

图 6-1　起重机施工事故现场

起重机事故频繁发生的原因中，人为因素占据了相当大的比例。因此，需要生产单位严把材料关、质量关，最重要的还是要有安全防范意识，在起重机作业过程中应重视安全工作，将隐患消除在萌芽之中。建筑安全监督管理部门、施工企业设备安全管理部门可以采用一些新的科技手段，对起重机使用生命周期的全过程实施智能化监控，从而达到安全生产之根本目标。

【问题讨论】

近年来，国内重大塔式起重机事故频频发生，其主要原因是塔式起重机司机违章超载、盲目驾驶以及群塔交叉作业时，由于疏忽大意发生碰撞而引发的事故吗？

装配钢筋混凝土结构是工厂化制作构件，施工现场组装的建造方式。装配式钢筋混凝土结构是我国建造方式发展的重要方向之一，与现浇混凝土施工相比，装配式钢筋混凝土结构建造方式降低了对环境的负面影响，有利于组织绿色施工。

装配式钢筋混凝土结构安装的高空吊装作业安全问题突出，要求协同配合施工的专业工种多，构件在吊装过程中内力变化大，所以装配钢筋混凝土结构施工前，必须编制专项施工方案，对涉及的构件生产、构件运输、构件吊装、构件吊装内力验算、构件就位固定、成品验收等各个工序均需制定相关安全质量技术措施。

6.1　吊装起重机械

起重机械在结构吊装施工中起主导作用，起重机械的选择合理与否直接影响到整个施工现场的施工进度和生产安全。建筑结构吊装施工常用的起重设备有：桅杆式起重机、自行式起重机、塔式起重机等几大类。

6.1.1　桅杆式起重机

桅杆式起重机制作简单，装拆方便，起重量较大（可达100t以上），受地形限制小；缺点是服务半径小，移动困难，需要拉设较多的缆风绳。

适用于安装工程量集中，构件重量大，以及现场狭窄的情况。

桅杆式起重机按其构造不同，可分为独脚拔杆、人字拔杆、悬臂拔杆和牵缆式拔杆起重机等。

6.1.1.1　独脚拔杆

独脚拔杆由拔杆、起重滑轮组、卷扬机、缆风绳和锚碇等组成，如图6-2所示。使用时，拔杆保持不大于10°的倾角，以便吊装的构件不致碰撞拔杆。缆风绳数量一般为6~12根，与地面夹角为30°~45°，角度过大则对拔杆产生较大的压力，拔杆起重能力，应按实际情况加以验算。木独脚拔杆常用圆木制作，圆木梢直径20~32cm，起重高度为15m以内，起重量10t以下；钢管独脚拔杆，一般起重高度在30m以内，起重量可达30t；金属格构式独脚拔杆起重高度达70~80m，起重量可达100t以上。

6.1.1.2　人字拔杆

人字拔杆由两根圆木或钢管或格构式构件，在顶部相交成20°~30°夹角，用钢丝绳绑扎或铁件铰接成人字形，下悬吊起重滑轮组，底部设有拉杆或拉绳，以平衡拔杆本身的水平推力，如图6-3所示。拔杆下端两脚距离约为高度的1/3~1/2。人字拔杆的优点是侧向稳定性好，缆风绳较少，缺点是构件起吊后活动范围小。

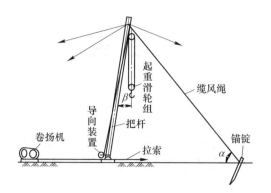

图 6-2　独脚拔杆

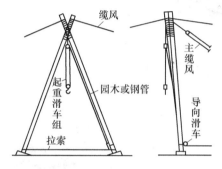

图 6-3　人字拔杆

6.1.1.3　悬臂拔杆

在独脚拔杆的中部或 2/3 高度处装上一根起重臂，即成悬臂拔杆，如图 6-4 所示。其特点是有较大的起重高度和相应的起重半径。悬臂起重杆左右摆动角度大（120°～270°），使用方便，但因起重量较小，故多用于轻型构件的吊装。

6.1.1.4　牵缆式拔杆起重机

在独脚拔杆的下端装上一根可以回转和起伏的起重臂，如图 6-5 所示。整个机身可作360°回转，具有较大的起重半径和起重量，并有较好的灵活性。该起重机的起重量一般为15～60t，起重高度可达 80m，多用于构件多、重量大且集中的结构安装工程。其缺点是缆风绳用量较多。

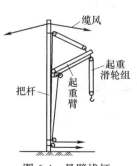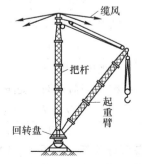

图 6-4　悬臂拔杆　　　　　　　　　图 6-5　牵缆式拔杆起重机

6.1.2 自行式起重机

常用的自行式起重机有履带式起重机、汽车式起重机和轮胎式起重机三种。

6.1.2.1 履带式起重机

A 履带式起重机的构造及特点

履带式起重机由行走机构、回转机构、机身及起重臂等部分组成。行走机构为两条链式履带，回转机构为装在底盘上的转盘，使机身可回转360°。起重臂下端铰接于机身上，随机身回转，顶端设有两套滑轮组（起重及变幅滑轮组），钢丝绳通过起重臂顶端滑轮组连接到机身内的卷扬机上，起重臂可接长，如图6-6所示。

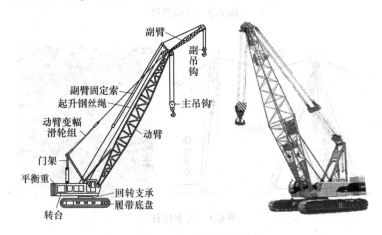

图6-6 履带式起重机

履带式起重机操作灵活，使用方便，有较大的起重能力。但履带式起重机行走速度慢，对路面破坏性大，在进行长距离转移时，应用平板拖车运输。在结构安装工程中，常用的履带式起重机有国产 W1-50 型、W1-100 型、W1-200 型和西北 78D（80D）型以及一些进口机械，世界上最大起重机起重能力已达 4000t。

B 履带式起重机稳定验算

履带式起重机在正常条件下工作，机身可以保持稳定，当起重机进行超载吊装或接长臂杆时，为了保证起重机在吊装过程中不发生倾覆事故，应对起重机进行整机稳定验算。

整机稳定验算应以起重机处于最不利工作状态（车身与行驶方向垂直，如图6-7所示）进行验算，此时应以履带中心 A 为倾覆点，分别按以下条件进行验算。

（1）考虑吊装荷载及所有附加荷载时，应满足下式要求：

$$k_1 = \frac{稳定力矩\ M_1}{倾覆力矩\ M_2} \geq 1.15 \tag{6-1}$$

（2）当仅考虑吊装荷载、不考虑附加荷载时，起重机的稳定性应满足：

$$k_2 = \frac{稳定力矩\ M_1}{倾覆力矩\ M} = \frac{G_1 \cdot L_1 + G_2 \cdot L_2 + G_0 \cdot L_0 - G_3 \cdot L_3}{Q(R - L_2)} \geq 1.4 \tag{6-2}$$

式中　　G_1——起重机机身可转动部分的重力，kN；

　　　　G_2——起重机机身不可转动部分的重力，kN；

G_3 ——起重臂重力（起重臂接长时，为接长后重力），kN；

G_0 ——平衡配重重力，kN；

L_0，L_1，L_2，L_3 ——重力作用中心线至倾覆中心的距离，m；

Q ——吊装荷载（构件重力、吊装索具重力），kN。

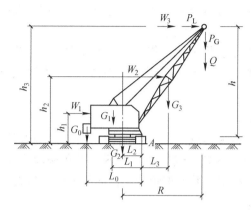

图 6-7 履带式起重机稳定性验算

（3）起重臂接长验算。当起重机的起重高度或起重半径不能满足需要时，则可采用接长臂杆的方法予以解决，如图 6-8 所示，此时起重机的最大起重量 Q' 可根据 $\sum M_A = 0$ 求得：

$$Q' \leqslant \frac{1}{2R' - M}[Q(2R - M)] - G'(R' + R - M) \tag{6-3}$$

式中 Q' ——接长起重臂长度后的起重量，kN；

  R' ——接长起重臂长度后的最小起重半径，m；

  G' ——起重臂接长部分的重量，kN；

  Q，R ——起重机原有最大起重臂臂长时的最大重量和最小工作半径，m；

  M ——履带架宽度，m。

当计算满足上式时，即满足稳定安全条件；反之，则应采取相应措施，如增加平衡重，或在起重臂顶端拉设临时缆风绳，以加强起重机的稳定性。必要时，尚应考虑对起重机其他部件的验算和加固。

C 履带式起重机的技术性能

履带式起重机主要技术性能包括三个主要参数：起重量 Q、起重半径 R、起重高度 H。起重量包括吊钩、滑轮组的重量。起重半径 R 指起重机回转中心至吊钩的水平投影距离。起重高度 H 是指起重吊钩中心至停机面的垂直距离。履带式起重机的技术要求：

（1）在安装时需保证起重吊钩中心与臂杆顶部

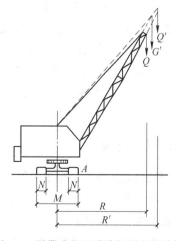

图 6-8 履带式起重臂接长稳定性验算
N—履带板宽度

定滑轮之间有一定的最小安全距离，一般为2.5~3.5m。

（2）起重机工作时的地面最大坡度不应超过3°，臂杆的最大仰角一般不得超过78°。

（3）起重机不宜同时进行起重和旋转操作，也不宜边起重边改变臂杆的幅度。

（4）起重机如必须负载行驶，荷载不得超过允许起重量的70%，且道路应坚实平整，施工场地应满足履带对地面的承载力要求（当空车停置时为80~100kPa，空车行驶时为100~190kPa，起重时为170~300kPa）。

（5）若起重机在松软土质场地上工作，宜采用枕木或钢板焊成的路基箱垫好道路。

（6）起重机负载行驶时重物应在行走的正前方向，离地面不得超过50cm，并拴好拉绳。

6.1.2.2　汽车式起重机

汽车式起重机常用于构件运输、装卸和结构吊装，其特点是转移迅速，对路面损伤小；但吊装时需使用支腿，不能负载行驶，也不适于在松软或泥泞的场地上工作。起重时，利用支腿增加机身的稳定，并保护轮胎。目前起重能力最大的汽车起重机起重能力能达1200t，如图6-9所示。

图6-9　汽车式起重机

6.1.2.3　轮胎式起重机

轮胎式起重机是把起重机构安装在加重型轮胎和轮轴组成的特制底盘上的一种全回转式起重机，其上部构造与履带式起重机基本相同，为了保证安装作业时机身的稳定性，起重机设有四个可伸缩的支腿。在平坦地面上可不用支腿进行小重量吊装及吊物低速行驶吊重时一般需放下支腿，增大支承面，并将机身调平，以保证起重机的稳定，如图6-10所示。

6.1.3　索具设备

结构吊装作业除了起重机外，还要使用许多辅助工具及设备，如卷扬机、钢丝绳、滑轮组、横吊梁等。

6.1.3.1　卷扬机

在建筑施工中常用的卷扬机有快速和慢速两种。快速卷扬机又有单筒和双筒之分，其牵引力为4.0~50kN；慢速卷扬机多为单筒式，其牵引力为30~200kN。

（1）卷扬机的主要技术参数：

1）额定牵引拉力，目前标准系列从 1~32t 有 8 种额定牵引拉力规格。

2）工作速度，即卷筒卷入钢丝绳的速度。

3）容绳量，即卷扬机的卷筒能够卷入的钢丝绳长度。

（2）卷扬机的固定：

卷扬机在使用时必须用地锚予以固定，固定卷扬机的方法分为螺栓锚固法、水平法、立桩锚固法和压重锚固法四种，如图 6-11 所示。

（3）卷扬机的使用要点：

1）手摇卷扬机只可用于小型构件吊装、拖拉吊件或拉紧缆风绳，其钢丝绳牵引速度应为 0.5~3m/min，并严禁超过其额定牵引力。

图 6-10 轮胎式起重机

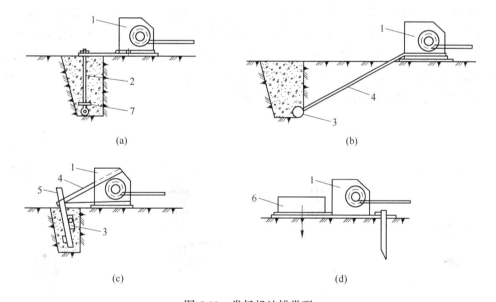

(a)

(b)

(c)

(d)

图 6-11 卷扬机地锚类型

（a）螺栓锚固法；（b）水平锚固法；（c）立桩锚固法；（d）压重锚固法

1—卷扬机；2—地脚螺栓；3—横木；4—拉索；5—木桩；6—压重；7—压板

2）大型构件的吊装必须采用电动卷扬机，钢丝绳的牵引速度应为 7~13m/min，并严禁超过其额定牵引力。

3）卷扬机使用前，应对各部分详细检查，确保转动装置和制动器完好，变速齿轮沿轴转动，啮合正确，无杂音和润滑良好，如有问题，应及时修理解决，否则严禁使用。

4）卷扬机应当安装在吊装区外，水平距离应大于构件的安装高度，并搭设防护棚，保证操作人员能清楚地看见指挥人员的信号。当构件被吊到安装位置时，操作人员的视线仰角应小于 45°。

5）钢丝绳绕入卷筒的方向应与卷筒轴线垂直，钢丝绳的最大偏离角 α 不得超过 6°，如图 6-12 所示。导向滑轮到卷筒的距离不得小于 18m，也不得小于卷筒宽度的 15 倍。这样能使钢丝绳圈排列整齐，不致斜绕和互相错叠挤压。

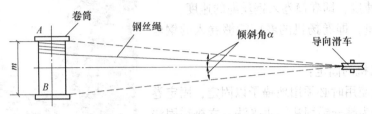

图 6-12　导向滑轮与卷筒轴线的关系

6）用于起吊作业的卷筒在吊装构件时，卷筒上的钢丝绳必须最少保留 5 圈。

7）卷扬机必须有良好的接地或接零装置，接地电阻不得大于 10Ω。在一个供电网路上，接地或接零不得混用。

6.1.3.2　滑轮组

滑轮组由一定数量的定滑轮和动滑轮以及穿绕的钢丝绳组成，具有省力和改变力的方向的功能。滑轮组负担重物的钢丝绳的根数称为工作线数，滑轮组的名称以滑轮组的定滑轮和动滑轮的数目来表示，如由五个定滑轮和四个动滑轮组成的滑轮组称为五四滑轮组。定滑轮仅改变力的方向、不能省力，动滑轮随重物上下移动，可以省力，滑轮组滑轮越多、工作线数也越多，省力越大，如图 6-13 所示。

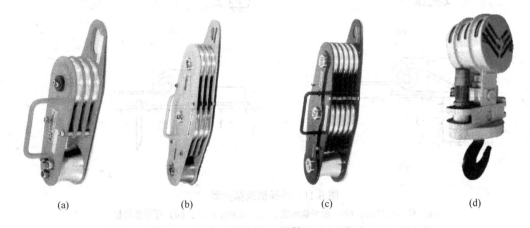

(a)　　　　　　　(b)　　　　　　　(c)　　　　　　　(d)

图 6-13　滑轮组

(a) 3 门 10t 滑轮组；(b) 6 门 30t 滑轮组；(c) 10 门 50t 滑轮组；(d) 吊钩滑轮组

6.1.3.3　钢丝绳

结构吊装施工中常用的钢丝绳是先由若干根钢丝捻成股，再由若干股围绕绳芯捻成绳，其规格有 6×19 和 6×37 等。前者钢丝粗、较硬、不易弯曲，多用作缆风绳；后者钢丝细、较柔软，多用作起重用索，宜用 6×37 型钢丝绳制作成环式或 8 股头式（见图 6-14），其长度和直径应根据吊物的几何尺寸、重量和所用的吊装工具、吊装方法予以确定。使用时可采用单根、双根、四根或多根悬吊形式。

吊索的绳环或两端的绳套应采用编插接头，编插接头的长度不应小于钢丝绳直径的20倍。8股头吊索两端的绳套可根据工作需要装上桃形环、卡环或吊钩等吊索附件。

钢丝绳的容许拉力应满足下式要求：

$$S \leq \alpha \cdot R/K \qquad (6-4)$$

式中　S——钢丝绳容许拉力，N；

　　　α——钢丝绳破断拉力换算系数（或受力不均匀系数）：当钢丝绳为6×19时，α取0.85，6×37时，α取0.82，6×61时，α取0.80；

　　　R——钢丝绳的破断拉力总和；

　　　K——钢丝绳安全系数，按表6-1取值。

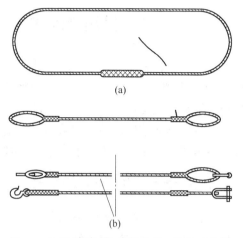

图6-14　钢丝绳制作成环式或8股头式吊索
(a) 环状吊索；(b) 8股头吊索

表6-1　钢丝绳安全系数

用途	安全系数	用途	安全系数
用于缆风绳	3.5	用于无弯曲吊索	6~7
用于手动起重	4.5	用于捆绑吊索	8~10
用于电动起重	5~6	用于载人升降机吊索	14

6.1.3.4　横吊梁

横吊梁亦称铁扁担，横吊梁吊构件则可降低起吊高度和减少吊索的水平分力对构件的压力。横吊梁有滑轮横吊梁、钢板横吊梁、桁架横吊梁和型钢横吊梁，如图6-15所示。

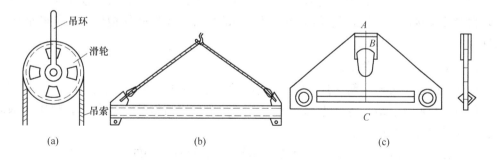

图6-15　横吊梁
(a) 滑轮横吊梁；(b) 钢管横吊梁；(c) 钢板横吊梁

滑轮横吊梁一般用于吊装8t以内的柱。钢板横吊梁由Q235或Q345钢板制作而成，必须经过设计计算，计算方法应按《建筑施工起重吊装安全技术规范》（JGJ 276—2012）附录B进行。一般用于10t以下柱的吊装；桁架横吊梁、型钢横吊梁，一般用于吊屋架、梁、楼梯、墙板等。

6.2 民用装配式钢筋混凝土结构工程安装

民用建筑中，装配式钢筋混凝土结构类型有：装配框架结构、装配剪力墙结构、装配框架-现浇剪力墙结构、装配框支剪力墙结构等。其中，装配框架结构可采用预制柱或现浇柱与各种叠合式受弯构件组合，通过现浇混凝土节点连接而成。

对于装配框架结构体系，宜采用中心线定位法，包括框架结构柱子间设置的分户墙和隔墙；当隔墙的一侧或两侧要求模数空间时宜采用界面定位法。

6.2.1 预制混凝土构件制作与运输堆放

6.2.1.1 预制混凝土构件制作

目前在装配式钢筋混凝土结构构件中，钢筋混凝土柱、墙、楼梯、阳台采用工厂化生产成品，预留节点钢筋及型钢连接件；梁、板等水平构件采用工厂化预制生产叠合梁、板，预留上层钢筋，在现场后浇筑叠合混凝土。

A 模具组装

模具组装前，模板必须清理干净，在与混凝土接触的模板表面应均匀涂刷隔离剂，饰面材料铺贴范围内不得涂刷隔离剂。模具的安装与固定混凝土构件，要求平直、紧密、不倾斜、尺寸准确。

(1) 模具分固定式模板（台座法）和移动式模板（活动模板和可拆模具），模具面板一般采用3mm或6mm的钢板制作，经过展开放样、制作样板、划线下料、模板拼装、焊接等工序。

(2) 底模分平板式底模和胎式底模两种，平板式底模主要用于矩形梁、板、墙、柱等的预制，胎式底模主要用于工字形截面柱、薄腹梁的预制。

(3) 侧模按支设方法分组合式、支撑式和卡箍式三种，组合式侧模用于同一型号批量较大的预制构件，卡箍式侧模用于断面较小的构件，支撑式侧模用于构件断面较大的构件。

B 钢筋骨架、网片加工及绑扎安装

构件的配筋主要有钢筋网片、空间骨架、预应力钢筋、预埋件等。钢筋网片常用作大型屋面板、空心板、墙板等的上部配筋；空间骨架由受力钢筋、分布钢筋和架立钢筋组成，例如叠合板三角桁架。

(1) 必须根据PC构件设计图纸进行钢筋下料；钢筋骨架的主筋尽量减少接头，如接头不可避免，应采用对焊或电弧焊，钢筋骨架入模时，设置保护层。

(2) 在模外成型的钢筋骨架吊运时应用多吊点的专用吊架进行，防止钢筋骨架在吊运时变形，在模具内应放置塑料垫块，入模后尽量避免移动钢筋骨架，防止引起饰面材料移动、走位。

(3) 安装预留预埋。由于装配式钢筋混凝土结构的绝大部分构件都在工厂成型加工，所以构件在工厂预制时需与其他相关专业的人员配合，在混凝土浇筑之前铺设、定位、固定水电管线及埋件；楼板因有后浇叠合层，其上相应的管线可以现场浇筑叠合层时进行铺设。预埋件必须严格控制其标高、位置，型钢铁件和套管应与钢筋点焊牢固，以确保在混凝土浇筑过程不发生位移。

C 成型

构件浇筑成型前必须逐件进行隐蔽项目检测和检查。隐蔽项目检测和检查的主要项目有模具、隔离剂及隔离剂涂刷、钢筋成品（骨架）质量、保护层控制措施、预留孔道、配件和埋件位置等，配件、埋件等外露部分应有防止污损的措施，并应在混凝土浇筑后将残留的混凝土及时擦拭干净；混凝土表面应及时抹平提浆，需要时还应对混凝土表面进行二次抹面。

（1）混凝土的制备在构件工厂的搅拌站内进行。

（2）浇筑前必须对模板的几何尺寸进行复核。浇筑时，无论采用振动台、插入式振动器、外部附着式振动器都需将混凝土振捣密实。当构件较厚时，需制定振捣器设置方案，振捣器不应碰到面砖、预埋件。

（3）单块预制构件混凝土浇筑过程应连续进行，以避免单块构件施工缝或冷缝出现。

（4）在浇筑和振捣混凝土时，应观察模板、支撑、预埋件和预留孔洞的情况，如发现有变形、位移和漏浆，应马上停止浇筑，并在修整完好后才能继续进行浇筑。

D 构件的养护

预制构件在工厂通常采用蒸汽养护，浇筑完的混凝土构件一般应在完成后 12h 内进行养护。对采用硅酸盐水泥、普通硅酸盐水泥或矿渣硅酸盐水泥拌制的混凝土，蒸汽养护不得少于 7d。

采用低温蒸汽养护，蒸养可在原生产模位上进行。蒸养分静停、升温、恒温和降温四个阶段。静停从构件混凝土全部浇捣完毕开始计算，静停时间不宜少于 2h。升温速度不得大于 15℃/h。恒温时最高温度不宜超过 55℃，恒温时间不宜少于 3h；降温速度不宜大于 10℃/h。为确保蒸养质量，蒸养的过程尽量采用自动控制，不能自动控制的，车间要安排专人进行人工控制。

对采用塑料布覆盖养护的混凝土，其敞露的全部表面应覆盖严密，并应保持塑料布内有凝结水。为了避免蒸汽温度骤然升降引起混凝土构件产生的裂缝变形，必须严格控制升温和降温的速度。

预制构件蒸汽养护后，蒸养罩内外温差小于 20℃ 时，方可进行脱罩作业。预制构拆模起吊前应检验其同条件养护混凝土的试块强度，达到设计强度 75% 方能拆模起吊预制构件起吊的吊点设置，除强度应符合设计要求外，还应满足预制构件平稳起吊的要求。

6.2.1.2 构件运输与堆放

A 构件运输

（1）预制构件混凝土强度达到设计强度，经检查合格后，方可运输。

（2）运输预制构件时，车启动应慢，车速均匀，转弯错车要减速，防止倾覆。

（3）预制构件运输宜选用低平板车，车上应设有专用架，且有可靠的固定构件措施，如图 6-16 所示。

（4）装卸构件时，应保证车体平稳。外墙板宜采用竖直立放式运输，预制叠合楼板、预制阳台板、预制楼梯、预制梁可采用平放运输；堆放叠合板时，垫木应和叠合板的桁架

图 6-16 外墙 PC 板、叠合 PC 楼板运输

钢筋垂直布置。

（5）运输构件时，应采取防止构件移动、倾倒、变形的措施，对构件边角部或锁链接触的混凝土，宜设置保护衬垫，防止构件损坏。

B 构件堆放

（1）预制构件进场验收。预制构件进场后，现场应有专人接收预制构件，首先检查构件合格证、隐蔽工程验收记录、附构件出厂混凝土同条件抗压强度报告等。

（2）预制构件进场检查构件标识是否准确、齐全。

1）型号标识：类别、连接方式、混凝土强度等级、尺寸；

2）安装标识：构件安装位置、连接位置；

3）外观质量。

查验构件符合要求后，收取所需的保证资料，办理货物交接手续，签字后方可采用吊运机械卸货，存放到指定堆场或直接吊运安装。目前许多预制构件生产单位采用了物联网技术，在预制构件上通过二维码标识预制构件的基本信息。

（3）现场平面布置。现场施工技术人员应该针对项目 PC 构件特点，合理进行现场布置，场地要布置循环车道，转弯半径不宜小于 9m。高层建筑的 PC 构件的水平、垂运输一般通过每栋楼布置的塔吊完成，所以预制构件运送到施工现场后，应按规格、品种、部位、吊装顺序分别卸车，堆放到提前硬化的 PC 构件场，该堆场应设置在塔吊起重半径内，堆垛之间宜设置通道，留有运输车足够转弯的回车场。

（4）构件堆放。在施工现场的构件堆放场地周围要有隔离防护措施，严禁专业吊装工人以外的其他人员进入该区域。图 6-17 所示为构件堆放现场。各类构件堆放的基本要求：

1）楼梯的堆垛层数不宜超过 4 层，并应根据需要采取防止堆垛倾覆的措施；

2）墙板类构件宜立放，立放又可分为插放与靠放，插放时场地必须清理干净，插放架必须牢固；靠放时应有牢固的靠放架，必须对称靠放，每侧不大于 2 层，靠放架倾斜角度宜大于 80°，板的上部应用木垫块隔开；带外装饰的预制外墙板应外饰面朝外，对连接止水条、高低口、墙体转角等薄弱部位应加强保护；

3）梁、柱一般采用平放，平放支垫的位置应选择在静置自重荷载产生的正负弯矩相等的位置；

4）预制叠合楼板可采用叠放方式，层与层之间应垫平、垫实，各层支垫必须在一条垂直线上，最下面一层支垫应通长设置，叠放层数不应多于6层，并且保护好叠合板的桁架钢筋；

5）当预制构件中有外露钢筋、预埋铁件时，注意防锈蚀保护；有预留孔洞时，要用海绵将其密封，以免进入异物堵塞预留洞。

图 6-17　现场构件堆场

6.2.2　装配式钢筋混凝土结构安装工艺

6.2.2.1　安装准备

A　准备工作

（1）装配式钢筋混凝土结构正式施工前宜选择有代表性的单元或部件进行预制构件试生产和安装，根据试验结果及时调整完善施工方案，确定施工工艺流程。

（2）构件吊装前，应检查构件装配连接构造详图，包括构件的装配位置、节点连接详细构造及临时支撑设计计算校核等。

（3）装配施工前应按要求检查核对已施工完成的现浇结构质量，根据设计图纸在预制构件和已施工的现浇结构上进行测量放线并做好安装定位标志。

（4）预制构件、安装用材料及配件应按标准规定进行进场检验，未经检验或不合格的产品不得使用。

（5）吊装设备应满足预制构件吊装重量和作业半径的要求，进场组装调试时其安全性必须符合施工要求。

（6）合理规划构件运输通道和存放场地，设置必要的现场临时存放架，并制定成品保护措施。

B　专项施工方案

装配式钢筋混凝土结构吊装施工前应编制专施工方案，施工方案应包括下列内容：

（1）整体的进度计划，包括：总体施工进度，预制构件生产进度表，预制构件安装进度表。

（2）预制构件运输方案，包括：车辆型号，运输路线，现场装卸及堆放。

（3）施工场地布置方案，包括：场内通道规划，吊装设备选择及布置，吊装方案，构件堆放位置等。

（4）各专项施工方案，包括：构件安装施工方案，节点连接方案，防水施工方案，现浇混凝土施工方案及全过程的成品保护修补措施等。

(5) 安全管理方案，包括：构件安装时的安全措施、专项施工的安全管理等。

(6) 质量管理方案，包括：构件制造的质量管理，安装阶段的质量管理，各专项施工的质量管理重点科目。

(7) 环境保护措施。

6.2.2.2 安装方法

根据吊装机械的性能及流水方式可分为分层综合安装法与竖向综合安装法。

分层综合安装法，就是将多层房屋划分为若干施工层，每个施工层的每个开间形成一个节间，起重机在节间内一次完成全部构件的吊装，一个一个节间依次安装，待一层所有节间构件全部安装完成并最后固定后，再依次按节间安装上一施工层构件。

竖向综合安装法，是从底层直至顶层把第一节间的构件全部安装完毕后，再依次安装第二节间、第三节间等各层的构件。该类方法结构稳定性不好，一般不建议采用。

A 塔吊选用

对于多层装配式结构，一般选用汽车吊或塔吊完成吊装工作；高层装配式建筑一般采用自升式塔式起重机或者附着塔式起重机完成吊装工作。无论选用哪种垂直运输机械，都需要覆盖主要施工区域，塔吊额定吊装力矩满足装配式建筑 PC 构件吊装要求。

(1) 装配式建筑塔吊的选择基本要求。装配式建筑的塔吊选择主要需要满足构件的吊装问题，充分考虑塔吊在高度、平面、周围高层建筑物之间的关系，满足安全吊装的要求。塔吊的选择一般应该考虑以下因素：

1) 保证最重构件的吊起；

2) 保证最远构件的吊起；

3) 覆盖构件的堆场；

4) 兼顾 PC 卸车和堆放。

(2) 塔吊专项方案编制。

某国际广场装配式建筑群由 10 栋建筑组成，界限内为 7 栋，其中 1 号、5 号、8 号楼栋为建筑高度为 79m 的钢结构框架结构，为商业建筑；其他楼栋为建筑高度 25.8m 的装配式混凝土框架结构。我们结合这个装配式建筑群案例，讲述塔吊专项方案编制。

1) 编制依据：

① 6 号楼装配式建筑的建筑、结构、给排水及电气施工图施工平面图；

② 6 号楼装配式建筑的施工组织设计；

③《建筑机械使用安全技术规程》（JGJ 33—2012）；

④《建筑施工高处作业安全技术规范》（JGJ 80—2016）；

⑤《建筑施工现场安全检查表标准》（JGJ 59—2011）；

⑥《建筑施工塔式起重机安装、使用、拆卸安全技术规程》（JGJ 196—2010）；

⑦《建筑施工起重吊装工程安全技术规范》（JGJ 276—2012）；

⑧《塔式起重机安全规程》（GB 5144—2006）；

⑨《起重机械安全规程》（GB 6067—2010）；

⑩ QTZ5513 塔吊使用说明书。

2) 塔吊部署。项目为同时施工的多栋装配式钢筋混凝土结构住宅群，构件垂直吊装运输量大，拟采用多台塔式起重机作为垂直运输机械。其中在 6 号楼电梯井道布置配备 1 台爬升式塔吊，详见塔吊布置平面图 6-18，项目现场有多台塔吊，在工作面上有相互重叠，需要考虑多塔防碰撞措施：

①塔机现场定位时考虑临近塔机的起重臂的臂尖与本塔机标准节距离在 2.5m 以上，塔机工作范围内无高压线。

②为避免塔机臂与臂、臂与钢丝绳相碰，在安装时起重臂高低错开，高度差为 2m 以上；安装回转限位，使塔机在安全区域内运转；起重臂、塔尖、平衡臂安装障碍警示灯，避免晚间操作失误。

③群塔作业运行原则：

同步升降原则：相邻塔机应尽可能在规定时间内统一升降，以满足群塔立体施工协调方案的要求。

低塔让高塔原则：一般高塔均安装在主要位置，工作繁忙，低塔运转时，应观察高塔运行情况后再运行。

后塔让先塔原则：塔机在重叠覆盖区运行时，后进入该区域的塔机要避让先进入该区域的塔机。

动塔让静塔原则：塔机在进入重叠覆盖区运行时，运行塔机应避让该区停止塔机。行

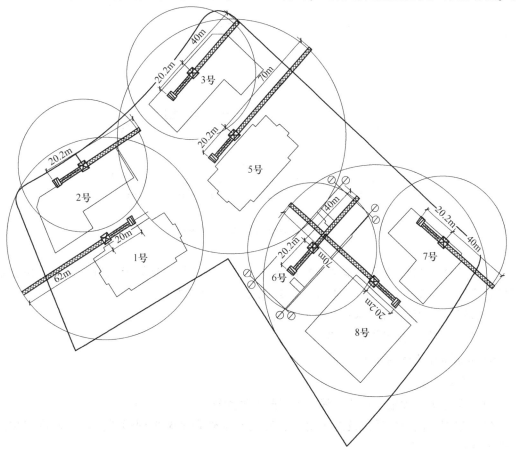

图 6-18 某国际广场装配式结构建筑群群塔服务示意图

走式塔机应避让固定式塔机。

轻车让重车原则：在两塔同时运行时，无载荷塔机应避让有载荷塔机。

3）附着塔式起重机的选择：

① 6 号楼吊装构件参数统计如表 6-2 所示。

四角柱为 600mm×600mm×2800mm，距塔吊塔身中心 28m；四角柱相邻的梁为：50mm×650mm×3600mm，距塔吊 27.5m；其他构件略。

表 6-2　吊装构件统计表

序号	构件类型	几何特征 /mm×mm×mm	安装标高 /m	安装半径 /m	吊索质量 /t	吊装质量 /t
1	Z1	600×600×2800	每楼层结构 标高处	28	2.42	0.5
⋮	⋮	⋮	⋮	⋮	⋮	⋮
5	L3	250×650×3600	柱顶	27.5	1.41	0.5

②塔吊与吊装构件平面位置的空间关系。塔吊与吊装构件平面位置的空间关系，主要体现在塔吊的回转半径上，如图 6-19 所示。

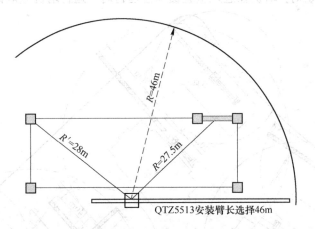

图 6-19　塔吊与吊装构件平面位置关系

③参考 QTZ 5513 塔吊基本技术参数评定。QTZ 5513 塔吊回转半径为 28m 时，该型号塔吊起重能力为 3.07t，包括吊索重量为 2.92t，满足吊装要求。

4）塔吊运行安全管理体系与职责（略）。

5）塔吊的使用技术措施（略）。

6）塔吊的使用安全措施（略）。

B　吊装准备

（1）关注天气预报，吊装过程中应回避恶劣天气。

（2）根据预制构件吊装及施工要求，确定现场外脚手架采用形式。确定外挑架预留槽钢位置和洞口位置。

（3）楼板中预留放线洞口位置，在楼层四个基准外角点相对应的正上方预留方洞，以便于上层轴线定位放线时，经纬仪对下层基准点的引用。根据规划给定的基准线及基准点，对引入楼层的控制线、控制点的轴线及标高进行复合检查。

（4）在预制构件上标出轴线位置，以便于安装方向的控制。预制构件结合面在构件安装前进行凿毛、剔除表面浮浆并洒水湿润等工作。对现场安装人员进行了专门的吊装培训，在安装地点周边做好安全防护预案。

（5）现场安装前将安装仪器、校尺进行检测，专用支撑架、小型器具准备齐全。

（6）现场起重机械的起重量、起重半径符合要求，运行平稳，满足安全吊装要求。

6.2.2.3 安装工艺

A 构件连接

装配整体式结构中，节点及接缝处的纵向钢筋连接有机械连接、套筒灌浆连接（见图 6-20）、浆锚搭接连接、焊接连接、绑扎搭接连接等连接方式。钢筋套筒灌浆连接是指在预制混凝土构件内预埋的金属套筒中插入钢筋并灌注水泥基灌浆料而实现的钢筋连接方式；钢筋浆锚搭接连接是指在预制混凝土构件中预留孔道，在孔道中插入需搭接的钢筋，并灌注水泥基灌浆料而实现的钢筋搭接连接方式。

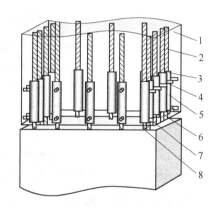

图 6-20 套筒灌浆连接构造示意

1—柱上端；2—螺纹端钢筋；3—水泥灌浆直螺纹连接套筒；4—出浆孔接头 T-1；
5，7—PVC 管；6—灌浆孔接头 T-1；
8—灌浆端钢筋

灌浆工艺施工流程：夹具封边→量杯取水→搅灰注浆流动性试验→灌浆→封堵漏浆孔→漏浆清理。

（1）预制构件结合面的构造要求：

1）装配预制构件节点、叠合构件等结合面应设置粗糙面；粗糙面的面积不宜小于结合面的 80%，预制板的粗糙面凹凸深度不应小于 4mm，预制梁端、预制柱端、预制墙端的粗糙面凹凸深度不应小于 6mm。

2）预制梁、预制柱、预制剪力墙的结合面除设置粗糙面外，还应设置键槽（见图 6-21）。键槽的深度 t 不宜小于 30mm，宽度 w 不宜小于深度的 3 倍且不宜大于深度的 10 倍；键槽可贯通截面，当不贯通时槽口距离截面边缘不宜小于 50mm；键槽间距宜等于键槽宽度；键槽端部斜面倾角不宜大于 30°。

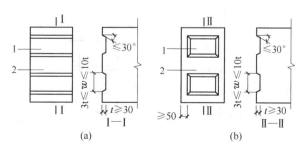

图 6-21 梁端键槽构造示意

（a）键槽贯通截面；（b）键槽不贯通截面

1—键槽；2—梁端面

（2）装配式钢筋混凝土结构中的构件连接。装配整体式框架结构中，框架柱的纵筋连接宜采用套筒灌浆连接，梁的水平钢筋连接可根据实际情况选用机械连接、焊接连接或者套筒灌浆连接。装配整体式剪力墙结构中，预制剪力墙竖向钢筋的连接可根据不同部位，分别采用套筒灌浆连接浆锚搭接连接，水平分布筋的连接可采用焊接、搭接等。

1）预制梁柱节点的连接。采用预制柱及叠合梁的装配整体式框架节点，梁纵向受力钢筋应伸入后浇节点区内锚固或连接，并应符合下列规定：

①对框架中间层中节点，节点两侧的梁下部纵向受力钢筋宜锚固在后浇节点区内（见图6-22（a）），也可采用机械连接或焊接的方式直接连接（见图6-22（b））；梁的上部纵向受力钢筋应贯穿后浇节点区；

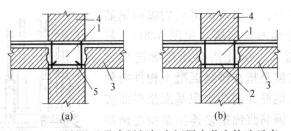

图6-22　预制柱及叠合梁框架中间层中节点构造示意
（a）梁下部纵向受力钢筋锚固；（b）梁下部纵向受力钢筋连接
1—后浇区；2—梁下部纵向受力钢筋机械连接；3—预制梁；4—预制上柱；5—梁下部纵向受力钢筋锚固

②对框架中间层端节点，当柱截面尺寸不满足梁纵向受力钢筋的直线锚固要求时，宜采用锚固板锚固（见图6-23），也可采用90°弯折锚固；

③柱纵向受力钢筋宜采用直线锚固，当梁截面尺寸不满足直线锚固要求时，宜采用锚固板锚固；

④对框架顶层端节点，梁下部纵向受力钢筋应锚固在后浇节点区内，且宜采用锚固板的锚固方式；

⑤梁、柱其他纵向受力钢筋的锚规定：

柱宜伸出屋面并将柱纵向受力钢筋锚固在伸出段内（见图6-24（a）），伸出段长度不宜小于500mm，伸出段

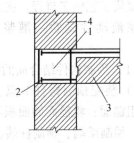

图6-23　预制梁柱边节点构造示意
1—后浇区；2—梁纵向受力钢筋锚固；
3—预制梁；4—预制柱

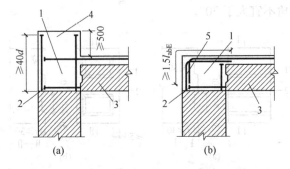

图6-24　预制柱及叠合梁框架顶层端节点构造示意
（a）柱向上伸长；（b）梁柱外侧钢筋搭接
1—后浇区；2—梁下部纵向受力钢筋锚固；3—预制梁；4—柱延伸段；5—梁柱外侧钢筋搭接

内箍筋间距不应小于 $5d$（d 为柱纵向受力钢筋直径），且应大于 100mm；柱纵向钢筋宜采用锚固板锚固，锚固长度不应小于 $40d$；梁上部纵向受力钢筋宜采用锚固板锚固；

柱外侧纵向受力钢筋也可与梁上部纵向受力钢筋在后浇节点区搭接（见图 6-24（b）），其构造要求应符合现行国家标准《混凝土结构设计规范》（GB 50010）中的规定；柱内侧纵向受力钢筋宜采用锚固板锚固。

2）叠合梁的连接。装配整体式框架结构中，当采用叠合梁时，框架梁的后浇混凝土叠合层厚度不宜小于 150mm（见图 6-25（a）），次梁的后浇混凝土叠合层厚度不宜小于 120mm；当采用凹口截面预制梁时（见图 6-25（b）），凹口深度不宜小于 50mm，凹口边厚度不宜小于 60mm。

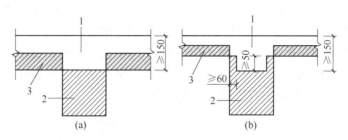

图 6-25　叠合框架梁截面示意

（a）矩形截面预制梁；（b）凹口截面预制梁

1—后浇混凝土叠合层；2—预制梁；3—预制板

采用叠合梁时，楼板一般采用叠合板，梁、板的后浇层一起浇筑。当板的总厚度不小于梁的后浇层厚度要求时，可采用矩形截面预制梁。当板的总厚度小于梁的后浇层厚度要求时，为增加梁的后浇层厚度，可采用凹口形截面预制梁。某些情况下，为施工方便，预制梁也可采用其他截面形式，如倒 T 形截面或者传统的花篮梁的形式等。

①叠合梁箍筋。抗震等级为一、二级的叠合框架梁的梁端箍筋加密区宜采用整体封闭箍筋（见图 6-26（a））；采用组合封闭箍筋的形式（见图 6-26（b））时，开口箍筋上方应做成 135°弯钩；非抗震设计时，弯钩端头平直段长度不应小于 $5d$（d 为箍筋直径）；抗震设计时，平直段长度不应小于 $10d$。现场应采用箍筋帽封闭开口箍，箍筋帽末端应做成 135°弯钩；非抗震设计时，弯钩端头平直段长度不应小于 $5d$；抗震设计时，平直段长度不应小于 $10d$。

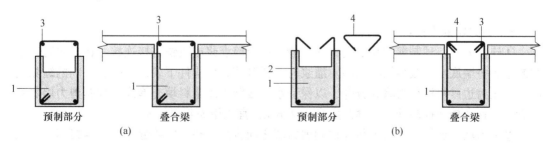

图 6-26　叠合梁箍筋构造示意

（a）采用整体封闭箍筋的叠合梁；（b）采用组合封闭箍筋的叠合梁

1—预制梁；2—开口箍筋；3—上部纵向钢筋；4—箍筋帽

②叠合梁对接连接。当叠合梁采用对接连接（见图 6-27）时，连接处应设置后浇段，后浇段的长度应满足梁下部纵向钢筋连接作业的空间需求；梁下部纵向钢筋在后浇段内宜采用机械连接、套筒灌浆连接或焊接连接；后浇段内的箍筋应加密，箍筋间距不应大于 5d（d 为纵向钢筋直径），且不应大于 100mm。

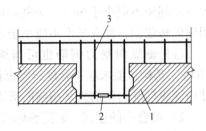

图 6-27　叠合梁连接节点示意
1—预制梁；2—钢筋连接接头；3—后浇段

③主梁与次梁连接。当主梁与次梁采用后浇段连接时，在端部节点处，次梁下部纵向钢筋伸入主梁后浇段内的长度不应小于 12d。次梁上部纵向钢筋应在主梁后浇段内锚固。当采用弯折锚固（见图 6-28（a））或锚固板时，锚固直段长度不应小于 0.6l_{ab}；当钢筋应力不大于钢筋强度设计值的 50% 时，锚固直段长度不应小于 0.35l_{ab}；弯折锚固的弯折后直段长度不应小于 12d（d 为纵向钢筋直径）。在中间节点处，两侧次梁的下部纵向钢筋伸入主梁后浇筑段内长度不应小于 12d（d 为纵向钢筋直径）；次梁上部纵向钢筋应在现浇层内贯通（见图 6-28（b））。

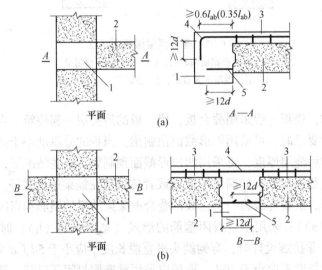

图 6-28　主次梁连接节点构造示意
（a）端部节点；（b）中间节点
1—主梁后浇段；2—次梁；3—后浇混凝土叠合层；4——次梁上部纵向钢筋；5——次梁下部纵向钢筋

3）剪力墙的连接：

①连接方式。预制剪力墙竖向钢筋一般采用套筒灌浆或浆锚搭接连接，在灌浆时宜采用灌浆料将墙底水平接缝同时灌满。灌浆时，预制剪力墙构件下表面与楼面之间的缝隙周围可采用封边砂浆进行封堵和分仓，以保证水平接缝中灌浆料填充饱满。预制剪力墙底部接缝宜设置在楼面标高处，接缝高度宜为 20mm，宜采用灌浆料填实。

②剪力墙间连接。楼层内相邻预制剪力墙之间应采用整体式接缝连接，当接缝位于纵横墙交接处的约束边缘、构造边缘构件区域时，如图 6-29 所示，阴影区域宜全部采用后浇混凝土，并应在后浇段内设置封闭箍筋；构造边缘构件仅在一面墙上设置后浇段时，后浇段的长度不宜小于 300mm（见图 6-30）；非边缘构件位置，相邻预制剪力墙之间应设置

后浇段，后浇段的宽度不应小于墙厚且不宜小于 200mm；后浇段内应设置不少于 4 根竖向钢筋，钢筋直径不应小于墙体竖向分布筋直径且不应小于 8mm。

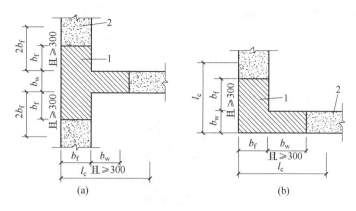

图 6-29　阴影区域全部后浇构造示意

（a）有翼墙；（b）转角墙

1—后浇段；2—预制剪力墙

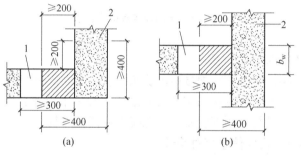

图 6-30　构造边缘构件部分后浇构造示意

（阴影区域为构造边缘构件范围）

（a）转角墙；（b）有翼墙

1—后浇段；2—预制剪力墙

4）预制楼梯的连接。预制楼梯与支承构件之间宜采用简支连接。预制楼梯宜一端设置固定铰，另一端设置滑动铰，其转动及滑动变形能力应满足结构层间位移的要求，且预制楼梯端部在支承构件上的最小搁置长度应符合表 6-3 的规定。预制楼梯设置滑动铰的端部应采取防止滑落的构造措施。

表 6-3　预制楼梯在支承构件上的最小搁置长度

抗震设防烈度	6 度	7 度	8 度
最小搁置长度/mm	75	75	100

5）预制外墙板防水处理。预制外墙板接缝（包括屋面女儿墙、阳台、勒脚等处的竖缝、水平缝及十字缝以及窗口处）必须进行处理，并根据不同部位接缝特点及当地风雨条件选用构造防水、材料防水或构造防水与材料防水相结合的防排水系统。挑出外墙的阳

台、雨篷等构件的简边应在板底设置滴水线。

预制外墙板接缝采用构造防水时，水平缝宜采用企口缝或高低缝，少雨地区可采用平缝，竖缝宜采用双直槽缝，少雨地区可采用单斜槽缝，如图 6-31 所示。

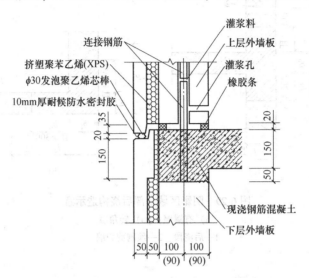

图 6-31　预制外墙板接缝防水

B　装配式钢筋混凝土结构施工工艺流程

构件进场检查及构件信息核对编号→吊装机械、吊具准备→抄平、放线定位→吊装柱子、墙板就位灌浆→支撑架搭设→吊装主梁→吊装次梁→吊装叠合板底板预制板→主梁、次梁、预制板上部钢筋绑扎→预埋管线→浇混凝土→楼梯吊装。

a　构件进场检查及构件信息核对编号

复核构件的尺寸和质量。构件吊装前必须测量并修正安装标高，确保与标高正确，便于构件就位。构件进场后根据构件二维码信息和吊装计划的吊装序号在构件上标出序号，并在图纸上标出序号位置，这样可直观表示出构件位置，便于吊装工和指挥操作，预防误吊。

b　吊装机械、吊索、吊具准备

根据构件形式、图纸上的吊点位置，选择吊装机械、吊索、吊具，吊绳的夹角不得小于 45° 角，如使用吊环起吊，必须同时拴好保险绳。吊装构件需要吊至距地面 200~300mm 时，检查吊具是否牢固可靠，方可调运就位。

c　抄平、放线定位

安装工程的抄平放线采用"内控法"放线，在建筑物的基础层根据设置的轴线控制桩，用激光铅锤仪或经纬仪进行以上各层的建筑物的控制轴线投测。每栋建筑物设基准水准点 1~2 个，在首层墙、柱上确定控制水平线，根据控制轴线及控制水平线依次放出建筑物的纵横轴线，依据各层控制轴线放出本层预制板的细部位置线和控制线。复核柱钢筋位置避免与梁筋冲突，测量柱顶标高与梁底标高误差，柱上弹出梁边控制线。

d　文撑架搭设

对将放置预制梁、叠合板位置处设置支撑，支撑架一般采用满堂脚手架，脚手架的型号、尺寸根据楼层具体情况选择。支撑架顶部应用型钢梁支撑，调整控制支撑点位置标高，确保有效的支撑。

C 装配式钢筋混凝土结构构件吊装工艺

a 预制墙体

施工流程：浇筑墙下反坎、凹槽、企口，预埋连接套筒→抄平放线→墙下标高找平控制块→墙板吊装前检查→外墙起吊→锚筋对位→安装墙板→校核墙体轴线及垂直度→灌浆前浇水湿润→灌浆料搅拌→套筒灌浆→橡胶塞封堵→墙体现浇带钢筋绑扎→墙体现浇带支模→墙体现浇带浇筑。

（1）先放出墙体外边四周控制轴线，并保证外墙大角在转角处成 90°。再放出每片墙体的位置控制线及抄平每片墙体的标高控制块，每片墙体下的标高控制不少于 2 点。

（2）在起吊前再次检查墙板的型号、埋件数量、位置、吊点及吊点处混凝土、吊钩与钢丝绳连接是否可靠，确保构件具备起吊的条件。

（3）为保证墙体吊装过程保持正确姿态，采用一端钢丝绳，另一端钢丝绳加手葫芦，吊起后发现墙板重心偏移时，调节手葫芦来调节构件的重心，吊索与水平线夹角不宜小于 60°，不应小于 45°；为防止单点起吊引起构件变形，也可采用钢扁担起吊就位；保证构件能水平起吊，避免磕碰构件边角，构件起吊平稳后再匀速移动吊臂，靠近建筑物后由人工对中就位。

（4）吊装过程中要有专人负责指挥塔吊司机，挂钩位置为设计图中给出的吊点位置，在挂钩完成后开始缓慢起吊，吊至 1m 高左右时静停 30s，观察是否有变形、开裂的情况和墙板空中姿态（如有倾斜需放下调整挂钩重新起吊），下落至安装部位 0.5m 处缓慢就位。

（5）墙体构件吊装由 1 人指挥塔吊，2 人对墙体构件对位、扶正，使墙体吊装到正确位置。操作人员要站在楼层内，正确佩戴自锁保险带（保险带应与楼面内预埋钢筋环扣牢）。

（6）墙体就位后，复核标高、轴线，安装固定斜撑。斜撑与水平线夹角在 55°～65°之间，每块墙板设置不少于 2 个支撑，如图 6-32 所示。

（7）预制外墙板之间、外墙板与楼面做成高低口，接缝处密封胶的背衬材料宜选用聚乙烯塑料棒或发泡氯丁橡胶，直径应不小于缝宽的 1.5 倍。

在外墙板安装完毕、楼层混凝土浇捣后，再将橡胶条粘贴在外墙板上口，待上面一层外墙板吊装时坐落其上，利用外墙板自重将其压实，起到防水效果。主体结构完成后，在橡胶条外侧进行密封胶施工。

（8）灌浆。构件安装后，应使用坐浆料或其他可靠密封措施，对构件下方水平缝灌浆密封处理。灌浆时，应用压力灌浆设备通过接头下方的灌浆孔灌入浆料，直至浆料依次从其他接头的灌浆孔和排浆孔流出后，及时用密封胶塞封堵牢固。

灌浆完成后，构件根据灌浆料使用说明书要求，在未达到规定的抗压强度不得受到冲击或振动；温度较低时，构件防止扰动时间适当延长；环境温度在 5℃ 以下不宜进行灌浆作业；低温环境灌浆后，应对构件灌浆部位进行加热、保温，防止接头内灌浆料结冰。后浇混凝土节点如图 6-33 所示。

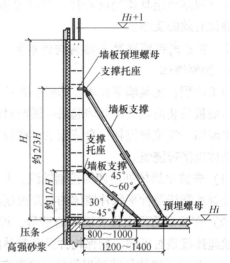

图 6-32　墙板斜撑

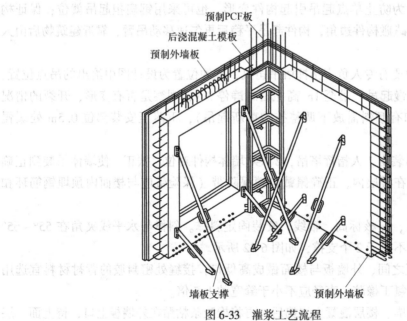

图 6-33　灌浆工艺流程

b　预制柱

施工流程：测量放线→构件吊装前检查→预制柱起吊→钢筋对位→安装临时斜撑→校核柱轴线及垂直度→调整→封堵注浆缝→灌浆，如图 6-34 所示。

（1）在柱上测量并在柱的四个面画出轴线和标高控制线，按定位轴线控制构件的平面位置。

（2）复核构件的信息。在起吊前再次检查墙板的型号、安装标示、埋件数量、位置、吊点处混凝土，并查看吊钩与钢丝绳连接是否可靠，确保构件具备起吊的条件。

（3）吊装顺序：一般沿纵轴方向向前推进，从一端开始，当一道横轴上的柱子吊装

  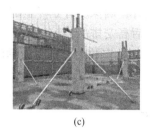 

(a) (b) (c) (d)

图 6-34 柱吊装施工流程

(a) 预制柱吊装；(b) 钢筋对位；(c) 安装斜撑及柱位置调整；(d) 灌浆

完成后，再进行下一道横轴上的柱子。

（4）吊装过程中有专人负责指挥塔吊司机，挂钩位置为设计图中给出的吊点位置。构件应垂直起吊，在挂钩完成后开始缓慢起吊，待吊绳绷紧后暂停上升，及时检查自动卡环的可靠情况，防止自行脱扣。吊至 1m 高左右时静停 30s，观察柱是否垂直，如有倾斜需放下重调整挂钩重新起吊。下落至安装部位 0.5m 处缓慢就位。

（5）调整吊装柱钥匙钢筋预留孔与下层柱钥匙钢筋相对应。

（6）预制柱安装就位后，在两个方向采用可调节斜撑作为临时固定，待斜撑安装完成后，校核预制柱的水平轴线位置，并采用测量仪器校核垂直度，通过微调螺栓和斜撑调整柱水平位置和垂直度。

（7）灌浆前，应检查构件安装面上伸出的连接钢筋，其位置和长度均应符合设计要求，钢筋表面不得有异物。连接面应干净、平整，不得有异物或积水，码放可牢固支撑构件且符合标高要求的垫块。

（8）灌浆同预制柱。

　c　预制梁

　施工流程：放线定位→支撑架搭设→构件进场检查及编号→吊具安装→预制梁吊装→安装就位、调整→钢筋绑扎→浇筑混凝土。

（1）复核柱钢筋位置避免与梁筋冲突，测量柱顶标高与梁底标高误差，柱上弹出梁边控制线。

（2）对将放置预制梁位置处设置专用架安装支撑，支撑架采用满堂脚手架，脚手架的型号、尺寸根据楼层具体情况进行选择。支撑架顶部应宜用型钢梁支撑，调整控制支撑点位置标高，确保有效的支撑。

（3）复核梁构件的尺寸和质量。梁构件吊装前必须测量并修正柱顶标高，确保与梁底标高一致，便于梁就位。构件进场后根据构件标号和吊装计划的吊装序号在构件上标出序号，并在图纸上标出序号位置，这样可直观表示出构件位置，便于吊装工和指挥操作，减少误吊概率。

（4）根据构件形式选择钢梁、吊具和螺栓。按照设计的吊点位置，进行挂钩和锁绳。注意吊绳的夹角不得小于 45°角，如使用吊环起吊，必须同时拴好保险绳。当采用兜底调运时，必须用卡环卡牢。梁吊至距地面 20~30cm 时，复核梁面水平，并调整调节葫芦，便于梁就位。同时检查吊具是否牢固，方可就位。梁吊至柱上方 30~50cm 后，根据柱上已放出的梁边和梁端控制线，准确就位。

梁就位后调节支撑立杆，确保所有立杆全部均匀受力。梁吊装前应将所有梁底标高进部分梁吊装方案根据先低后高安排吊装。

（5）根据图纸配筋，绑扎安放梁上部受力钢筋。

（6）浇筑前应清除浮浆、松散骨料和污物，并应采取湿润的技术措施。现浇混凝土连接处应一次连续浇筑密实。混凝土浇筑后用塑料布进行覆盖养护。

d　预制楼梯施工流程

施工流程：放线定位→构件进场检查→吊具安装→起吊、调平--吊运→对位→调整就位→填补预留洞口→成品保护。预制楼梯安装见图6-35。

图6-35　预制楼梯安装

（1）根据控制线确定楼梯预制构件水平、垂直高度安装位置，并且将楼梯踏步最上、最下步安装位置用墨线弹在楼梯间剪力墙上，楼梯构件踏步最上、最下步安装位置按建筑标高控制。

（2）楼梯构件编号核定准确后方可吊装楼梯构件，楼梯构件吊装时先进行试吊，缓慢起吊离地1m高度确认无误后方可吊装起吊，在离安装位置高度0.5m处缓慢下落。楼梯构件吊装由3人在楼梯构件上、下两边及内侧面对位、扶正，使楼梯构件按照图纸位置进入牛腿内后初步安装完成。根据剪力墙控制线对楼梯构件位置进行符合，使用可调节支撑对标高进行微调，保证楼梯构件安装位置准确。楼梯预制构件预留锚固钢筋伸入楼梯梁内进行锚固。

（3）待上跑楼梯安装完成后再浇筑楼梯梁及休息平台板混凝土。检查预制楼梯上、下部钢筋锚固在楼梯梁钢筋内，满足锚固长度后进行混凝土浇筑。混凝土浇筑后用塑料布进行覆盖养护。

e　叠合楼盖

装配整体式结构的楼盖多为叠合楼盖，包括预应力叠合楼盖、带肋叠合楼盖、箱式叠合楼盖等。叠合板应按现行国家标准《混凝土结构设计规范》（GB 50010）进行设计，叠合板的预制板厚度不宜小于60mm，后浇混凝土叠合层厚度不应小于60mm；当叠合板的预制板采用空心板时，板端空腔应封堵；跨度大于3m的叠合板，宜采用桁架钢筋混凝土叠合板，钢筋桁架的下弦钢筋可视情况作为楼板下部的受力钢筋使用，如图6-36所示。

跨度大于6m的叠合板，宜采用预应力混凝土预制板；板厚大于180mm的叠合板，宜采用混凝土空心板。

图 6-36 桁架钢筋混凝土叠合板

D 吊装质量安全防护措施

a 质量控制

（1）按设计要求检查连接钢筋。其位置偏移量不得大于±10mm，并将所有预埋件及连接钢筋等调整扶直，清除表面浮浆。

（2）从建筑物中间一条轴线向两侧调整放线误差，轴线放线偏差不得超过 2mm。

（3）预制混凝土构件安装时的混凝土强度，不低于同条件养护的混凝土设计强度等级值的 75%。

（4）现浇混凝土部分的钢筋锚固及钢筋连接设专人检查合格后方可浇筑，对后浇部分混凝土，在浇筑过程中振捣密实并加强养护。

（5）装配式钢筋混凝土结构尺寸允许偏差需满足《装配式混凝土结构技术规程》（JGJ 1）中相关规定。

b 安全技术的一般规定

（1）检查设置预埋件、吊环、吊装孔及各种内埋式预留吊具是否符合设计要求，且应进行承载能力的复核验算，吊装前采取相应的构造措施，避免吊点处混凝土局部破坏。吊环锚入混凝土的长度不应小于 30d，并应焊接或绑扎在钢筋骨架上，d 为吊环直径。在构件的自重标准值作用下，每个吊环按 2 个截面计算的吊环应力不应大于 65N/mm^2；当在一个构件上设有 4 个吊环时，设计时应仅取 3 个吊环进行计算。

（2）预制构件的混凝土强度应符合设计要求。当设计无具体要求时，出厂运输、装配时预制构件的混凝土强度不宜小于混凝土设计强度的 75%；应根据预制构件形状、尺寸及重量要求选择适宜的吊具，在吊装过程中，吊索与构件水平夹角不宜小于 60°，不应小于 45°；并保证吊车主钩位置、吊具及构件重心在竖直方向重合。

装配式钢筋混凝土结构的施工全过程宜对预制构件及其上的建筑附件、预埋件、预埋吊件等采取施工保护措施，避免出现破损或污染现象。

（3）塔吊的安装作业必须在白天进行，如需加快进度，可在具备良好照明条件的夜间做一些拼装工作，不得在大风、浓雾和雨雪天气进行。

（4）钢丝绳安装应严格执行《起重机钢丝绳保养、维护、检验和报废》（GB/T 5972—2016）的规定。安装作业的程序，辅助设备、索具、工具以及地锚构筑等，均应遵照该机使用说明书中的规定或参照标准的安装工艺办理。

（5）吊装工作区应有明显标志，并设专人警戒，与吊装无关人员严禁入内。起重机工作时，起重臂杆旋转半径范围内，严禁站人或通过。高空作业施工人员应站在操作平台或轻便梯子上工作。吊装层应设临时安全防护栏杆或采取其他安全措施。登高用梯子、临时操作台应绑扎牢靠；梯子与地面夹角以 60°~70° 为宜，操作台跳板应铺平绑扎，严禁出现挑头板。

（6）起吊构件时，速度不应太快，不得在高空停留过久，严禁猛升猛降，以防构件脱落。构件吊装就位，应经初校和临时固定或连接可靠后方可卸钩。构件固定后，应检查连接牢固和稳定情况，当连接确定安全可靠，才可拆除临时固定工具，解开吊装索具进行下步吊装。

（7）构件吊装应按规定的吊装工艺和程序进行，未经计算和采取可靠的技术措施，不得随意改变或颠倒工艺程序安装结构构件。

6.3　单层工业厂房结构安装

单层工业厂房结构一般由大型预制钢筋混凝土柱（或大型钢组合柱）预制吊车梁和连系梁、预制屋面梁（或屋架）预制天窗架和屋面板组成，主要是采用起重机械安装上述厂房结构构件。

在拟定单层工业厂房结构安装方案时，首先应根据厂房的平面尺寸、跨度大小、结构特点、构件的类型、重量、安装的位置标高、设备基础施工方案（封闭式或敞开式施工）现有起重机械的性能以及施工现场的具体条件等来合理选择起重机械，使其能满足起重量、起重高度和起重半径的要求。根据所选起重机械的性能，确定构件吊装工艺、结构安装方法、起重机开行路线和停机位置，据此进行构件现场预制的平面布置和就位布置。

6.3.1　起重机的选择

起重机的选择包括起重机类型、型号、臂长及起重机数量的确定，它关系到构件的吊装方法，起重机的开行路线和停机点、构件的平面布置等问题。

起重机的类型一般多采用履带式起重机、轮胎式起重机或汽车式起重机，以履带式起重机应用最为普遍。

确定起重机的类型以后，要根据构件的尺寸、重量及安装高度来确定起重机型号。所选定的起重机的三个工作参数起重量 Q、起重高度 H、起重半径 R 要满足构件吊装的要求。一台起重机一般都有几种不同长度的起重臂，在厂房结构吊装过程中，如各构件的起重量、起重高度相差较大时，可选用同一型号的起重机，以不同的臂长进行吊装。

6.3.1.1　起重量

起重机的起重量必须大于或等于所安装构件的重量与索具重量之和，即：

$$Q \geqslant Q_1 + Q_2 \qquad (6-5)$$

式中　Q——起重机的起重量，kN；

　　　Q_1——构件的重量，kN；

　　　Q_2——索具的重量（包括临时加固件重量），kN。

6.3.1.2 起重高度

起重机的起重高度必须满足所吊装的构件的安装高度要求，如图 6-37 所示，即：

$$H \geq h_1 + h_2 + h_3 + h_4 \tag{6-6}$$

式中　H——起重机的起重高度（从停机面算起至吊钩中心），m；

　　　　h_1——安装支座表面高度（从停机面算起至安装支座表面的高度），m；

　　　　h_2——安装间隙，视具体情况而定，但不小于 0.2m；

　　　　h_3——绑扎点至构件起吊后底面的距离，m；

　　　　h_4——索具高度（从绑扎点到吊钩中心距离），m。

6.3.1.3 起重半径

根据实际采用的起重机臂长 L 及相应的 α 值，计算起重半径 R。

$$R = F + L\cos\alpha \tag{6-7}$$

按计算出的 R 值及已选定的起重臂长度 L 查起重机工作性能表或曲线，复核起重量 Q 及起重高度 H，如满足要求，即可根据 R 值确定起重机吊装屋面板时的停机位置。起重半径的确定，可以按 3 种情况考虑：

（1）一般情况下，当起重机可以不受限制地开到构件吊装位置附近去吊构件时，对起重半径没有什么要求，可根据计算的起重量 Q 及起重高度 H，查阅起重机工作性能表或曲线图来选择起重机型号及起重臂长度，并可查得在一定起重量 Q 及起重高度 H 下的起重半径 R，作为确定起重机开行路线及停机点的依据。

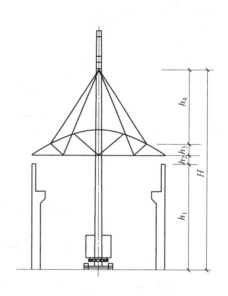

图 6-37　起重吊装高度示意图

（2）在某些情况下，当起重机停机位置受到限制而不能直接开到构件吊装位置附近去吊装构件时，需根据实际情况确定起吊时的最小起重半径 R，根据起重量 Q、起重高度 H 及起重半径 R 三个参数，查阅起重机工作性能表或曲线来选择起重机的型号及起重臂长，所选择的起重机必须同时满足计算的起重量 Q、起重高度 H 及起重半径 R 的要求。

（3）当起重机的起重臂需跨过已安装好的构件去吊装构件时（如跨过屋架去吊装屋面板），为了不使起重臂与已安装好的构件相碰，需求出起重机起吊该构件的最小臂长 L 及相应的起重半径 R，并据此及起重量 Q 和起重高度 H 查起重机性能表或曲线，来选择起重机的型号及臂长。

6.3.1.4 起重机的最小臂长选择

确定起重机的最小臂长，可用数解法，也可用图解法，如图 6-38 所示。

数解法：如图 6-38（a）所示的几何关系，起重臂长 L 可表示为其仰角 α 的函数：

$$L \geq l_1 + l_2 = \frac{h}{\sin\alpha} + \frac{f + g}{\cos\alpha} \tag{6-8}$$

式中　h——起重臂下铰点至吊装构件支座顶面的高度，m，$h = h_1 - E$；

h_1——安装支座表面高度（从停机面算起），m；

E——初步选定的起重机的臂下铰点至停机面的距离，m；

f——起重钩需跨过已安装好的构件的水平距离，m；

g——起重臂轴线与已安装好构件间的水平距离（至少取1m），m。

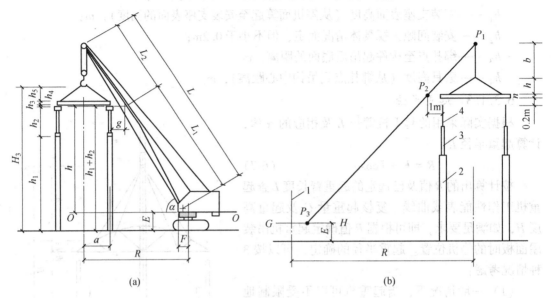

(a)　　　　　　　　　　　　　(b)

图 6-38　吊装屋面板时起重机最小臂长计算简图

(a) 数解法；(b) 图解法

1—起重机回转中心线；2—柱子；3—屋架；4—无窗架

确定最小起重臂长度，就是求式（6-8）中 L 的极小值，令 $\mathrm{d}L/\mathrm{d}\alpha = 0$，即：

$$\frac{\mathrm{d}L}{\mathrm{d}\alpha} = \frac{-h\cos\alpha}{\sin^2\alpha} + \frac{(f+g)\sin\alpha}{\cos^2\alpha} = 0$$

解上式得：

$$\alpha = \arctan\sqrt[3]{\frac{h}{f+g}} \tag{6-9}$$

且应满足：

$$\alpha \geqslant \alpha_{\min} = \arctan\frac{H - h_1 + d}{f + g} \tag{6-10}$$

式中　H——起重高度，m；

d——吊钩中心至定滑轮中心的最小距离，视起重机型号而定，一般取2.5~3.5m；

$\alpha_{\min}$——满足起重高度要求的起重臂最小角。

α 取两者中较大值。将 α 值代入式（6-8），即得最小起重臂长。

根据数解法或图解法所求得的最小起重臂长度为理论值 $L_{\min}$，查起重机的性能表或性能曲线，从规定的几种臂长中选择一种臂长 $L > L_{\min}$ 即为吊装屋面板时所选的起重臂长度。

6.3.2　构件吊装

6.3.2.1　构件的吊装工艺

单层工业厂房预制构件的吊装工艺过程包括绑扎、起吊、对位、临时固定、校正、最后固定等。上部构件吊装需要搭设脚手台,以供安装操作人员使用。

A 柱的吊装

柱的绑扎方法、绑扎位置和绑扎点数,应根据柱的形状、长度、截面、配筋、起吊方法和起重机性能等因素确定。由于柱起吊时吊离地面的瞬间弯矩最大,其最合理的绑扎点位置,应按柱子产生的正负弯矩绝对值相等的原则来确定。一般中小型柱(自重 13t 以下)大多数绑扎一点;重型柱或配筋少而细长的柱(如抗风柱),为防止起吊过程中柱的断裂,常需绑扎两点甚至三点。对于有牛腿的柱,其绑扎点应选在牛腿以下 200mm 处;工字形断面和双肢柱,应选在矩形断面处,否则应在绑扎位置用方木加固翼缘,防止翼缘在起吊时损坏。根据柱起吊后柱身是否垂直,分为斜吊法和直吊法。当柱较重较长、需采用两点起吊时,也可采用两点斜吊和直吊绑扎法。

a 柱的吊升

根据柱在吊升过程中的特点,柱的吊升可分为旋转法和滑行法两种。对于重型柱还可采用双机抬吊的方法。

b 柱的校正

柱的校正包括平面位置、垂直度和标高的校正。标高的校正已在与柱基杯底找平时同时进行,故吊装时只需校正柱的平面位置和垂直度。

c 柱的最后固定

柱经过校正后立即进行最后固定。其方法是在柱脚与杯口的空隙内浇筑比柱子混凝土强度等级高一级的细石混凝土。混凝土应分两次浇筑,首次浇至楔底,待混凝土强度达到设计强度等级的 25%后,再拔掉楔块浇至杯口顶面。待第二次浇筑混凝土强度达到 70%后,方能在柱上安装其他构件。

B 吊车梁的吊装

吊车梁一般用两点绑扎,对称起吊。就位时要使吊车梁上所弹安装准线对准牛腿顶面弹出的轴线(十字线)。吊车梁的校正多在屋盖吊装完毕后进行,吊车梁校正的内容包括平面位置、垂直度和标高的校正。

C 屋架的吊装

屋架起吊的绑扎点应选择在屋架上弦节点处,且左右对称,并高于屋架重心。吊索与水平线的夹角不宜小于 45°,否则应采用横吊梁。屋架吊点的数目和位置与屋架的形式及跨度有关,屋架跨度过大且构件刚度较差时,应对腹杆及下弦进行加固。

D 天窗架及屋面板的吊装

天窗架常采用单独吊装,也可与屋架拼装成整体同时吊装,以减少高空作业。天窗架单独吊装时,需待两侧屋面板安装后进行,并应用工具式夹具进行临时加固。屋面板的吊装应由两边檐口左右对称逐块吊向屋脊,避免屋架承受半跨荷载。屋面板对位后,应立即焊接固定,并应保证有三个角点焊接。

6.3.2.2 单层工业厂房结构吊装方案

结构吊装方案主要解决起重机的选择,结构吊装方法,确定起重机的开行路线和平面布置等内容,应根据厂房结构形式,构件的尺寸、重量、安装高度,工程量和工期的要求来确定。

A　单层工业厂房结构吊装方法

结构吊装方法，要考虑整个厂房结构全部预制构件的总体吊装顺序，吊装方法应在结构吊装方案中确定。单层工业厂房的结构吊装方法有分件吊装法（俗称大流水）和综合吊装法（俗称节间法）两种。

（1）分件吊装法。起重机在车间内每开行一次仅吊装一种或两种构件。通常分三次开行吊装完所有构件。

分件吊装法的优点是：由于每次吊装一种构件，构件可以分批进场，供应亦较单一，构件的平面布置比较简单，现场不致拥挤；吊装时不需要经常更换索具，工人操作熟练可加快吊装速度；此外，由于两种构件吊装的时间间隔长，能为柱的校正和永久固定的混凝土养护留出充裕时间。所以，分件吊装法是单层厂房结构安装的常用方法。

其缺点是：不能为后续工作及早提供工作面，起重机的开行路线长。

（2）综合吊装法。综合吊装法是指起重机在车间内的一次开行中，分节间吊装完所有的各种类型的构件。

综合吊装法的优点是：起重机开行路线短，停机次数少，可以为后续工作创造工作面，有利于组织立体交叉平行流水作业，以加快工程进度。

其缺点是：因一次停机要吊装多种构件，索具更换频繁，影响吊装效率，起重机性能不能充分发挥，平面布置困难较大。

B　构件的平面布置

（1）构件的平面布置原则：

1）构件的平面布置分预制阶段构件的平面布置和安装阶段构件的平面布置。布置时两种情况要综合加以考虑，做到相互协调，有利于吊装；

2）按"重近轻远"的原则，首先考虑重型构件的布置；

3）现场预制的构件布置位置应便于支模、扎筋及混凝土的浇筑，若为预应力构件，要考虑有足够的抽管、穿筋和张拉的操作场地等；

4）构件布置方式应满足吊装工艺要求，尽可能布置在起重机的起重半径内，尽量减少起重机在吊装时的跑车、回转及起重臂的起伏次数；

5）构件的布置应考虑起重机的开行与回转，保证路线畅通，起重机回转时不与构件相碰；

6）每跨构件尽可能布置在本跨内，如确有困难也可布置在跨外而便于吊装的地方；

7）所有构件均应布置在坚实的地基上，以免构件变形。

（2）预制阶段的构件平面布置：

1）柱子的布置。柱子的布置一般可视厂房场地条件决定起重机沿柱列跨内或跨外开行，而柱子也随之排放在跨内或跨外。起重机开行路线距柱列轴线的距离取决于起重机的起重半径和机车回转的安全要求，以保证柱子能顺利插入杯口内。柱子的布置方式有斜向布置和纵向布置两种。

2）屋架的布置。屋架一般在跨内平卧叠浇进行预制，每叠3~4榀。布置方式有三种：斜向布置、正反斜向布置、正反纵向布置。

上述三种布置形式中，应优先考虑采用斜向布置，因为它便于屋架的扶直和就位。只有当场地受限制时，才用后两种布置形式。

在屋架预制布置时，还应考虑屋架扶直就位要求及扶直的先后顺序，应将先扶直的放在上层。另外也要考虑屋架两端的朝向、预埋件的位置等，要符合吊装时对朝向的要求。

　　C　吊车梁的布置

吊车梁可靠近柱基顺纵轴方向或略为倾斜布置，也可以插在柱的空档中预制。如有运输条件，一般在工厂制作。

　　（1）吊装阶段的平面布置。由于柱子在预制阶段已按吊装阶段的堆放要求进行了布置，所以柱子在两个阶段的布置是一致的。一般先吊柱子，以便空出场地布置其他构件。所以吊装阶段构件的布置，主要是指屋架扶直就位以及吊车梁、连系梁、屋面板等构件的运输就位。

　　（2）吊车梁、连系梁和屋面板的运输堆放。单层工业厂房的吊车梁、连系梁和屋面板等，一般在预制厂集中生产，然后运至工地安装。构件运至现场后，应按施工组织设计规定位置，按编号及吊装顺序进行堆放。

吊车梁、连系梁的就位位置，一般在其吊装位置的柱列附近，跨内跨外均可，条件允许时也可随输随吊装。

屋面板则由起重机吊装时的起重半径确定。当在跨内布置时，应后退 3~4 个节间靠柱边堆放；在跨外布置时，应后退 1~2 个节间靠柱边堆放，每 6~8 块为一叠，并应支垫平稳。

职业技能

技　能　要　点	掌握程度	应用方向
吊装前的准备工作	熟悉	土建项目经理、工程师
构件吊装工艺、结构吊装方案	熟悉	
结构安装工程施工的质量要求与安全措施	熟悉	
常用的起重机具（机械）、索具和吊具	了解	
装配式结构工程的一般内容、预制构件生产和检查验收的要点	了解	土建工程师
预制构件结构性能检验的规定以及对预制构件的标志、外观质量缺陷和尺寸允许偏差的规定	掌握	
预制构件进行结构性能检验的检验内容，检验批的划分、抽检数量、检验方法和减免结构性能检验项目的条件	了解	
结构性能检验的合格要求及复式抽样检验方案、进场预制构件的检验要求	掌握	
装配式结构对预制构件连接质量的要求	了解	
对接头和拼缝的浇筑和混凝土强度的要求	掌握	
配式结构的施工特点及对运输、吊装、定位等的要求	掌握	
对装配式结构的外观质量、纯偏差的验收及缺陷处理的基本规定	掌握	

习　题

6-1　选择题

（1）现有两支吊索绑扎吊车梁，吊索与水平线夹角 α 为 45°，若吊车梁及吊索总重 Q 为 500kN，则起吊时每支吊索的拉力 P 为（　　）。

A. 323. 8kN   B. 331. 2kN   C. 353. 6kN   D. 373. 5kN

(2) 若无设计要求，预制构件在运输时其混凝土强度至少应达到设计强度的（　　）。

A. 30%   B. 40%   C. 60%   D. 75%

(3) 单层工业厂房吊装柱时，其校正工作的主要内容是（　　）。

A. 平面位置   B. 垂直度   C. 柱顶标高   D. 牛腿标高

(4) 单层工业厂房屋架的吊装工艺顺序是（　　）。

A. 绑扎、起吊、对位、临时固定、校正、最后固定

B. 绑扎、扶直就位、起吊、对位与临时固定、校正、最后固定

C. 绑扎、对位、起吊、校正、临时固定、最后固定

D. 绑扎、对位、校正、起吊、临时固定、最后固定

(5) 吊装单层工业厂房吊车梁，必须待柱基础杯口二次浇筑的混凝土达到设计强度的（　　）以上时方可进行。

A. 25%   B. 50%   C. 60%   D. 75%

(6) 单层工业厂房结构吊装中关于分件吊装法的特点，叙述正确的是（　　）。

A. 起重机开行路线长   B. 索具更换频繁

C. 现场构件平面布置拥挤   D. 起重机停机次数少

(7) 已安装大型设备的单层工业厂房，其结构吊装方法应采用（　　）。

A. 综合吊装法   B. 分件吊装法

C. 分层分段流水吊装法   D. 分层大流水吊装法

(8) 单层工业厂房柱子的吊装工艺顺序是（　　）。

A. 绑扎、起吊、就位、临时固定、校正、最后固定

B. 绑扎、就位、起吊、临时固定、校正、最后固定

C. 就位、绑扎、起吊、校正、临时固定、最后固定

D. 就位、绑扎、校正、起吊、临时固定、最后固定

(9) 吊装中小型单层工业厂房的结构构件时，宜使用（　　）。

A. 履带式起重机

B. 附着式塔式起重机

C. 人字拔杆式起重机

D. 轨道式塔式起重机

(10) 仅采用简易起重运输设备进行螺栓球节点网架结构施工，宜采用（　　）。

A. 高空散装法   B. 高空滑移法   C. 整体吊装法   D. 整体顶升法

(11) 下列不能负重行驶的起重机械有（　　）。

A. 人字拔杆式起重机   B. 汽车式起重机

C. 履带式起重机   D. 轮胎式起重机

E. 牵缆式脆杆起重机

(12) 履带式起重机的技术性能参数包括（　　）。

A. 起重力矩   B. 起重半径   C. 臂长   D. 起重量

E. 起重高度

(13) 塔式起重机的技术性能参数包括（　　）。

A. 起重力矩   B. 幅度   C. 臂长   D. 起重量

E. 起重高度

(14) 屋架吊装时，采用四点绑扎且不需要使用横吊梁的屋架有（　　）。

A. 1 2m 屋架   B. 18m 屋架   C. 24m 屋架   D. 30m 屋架

E. 36m 屋架

(15) 屋架预制时，其平面布置方式有（　　　）。

A. 正面斜向　　　　B. 反面斜向　　　　C. 正反斜向　　　　D. 正面纵向

E. 正反纵向

(16) 装配式结构采用分件吊装法较综合吊装法的优点在于（　　　）。

A. 吊装速度快　　　　　　　　　B. 起重机开行路线短

C. 校正时间充裕　　　　　　　　D. 现场布置简单

E. 能提早进行维护和装修施工

6-2　简答题

(1) 多层装配式房屋结构安装如何选择起重机械？

(2) 塔式起重机有避雷系统吗？在下雨打雷的天气，塔式起重机属附近最高建筑物，在这个时候工作是否会有生命危险？

6-3　案例分析

某小区内拟建一座 6 层普通砖泥结构住宅楼，外墙厚 370mm，内墙厚 240mm，抗震设防烈度 7 度，某施工单位于 2015 年 5 月与建设单位签订了该项工程总承包全同。现场需要安装一台物料提升机来解决垂直运输问题，物料提升机运到现场后，项目经理部按照技术人员提供的装配图集组织人员进行安装，安装结束后，现场机务员报请项目经理批准，物料提升机正式投入使用。

【问题】请问项目经理部的处理是否符合要求？

7 钢结构与大跨度结构工程

学习要点：

· 掌握钢结构、网架结构、索结构中构件的吊装工艺及吊装中的质量安全技术措施；
· 熟悉钢结构、网架结构、索结构的安装方案的选择和编制；
· 了解钢结构、网架结构、索结构安装的特点。

主要国家标准：

· 《钢结构工程施工规范》（GB 50755）；
· 《高层民用建筑钢结构技术规程》（JGJ 99）；
· 《空间网格结构技术规程》（JGJ 7）；
· 《建筑工程用索》（JG/T 330）；
· 《桥梁缆索用热镀锌钢丝》（GB/T 17101）；
· 《预应力混凝土用钢绞线》（GB/T 5224）；
· 《预应力筋用锚具、夹具和连接器》（GB/T 14370）。

案例导航

塔式起重机安全监控系统

鉴于长期以来，国内建筑工地塔式起重机重大恶性事故的不断发生的事实，预防塔式起重机事故的发生，对塔式起重机安全生产必须采取必要的技防措施，已经得到了社会各界广泛的共识。在高楼密度越来越大，施工环境越来越紧凑的城市建筑业，对建筑塔机安全监控系统的需求快速上升的大背景下，塔机配备安全监控系统成为一种大趋势。它是一种安全有效的动态监控及人机管理一体化的智能系统，它能避免塔式起重机司机由于操作失误及麻痹大意而造成的严重甚至致命的事故。

塔机安全监控系统的智能化人机管理功能，从单一的对塔式起重机设备安全监控，上升到对塔式起重机司机的统一管理，增强了塔式起重机司机的安全意识，真正做到了防患于未然。GPRS 远程网络监控系统，将塔式起重机的运行情况实时传输给安全管理部门，极大地降低了监管人员的工作强度，提高了管理部门的工作效率。同时系统也防止单台塔式起重机与学校、公路、高速公路、公共场所、铁路、高压线等发生碰撞。在塔式起重机群防碰撞措施方面，欧美等发达国家及国内许多地区已安全立法，所有建筑塔式起重机必须安装此类设备和系统，否则塔机不能投入现场使用。

【问题讨论】

塔式起重机群防碰撞措施方面，是否必须安装安全监控系统（见图 7-1）？

群塔/区塔
防碰撞

主机&显示器

幅度传感器

预设阀值报警

4G无线传输模块

倾角检测（选配）

重量/高度传感器

风速仪

图 7-1　塔式起重机安全监控系统

7.1　钢结构加工

钢结构主要指由钢板、热轧型钢、薄壁型钢、钢管等钢型材连接而成的结构。由于钢结构具有强度高、结构轻、施工周期短等特点，被广泛应用于工业厂房、大空间商业卖场、超高层建筑、大跨屋面结构、桥梁工程、钢构筑物等。近年来，随着国家大力推广装配式结构，具有良好装配结构性能的钢结构越来越被业内人士关注。

7.1.1　钢结构加工

钢结构构件制作一般在工厂进行，包括放样、号料、切割下料、边缘加工、弯卷成型、折边、矫正和防腐与涂饰等工艺过程。

7.1.1.1　钢结构加工图

钢结构施工图的识读重点和难点是构件之间连接构造的识读，在识读钢结构施工图时一定要将各种图结合起来看，一般钢结构加工图包括钢结构设计总说明、构件布置图、构件详图、构件序号和材料表。

7.1.1.2　放样、号料与切割下料

A　放样

放样是根据产品施工详图或零、部件图样要求的形状和尺寸，按 1∶1 的比例把产品或零、部件的实体画在放样台或平板上，求取实长并制成样板的过程。放样工作十分重要，事先必须仔细阅读结构、构件的施工详图，并进行核对。放样是钢结构制作工艺中的第一道工序，只有放样尺寸精确，才能减小后续各道加工工序的累积误差。

a　放样

根据施工图用 0.5~1mm 的薄钢板或油毡纸等材料，按照实样尺寸制出零件的样杆、

样板，用样杆和样板进行号料。放样时，要先画出构件的中心线，然后再画出零件尺寸。

b 样板标注

样板制出后，必须在上面注明图号、零件名称、件数、位置、材料牌号、坡口部位、弯折线及弯折方向、孔径和滚圆半径、加工符号等内容。同时，应妥善保管样板，防止折叠和锈蚀，以便进行校核。

c 加工余量

为了保证产品质量，防止由于下料不当造成废品，样板应注意适当预放加工余量。焊接构件要考虑预留切割余量、加工余量或焊接收缩量，一般加工余量为：

(1) 自动气割切断的加工余量为3mm。

(2) 手工气割切断的加工余量为4mm。

(3) 气割后需铣端或刨边者，其加工余量为4~5mm。

(4) 剪切后无需铣端或刨边的加工余量为零。

(5) 对焊接结构零件的样板，除放出上述加工余量外，还须考虑焊接零件的收缩量。一般沿焊缝长度纵向收缩率为0.03%~0.2%；沿焊缝宽度横向收缩，每条焊缝为0.03~0.75mm；加强肋的焊缝引起的构件纵向收缩，每肋每条焊缝为0.25mm。加工余量和焊接收缩量，应以组合工艺中的拼装方法、焊接方法及钢材种类、焊接环境等决定。

d 节点放样及制作

焊接球节点和螺栓球节点由专门工厂生产，一般只需按规定要求进行验收，而焊接钢板节点，一般都是现场放样制作。

制作时，钢板相互间先根据设计图纸用电焊点上，然后以角尺及样板为标准，用锤轻击逐渐校正，使钢板间的夹角符合设计要求，检查合格后再进行全面焊接。为了防止焊接变形，在点焊定位后，可用夹紧器夹紧，再全面施焊，如图7-2所示。节点板的焊接顺序，如图7-3所示。

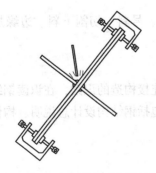

图7-2 用夹紧器辅助焊接板

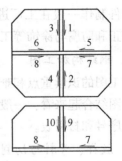

图7-3 钢板节点焊接顺序
(图中1~10表示焊接顺序)

B 号料

号料是采用经检查合格的样板（样杆）在钢板或型钢上划出零件的形状、切割加工线、孔位、标出零件编号，号料应统筹安排、长短搭配，先大后小或套材号料，以节约原材料和提高利用率。

在下料工作完成后，在零件的加工线、拼缝线及孔的中心位置上，应打冲印或凿印，同时用标记笔或色漆在材料的图形上注明加工内容，为后续工序的剪切、冲裁和气割等加工提供有利条件。下料常用的下料符号如表 7-1 所示。

表 7-1 常用下料符号

序号	名　称	符　号
1	板缝线	
2	中心线	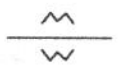
3	R 曲线	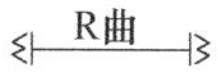 R曲
4	切断线	
5	余料切线（被划斜线面为余料）	
6	弯曲线	
7	结构线	
8	刨边符号	

C　切割下料

a　切割下料方法

常用的切割方法有：机械剪切、气割和等离子切割三种方法。

（1）机械剪切的零件厚度不宜大于 12.0mm，剪切面应平整。碳素结构钢在环境温度低于-20℃、低合金结构钢在环境温度低于-15℃时，不得进行剪切、冲孔。

（2）气割就是用氧-乙炔（或其他可燃气体，如丙烷、天然气等）火焰产生的热能对金属的切割。气割前钢材切割区域表面应清理干净，切割时，应根据设备类型、钢材厚度、切割气体等因素选择合适的工艺参数。

（3）等离子切割配合不同的工作气体可以切割各种氧气切割难以切割的金属，在切割普通碳素钢薄板时，速度可达氧切割法的 5~6 倍。

b　切割下料注意事项

目前，在大型钢结构加工厂，均利用数控机床对构件的放样、号料、下料进行三合一优化设计，优化了工艺过程，大大提高了原材料的利用率，图 7-4 所示为自动气割机下料照片。切割下料注意事项：

（1）根据工程结构要求，构件的切割可以采用剪切、锯割或采用手工气割，自动或半自动气割。

（2）剪切或剪断的边缘必要时，应加工整光，相关接触部分不得产生歪曲。剪切主要受静载荷的构件的材料，允许材料在剪断机上剪切，无需再加工；剪切受动载荷的构件的材料，必须将截面中存在有害的剪切边清除。

c　切割下料质量控制

（1）用于切割下料的钢板应经质量部门检查验收合格，其各项指标满足国家规范的

图 7-4 数控机床下料

相应规定。

（2）钢板在下料前应检查钢板的牌号、厚度和表面质量，如钢材的表面出现蚀点深度超过国标钢板负偏差的部位不准用于产品。小面积的点蚀在不减薄设计厚度的情况下，可以采用焊补打磨直至合格。

（3）在下料时必须核对钢板的牌号、规格和表面质量情况，在确认无疑后才可下料。

（4）切割过程中，应随时注意观察影响切割质量的因素，保证切割的连续性。

（5）切割后零件的外观质量及切割后零件的允许偏差必须满足《钢结构工程施工规范》（GB 50755）的相关规定。

7.1.1.3　矫正、制孔、坡口加工

A　矫正

钢材在存放、运输、吊运和加工成型过程中会变形，必须对不符合技术标准的钢材、构件进行矫正。钢结构的矫正，是通过外力或加热作用迫使钢材反变形，使钢材或构件达到技术标准要求的平直或几何形状。

矫正的方法：火焰矫正（亦称热矫正）、机械矫正和手工矫正（亦称冷矫正）。

B　制孔

包括铆钉孔、螺栓孔，可钻可冲。钻孔有人工钻孔和机床钻孔两种方式，人工钻孔是用手枪式或手提式电钻由人工直接钻孔，多用于钻直径较小，板材较薄的孔；机床钻孔是采用台式或立式摇臂式钻床钻孔，施钻方便，工效高。冲孔在冲床上进行，冲孔只能冲较薄的钢板，孔径的大小一般大于钢材的厚度，冲孔的周围会产生冷硬现象。冲孔生产效率高，但质量较差，只有在不重要的部位才能使用。对直径较大或长形孔也可采用气割制孔。施工现场的制孔可用电钻、风钻等加工。

C　坡口加工

根据施工图确定坡口位置和几何尺寸，采用气割、机械加工加工坡口，焊缝坡口尺寸应按工艺要求作精心加工，如图 7-5 所示。气割加工时，最少边缘深度加工余量为 2.0mm；机械加工表面不应有损伤和裂缝，用砂轮加工时，磨削的痕迹应当顺着边缘。无论是什么方法切割和用何种钢材制成的，都要刨边和铣边。

7.1.2　钢结构连接

钢结构构件连接方法，通常有焊接连接、铆钉连接和螺栓连接。

图 7-5　坡口加工

7.1.2.1　焊接连接

焊接连接一般不需要拼接材料，钢结构的焊接方法最常用的有电弧焊、电阻焊和气焊，电弧焊是工程中应用最普遍的焊接方式。

电弧焊是利用通电后焊条和焊件之间产生强大的电弧提供热源熔化焊条与焊件熔化部分结成焊缝，将两焊件连成一整体。电弧焊分为手工电弧焊和自动或半自动电弧焊。

A　焊接材料

焊接材料的选择应与母材的机械性能相匹配。对低碳钢一般按焊缝金属与母材等强度的原则选择焊接材料；对低合金高强度结构钢一般应使焊缝金属与母材等强或略高于母材，但不应高出 50MPa，同时焊缝金属必须具有优良的塑性、韧性和抗裂性；当不同强度等级的钢材焊接时，宜采用与低强度钢材相适应的焊接材料。

B　接头形式

钢板与钢板间的熔化焊接接头主要有对接接头、角接接头、T 形接头等形式。

C　焊缝形式

（1）焊缝形式按施焊的空间位置可分为平、横、立、仰焊缝四种。平焊的熔滴靠自重过渡，操作简单，质量稳定。横焊时，由于重力熔化金属容易下淌，而使焊缝上侧产生咬边，下侧产生焊瘤或未焊透等缺陷。立焊焊缝成形更为困难，易产生咬边、焊瘤、夹渣、表面不平等缺陷。仰焊时，必须保持最短的弧长，因此易出现未焊透、凹陷等质量问题。

（2）在焊接钢结构图中，必须把焊缝位置、形式和尺寸标注清楚。焊缝按制图标准规定，采用"焊缝代号"标注。焊缝代号是由带箭头的引出线、图形符号、焊缝尺寸和辅助符号等几个部分组成，箭头应指向焊缝处，如图 7-6 所示。图形符号表示焊缝断面的基本形式，如 V 形、I 形、贴角焊、塞焊等。辅助符号表示焊缝的辅助要求，如三面焊缝、周围焊缝、现场安装焊缝等。常用焊缝形式与标注方式详见标准 CB/T 50105 和《焊缝符号表示法》（GB/T 324）。

图 7-6　现场焊缝的标注方法

D　焊接流程

（1）定位焊。构件的定位焊是正式焊缝的一部分，因此定位焊缝不允许存在裂纹等不能够最终溶入正式焊缝的缺陷。定位焊缝必须避免在产品的棱角和端部等在强度和工艺上容易出问题的部位进行；T形接头定位焊，应在两侧对称进行；坡口内尽可能避免进行定位焊。

（2）引出板设置。为保证焊接质量，在对接焊的引弧端和熄弧端，必须安装与母材相同材料的引出板，引出板的坡口形式和板厚原则上宜与构件相同。引出板的长度，手工电弧焊及气体保护焊为 25~50mm；半自动焊为 40~60mm；埋弧自动焊为 50~100mm。

（3）胎夹具。钢结构的焊接应尽可能用胎夹具，以有效地控制焊接变形使主要焊接工作处于平焊位置进行。

（4）预热。钢结构的焊接，应视钢种、板厚、接头的拘束度、焊接缝金属中的含氢量、钢材的强度、焊接方法等因素来确定合适的预热温度和方法。碳素结构钢厚度大于50mm，低合金高强度结构钢厚度大于36mm，其焊接前预热温度宜控制在 100~150℃；预热区在焊道两侧，其宽度各为焊件厚度的2倍以上，且不应小于100mm。

（5）引弧和熄弧。引弧时由于电弧对母材的加热不足，应在操作上注意防止产生熔合不良、弧坑裂缝、气孔和夹渣等缺陷的发生，另外，不得在非焊接区域的母材上引弧（防止电弧击痕）。

当电弧因故中断或焊缝终端收弧时，应防止发生弧坑裂纹，采用 CO_2 半自动气体保护焊时，更应避免发生弧坑裂纹，一旦出现裂纹，必须彻底清除后方可继续焊接。

    E   焊缝的质量检查方法

焊缝质量的外观检查，应按设计文件规定的标准在焊缝冷却后进行。由低合金高强度结构钢焊接而成的大型梁柱构件以及厚板焊接件，应在完成焊接工作24h后，对焊缝及热影响区是否存在裂缝进行复查。

焊缝表面应均匀、平滑，无折皱、间断和未满焊，并与基本金属平缓连接，严禁有裂纹、夹渣、焊瘤、烧穿、弧坑、针状气孔和熔合性飞溅等缺陷。

所有焊缝均进行外观检查，当发现有裂纹疑点时，可用磁粉探伤或着色渗透探伤进行复查，钢结构的焊缝质量检验分三级，各级检验项目、检查数量和检查方法如表7-2所示。

表7-2 焊缝质量检验分级表

等级	检查项目	检查数量	检 查 方 法
一级	外观检查	全部	检查外观缺陷及几何尺寸，有疑点时用磁粉探伤复验
	超声波检查	全部	
	X射线检查	抽查焊缝长度2%，至少应有一张底片	缺陷超标时应加倍透照，如仍不合格时应100%透照
二级	外观检查	全部	检查外观缺陷及几何尺寸
	超声波检查	抽查焊缝长度50%	有疑点时，用X射线透照复验，如发现有超标缺陷，应用超声波全部检验
三级	外观检查	全部	检查外观缺陷及几何尺寸

7.1.2.2 螺栓连接

螺栓连接采用的螺栓有普通螺栓和高强螺栓之分。普通螺栓的优点是装卸便利，不需特殊设备。高强螺栓摩擦型连接安装时以较大的扭矩拧紧螺帽，使螺杆产生很大的预拉力，被连接部件的接触面间产生很大的摩擦力，这种连接包含了普通螺栓和铆钉的各自优点，是代替铆钉连接的首选方式。此外，高强螺栓也可同普通螺栓一样依靠螺杆和螺孔之间的承压来受力，这种连接称为高强度螺栓承压型连接。

A 普通螺栓连接

a 普通螺栓种类

常用的普通螺栓有六角螺栓、双头螺栓和地脚螺栓等，如图7-7所示。

(a) (b) (c)

图7-7 普通螺栓种类
(a) 六角螺栓；(b) 双头螺栓；(c) 地脚螺栓

六角螺栓按其头部支承面大小及安装位置尺寸分为大六角头与六角头两种，按制造质量和产品等级分为A、B级和C级。A级螺栓为精制螺栓；B级螺栓为半精制螺栓；C级螺栓为粗制螺栓；A、B级螺栓适用于连接部位需传递较大剪力的重要结构的安装，C级螺栓适用于钢结构安装中的临时固定。对于重要的连接，当采用粗制螺栓连接时，必须另加特殊支托（牛腿或剪力板）来承受剪力。

双头螺栓又称螺柱，多用于连接厚板和不便使用六角螺栓连接的地方，如混凝土屋架、屋面梁悬挂单轨梁吊挂件等。

地脚螺栓分为一般地脚螺栓、直角地脚螺栓、锤头螺栓和锚固地脚螺栓。

b 普通螺栓连接时应符合的要求

（1）永久螺栓的螺栓头和螺母的下面应放置平垫圈，垫置在螺母下面的垫圈不应多于2个，垫置在螺栓头部下面的垫圈不应多于1个，螺栓头和螺母应与结构构件的表面及垫圈密贴。

（2）锚固螺栓的螺母、动荷载或重要部位的连接螺栓，应根据施工图中的设计规定，采用有防松装置的螺母或弹簧垫圈。

（3）各种螺栓连接，从螺母一侧伸出螺栓的长度应保持在不小于两个完整螺纹的长度。

（4）连接中螺栓等级和材质应符合施工图的要求。

B 高强度螺栓连接

a 高强度螺栓分类

高强度螺栓的连接形式可分为摩擦连接、承压连接和张拉连接三种，如图7-8所示。高强度螺栓有大六角高强度螺栓和扭剪型高强度螺栓两类。

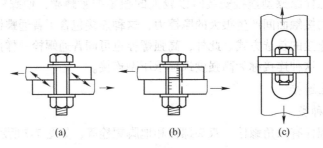

图 7-8　高强度螺栓的连接形式

（a）摩擦连接；（b）承压连接；（c）张拉连接

大六角高强度螺栓也称为扭矩形高强度螺栓，一个连接副由一个螺栓杆、两个垫圈和一个螺母组成，如图 7-9（a）所示。高强度螺栓连接副应同批制作，保证扭矩系数的稳定。

扭剪型高强度螺栓，一个连接副为一个螺栓杆、一个垫圈和一个螺母，如图 7-9（b）所示。它与大六角高强度螺栓的不同之处在于它的丝扣端头设置了一个梅花头，当扭固螺栓时，电动紧固工具有两个大小不同的套筒，大套筒卡住螺母，小套筒卡住梅花头，两个套筒按相反方向扭转，螺母拧到规定的扭矩时，梅花头颈部凹口处拧断，梅花头掉下，螺栓达到预计的轴拉力，如图 7-10 所示。扭矩型高强度螺栓具有紧固轴力受人为因素影响小、检查直观、不会漏拧等优点，在钢结构连接中应用普遍。

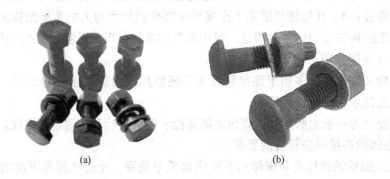

图 7-9　高强度螺栓分类

（a）大六角头高强螺栓；（b）扭剪型高强螺栓

b　高强度螺栓安装注意事项

（1）安装高强度螺栓时，螺栓应自由穿入孔内，不得强行敲打，以免损伤丝扣。对连接构件不重合的孔，应用钻头或绞刀扩孔或修孔，不得用气割扩孔。高强度螺栓在同一连接面上穿入方向应一致，以便于操作。

（2）高强度螺栓的紧固，应分两次（即初拧和终拧）拧固，对大型节点还应分初拧、复拧和终拧。初拧、复拧、终拧后要做出不同标记，以便识别，避免重拧或漏拧，并应在48h 内进行终拧扭矩检验。

（3）高强度螺栓的紧固宜用电动扳手进行。扭剪型高强度螺栓初拧一般用 60%~70%

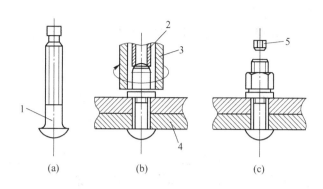

图 7-10 高强度螺栓紧固过程
（a）高强度螺栓紧固前；（b）高强度螺栓紧固中；（c）高强度螺栓紧固后
1—高强度螺栓；2—小套筒；3—大套筒；4—母材；5—掉下的梅花头

轴力控制，以拧掉梅花卡头为终拧。不能使用电动扳手的部位，则用测力扳手紧固，初拧扭矩值不得小于终拧扭矩值的30%。

（4）高强度大六角头螺栓连接副终拧完成1h后，在24h之前应进行终拧扭矩检查。扭剪型高强度螺栓连接副终拧后，应以目测尾部梅花头拧掉为合格。

（5）高强度螺栓连接副初拧、复拧和终拧原则上应以接头刚度较大的部位向约束较小的方向、螺栓群中央向四周的顺序。图7-11~图7-13所示为典型节点的施拧顺序。

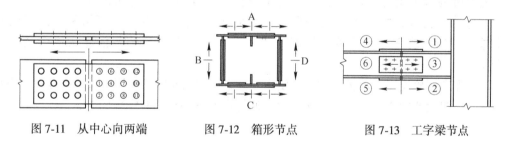

图 7-11 从中心向两端　　　图 7-12 箱形节点　　　图 7-13 工字梁节点

7.1.3 总拼装

拼装分构件单体拼装和构件立、平面总体拼装两种方式。工程实践中，为了检验其制作的整体性及准确性，往往由设计规定或合同要求在出厂前进行预拼装。拼装的一般规定如下：

（1）预拼装组合部位的选择原则：

1）尽可能选用主要受力框架、节点连接结构复杂、构件允差接近极限且有代表性的组合构件。

2）拼装应按工艺方法的拼装顺序进行，当有隐蔽焊缝时，必须先施焊，经检验合格后方可覆盖。当复杂部位不易施焊时，亦应按工艺顺序分别拼装和施焊，严禁不按次序拼装和强力组对。

3）为减少大件拼装焊接的变形，一般应先进行小件组焊，经矫正后，再整体大部件拼装。

4）拼装前，连接表面及焊缝每边30~50mm范围内的铁锈、毛刺、油污及潮气等必须清除干净，并露出金属光泽。

5）拼装后的构件应立即用油漆在明显部位编号、写明图号、构件号和件数，以便查找。

6）所有需进行预拼装的相同单构件，宜能互换，而不影响整体几何尺寸。

7）预拼装后应用试孔器检查，试孔器必须垂直自由穿落。

（2）拼装方法。预拼装应在坚实、稳固的平台式胎架上进行。

1）拼装准备：

①预拼装中所有构件应按施工图控制尺寸，各杆件重心线应交汇于节点中心，并完全处于自由状态，不允许有外力强制固定。单构件支撑点不论柱、梁、支撑，应不小于两个支撑点。

②预拼装构件控制基准，中心线应标示明确，并与平台基线和地面基线相对一致。控制基准应按设计要求基准一致，如需变换预拼装基准位置，应得到工艺设计认同。

2）拼装方法：

①钢板拼接在装配平台上进行，将钢板零件摆列在平台板上，将对接缝对齐，用定位焊固定，在对接焊缝两端设引弧板，重要构件的钢板需用自动埋弧焊接。焊后进行变形矫正，并需做无损伤检测。

②桁架在装配平台上放实样拼装，应预放焊接收缩量。设计有起拱要求的桁架，应放出起拱线；无起拱要求的，也应起拱 10mm 左右，防止下挠。

桁架拼装多采用仿形装配法，即先在平台上放实样，据此装配出第一个单面桁架，并施行定位焊，之后再用它做胎模，在它上面复制出多个单面桁架，然后组装两个单面桁架，装完对称的单面桁架，即完成一个桁架的拼装，依此法逐个装配其他桁架。

③高强度螺栓连接件预拼装时，可使用冲钉定位和临时螺栓紧固，试装螺栓在一组孔内不得少于螺栓孔的 30%，且不少于 2 只。冲钉数不得多于临时螺栓的 1/3。

7.1.4　喷涂

（1）钢材与大气环境发生电化学反应而引起材料的腐蚀破坏，很大程度上取决于涂装前的基材表面除锈质量；钢构件的除锈应在对制作质量检验合格后，方可进行。

1）面上涂有车间底漆的钢材，因焊接、火焰校正、暴晒和擦伤等原因，造成重新锈蚀的表面，或附有白锌盐的表面，必须除干净后方可涂漆。

2）当钢材表面温度低于露点以下 3℃时，干喷磨料除锈应停止进行，不得涂漆。

（2）钢材表面的锈蚀度分 A、B、C、D 四个等级，D 级不得使用；钢材表面的清洁度应符合规定。

（3）钢结构构件喷砂、除锈达到设计规范等级后，需经水性环氧高锌组漆及防火涂料处理后方可出厂。焊接后，焊缝不宜立即涂漆。

7.2　钢结构单层厂房安装

钢结构单层厂房结构件包括吊车梁、桁架、天窗架、檩条、托架、各种支撑等，构件形式、尺寸、重量及安装标高都不同，因此所采用的起重设备、吊装方法等也需随之变化。

7.2.1 单层厂房钢结构吊装准备工作

7.2.1.1 基础准备

基础准备包括轴线测量，基础支承面的准备，支承面和支座表面标高与水平度检验，地脚螺栓位置和伸出支承面长度的量测等。基础支承面的准备有两种做法：一种是基础一次浇筑到设计标高，即基础表面先浇筑到设计标高以下 20~30mm 处，然后用细石混凝土仔细铺筑支座表面，如图 7-14 所示；另一种是先浇筑至距设计标高 50~60mm 处，柱子吊装时，在基础面上放钢垫板（不得多于 3 块）以调整标高，待柱子吊装就位后，再在钢柱脚下浇筑细石混凝土，如图 7-15 所示。后一种方法虽然多了一道工序，但钢柱容易校正，故重型钢柱宜采用此法。

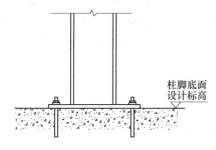

图 7-14　钢柱基础的一次浇筑法

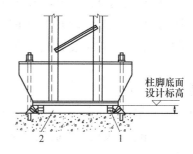

图 7-15　钢柱基础的二次浇筑法

1—调整柱子用的钢垫板；2—柱子安装后浇筑的细石混凝土

7.2.1.2 构件的检查及弹线

钢构件外形和几何尺寸正确，可以保证钢结构顺利安装，所以必须在结构吊装前仔细检查钢构件的外形和几何尺寸，对超出规定偏差的构件在吊装前完成纠偏。

为了校正钢构件的平面位置、标高、垂直度，需在钢柱底部和上部标出两个方向的轴线和标高准线。对于吊点亦应标出，便于吊装时按设计吊点位置进行吊装。

7.2.1.3 验算桁架的吊装稳定性

吊装桁架时，如果桁架上、下弦角钢的最小规格能满足表 7-3 的规定，则不论绑扎点在桁架上哪一点，桁架在吊装时都能保证稳定性。如果弦杆角钢的规格不符合表 7-3 的规定，则必须通过计算选择适当的吊点（绑扎点）位置。

表 7-3　保证桁架吊装稳定性的弦杆最小规格

弦杆断面	桁架跨度/m						
	12	15	18	21	24	27	30
上弦杆	90×60×8	100×75×8	100×75×8	120×80×8	120×80×8	150×100×12 / 120×80×12	200×120×12 / 180×90×12
下弦杆	65×6	75×8	90×8	90×8	120×8	120×80×10	150×100×10

注：分数形式表示弦杆为不同的断面。

7.2.2　单层厂房钢结构吊装

7.2.2.1　钢柱吊装与校正

单层工业厂房占地面积较大，通常用自行桅杆式起重机或塔式起重机吊装钢柱。钢柱的吊装方法与装配式钢筋混凝土柱相似，可采用旋转吊装法及滑行吊装法。对重型钢柱可采用双机抬吊的方法进行吊装。

钢柱就位后经过初校，待垂直度偏差控制在 20mm 以内，则可进行临时固定，起重机在固定后可以脱钩。钢柱的垂直度用经纬仪检验，如有偏差，用螺旋千斤顶或油压千斤顶进行校正。

7.2.2.2　吊车梁吊装与校正

在钢柱吊装完成经调整固定于基础之后，即可吊装吊车梁。

钢吊车梁均为简支梁，梁端留有 10mm 左右的空隙，梁的搁置处与牛腿面之间设钢垫板，用螺栓连接，梁与制动架之间用高强螺栓连接。标高的校正可在屋盖吊装前进行，其他项目的校正宜在屋盖吊装完成后进行（因为屋盖的吊装可能引起钢柱在跨间有微小的变动）。

吊车梁的校正：

（1）吊车梁轴线的检验。以跨距为准，采用通线法对各吊车梁逐根进行检验（见图 7-16）。亦可用经纬仪在柱侧面放一条与吊车梁轴线平行的校正基线，作为吊车梁轴线校正的依据。

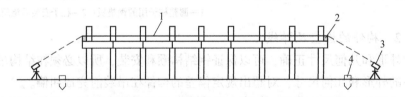

图 7-16　线法校正吊车梁轴线
1—通线；2—横杆；3—经纬仪；4—轴线桩

（2）吊车梁跨距的检验。用钢卷尺量测，跨度大时，应用弹簧秤拉测（拉力一般为 100~200N），防止下垂，必要时应对下垂度 Δ 进行校正计算。

（3）吊车梁标高校正。标高的校正可用千斤顶或起重机，轴线和跨距的校正可用撬棍钢楔、花篮螺栓、千斤顶等。

7.2.2.3　钢桁架的吊装与校正

由于桁架的跨度、重量和安装高度不同，吊装机械和吊装方法亦随之而异。钢桁架的侧面刚度较差，应采取临时加固措施，如图 7-17 所示。桁架多用悬空吊装，为使桁架在起吊后不致发生摇摆，同其他构件碰撞，起吊前用麻绳系牢，随吊随放松。

桁架要检验校正其垂直度和弦杆的正直度。桁架的垂直度可用挂线垂球检验，弦杆的正直度则可用拉紧的测绳进行检验。

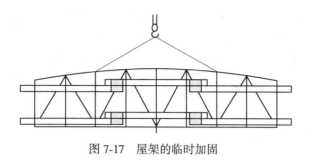

图 7-17 屋架的临时加固

7.3 多层、高层钢结构安装

7.3.1 安装前的准备工作

7.3.1.1 结构安装施工流水段的划分及安装顺序

多、高层钢结构的安装，必须按照建筑物的平面形状、结构形式、安装机械的数量位置等，合理划分安装施工流水区段。

（1）平面流水段的划分应考虑钢结构在安装过程中的对称性和整体稳定性。其安装顺序，一般应由中央向四周扩展，以利焊接误差的减少和消除。

（2）立面流水以一节钢柱（各节所含层数不一）为单元。每个单元以主梁或钢支撑、带状桁架安装成节间框架，其次是次梁、楼板及大量结构构件的安装。塔式起重机的提升、顶升与锚固，均应满足组成框架的需要。

（3）高层钢结构安装前，应根据安装流水区段和构件安装顺序，编制构件安装顺序表，注明每一构件的节点型号、连接件的规格数量、高强螺栓规格数量、栓焊数量及焊接量、焊接形式等。

7.3.1.2 柱子地脚螺栓的设置

柱子地脚螺栓采用地脚螺栓一次或两次埋设方法。为了精确控制钢结构上部结构的标高，在首节钢柱吊装之前，要根据钢柱预检（其内容为实际长度、牛腿间距离、钢柱底板平整度等）结果，采用在底板下的地脚螺栓上加一垫板和一调整螺母的方法（见图7-18）。待第一节钢柱吊装、校正和锚固螺栓固定后，要进行底层钢柱的柱底灌浆（见图7-19），灌浆用混凝土应采用自流自密实混凝土，浇筑后用湿草包、麻袋等遮盖养护。

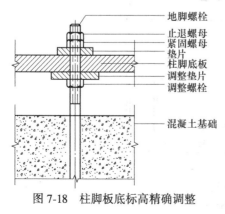

图 7-18 柱脚板底标高精确调整

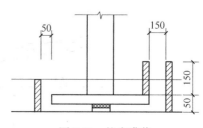

图 7-19 柱底灌浆

地脚螺栓应采用套板或套箍支架独立、精确定位，当地脚螺栓与钢筋相互干扰时，应遵循先施工地脚螺栓，后穿插钢筋的原则，并做好成品保护。

地脚螺栓施工完毕直至混凝土浇筑终凝前，应加强测量监控，混凝土终凝后应实测地脚螺栓最终定位偏差值，偏差超过允许值影响钢柱就位时，可通过适当扩大柱底板螺栓孔的方法处理。

7.3.2　钢柱、梁吊装及校正

7.3.2.1　构件分解吊装的划分

构件分解应综合考虑加工、运输条件和现场起重设备能力，本着方便实施、减少现场作业量的原则进行。

（1）钢柱一般宜按 2~3 层一节，分解位置应在楼层梁顶标高以上 1.2~1.3m；

（2）钢梁、支撑等构件一般不宜分解；

（3）各分解单元应能保证吊运过程中的强度和刚度，必要时采取加固措施；特殊、复杂构件应会同设计共同确定分解方案。

构件分解的重量、构件尺寸必须考虑工厂制作、现场起重能力、运输条件限制，应综合考虑构件分解后安装单元的刚度满足吊装运输要求。这些问题都应在详图设计阶段综合考虑确定。为提高综合施工效率，构件分解应尽量减少。

7.3.2.2　柱的安装

钢结构多层、高层建筑的柱子多为宽翼缘工字形截面，高度较大的钢结构高层建筑的柱子多为箱形截面，为减少连接和充分利用起重机的吊装能力，柱子多为 3~4 层一节，节与节之间用坡口焊连接。在第一节钢柱吊装前，应检查基础上预埋的地脚螺栓，并在螺栓头处加保护套，以免钢柱就位时碰坏地脚螺栓的丝牙。

钢柱的吊点设在吊耳处（柱子制作时在吊点部位焊有吊耳，吊装完毕后再割去）。钢柱的吊装可用双机抬吊或单机吊装（见图 7-20）。单机吊装时，需在柱子根部垫以垫木，以回转法起吊，严禁柱根拖地；双机抬吊时，将柱吊离地面后在空中调直立整姿态。

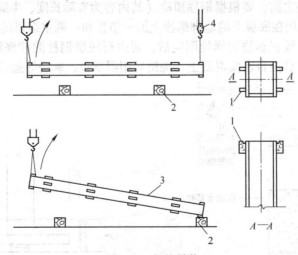

图 7-20　钢柱吊装

1—吊耳；2—垫木；3—钢柱；4—吊钩

钢柱就位后，先对钢柱的垂直度、轴线、标高进行初校，临时固定后拆除吊索。钢柱上下接触面间的间隙，一般不得大于 1.5mm。如间隙在 1.5~6.0mm 之间，可用低碳钢垫片垫实间隙；如间隙超过 6mm，则应查清原因后进行处理。

7.3.2.3 梁的安装

钢梁在吊装前，应检查柱子牛腿处标高和柱子间距。主梁吊装前，应在梁上装好扶手杆和扶手绳，待主梁吊装到位时，将扶手绳与钢柱系住，以保证施工安全。

钢梁采用二点吊，一般在钢梁上翼缘处开孔作为吊点。吊点位置取决于钢梁的跨度。有时可将梁、柱在地面组装成排架后进行整体吊装，以减少高空作业。当一节钢框架吊装完毕，即需对已吊装的柱、梁进行误差检查和校正。

7.3.2.4 钢结构安装校正

钢结构安装中，楼层高度的控制可以按相对标高，也可以按设计标高，但在安装前要先决定用哪一种方法，可会同建设单位、设计单位、质量检查部门共同商定。地上结构测量方法应结合工程特点和周边条件确定。可以采用内控法，也可以采用外控法，或者内控外控结合使用。建筑高度较高时，控制点需要经过多次垂直投递时，为减小多次投递可能造成的累计偏差过大，采用 GPS 定位技术对投递后的控制点进行复核，可以保证控制点精度小于等于 20mm。

A 基准柱

所谓基准柱，是能控制框架平面轮廓的少数柱子，用它来控制框架结构的安装质量。一般选择平面转角杆为基准柱。以基准柱的柱基中心线为依据，从 X 轴和 Y 轴分别引出距离为 e 的补偿线，其交点作为基准柱的测量基准点，e 值大小由工程情况确定。

对于控制柱网的基准柱，用线锤或激光仪测量，其他柱子则根据基准柱子用钢卷尺测量。土建施工、钢结构制作、钢结构安装应使用同一标准检验的钢尺。

为了利用激光仪量测柱子的安装误差，在柱子顶部固定测量靶标，为了使激光束通过，在激光仪上方的各楼面板上留置直径 100mm 孔，激光经纬仪设置在基准点处。

进行钢柱校正时，采用激光经纬仪以基准点为依据对框架标准柱进行竖直观测，对钢柱顶部进行竖直度校正，使其在允许范围内。

B 钢结构的校正

柱子安装时，垂直偏差一定要校正到 ±0.000，先不留焊缝收缩量。在安装和校正柱与柱之间的主梁时，再把柱子撑开，留出接头焊接收缩量，这时柱子产生的内力，在焊接完成和焊缝收缩后也就消失。

仅对被安装的柱子本身进行测量校正是不够的，柱子一般有多层梁，一节柱有二层、三层，甚至四层梁，柱和柱之间的主梁截面大，刚度也大，在安装主梁时柱子会变动，产生超出规定的偏差。因此，在安装柱和柱之间的主梁时，还要对柱子进行跟踪校正；对有些主梁连系的隔跨甚至隔两跨的柱子，也要一起监测。这时，配备的测量人员也要适当增加，只有采取这样的措施，柱子的安装质量才有保证。

柱子间距的校正，对于较小间距的柱，可用油压千斤顶或钢楔进行校正；对于较大间距的柱，则用钢丝绳和捯链进行校正。

7.3.3　钢结构构件连接

7.3.3.1　坡口焊连接

钢柱之间、主梁与钢柱之间一般采用坡口焊，一般梁的上、下翼缘用坡口焊连接，而腹板用高强螺栓连接；次梁与主梁的连接基本上是在腹板处用高强螺栓连接，少量再在上、下翼缘处用坡口电焊接。

坡口电焊连接应先做好准备（包括焊条烘焙、坡口检查、电弧引入、引出板和钢垫板，并点焊固定，清除焊接坡口、周边的防锈漆和杂物，焊接口预热）。柱与柱的对接焊接，采用二人同时对称焊接，柱与梁的焊接亦应在柱的两侧对称同时焊接，以减少焊接变形和残余应力。

对于厚板的坡口焊，在底层多用直径 4mm 焊条焊接，中间层可用 5mm 或 6mm 焊条，盖面层多用直径 5mm 焊条。盖面层焊缝搭坡口两边各 2mm，焊缝余高不超过对接焊体中较薄钢板厚的 1/10，但也不应大于 3.2mm。焊后当气温低于 0℃ 时，用石棉布保温使焊缝缓慢冷却。焊缝质量检验均按二级检验。

7.3.3.2　高强螺栓连接

两个连接构件的紧固顺序是：

（1）先主要构件，后次要构件；

（2）工字形构件的紧固顺序是：上翼缘→下翼缘→腹板；

（3）同一节柱上各梁柱节点的紧固顺序是：柱子上部的梁柱节点→柱子下部的梁柱节点→柱子中部梁柱节点；

（4）每一节点安设紧固高强螺栓顺序是：摩擦面处理→检查安装连接板（对孔、扩孔）→临时螺栓连接→高强螺栓紧固→初拧→终拧。

7.3.4　钢结构安全施工措施

钢结构高层和超高层建筑施工，应采取有效措施保证施工安全，安全措施包括：

（1）在钢结构吊装时，挂设安全竖网和平网，以防人员、物料和工具坠落。安全平网设置在梁面以上 2m 处，当楼层高度小于 4.5m 时，安全平网可隔层设置，安全平网要求在建筑平面范围内满铺；安全竖网铺设在建筑物外围，防止人和物飞出造成安全事故，竖网铺设的高度一般为两节柱的高度。

（2）为便于进行柱梁节点紧固高强螺栓和焊接，需在柱梁节点下方安装挂脚手架。

（3）钢结构施工时所需用的设备需随结构安装面逐渐升高，为此需在刚安装的钢梁上设置存放设备的平台。设置平台的钢梁必须将紧固螺栓全部紧固拧紧，如图 7-21 所示。

（4）在柱、梁安装后而未设置浇筑楼板用的压型钢板时，为便于柱子螺栓等施工的方便，需在钢梁上铺设适当数量的走道板。

（5）施工用的电动机械和设备均须接地，绝对不允许使用破损的电线和电缆，严防设备漏电；施工用电器设备和机械的电线，须集中在一起，并随楼层的施工而逐节升高；每层楼面须分别设置配电箱，供每层楼面施工用电需要。

（6）高空施工，当风速达到 15m/s 时，所有工作均须停止。

（7）施工时尚应注意防火并安排必要的灭火设备和消防人员。

图 7-21 接柱处操作平台

7.4 大跨空间结构吊装

7.4.1 大跨空间结构的分类和特点

大跨结构是指竖向承重结构为柱和墙体,屋盖有钢桁架、网架、悬索结构、薄壳、膜结构等的大跨结构。这类建筑中间没有柱子,而是通过空间结构把荷重传到房屋四周的墙、柱上去。适用于体育馆、航空港、火车站等公共建筑。

现代大跨度钢结构的结构形式较多,主要朝各类结构的组合形式发展。其中,奥运会羽毛球馆以世界跨度最大的弦支穹顶作为屋盖,而广州国际会展中心以张弦桁架作为屋盖,水立方是泡沫多面体钢架结构,鸟巢是复杂的桁架钢结构。

大型钢结构工程的构件较多,由几万到十多万个构件组成,构件的截面形式、尺寸各不相同,给施工单位放样带来极大难度,尤其是部分弯扭构件必须通过试验与研究才能完成。

7.4.1.1 空间结构的分类

空间结构大体可分为薄壳结构、悬索结构和网架结构三大类。

(1) 薄壳结构一般泛指采用钢筋混凝土材料建造的薄壁壳体,它具有传递力比较直接的特点,有较好的受力性能。

(2) 悬索结构是以钢索为主要承重构件,由于钢索都是采用高强度的钢材制成,其受力性能合理,材料强度可以充分发挥。

(3) 网架结构是由许多杆件组成的空间结构,它又可分为平板型网架和网壳型两大类。其中平板型网架在我国发展很快,应用也比较广泛。

7.4.1.2 平板网架的优点

平板网架结构(简称网架)之所以能得到广泛的应用,为广大设计和施工及建设单位所青睐,主要是因为它具有较为突出的优点:

(1) 网架空间结构受力,每根杆件都参加工作,故可以节省钢材。如网架形式,杆件截面和节点构造选择合理。

(2) 网架的厚度一般为 1/20~1/15 跨度,比普通桁架节省空间。

（3）网架空间结构体系，各方面的刚度等同，整体性好，能抵抗不同方向的地震力。

（4）对承受集中荷载、非对称荷载、局部超载等都有利，并能较好地承受在网架吊装时产生的内力和地基不均匀沉降引起的附加内应力。

（5）网架的杆件和节点的形状尺寸大都相同，因而可做成标准构件在工厂生产，减少大量现场工作量，提高网架的工程质量。

（6）由于网架结构的网格尺寸较小，便于采用轻型屋面。

（7）网架结构便于在顶棚上铺设管道、安装灯光设备及悬挂吊车等设备。

（8）建筑布置灵活，其外露杆件组成的集合图案美观大方，深受广大建筑师的欢迎。

（9）设计工作简便，计算及绘图工作量都可大量减少。

7.4.2　大跨空间结构施工特点

7.4.2.1　大跨度钢结构施工力学原理

大跨度钢结构施工的受力状态是一个动态过程，在已经完成安装的钢结构上，安装产生的结构内力与位移则会对后期安装的钢结构内力与位移产生一定影响，为此，在大跨度钢结构施工中应对每一个阶段的内力与位移状况进行跟踪与计算，从而获得准确的结构内力与结构位移累计效应。在大跨度钢结构每一阶段施工过程，均会产生一定的边界约束条件变化（构件增删、温度变化与预应力变化等），在计算过程中要充分考虑这些因素，才能保证计算结果的准确性。

7.4.2.2　大跨度空间施工特点

（1）构件精确度要求高，焊接施工技术工作量大、难度高。由于大部分大跨度钢结构的施工质量标准较高，因此，必须保证钢结构的构件部分精度，才能确保工程的施工质量满足工程标准。其中，大部分焊缝的施工质量要求为一级焊缝。

（2）结合预应力技术。预应力钢结构是指采用预加应力调整钢结构的内力分布，通过向钢结构施加荷载，可以有效地增强材料强度，并扩大结构刚度。其中，预应力钢结构采用预加力将钢结构的受力状态改变，并将内力峰值降低。预加力可以将作用在构件上的内部荷载相互平衡，可以有效地将构件的截面积减小，便于减少用钢量。另外，采用预加应力，将钢结构中的钢材的拉、压强度在同一构件中充分发挥并利用，便于加强钢结构的弹性承载能力。

通过采用共同抵抗外荷载作用，将钢结构中的刚性拱与柔性索结合起来，可以有效地提高高强钢索的抗拉性能，并充分利用拱的压弯能力，提高预应力钢结构的工程施工质量。

（3）大跨空间结构的施工原则：

1）合理分割，即把空间结构根据实际情况合理地分割成各种单元体，然后拼成整体。一般有下列几种方案，即：

①直接由单根杆件、单个节点总拼成空间结构；

②由小拼单元总拼成空间结构；

③小拼单元→中拼单元→总拼成空间结构。

2）尽可能多地争取在工厂或预制场地焊接，尽量减少高空作业量，这样可以充分利用起重设备将空间结构单元翻身而能较多地进行平焊。

3）节点尽量不单独在高空就位，而是和杆件连接在一起拼装，在高空仅安装杆件。

（4）空间网架结构的施工。划分网架结构小拼单元时，应考虑空间结构的类型及施工条件。

1）小拼单元的划分。小拼单元一般可划分为平面桁架型或锥体型两种。划分时应作方案比较以确定最优者。图 7-22 所示为斜放四角锥网架两种划分方案的实例。其中图 7-22（a）方案的工厂焊接工作量占总工作量约 35%，而图 7-22（b）方案却占 70%左右。桁架系网架的小拼单元，应该划分成平面桁架型小拼单元。

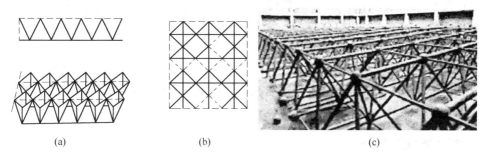

(a)   (b)   (c)

图 7-22　小拼单元划分方案

（a）桁架型小拼单元；（b）锥体型小拼单元；（c）斜放四角锥网架照片

2）小拼单元的焊接。小拼单元应在专门的拼装模架上焊接，以确保几何尺寸的准确性。小拼模架有平台型（见图 7-23（a）、（b））和转动型（见图 7-23（c））两种。平台型模架仅作定位焊用，全面施焊应将单元体吊运至现场进行，而转动型模架是单元体全在此模架上进行焊接，由于模架可转动，易于保证焊接质量。

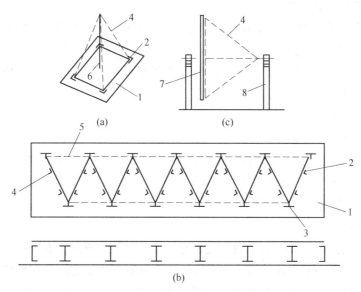

(a)   (c)

(b)

图 7-23　小拼单元拼装模架

（a）、（b）平台型模架；（c）转动型模架

1—拼装平台；2—定位角钢；3—搁置节点槽口；4—网架；

5—临时加固杆；6—标杆；7—转动模架；8—支架

3）总拼顺序。为保证网架在总拼过程中具有较小的焊接应力，合理的总拼顺序应该是从中间向两边四周发展（见图7-24），它具有以下优点：

①可减少半的累积偏差；

②保持一个自由收缩边，大大减少焊接收缩应力；

③向外扩展拼装顺序，便于网架局部尺寸的调整。

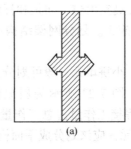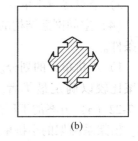

图7-24　总拼顺序示意图
(a) 由中间向两边发展；(b) 由中间向四周发展

4）拼装注意事项：

①总拼时严禁形成封闭圈，因为在封闭圈中焊接会产生很大的焊接收缩应力。

②网架焊接时一般先焊下弦，使下弦收缩而略上拱，然后焊接腹杆及上弦。如先焊上弦，则易造成不易消除的人为挠度。

7.4.3　空间结构安装方法

7.4.3.1　高空散装法

高空拼装法是先在设计位置处搭设拼装支架，然后用起重机把网架构件分件（或分块）吊至空中的设计位置，在支架上进行拼装。它在拼装过程中始终有一部分网架悬挑着，当跨度较大，拼接到一定悬挑长度后，设置单肢柱或支架支承悬挑部分，以减少或避免因自重和施工荷载而产生的挠度。其优点是可以采用简易的运输设备，有时不需大型起重设备，其缺点是拼装支架用量大，高空作业多。高空散装法适用于非焊接连接（螺栓球节点或高强螺栓连接）的网架。

拼装支架是在拼装网架时支承网架、控制标高和作为操作平台之用，有全支架法（即架设满堂脚子架）和悬挑法两种。支架的数量和布置方式，取决于安装单元的尺寸和刚度。全支架法可以一根杆件、一个节点的散件在支架上总拼或以一个网格为小拼单元在认计标高进行总拼。

A　高空散装法工艺

工厂小单元制作→支架搭设→拼装→拆支架。

为了节省支架，总拼时可以部分网架悬挑。图7-25所示为首都体育馆的拼装方法，预先用角钢焊成三种小拼单元（见图7-25（a）），然后在支架上悬挑拼装（见图7-25（b））。高空装采用高强螺栓连接。

B　支架设置

支架既是网架拼装成型的承力架，又是操作平台支架。所以，支架搭设位置必须对准网架下弦节点。支架一般用扣件脚手架搭设，它应具有整体稳定性和在荷载作用下有足够的刚度的特点。支架本身的弹性压缩、接头变形、地基沉降等引起的总沉降值应控制在5mm以下。因此，为了调整沉降值和卸荷方便，可在网架下弦节点与支架之间设置调整标高用的千斤顶。拼装支架必须牢固，设计时应对单肢稳定、整体稳定进行验算，并估算沉降量。其中单肢稳定验算可按一般钢结构设计方法进行。

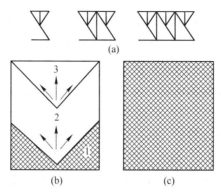

图 7-25　首都体育馆网架屋盖高空散装法施工
(a) 二种小拼单元；(b) 总拼顺序（其中 1~3 为拼装顺序编号）；
(c) 拼装支架平面布置（细线为支架范围，粗线为起重机轨道）

C　支架整体沉降量控制

支架的整体沉降量包括钢管接头的空隙压缩、钢管的弹性压缩、地基的沉陷等。如果地基情况不良，要采取夯实加固等措施，高空拼装法对支架的沉降要求较高（不得超过 5mm）。大型网架施工，必要时可进行试压，以取得所需的资料。拼装支架不宜用竹或木制，因为这些材料容易变形并且易燃，故当网架采用焊接连接时禁用。

D　拼装操作

总的拼装顺序是从建筑物一端开始向另一端以两个三角形同时推进，待两个三角形相交后，则按人字形逐榀向前推进，最后在另一端的正中合拢。

每榀块体的安装顺序，在开始两个三角形部分是出屋脊部分开始分别向两边拼装，两三角形相交后，则由交点开始同时向两边拼装，如图 7-26 所示。

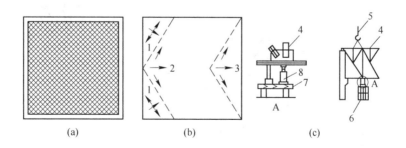

图 7-26　高空散装法安装网架
(a) 网架平面；(b) 网架安装顺序；(c) 网架块体临时固定方法
1，2，3—安装顺序；4—第一榀网架块体；5—吊点；
6—支架；7—枕木；8—液压千斤顶

a　分块拼装

吊装分块（分件）用 2 台履带式或塔式起重机进行，分块拼装后，在支架上分别用方木和千斤顶顶住网架中央竖杆下方进行标高调整，其他分块则随拼装随拧紧高强螺栓。

b　分件拼装

当采取分件拼装，一般采取分条进行，顺序为：支架抄平、放线→放置下弦节点垫板→按格依次组装下弦、腹杆、上弦支座（由中间向两端、一端向另一端扩展）→连接水平系杆→撤出下弦节点垫板→总拼精度校验→油漆。

每条网架组装完，经校验无误后，按总拼顺序进行下条网架的组装，直至全部完成。

E　支架的拆除

网架拼装成整体并检查合格后，即拆除支架。拆除时应从中央逐圈向外分批进行，每圈下降速度必须一致，应避免个别支点集中受力，避免因拆除原因引起网架受力突变破坏。对于大型网架，每次拆除的高度可根据自重挠度值分成若干批进行。

7.4.3.2　分条分块安装法

分条分块法是高空散装的组合扩大。为适应起重机械的起重能力和减少高空拼装工作量，将屋盖划分为若干个单元，在地面拼装成条状或块状扩大组合单元体后，用起重机械或设在双肢柱顶的起重设备，垂直吊升或提升到设计位置上，拼装成整体网架结构的安装方法。

该法适于分割后刚度和受力状况改变较小的各种中、小型网架，如双向正交正放网架。对于场地狭小或跨越其他结构、起重机无法进入网架安装区域时尤为适宜。分条分块法安装网架如图7-27所示。

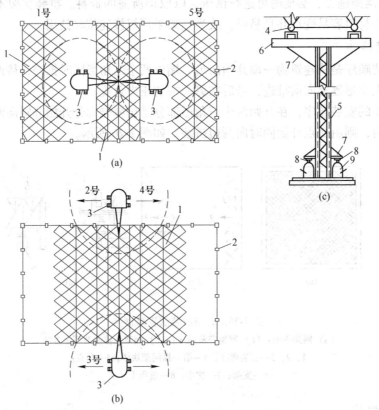

图7-27　分条分块法安装网架

（a）吊装1号、5号段网架作业；（b）吊装2号、4号、3号段作业；（c）网架跨中挠度调节

1—网架；2—柱子；3—履带式起重机；4—下弦钢球；5—钢支柱；6—横梁；7—斜撑；8—升降顶点；9—液压千斤顶

A　条状单元组合体的划分

条状单元组合体的划分，是沿着屋盖长方向切割。对桁架结构是将一个节间或两个节间的两榀或三榀桁架组成条状单元体；对网架结构，则将一个或两个网格组装成条状单元体。切割组装后的网架条状单元体往往是单向受力的两端支承结构。这种安装方法适用于分割后的条状单元体，在自重作用下能形成一个稳定体系，其刚度与受力状态改变较小的正放网架或刚度和受力状况未改变的桁架结构类似。网架分割后的条状单元体刚度，要过验算，必要时应采取相应的临时加固措施。通常条状单元的划分有以下几种形式：

（1）网架单元相互靠紧，把下弦双角钢分在两个单元上，如图 7-28（a）所示，此法可用正放四角锥网架；

（2）网架单元相互靠紧，单元间上弦用剖分式安装节点连接，如图 7-28（b）所示，此法可用于斜放四角锥网架；

（3）单元之间空一节间，该节间在网架单元吊装后再在高空拼装，如图 7-28（c）所示，可用于两向正交正放或斜放四角锥等网架。

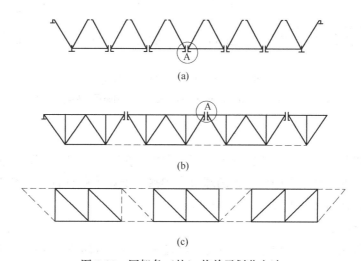

图 7-28　网架条（块）状单元划分方法
（a）网架下弦双角钢分在两单元；（b）网架上弦用剖分式安装；
（c）网架单元在高空中拼装
A—剖分式安装节点

分条（分块）单元，自身应是几何不变体系，同时还应有足够的刚度，否则应加固。对于正放网架而言，在分割成条（块）状单元后，自身在自重作用下能形成几何不变体系，同时也有一定的刚度，一般不需要加固。但对于斜放类网架，在分割成条（块）状单元后，由于上弦为菱形结构可变体系，因而必须加固后才能吊装，如图 7-29 所示。

B　块状单元组合体的划分

块状单元组合体的分块，一般是在网架平面的两个方向均有切割，其大小视起重机的起重能力而定。切割后的块状单元体大多是两邻边或一边有支承，一角点或两角点要增设临时顶撑予以支承。也有将边网格切除的块状单元体，边网格留在垂直吊升后再拼装成整体网架，如图 7-30 所示。

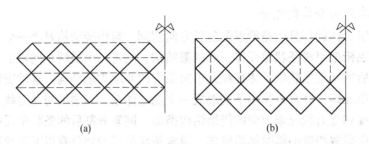

图 7-29 斜放四角锥网架上弦加固（虚线表示临时加固杆件）示意图

（a）网架上弦临时加固件采用平行式；（b）网架上弦临时加固件采用间隔式

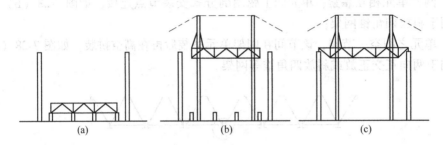

图 7-30 网架吊升后拼装边节间

（a）网架在室内砖支墩上拼装；（b）用独脚拔杆起吊网架；（c）网架吊升后将边节各杆件及支座拼装上

C 拼装操作

吊装有单机跨内吊装和双机跨外抬吊两种方法，在跨中下部设可调立柱、钢顶撑，以调节网架跨中挠度。吊上后即可将光圆球节点焊接、安设下弦杆件，待全部作业完成后，拧紧支座螺栓，拆除网架下立柱，完成拼装。

D 网架挠度控制

网架条状单元在吊装就位过程中的受力状态属平面结构体系，而网架结构是按空间结构设计的，因而条状单元在总拼前的挠度要比网架形成整体后该处的挠度大，故在总拼前必须在合拢处用支撑顶起，调整挠度使与整体网架挠度吻合。块状单元在地面制作后，应模拟高空支承条件，拆除全部地面支墩后观察施工挠度，必要时也应调整其挠度。

E 网架尺寸控制

条（块）状单元尺寸必须准确，以保证高空总拼时节点吻合或减少积累误差，一般可采取预拼装措施。同时应该注意保证条（块）状单元制作精度和起拱，以免造成总拼困难。

7.4.3.3 整体顶升法

整体顶升法是利用柱作为滑道，将千斤顶安装在结构各支点的下面，逐步地把结构顶升到设计位置的施工方法。整体顶升法与整体提升法类似，区别在于提升设备的位置不同，前者位于结构支点的下面，后者则位于上面，两者的作用原理相反。采用提升法时，只要提升设备安装垂直，网架基本能保证较垂直的上升。顶升法顶升过程中如无导向措施，则极易发生偏转。两者共同的特点则为安装过程中网架只能垂直地上升，不允许平移或转动。

7.4.3.4　整体提升法

整体安装法就是先将网架在地面上拼装成整体，然后用起重设备将其整体提升到设计位置上加以固定。这种施工方法不需要高大的拼装支架，高空作业少，易保证焊接质量，但需要起重量大的起重设备，技术较复杂。整体提升法对球节点的钢管网架（尤其是三向网架等构件较多的网架）较适宜。根据所用设备的不同，整体安装法又分为多机抬吊法、拔杆提升法、千斤顶提升法与千斤顶顶升法等。多机抬吊如图7-31所示。

图7-31　多机抬吊网架屋盖

7.4.3.5　高空滑移法

高空滑移法是将网架条状单元组合体在建筑物上空进行水平滑移对位总拼的一种施工方法，适用于网架支承结构为周边承重墙或柱上有现浇钢筋混凝土圈梁等情况。可在地面或支架上进行扩大拼装条状单元，并将网架条状单元提升到预定高度后，利用安装在支架或圈梁上的专用滑行轨道，水平滑移对位拼装成整体网架。

图7-32所示为某体育馆网架屋盖的空中滑移施工示意图，网架结构采用平面尺寸为45m×55m的斜放四角锥体系，下弦网格尺寸为3.93m×3.57m，网架高3.2m，短跨方向起拱450mm，单向弧形起拱，网架总重量约106t，网架沿长度方向分为7条，跨度方向又分为两条，每条的尺寸为22.5m×7.86m，重7~9t，单元在空中直接并装。

7.4.4　空间结构的新型施工方法

在高层钢结构安装领域，从昔日帝王大厦的钢结构安装到上海环球大厦及中央电视新台址主楼钢结构的建造，积累了丰富的钢结构施工经验；无论是央视新台址主楼钢结的安装，还是其施工过程中的变形预调值的计算，其难度均创造了目前施工技术之最。

在大跨度钢结构及空间结构领域，大跨度桁架及网架的滑移施工技术、钢结构屋盖整体提升及顶升施工技术、大面积空间钢结构屋盖拆撑施工技术、复杂钢构件的制作加工技术在一大批工程项目中得到应用，获得了巨大的技术进步和经济效益。例如，新白云机场主航站楼钢结构桁架的整体曲线滑移施工技术，新白云机场大型维修机库钢屋盖的整体提升施工技术，国家大剧院和鸟巢钢屋盖的拆撑施工技术，贵州世界第一大500米口径球面射电望远镜钢结构安装难度，目前在建的北京首都新机场钢结构施工体量（见图7-33），均代表了钢结构施工技术的最新水平。

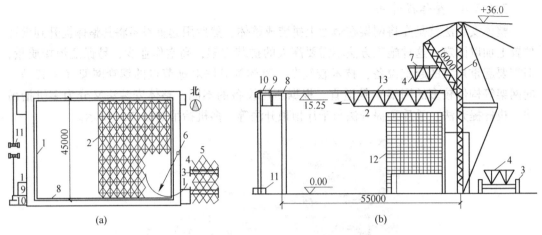

图 7-32   用滑移法安装网架结构实例

（a）平面；（b）剖面

1—天沟渠；2—网架（临时加固杆件未示出）；3—拖车架；4—网架分块单元；5—临时加固杆件；6—悬臂桅杆；
7—工字形铁扁担；8—牵引绳；9—牵引滑轮组；10—反力架；11—卷扬机；12—脚手架；13—拼装节点

图 7-33   北京首都新机场钢结构施工

7.5   索结构施工

以索作为主要结构受力构件而形成的结构称为索结构，索结构大量采用预应力拉索而排除了受弯杆件，加之采用了轻质高强的围护结构，使其承重结构体系变得十分轻巧。例如汉城奥运会主赛馆直径约 120m 的索穹顶结构自重仅有 14.6kg/m^2。

索结构可分为索桁架、索网、索穹顶、张弦梁、悬吊索和斜拉索等，索结构一般通过张拉或下压建立预应力。其主要施工技术包括拉索制作技术、拉索节点及锚固技术、拉索安装及张拉技术、拉索防护及维护技术等。

索穹顶结构施工过程复杂、情况多变，整个施工过程分阶段完成，结构的某些荷载，如自重、施工荷载、预应力等是在施工过程中逐级施加的，每一施工阶段都可能伴随着结构自身体系转换、边界约束增减、预应力张拉等。

7.5.1　钢索与锚具

7.5.1.1　钢索的材料

由于索只能承受拉力，因此所选取的材料通常是抗拉性能优异的材料。悬索结构中的钢索可根据结构跨度、荷载、施工方法和使用条件等因素，分别采用有高强钢丝组成的钢绞线、平行钢丝束或钢丝绳，其中钢绞线和平行钢丝束最为常用。但也可采用圆钢筋或带状薄钢板。此外，还可以采用非金属材料如有机纤维制成的束。

拉索采用高强度材料制作，作为主要受力构件，其索体性能应符合《建筑工程用索》（JG/T 330）、《桥梁缆索用热镀锌钢丝》（GB/T 17101）、《预应力混凝土用钢绞线》（GB/T 5224）、《重要用途钢丝绳》（GB 8918）等相关标准。拉索采用的锚固装置应满足《预应力筋用锚具、夹具和连接器》（GB/T 14370）及相关钢材料标准。拉索的静载破断荷载一般不小于索体标准破断荷载的95%，破断延伸率不小于2%，拉索的使用应力一般在0.4～0.5倍标准强度。当有疲劳要求时，拉索应按规定进行疲劳试验。

7.5.1.2　钢索的制作

钢索的制作一般须经调直、下料、编束、预张拉及防护等几个程序。

A　下料

钢索在下料前应抽样复验，内容包括外观、外形尺寸、抗拉强度等，并出具相应的检验报告。下料前先要以钢索初始状态的曲线形状为基准进行计算，下料长度应把理论长度加长至支承边缘，再加上张拉工作长度和施工误差等。另外在下料时还应实际放样，以校核下料长度是否准确。在每束钢索上应标明所属索号和长度，以供穿索时对号入座。

为了使组成钢索的各根钢丝或各股钢绞线在工作状态下受力均匀，下料时一般采用"应力"下料法，即将开盘、调直后的钢丝或钢绞线在一定拉应力状态下号料，不仅可以使钢丝或钢绞线拉直，还可以消除一些非弹性因素对长度的影响。

钢丝或钢绞线及热处理钢筋的切断应采用切割机或摩擦圆锯片，切忌采用电弧切割或气切割。

B　编束

编束时，不论钢丝束或钢绞线束均宜采用栅孔梳理，以使每根钢丝或多股钢绞线保持相互平行，防止互相交错、缠结；成束后，每隔1m左右要用铁丝缠绕拉紧。

C　钢索的张拉

钢索的预张拉是为了消除索的非弹性变形，保证在使用时的弹性工作。预张拉在工厂内进行，一般选取钢丝极限强度的50%～55%为预张力，持荷时间为0.5～2.0h。

7.5.1.3　钢索的锚具

钢索的锚具有钢丝束镦头锚具、钢丝束冷铸锚具与热铸锚具、钢绞线夹片锚具、钢绞线挤压锚具、钢绞线压接锚具等。

7.5.2　索结构施工要点

7.5.2.1　钢索的加工运输储存

（1）钢索按照施工图纸规定在专业预应力钢索厂进行下料；按施工图上结构尺寸和数量，每根钢索的每个张拉端预留张拉长度进行下料；

（2）钢索及配件运输及吊装、运输过程中不得碰撞挤压；

（3）钢索及配件在铺放使用前，应妥善保存，放在干燥平整的地方，下边要有垫木，上面采取防雨措施，以避免材料锈蚀；切忌砸压和接触电气焊作业损伤钢索。

7.5.2.2　钢索的安装

A　预埋索孔钢管

对于混凝土支承结构（柱、圈梁或框架），在其钢筋绑扎完成后，先进行索孔钢管定位放线，然后用钢筋井字架将钢管焊接在支承结构钢筋上，并标注编号。模板安装后，再对钢管的位置进行检查和校核，确保准确无误。钢管端部应用麻丝堵严，以防止浇混凝土时流进水泥浆。

对于钢构件，一般在制作时先将索孔钢管定位固定，待钢构件吊装时再测量对正，以保证索孔钢管角度及位置准确；也可在钢构件上焊接耳板，待钢构件吊装定位后，将钢索的端头耳板用销子与焊接耳板连接。

B　挂索

当支承结构上预留索孔安装完成，并对其位置逐一检查和校核后，即可挂索。在高空架设钢索是悬索结构施工中难度较大的工序。挂索顺序应根据施工方案的规定程序进行，并按照钢索上的标记线将锚具安装到位，然后初步调整钢索内力及控制点的标高位置。

对于索网结构，先挂主索（承重索），后挂副索（稳定索），在所有主副索都安装完毕后，按节点设计标高对索网进行调整，使索网曲面初步成型，此即为初始状态。索网初步成型后开始安装夹具，所有夹具的螺母均不得拧紧，待索网张拉完毕经验收合格后再拧紧。

C　钢索与中心环的连接

对于设置中心环的悬索结构体系，钢索与中心环的连接可采用两种方法，即钢索在中心环处断开并与中心环连接；钢索在中心环处直接通过。

7.5.2.3　钢索张拉工艺

施加预应力是悬索屋盖结构施工的关键工序。通过施加预应力，可使各索内力和控制点标高或索网节点标高都达到设计要求。对于混凝土支承结构，只有在混凝土强度达到设计要求后才能进行此项工作。

（1）标定设备。张拉设备采用相应的千斤顶和配套油泵。根据设计和预应力工艺要求的实际张拉力对千斤顶、油泵进行标定。实际使用时，由此标定曲线上找到控制张拉力值相对应的值，并将其打在相应的泵顶标牌上，以方便操作和查验。

（2）张拉顺序。钢索的张拉顺序应根据结构受力特点、施工要求、操作安全等因素确定，以对称张拉为基本原则。钢索的张拉方法：

1）对直线束，可采取一端张拉；

2）对折线束，应采取两端张拉；

3）张拉力宜分级加载；

4）采用多台千斤顶同时工作时，应同步加载。

在悬索结构中，对钢索施加预应力的方式有张拉、下压、顶升等多种手段。其中，采用液压千斤顶、手动葫芦（捯链）等张拉钢索是最常用的一种方式；采用整体下压或整体顶升方式张拉，是一种新颖的施工方法，具有简易、经济、可靠等优点。由于各个工程的场地条件、索的质量不同，需要根据工程的具体情况制定合理的安装方案。一般的拉索张拉需要使用千斤顶和辅助张拉设备，而钢绞线群锚拉索的张拉方法与普通预应力混凝土中钢绞线的张拉类似。目前工程中运用最多的是成品索，而成品索的张拉基本上每个工程都需要专门设计张拉工装，而且在满足使用要求的情况下越简单越好。对于比较复杂的结构，有可能需要整体同步张拉，这不仅需要自动同步张拉设备，工装设计也更为复杂。图7-34所示为索结构施工过程图片。

图 7-34　索结构施工

工装设计需要综合考虑索头形式和尺寸、锚固节点形式和构造尺寸、配套张拉机具以及操作空间等因素，其中索头形式是最关键的决定因素。根据工装设计原理不同，将索头的基本形式分为两大类：销接连接和螺母旋紧锚固连接。销接连接是最常用的连接方式，适用于单叉耳式及双叉耳式索头；螺母旋紧锚固连接适用于螺杆式索头或钢棒，如冷铸锚等。图7-35所示为带索头的成品索及索头连接件。

（3）张拉控制应力。根据设计要求的预应力钢索张拉控制应力取值。

（4）钢索张拉。采用控制钢索的拉力、伸长值及钢结构变形值。预应力钢索张拉完成后，应立即测量校对。如发现异常，应暂停张拉，待查明原因，并采取措施后，再继续张拉。

（5）设备安装。由于张拉设备组件较多，因此在进行安装时必须小心安放，使张拉设备形心与钢索重合，以保证预应力钢索在进行张拉时不产生偏心。

（6）切断多余钢索。张拉结束后切断两端多余钢索，但应使其露出锚具不少于50mm。为保证在边缘构件内的孔道与钢索形成有效粘接，改善锚具受力状况，要进行索孔灌浆和端头封裹。这两项工作一定要引起足够的重视，因为灌浆和封裹的质量直接影响

图 7-35　成品索及连接件

到钢索的防腐，影响到钢索的安全与寿命。

7.5.2.4　测量与监控

为保证钢结构的安装精度以及结构在施工期间的安全，并使钢索张拉的预应力状态与设计要求相符，必须对钢结构的安装精度、张拉过程中钢索的拉力及钢结构变形进行监测。

A　钢索张拉测量记录

在对钢索进行张拉时，钢结构部分会随之变形。张拉前可把预应力钢索自由部分长度作为原始长度，当张拉完成后，再次测量原自由部分长度，两者之差即为实际伸长值。除了张拉长度记录，还应该对压力传感器测得压力和全站仪测得结构变形记录下来。

B　张拉质量控制方法和要求

（1）张拉力按标定的数值进行，用伸长值和压力传感器数值进行校核；

（2）认真检查张拉设备及与张拉设备相接的钢索，以保证张拉安全、有效；

（3）张拉严格按照操作规程进行，控制给油速度；

（4）张拉设备形心应与预应力钢索在同一轴线上；

（5）实测伸长值与计算伸长值相差超过允许误差时，应停止张拉。

职业技能

技　能　要　点	掌握程度	应用方向
钢结构加工工艺	掌握	土建项目经理、工程师
钢结构的吊装工艺	熟悉	
网架结构吊装工艺	掌握	
索结构安装工艺	掌握	
钢结构安装方案的选择和编制	掌握	
网架结构安装方案的选择和编制	熟悉	
索结构的安装方案的选择和编制	熟悉	

续表

技　能　要　点	掌握程度	应用方向
钢结构、网架结构、索结构安装的特点	了解	
钢结构吊装中的质量安全技术措施	掌握	土建工程师
钢结构吊装中的质量安全技术措施	掌握	
网架结构吊装中的质量安全技术措施	掌握	
索结构的安装的质量安全技术措施	掌握	

习　题

7-1　选择题

（1）大跨度结构常采用钢结构的主要原因是钢结构（　　　）。

A. 密封性好　　　　　　　　　　B. 自重轻　　　　　　　　　　C. 制造工厂化

（2）承压型高强度螺栓连接比摩擦型高强度螺栓连接（　　　）。

A. 承载力低，变形大　　　　B. 承载力高，变形大　　　　C. 承载力低，变形小

（3）焊接工字型截面梁腹板设置加劲肋的目的是（　　　）

A. 提高梁的抗弯强度　　　　B. 提高梁的抗剪强度　　　　C. 提高梁的局部稳定性

（4）在焊接施工过程中，（　　　）焊缝最难施焊，而且焊缝质量最难以控制。

A. 平焊　　　　　　　　　　B. 横焊　　　　　　　　　　C. 仰焊

（5）自动气割切断的加工余量为（　　　）。

A. 3mm　　　　　　　　　　B. 4mm　　　　　　　　　　C. 5mm

（6）（　　　）的熔滴靠自重过渡，操作简单，质量稳定

A. 立焊　　　　　　　　　　B. 平焊　　　　　　　　　　C. 横焊

（7）扭剪型高强度螺栓初拧一般用（　　　）轴力控制，以拧掉梅花卡头为终拧。

A. 50%～60%　　　　　　　B. 60%～70%　　　　　　　C. 70%～80%

（8）钢柱就位后经过初校，待垂直度偏差控制在（　　　）以内，则可进行临时固定，起重机在固定后可以脱钩。

A. 10mm　　　　　　　　　　B. 20mm　　　　　　　　　　C. 30mm

（9）钢柱一般宜按2~3层一节，分解位置应在楼层梁顶标高以上（　　　）。

A. 0.5~0.6m　　　　　　　B. 0.8~1.0m　　　　　　　C. 1.2~1.3m

（10）高强螺栓连接工字形构件的紧固顺序是（　　　）。

A. 上翼缘→下翼缘→腹板　　B. 腹板→上翼缘→下翼缘　　C. 下翼缘→腹板→上翼缘

7-2　简答题

（1）钢结构材料有哪几种切割方法？

（2）普通螺栓和高强度螺栓的连接应注意哪些问题？

（3）高层钢结构钢柱梁如何校正？

（4）钢网架吊装有几种方法，有何特点？

8 防水工程

学习要点：

· 掌握屋面防水施工工艺；

· 掌握地下防水施工工艺；

· 掌握室内防水施工工艺；

· 掌握外墙防水施工工艺；

· 熟悉防水材料分类；

· 了解新型防水材料的应用。

主要国家标准：

· 《建筑工程施工质量验收统一标准》（GB 50300）；

· 《地下防水工程质量验收规范》（GB 5020）；

· 《屋面工程质量验收规范》（GB 50207）；

· 《地下工程防水技术规范》（GB 50108）；

· 《屋面工程技术规范》（GB 50345）；

· 《防水沥青与防水卷材术语》（GB/T 18378）；

· 《住宅室内防水工程技术规范》（JGJ 298）。

案例导航

劣质防水引纠纷

据了解，在我国新建和现有的建（构）筑物中，屋面漏雨、地下工程漏水，卫浴间、外墙以及道桥等工程的渗漏现象仍然比较普遍。某国际公寓 5 栋高层住宅楼中，有 4 栋楼的屋面被发现大小不等的漏水点 161 个，地下室和外墙的漏水点分别达到 35 个和 32 个，使 30 多万平方米的房屋无法竣工和交付使用。

北京市建筑工程研究院建筑工程质量司法鉴定中心在近 5 年来所承接的有关屋面、地下室、卫浴间和外墙（含窗户）等防水工程质量（主要表现在渗漏水问题上）的案件，已占到建筑工程质量总案件的 25% 左右。该中心的某司法鉴定人，中国建筑学会、防水技术专家委员会副主任叶林标，对于近年来因防水工程质量问题而引起的各种矛盾、纠纷感触良多："一个渗漏影响到开发商与总承包商、开发商与设计、开发商与物业、开发商与业主、业主与业主、业主与物业以及总承包商与分包商、分包商与防水材料供应商之间的权益，甚至造成国家物资的损失。防水工程是一个系统工程，设计是前提，材料是基础，施工是关键，维修管理是保证，这几个环节中哪个出现问题，都会影响到整个防水工程的质量，都会发生渗漏，特别是对现在一些正在修建或启动大型的工程而言，一定要高度重视防水工作，防水做不好，损失更大，导致更为恶劣的后果。"

【问题讨论】

（1）在你生活的周围有防水质量不过关的建筑吗？

（2）你认为产生房屋防水质量问题的因素有哪些？

防水工程是建筑工程中一个重要组成部分，防水技术则是保证建筑物和构筑物的结构不受水的侵袭，内部空间不受水危害的专门措施。防水工程质量的优劣，不仅关系到建（构）筑物的使用寿命，而且会直接影响到人们的生产和生活。防水工程有多种分类方式，具体有：

（1）按其构造做法分为结构自防水和防水层防水；

（2）按防水材料分为柔性防水，如卷材防水、涂料防水等；刚性防水，如刚性材料防水层防水、结构自防水等；

（3）按防水部位又分为屋面防水、地下工程防水、室内防水、外墙防水等。

8.1 概　述

8.1.1 防水工程分类

依据工程类别、设防部位和设防方法可进行防水工程的分类，如表 8-1 所示。

表 8-1　防水工程的分类

类　别			主　要　内　容
工程类别	建筑物防水		工业建筑防水、民用建筑防水、农业建筑防水、园林建筑防水
	构造物防水		水塔、烟囱、栈桥、堤坝、蓄水池等处防水
设防部位	地上工程防水	屋面防水	卷材防水屋面、涂膜防水屋面、种植屋面防水
			瓦屋面防水、刚性混凝土防水屋面
			金属板材屋面防水、蓄水屋面防水
		墙体防水	外墙、坡面、板缝、门窗、柱边等处墙体防水
		地面防水	楼地面、卫浴室、盥洗间、厨房等处地面防水
	地下工程防水		地下室、地下管沟、地铁、隧道等处防水
	其他工程防水		特种构筑物防水、路桥防水、市政工程防水、水工建筑物防水等
设防方法	复合防水		整体卷材与局部涂膜或密封防水复合
			多道设防采用不同防水层复合
			同一防水层采用多种材料复合
	结构自防水	混凝土防水层	普通防水混凝土
			外加剂防水混凝土
			膨胀水泥或膨胀防水剂防水混凝土
		水泥砂浆防水层	钢纤维防水混凝土
			刚性多层普通砂浆防水
			聚合物水泥砂浆防水
			掺外加剂水泥砂浆防水

防水工程按照设防材料性能可分为刚性防水和柔性防水。刚性防水是指采用防水混凝土和防水砂浆做防水层。防水砂浆防水层是利用抹压均匀、密实的素灰和水泥砂浆分层交替施工，以构成一个整体防水层。由于是相间抹压的，各层残留的毛细孔道相互弥补，从而阻塞了渗漏水的通道，因此具有较高的抗渗能力。柔性防水则是依据具有防水作用的柔性材料做防水层，如卷材防水层、涂膜防水层、密封材料防水等。

8.1.2 防水工程质量保证体系

防水工程的整体质量要求是不渗不漏，保证排水畅通，使建筑物具有良好的防水和使用功能。防水工程的质量保证与材料、设计、施工、维护及管理诸多方面的因素有关，由于"材料是基础，设计是前提，施工是关键，管理是保证"，故必须实施"综合治理"的原则才能获得防水工程的质量保证。

8.1.2.1 材料是基础

防水工程的质量很大程度上取决于防水材料的性能和质量，各类防水材料性能如表8-2所示。

表 8-2 各类防水材料的性能和特点

性能指标 \ 材料类别	合成高分子卷材		高聚物改性沥青卷材	沥青卷材	合成高分子涂料	高聚物改性沥青涂料	沥青基涂料	防水混凝土	防水砂浆
	不加筋	加筋							
抗拉强度	○	○	△	×	△	△	×	×	×
延伸性	○	△	△	×	○	△	×	×	×
匀质性（厚薄）	○	○	○	△	×	×	×	△	△
搭接性	△	△	△	△	○	○	—	—	△
基层粘接性	△	△	△	△	○	○	○	—	—
背时效应	△	△	○	△	△	△	△	△	△
耐低温性	○	○	△	×	○	△	×	○	○
耐热性	○	○	△	△	○	△	×	○	○
耐穿刺性	△	×	△	×	○	△	△	○	○
耐老化性	○	○	△	△	○	△	×	○	○
耐工性	○	○	○	冷△/热×	×	×	×	△	△
施工气候影响程度	△	△	△	△	×	×	×	○	○
基层含水率要求	△	△	△	△	×	×	×	○	○
质量保证率	○	○	○	△	○	△	×	○	○
复杂基层适应性	△	△	△	×	○	○	○	×	△
环境及人身污染	○	○	△	×	○	△	×	×	×
荷载增加程度	○	○	△	△	○	○	△	△	×

注：○—好；△——般；×—差。

不同部位的防水工程，其防水材料的要求也有其侧重点，防水材料的适用参考如表8-3所示。

表8-3 防水材料适用参考表

材料适用情况	材料类别						
	高分子卷材	高聚物性沥青卷材	沥青卷材	合成高分子涂料	高聚物性沥青涂料	细石混凝土防水	水泥砂浆防水
特别重要建筑屋面	○	⊙	×	⊙	×	⊙	×
重要及高层建筑屋面	○	○	×	○	×	⊙	×
一般建筑屋面	△	○	△	△	※	○	※
有震动车间屋面	○	△	×	△	×	※	×
恒温恒湿屋面	○	△	×	△	×	△	×
蓄水种植屋面	△	△	×	⊙	⊙	○	△
大跨度结构屋面	○	△	※	※	※	×	×
动水压作用混凝土地下室	○	△	×	△	△	○	△
静水压作用混凝土地下室	△	△	×	△	△	○	△
静水压砖墙地下室	○	○	×	△	×	○	○
卫生间	※	※	×	○	○	○	⊙
水池内防水	※	×	×	×	×	○	○
外墙面防水	×	×	×	○	×	△	△
水池外防水	△	△	△	○	○	⊙	○

注：○—优先采用；⊙—复合采用；※—有条件采用；△—可以采用；×—不宜或不可采用。

8.1.2.2 设计是前提

设计人员在进行防水设计时，应掌握以下几点设计原则：

（1）防水工程需进行可靠性设计。防水工程设计必须考虑设计方案的适用性、防水材料的耐久性和合理性以及节点的细部处理，还必须考虑操作工艺和技术的可行性、成品保护和管理等因素。

（2）防水工程需按照防水等级设防。国家相关规范根据建筑物的性质、重要程度、使用功能要求和防水层耐用年限，对防水工程进行了等级划分，并按不同等级进行防水设防。

（3）遵循"以防为主，防排结合，复合防水，多道防线"的设计原则。防水应以防为主，还应尽量将水快速排走，以减轻防水层的负担；同时设计时需考虑采用多种材料复合使用，提高整体防水性能；在易出现渗漏的节点部位采用防水卷材、防水涂料、密封材料、刚性防水材料等互补并用的多道防水设防方式。

8.1.2.3 施工是关键

防水工程最终是通过施工来实现的，稍一疏忽便可能出现渗漏。做好防水工程施工的关键，主要应按照《建筑行业职业技能标准》要求防水工技术素质，严禁非防水专业队伍进行防水施工，还需做好施工技术的监理工作，严格检查原材料、半成品，严格执行分项工程验收制度，同时应重视施工图会审工作，按照设计要求编制施工方案。

8.1.2.4　管理是保证

防水工程竣工验收、交付使用后，还应加强工程管理，如定期检查、清扫屋面、疏通天沟和修补防水节点等。这些工作均应设有专人管理，形成制度并认真实施。

8.2　屋面防水工程

屋面防水工程是保证建筑物的寿命并使其各种功能正常使用的一项重要分项工程。防水屋面的种类包括：卷材防水屋面、涂膜防水屋面、刚性防水屋面及瓦屋面等。对于重要的或特别重要的工业与民用建筑、高层建筑经常采用两种防水做法构成复合防水屋面。防水与密封是屋面工程的子分部工程，它的分项工程有卷材防水、涂膜防水、复合防水和接缝密封防水。

屋面防水等级应根据建筑物的类别、重要程度、使用功能要求来确定，屋面防水分为两个等级，如表8-4所示。对防水有特殊要求的建筑屋面，应进行专项防水设计。

表8-4　屋面防水等级

防水等级	建筑类别	设防要求	每道卷材防水层最小厚度				卷材、涂膜屋面防水层做法
			高分子防水卷材	高聚物改性沥青			
				聚酯胎、玻纤胎、聚乙烯胎	自粘聚酯胎	自粘无胎	
I级	重要建筑和高层建筑	两道防水设防	1.2	3.0	2.0	1.5	卷材防水层和卷材防水层、卷材防水层和涂膜防水层、复合防水层
II级	一般建筑	一道防水设防	1.5	4.0	3.0	2.0	卷材防水层、涂膜防水层、复合防水层

8.2.1　卷材防水屋面

卷材防水是屋面防水的主要做法，适用于屋面防水的各个等级。卷材防水屋面具有重量轻、防水性能好的优点，其防水层的柔韧性好，能适应一定程度的结构振动和胀缩变形。

8.2.1.1　防水卷材、胶粘剂的选用

A　防水卷材

卷材防水层应选用高聚物改性沥青类或合成高分子类防水卷材，其卷材外观质量、品种规格应符合现行国家标准或行业标准。所选用的基层处理剂、胶粘剂等配套材料均应与卷材材料性能相容。

a　防水卷材种类

（1）高聚物改性沥青防水卷材。以合成高分子聚合物改性沥青为涂盖层，纤维毡、纤维织物或塑料薄膜为胎体，粉状粒状、片状或塑料膜为覆面材料制成可卷曲的防水材料，称为高聚物改性沥青防水卷材。如 SBS 改性沥青防水卷材、APP 改性沥青防水卷材、SBR 改性沥青防水卷材、聚氯乙烯（PVC）改性煤焦油防水卷材、再生橡胶改性沥青防

水卷材、改性沥青聚乙烯胎防水卷材等。

（2）合成高分子防水卷材。其是以合成橡胶、合成树脂或它们两者的共混体为基料，加入适量的化学助剂和填充剂等，采用橡胶或塑料的加工工艺所制成的可卷曲片状防水材料。有三元乙丙橡胶防水卷材、聚氯乙烯-橡胶共混防水卷材、增强氯化聚乙烯防水卷材、聚氯乙烯防水卷材和 TPO 防水卷材等。扫描二维码 8-1 学习 TPO 防水系统施工工法。

b　防水卷材选用

防水卷材的选择应符合下列规定：

（1）外观质量和品种、规格应符合国家现行有关材料标准的规定，可优先选用合成高分子防水卷材或高聚物改性沥青防水卷材；

（2）应根据当地历年最高气温、最低气温、屋面坡度和使用条件等因素，选择耐热度、低温柔性相适应的卷材；

（3）应根据结构形式、结构变形、当地年温差、日温差和振动等因素，选择拉伸性能相适应的卷材；

（4）应根据屋面卷材的暴露程度，选择耐紫外线、耐老化、耐霉烂相适应的卷材；

（5）种植隔热屋面的防水层应选择耐根穿刺防水卷材。

B　胶粘剂

（1）必须使用与卷材材料性能相容的胶粘剂。粘贴石油沥青卷材应用石油沥青胶粘剂，不得使用焦油沥青胶粘剂。沥青胶粘剂的软化点，应比基层及防水层周围介质的可能最高温度高出 20~25℃，且最低不应低于 40℃。

（2）用于粘贴卷材的胶粘剂可分为基层与卷材粘贴的胶粘剂及卷材与卷材搭接的胶粘剂两种。按其组成材料又可分为改性沥青胶粘剂和合成高分子胶粘剂。胶粘剂的质量应符合下列要求：

1）高聚物改性沥青卷材间的粘结剥离强度不应小于 8N/10mm；

2）合成高分子卷材胶粘剂的粘结剥离强度不应小于 15N/10mm，浸水 168h 后的粘结剥离强度保持率不应小于 70%。

（3）基层处理剂。基层处理剂是为了增强防水材料与基层之间的粘结力，在防水层施工之前，预先涂刷在基层上的涂料。常用的基层处理剂有冷底子油及与各种高聚物改性沥青卷材和合成高分子卷材配套的底胶（基层处理剂），主要包括：冷底子油、氯丁胶BX-12 胶粘剂、稀释剂、氯丁胶沥青乳液等。

（4）沥青胶结材料（玛蹄脂）。用一种或两种强度等级的沥青按一定比例熔合，经熬制脱水、掺入适当品种和数量的填充材料，如石灰石粉、白云石粉、滑石粉、云母粉、石英粉、石棉粉、木屑粉等（填充量为 10%~25%），作为胶粘材料。

C　进场检验

a　进场防水卷材检验

（1）高聚物改性沥青防水卷材检验指标有：可溶物含量、拉力、最大拉力时延伸率、耐热度、低温柔性、不透水性；

（2）合成高分子防水卷材检验指标有：断裂拉伸强度、拉断伸长率、低温弯折性、不透水性。

b 进场检验与贮运保管

（1）屋面防水材料场检验项目详见《屋面工程质量验收规范》（GB 50207—2012）附录 A；

（2）防水卷材、胶粘剂和胶粘带的贮运、保管应注意不同品种、规格的材料应分别堆放；卷材应贮存在阴凉通风处，应避免雨淋、日晒和受潮，严禁接近火源；卷材应避免与化学介质及有机溶剂等有害物质接触。

8.2.1.2 卷材防水屋面构造

卷材防水屋面分保温卷材屋面和不保温卷材屋面，保温卷材屋面包括保温隔热施工技术与防水施工技术，两大施工技术直接关系到屋面的使用功能和节能环保，所以屋面工程是绿色建筑的关键部分。卷材防水屋面构造如图 8-1 所示。

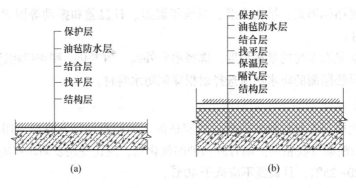

图 8-1 卷材屋面构造层次示意图
(a) 不保温卷材屋面；(b) 保温卷材屋面

保温卷材屋面构造包括：隔汽层（隔离层）→保温与隔热找坡层→找平层→卷材防水层→保护层。

（1）隔汽层。对于常年处在高湿状态下的保温屋面设置该层。隔汽层应设置在结构层上、保温层下；隔汽层应选用气密性、水密性好的材料；隔汽层应沿周边墙面向上连续铺设，高出保温层上表面不得小于 150mm；隔汽层不得有破损现象。

（2）保温层。分为块状材料、纤维材料、整体材料三种类型，保温材料使用时的含水率，应相当于该材料在当地自然风干状态下的平衡含水率。保温材料的导热系数一般随含水率的增大而增大，即含水率的升高将导致保温性能的下降。试验结果显示，含水率每增加 1%，其导热系数相应增大 5%左右，含水率从干燥状态增加到 20%时，其导热系数几乎增大一倍，所以，封闭式保温层或保温层干燥有困难的卷材屋面，宜采取排汽构造措施，如图 8-2 所示。

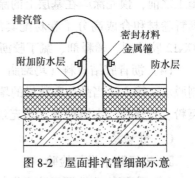

图 8-2 屋面排汽管细部示意

找坡及保温层应根据设计要求做法，在结构完成后及时进行施工，以保护结构。为了雨水迅速排走，屋面找坡应满足设计排水坡度要求，结构找坡不应小于 3%，材料找坡宜为2%；檐沟、天沟纵向找坡不应小于1%。

（3）找平层。宜采用水泥砂浆或细石混凝土，找坡层宜采用轻骨料混凝土。为了防止找平层凝固后产生干缩裂缝，宜对大面积找平层留设分格缝，缝宽宜为5~20mm，纵横缝的间距不宜大于6m。

如屋面保温层和找平层干燥有困难时，宜采用排汽屋面，此时找平层设置的分格缝可兼做排汽道。适当加宽分格缝的宽度，一般为40mm，以利于排出潮气。保温层通过排汽道上设置的排汽孔与大气相连通，排汽孔必须做好防水处理。

找平层在突出屋面结构（女儿墙、山墙、天窗壁、变形缝、烟囱等）的交接处和基层的转角处应做成圆弧形（高聚物改性沥青防水卷材：圆弧半径50mm；合成高分子防水卷材：圆弧半径20mm），并用附加卷材、防水涂料、密封材料作附加增强处理，然后才能铺贴防水层。内部排水的水落口周围，找平层应做成略低的凹坑，直径500mm范围内坡度不应小于5%。

（4）卷材防水层。各种防水卷材物理性能差异很大，选择时要根据防水等级、卷材的拉伸强度和延伸率、屋面基层条件、结构及基层变形情况、防水处理部位等选用，并根据不同防水卷材运用不同的施工工艺进行铺贴。

（5）隔离层。蓄水隔热层与防水层间应设隔离层，每个蓄水区应一次浇筑完毕，不得留施工缝，更不得有渗漏现象。

（6）保护层。卷材铺设完毕，经检查合格后，应立即进行保护层的施工，保护防水层免受损伤。保护层的施工质量对延长防水层使用年限有很大影响。刚性保护层与女儿墙、山墙之间应预留宽度为30mm的缝隙，并用密封材料嵌填严密。常用的保护层有：浅色涂料保护层、反射涂料保护层、细砂保护层、云母保护层、蛭石保护层、预制板块保护层、水泥砂浆保护层、细石混凝土保护层。

细石混凝土整浇保护层施工前，也应在防水层上铺设一层隔离层，并按设计要求留设分格缝，设计无要求时，每格面积不大于36m²，分格缝宽度为20mm。一个分格内的混凝土应尽可能连续浇筑、不留施工缝、混凝土应密实、表面抹平压光。

8.2.1.3 卷材防水层施工

卷材防水施工的一般工艺流程是：基层表面清理、修补→喷、涂基层处理剂→节点附加增强处理→定位、弹线、试铺→铺贴卷材→收头处理、节点密封→清理、检查、修整→保护层施工。

（1）基层表面清理、修补。卷材防水层基层应坚实、干净、平整，应无孔隙、起砂和裂缝。基层的干燥程度应根据所选防水卷材的特性确定。

（2）喷、涂基层处理剂。采用基层处理剂时，基层处理剂应与卷材相容；基层处理剂应配比准确，并应搅拌均匀；喷、涂基层处理剂前，应先对屋面细部进行涂刷；基层处理剂可选用喷涂或刷涂施工工艺，喷、刷应均匀一致，干燥后应及时进行卷材施工。

（3）节点附加增强处理。檐沟、天沟与屋面交接处、屋面平面与立面交接处，以及水落口、伸出屋面管道根部等部位，应设置卷材或涂膜附加层；屋面找平层分格缝等部位，宜设置卷材空铺附加层，其空铺宽度不宜小于100mm。

（4）铺贴方向和顺序。卷材防水层施工时，应先进行细部构造处理，然后由屋面最低标高向上铺贴；檐沟、天沟卷材施工时，宜顺檐沟、天沟方向铺贴，搭接缝应顺流水方向；卷材宜平行屋脊铺贴，上下层卷材不得相互垂直铺贴。

1）卷材的铺贴方向。卷材的铺设方向应根据屋面坡度和屋面是否有振动来确定。当屋面坡度小于3%时，卷材宜平行于屋脊铺贴；屋面坡度在3%～15%时，卷材可平行或垂直于屋脊铺贴；屋面坡度大于15%或受振动时，沥青卷材应垂直于屋脊铺贴，其他可根据实际情况考虑采用平行或垂直屋脊铺贴。由檐口向屋脊一层层地铺设，各类卷材上下应搭接，多层卷材的搭接位置应错开，上下层卷材不得垂直铺贴。

2）卷材的铺贴顺序。防水层施工时，应先做好节点、附加层和屋面排水比较集中部位（如屋面与水落口连接处，檐口、天沟、檐沟、屋面转角处、板端缝等）的处理，然后由屋面最低标高处向上施工。铺贴天沟、檐沟卷材时，宜顺天沟、檐口方向，减少搭接。铺贴多跨和有高低跨的屋面时，应按先高后低、先远后近的顺序进行。

（5）卷材搭接缝要求：

1）平行屋脊的搭接缝应顺流水方向，如图 8-3 所示，搭接缝宽度应符合表 8-5 的规定；同一层相邻两幅卷材短边搭接缝错开不应小于 500mm；上下层卷材长边搭接缝应错开，且不应小于幅宽的 1/3。

表 8-5　卷材搭接宽度　（mm）

卷 材 类 别		搭 接 宽 度
合成高分子防水卷材	胶粘剂	80
	胶粘带	50
	单缝焊	60，有效焊接宽度不小于 25
	双缝焊	80，有效焊接宽度 10×2+空腔宽
高聚物改性沥青防水卷材	胶粘剂	100
	自粘	80

2）垂直于屋脊的搭接缝应顺着本地区的主导风向进行搭接，位于上风口位置的卷材在接口位置压住位于下风口位置的卷材，如图 8-4 所示。

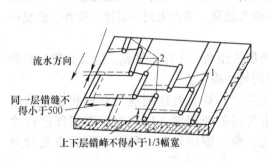

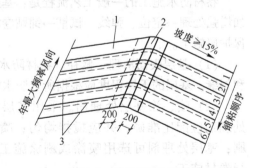

图 8-3　卷材平行与屋脊
1—第一层卷材；2—第二层卷材

图 8-4　卷材垂直与屋脊
1—卷材；2—屋脊；3—顺风接槎

3）叠层铺设的各层卷材，在天沟与屋面的连接处应采用交叉法搭接，搭接缝应错开；接缝宜留在屋面或天沟侧面，不宜留在沟底。

4）坡度超过25%的拱形屋面和天窗下的坡面上，应尽量避免短边搭接，必须短边搭接时，在搭接处应采取防止卷材下滑的措施。

（6）卷材铺贴施工工艺和方法。施工时应根据不同的设计要求、材料和工程的具体情况，选用合适的施工工艺和方法。

1）传统施工方法。卷材防水施工常见的施工工艺有六种，分别是冷粘法、自粘法、热粘法、热熔法、焊接法和机械固定法，如表8-6所示。铺贴的方法有四种，分别是满粘法、空铺法、条粘法和点粘法，立面或大坡面铺贴卷材时，应采用满粘法，并宜减少卷材短边搭接。

表8-6 卷材防水施工工艺

施工工艺	作　　法	适用范围	施工环境温度
冷粘法	采用胶粘剂进行卷材与基层、卷材与卷材的粘结，不需加热	合成高分子卷材、高聚物改性沥青防水卷材	不宜低于5℃
自粘法	采用带有自粘胶的防水卷材，不用热施工，也不需涂刷胶材料，直接进行粘结	带有自粘胶的合成高分子防水卷材及高聚物改性沥青防水卷材	不宜低于10℃
热粘法	传统施工方法，边浇热玛碲脂边滚铺油毡，逐层铺贴	石油沥青油毡三毡四油（二毡三油）叠层铺贴	不宜低于5℃
热熔法	采用火焰加热器熔化热熔型防水卷材底部的热熔胶进行粘贴	热塑性合成高分子防水卷材搭接缝焊	不宜低于−10℃
焊接法	采用热空气焊枪加热防水卷材搭接缝进行搭接缝进行粘结	热塑性合成高分子防水卷材搭接焊接	不宜低于−10℃
机械固定法	采用专用螺钉、垫片、压条及其他配件将合成高分子卷材固定在基层上的施工方法	便捷、可靠、实用，对基层无严格要求，缩短工期	—

2）防水卷材机械固定方法。防水卷材机械固定施工技术为建筑业10项新技术其中之一，越来越多的项目采用此项新技术。根据防水卷材的材料不同，可分为聚氯乙烯（PVC）、热塑性聚烯烃（TPO）防水卷材机械固定施工技术与三元乙丙（EPDM）防水层无穿孔机械固定施工技术。

①聚氯乙烯（PVC）、热塑性聚烯烃（TPO）防水卷材机械固定施工技术。机械固定即采用专用固定件，如金属垫片、螺钉、金属压条等，将聚氯乙烯（PVC）或热塑性聚烯烃（TPO）防水卷材以及其他屋面层次的材料机械固定在屋面基层或结构层上。机械固定包括点式固定方式和线性固定方式。

a. 点式固定：点式固定即使用专用垫片和螺钉对卷材进行固定，卷材搭接时覆盖住固定件，如图8-5所示。

b. 线性固定：线性固定即使用专用压条和螺钉对卷材进行固定，使用防水卷材覆盖条对压条进行覆盖，如图8-6所示。

聚氯乙烯（PVC）防水卷材、热塑性聚烯烃（TPO）防水卷材机械固定技术的应用范围广泛，可以在大跨度坡屋面及翻新屋面中使用，特别在大跨度屋面中该技术的经济性和施工速度都有明显优势。

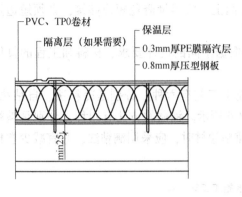

图 8-5 点式固定示意图

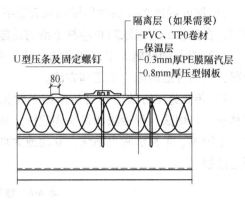

图 8-6 线性固定示意图

②三元乙丙（EPDM）防水层无穿孔机械固定施工技术。无穿孔增强型机械固定系统是轻型、无穿孔的三元乙丙（EPDM）防水层机械固定施工技术。该系统采用将增强型机械固定条带（RMA）用压条或垫片机械固定在轻钢结构屋面或混凝土结构屋面基面上，然后将宽幅三元乙丙橡胶防水卷材（EPDM）粘贴到增强型机械固定条带（RMA）上，相邻的卷材用自粘接缝搭接带粘结而形成连续的防水层。构造如图 8-7 所示。

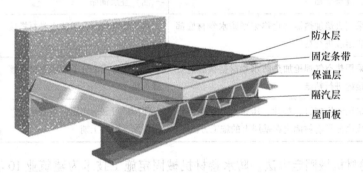

图 8-7 无穿孔机械增强固定系统构造

在安装和固定完保温板与隔汽层之后，按照风荷载设计的要求固定条带（RMA），条带（RMA）的间距根据屋面不同分区、不同的风荷载设置。然后将三元乙丙卷材粘接到预制了搭接带的条带（RMA）上，在节点以及女儿墙转角处做机械固定，以减小结构变形对这些部位的影响。轻钢屋面可直接固定，混凝土屋面需预钻孔。适用于轻钢屋面、混凝土屋面工程防水。

（7）检验与验收。屋面工程各分项工程宜按屋面面积每 $500 \sim 1000 m^2$ 划分一个检验批，不足 $500 m^2$ 应按一个检验批；防水与密封工程各分项工程每个检验批的抽检数量，防水层应按房屋面积每 $100 m^2$ 抽查一处，每处应为 $10 m^2$，且不得少于 3 处；接缝密封防水应按照每 50m 抽查一处，每处应为 5m，且不得少于 3 处。

屋面防水工程完工后，应进行观感质量检查和雨后观察或淋水、蓄水试验，不得有渗漏和积水现象。依据《屋面工程质量验收规范》（GB 50207）相关规定验收。验收合格后，应及时做好成品保护。

8.2.2 涂膜防水屋面

涂膜防水屋面是将高分子合成材料为主体的涂料涂抹在经嵌缝处理的屋面板或找平层上,形成具有防水效能的坚韧涂膜。涂膜防水由于防水效果好,施工简单、方便,特别适合于表面形状复杂的结构防水施工。

8.2.2.1 涂膜防水屋面构造

涂膜防水屋面分为保温涂膜屋面和不保温涂膜屋面,其构造如图 8-8 所示。

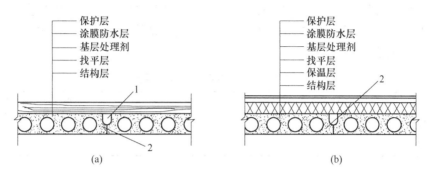

图 8-8 涂膜防水屋面构造图
(a) 无保温涂膜屋面;(b) 有保温涂膜屋面
1—嵌缝油膏;2—细石混凝土

8.2.2.2 防水涂料和胎体增强材料的选用

涂膜防水层由防水涂料和胎体增强材料组成。

A 涂膜防水涂料

防水涂料可分为合成高分子防水涂料、聚合物水泥防水涂料和高聚物改性沥青防水涂料;采用双组分或多组分防水涂料时应按配合比计量,配料时,可加入适量的缓凝剂或促凝剂调节固化时间,但不得混合已固化的涂膜防水涂料。

根据当地历年最高气温、最低气温、屋面坡度和使用条件等因素,选择成膜时间、耐热性、低温柔性、拉伸性能、耐紫外线、耐老化相适应的涂膜防水涂料。

B 涂膜防水胎体增强材料

主要有玻璃纤维纺织物、合成纤维纺织物、合成纤维非纺织物等种类,其作用是增加涂膜防水层的强度,当基层发生龟裂时,可防止涂膜破裂或蠕变破裂;同时还可以防止涂膜流坠。

8.2.2.3 涂膜防水层施工

涂膜防水施工的一般工艺流程是基层表面清理、修补→喷、涂基层处理剂→节点附加增强处理→涂布防水涂料及铺贴胎体增强材料→清理、检查、修整→保护层施工。

A 基层处理

涂膜防水层的基层应坚实、平整、干净,应无孔隙、起砂和裂缝。基层的干燥程度应根据所选用的防水涂料特性确定;当采用溶剂型、热熔型和反应固化型防水涂料时,基层应干燥。基层处理剂主要有合成树脂、合成橡胶以及橡胶沥青(溶剂型或乳液型)等材料，施工要求同卷材基层处理剂。

B　涂布防水涂料及铺贴胎体增强材料

防水涂料应多遍均匀涂布，并应等前一遍涂布的涂料干燥成膜后，再涂布下一遍涂料，且前后两边涂料的涂布方向应相互垂直，涂膜总厚度应符合设计要求。涂膜间夹铺胎体增强材料时，宜边涂布边铺胎体，胎体应铺贴平整，最上面的涂膜厚度不应小于1.0mm。涂膜施工应先做好细部处理，再进行大面积涂布。

胎体增强材料宜采用聚酯无纺布或化纤无纺布；胎体增强材料长边搭接宽度不应小于50mm，短边搭接宽度不应小于70mm；上下层胎体增强材料的长边搭接缝应错开，且不得小于幅宽的1/3；上下层胎体增强材料不得相互垂直铺设。每道涂膜防水层最小厚度应符合表8-7的规定。

表 8-7　每道涂膜防水层最小厚度　　　　　　　　　　　　　　（mm）

防水等级	合成高分子防水涂膜	聚合物水泥防水涂膜	高聚物改性沥青防水涂膜
Ⅰ级	1.5	1.5	2.0
Ⅱ级	2.0	2.0	3.0

C　涂膜防水层施工工艺和施工环境温度要求

水乳型及溶剂型防水涂料宜选用滚涂或喷涂施工；反应固化型防水涂料宜选用刮涂或喷涂施工；热熔型防水涂料宜选用刮涂施工；聚合物水泥防水涂料宜选用刮涂法施工；所有防水涂料用于细部构造时，宜选用刷涂或喷涂施工。

涂膜防水层的施工环境温度要求：水乳型及反应型涂料宜为5~35℃；溶剂型涂料宜为-5~35℃；热熔型涂料不宜低于-10℃；聚合物水泥涂料宜为5~35℃。

8.2.3　刚性防水屋面

刚性防水屋面根据防水层所用材料的不同，可分为普通细石混凝土防水屋面、补偿收缩混凝土防水屋面及块体刚性防水屋面。刚性防水屋面的结构层宜为整体现浇的钢筋混凝土或装配式钢筋混凝土板。现重点介绍细石混凝土刚性防水屋面。

8.2.3.1　屋面构造

细石混凝土刚性防水屋面，一般是在屋面板上浇筑一层厚度不小于40mm的细石混凝土，作为屋面防水层（见图8-9）。刚性防水屋面的坡度宜为2%~3%，并应采用结构找坡，其混凝土不得低于C20，水灰比不大于0.55，每立方米水泥最小用量不应小于330kg，灰砂比为1∶2~1∶2.5。为了使其受力均匀，有良好的抗裂和抗渗能力，在混凝土中

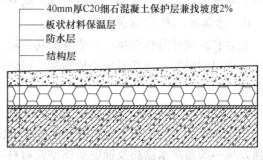

40mm厚C20细石混凝土保护层兼找坡度2%
板状材料保温层
防水层
结构层

图 8-9　细石混凝土刚性防水屋面

应配置直径为ϕ4~6间距为100~200mm的双向钢筋网片，且钢筋网片在分格缝处应断开，其保护层厚度不小于10mm。

细石混凝土防水层宜用普通硅酸盐水泥，当采用矿渣硅酸盐水泥时应采取减小泌水性措施；水泥强度等级不宜低于 42.5 级，防水层的细石混凝土和砂浆中，粗骨料最大粒径不宜大于 15mm，含泥量不应大于 1%，细骨料应采用中砂或粗砂，含泥量不应大于 2%，拌合水应采用不含有害物质的洁净水。

8.2.3.2 施工工艺

A 分格缝设置

对于大面积的细石混凝土屋面防水层，为了避免受温度变化等影响而产生裂缝，防水层必须设置分格缝。分格缝的位置应按设计要求而定，一般应留在结构应力变化较大的部位。如设置在屋面板的支承端，屋面转折处，防水层与突出屋面的交接处，并应与板缝对齐，其纵横向间跨不宜大于 6m。一般情况下，屋面板的支承端每个开间应留横向缝，屋脊应留纵向缝，分格的面积以 20m² 左右为宜。

B 细石混凝土防水层施工

在浇筑防水层混凝土之前，为减少结构变形对防水层的影响，宜在防水层与基层间设置隔离层。隔离层可采用低强砂浆、干铺卷材等。在隔离层做好后，便在其上定好分格缝位置，再用分格木条隔开作为分格缝，一个分格缝内的混凝土必须一次浇完，不得留施工缝。浇筑混凝土时应保证双向钢筋网片设置在防水层中部，防水层混凝土应采用机械振捣密实，表面泛浆后抹平，收水后再次压光。待混凝土初凝后，将分格木条取出，分格缝处必须有防水措施，通常采用油膏嵌缝，缝口上还做覆盖保护层（见图 8-10）。

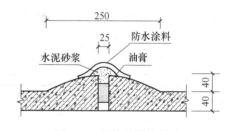

图 8-10 分格缝嵌缝做法

细石混凝土防水层施工时，屋面泛水与屋面防水层应一次做成，泛水高度不应低于 120mm，以防止雨水倒灌或爬水现象引起渗漏水。

细石混凝土防水层，其伸缩弹性很小，故对地基不均匀沉降，结构位移和变形，对温差和混凝土收缩、徐变引起的应力变形等敏感性大，容易开裂。在施工时应抓好以下主要工作，才能确保工程质量。

防水层细石混凝土所用的水泥品种、水泥最小用量、水灰比以及粗细骨料规格和级配应符合规范要求。

混凝土防水层，施工气温宜为 5~35℃，不得在负温和烈日暴晒下施工。

防水层混凝土浇筑后，应及时养护，养护时间不得少于 14d。

8.3 地下防水工程

地下防水工程是指对工业与民用建筑地下工程、防护工程、隧道及地下铁道等建（构）筑物，进行防水设计、防水施工和维护管理的等各项技术作业的工程。

地下工程埋置在土中，皆不同程度地受到地下水或土体中水分的作用。一方面地下水对地下建（构）筑物有着渗透作用，而且地下建（构）筑物埋置越深，渗透水压就越大；

另一方面地下水中的化学成分复杂，有时会对地下建（构）筑物造成一定的腐蚀和破坏作用。因此地下建（构）筑物应选择合理有效的防水措施，以确保地下建（构）筑物的安全耐久和正常使用。

根据规范规定，地下工程防水等级分为4级，如表8-8所示。地下防水按其构造可分为：地下构件自身防水和采用不同材料的附加防水层防水两大类。

表8-8 地下工程防水等级标准

防水等级	防水标准
Ⅰ级	不允许渗水，结构表面无湿渍
Ⅱ级	不允许漏水，结构表面可有少量湿渍； 房屋建筑地下工程：总湿渍面积不大于总防水面积（包括顶板、墙面、地面）的1‰；任意100m²防水面积上的湿渍不超过2处，单个湿渍的最大面积不大于0.1m²； 其他地下工程：湿渍总面积不应大于总防水面积的2‰；任意100m²防水面积上的湿渍不超过3处，单个湿渍的最大面积不大于0.2m²；其中，隧道工程平均渗水量不大于0.05L/(m²·d)，任意100m²防水面积上的渗水量不大于0.15L/(m²·d)
Ⅲ级	有少量漏水点，不得有线流和漏泥砂； 任意100m²防水面积上的漏水或湿渍点数不超过7处，单个漏水点的最大漏水量不大于2.5L/d，单个湿渍的最大面积不大于0.3m²
Ⅳ级	有漏水点，不得有线流和漏泥砂； 整个工程平均漏水量不大于2L/(m²·d)，任意100m²防水面积上的平均漏量不大于4L/(m²·d)

注：地下工程不同防水等级的适用范围，应根据工程的重要性和使用中对防水的要求选定：

Ⅰ级：人员长期停留的场所；因有少量湿渍会使物品变质、失效的贮物场所及严重影响设备正常运转和危及工程安全运营的部位；极重要的战备工程、地铁车站。

Ⅱ级：人员经常活动的场所；在有少量湿渍的情况下不会使物品变质、失效的贮物场所及基本不影响正常运转和工程安全运营的部位；重要的战备工程；

Ⅲ级：人员临时活动的场所；一般战备工程；

Ⅳ级：对渗漏无严格要求的工程。

地下工程的防水方案，应遵循"防、排、截、堵相结合，刚柔相济，因地制宜，综合治理"的原则，根据工程规划、结构设计、材料选择、结构耐久性和施工工艺等确定。地下工程防水应符合环境保护的要求，采用经过试验、检测和鉴定并经实践检验质量可靠的新材料、新技术、新工艺。

8.3.1 卷材防水层

卷材防水层宜用于经常处在地下水环境，且受侵蚀性介质作用或受振动作用的地下工程，卷材防水层要铺设在混凝土结构的迎水面。

卷材防水层用于建筑物地下室时，应铺设在结构底板垫层至墙体防水设防高度的结构基面上；用于单建式的地下工程时，应从结构底板垫层铺设至顶板基面，并应在外围形成封闭的防水层。

8.3.1.1 地下卷材防水施工方法

地下卷材防水根据施工顺序有两种铺设方法：外防外贴法和外防内贴法。

A 外防外贴法

先铺贴底层卷材，四周留出卷材接头，然后浇筑构筑物底板和墙身混凝土，待侧模拆除后，再铺设四周防水层，最后砌保护墙，如图 8-11 所示。

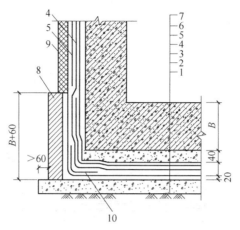

图 8-11 卷材防水层外防外贴法

1—素土夯实；2—混凝土垫层；3—20 厚 1：2.5 补偿收缩水泥砂浆找平层；4—卷材防水层；5—油毡保护层；
6—40 厚 C20 细石混凝土保护层；7—钢筋混凝土结构层；8—永久性保护墙抹 20 厚 1：3 水泥砂浆找平层；
9—5～6mm 厚聚乙烯泡沫塑料片材或 40mm 厚聚苯乙烯泡沫塑料保护层；10—附加防水层；B—底板厚度

B 外防内贴法

先在主体结构四周砌好保护墙，然后在墙面与底层铺贴防水层再浇筑主体结构的混凝土，如图 8-12 所示。

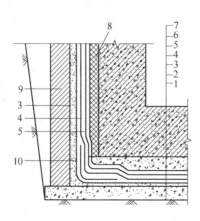

图 8-12 卷材防水层外防内贴法

1—素土夯实；2—混凝土垫层；3—20 厚 1：2.5 补偿收缩水泥砂浆找平层；
4—卷材防水层；5—油毡保护层；6—40 厚 C20 细石混凝土保护层；7—钢筋混凝土结构层；
8—5～6mm 厚聚乙烯泡沫塑料保护层；9—永久性保护墙体；10—附加防水层

8.3.1.2 外防外贴法铺贴卷材要点

采用外防外贴法铺贴卷材防水层时，应符合下列规定：

（1）应先铺平面，后铺立面，交接处应交叉搭接。

（2）临时性保护墙宜采用石灰砂浆砌筑，内表面宜做找平层。

（3）从底面折向立面的卷材与永久性保护墙的接触部位，应采用空铺法施工；如图 8-13 所示，卷材与临时性保护墙或围护结构模板的接触部位，应将卷材临时贴附在该墙上或模板上，并应将顶端临时固定。

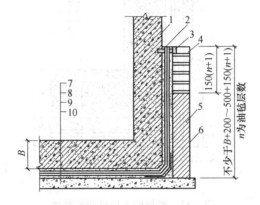

图 8-13　临时性保护墙铺设卷材示意图

1—围护结构；2—永久性木条；3—临时性木条；4—临时保护墙；5—永久性保护墙；
6—卷材加强层；7—保护层；8—卷材防水层；9—找平层；10—混凝土垫层

（4）当不设保护墙时，从底面折向立面的卷材接槎部位应采取可靠的保护措施。

（5）混凝土结构完成，铺贴立面卷材时，应先将接槎部位的各层卷材揭开，并应将其表面清理干净，如卷材有局部损伤，应及时进行修补。

（6）卷材接槎的搭接长度，高聚物改性沥青类卷材应为 150mm，合成高分子类卷材应为 100mm；当使用两层卷材时，卷材应错槎接缝，上层卷材应盖过下层卷材，如图 8-14 所示。

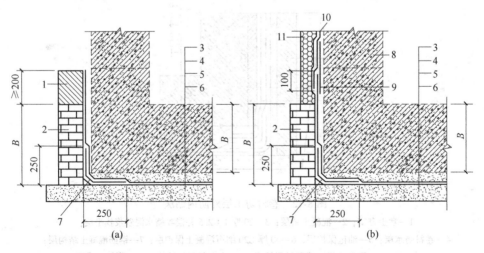

图 8-14　卷材防水层甩槎、接槎构造

（a）甩槎；（b）接槎

1—临时保护墙；2—永久保护墙；3—细石混凝土保护层；4，10—卷材防水层；5—水泥砂浆找平层；6—混凝土垫层；
7—卷材加强层；8—结构墙体；9—卷材加强层；11—卷材保护层

8.3.1.3 外防内贴法铺贴卷材要点

（1）混凝土结构的保护墙内表面应抹厚度为 20mm 的 1：3 水泥砂浆找平层，然后铺贴卷材。

（2）卷材宜先铺立面，后铺平面；铺贴立面时，应先铺转角，后铺大面。

8.3.1.4 地下工程卷材防水层外保护层施工要点

地下工程卷材防水层外保护层应符合下列规定：

（1）顶板卷材防水层上的细石混凝土保护层采用机械碾压回填土时，保护层厚度不宜小于 70mm；采用人工回填土时，保护层厚度不宜小于 50mm；防水层与保护层之间宜设置隔离层。

（2）底板卷材防水层上的细石混凝土保护层厚度不应小于 50mm。

（3）侧墙卷材防水层宜采用软质保护材料或铺抹 20mm 厚 1：2.5 水泥砂浆层。

8.3.2 涂料防水层

常用的涂料防水层有无机防水涂料和有机防水涂料两种防水层做法。无机防水涂料可选用聚合物改性水泥基防水涂料、水泥基渗透结晶型防水涂料。有机防水涂料可选用合成树脂类、合成橡胶类及橡胶沥青类等防水涂料。

无机防水涂料宜用于结构主体的背水面，有机防水涂料宜用于地下工程主体结构的迎水面，用于背水面的有机防水涂料应具有较高的抗渗性，且与基层有较好的粘结性。

防水涂料宜采用外防外涂或外防内涂如图 8-15、图 8-16 所示。

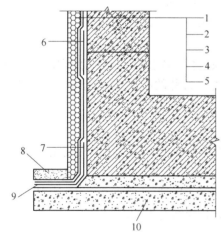

图 8-15 防水涂料外防外涂构造

1—保护墙；2—砂浆保护层；3—涂料防水层；
4—砂浆找平层；5—结构墙体；6—涂料防水层加强层；
7—涂料防水层加强层；8—涂料防水搭接部位保护层；
9—涂料防水层搭接部位；10—混凝土垫层

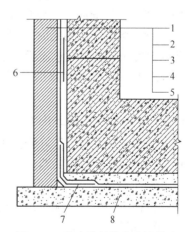

图 8-16 防水涂料外防内涂构造

1—保护墙；2—涂料保护层；3—涂料防水层；
4—找平层；5—结构墙体；6—涂料防水层加强层；
7—涂料防水层加强层；8—混凝土垫层

8.3.3 结构自防水

以混凝土自身的密实性而具有一定防水能力的混凝土或钢筋混凝土结构形式称之为混

凝土结构自防水。它兼具承重、围护功能，且可满足一定的耐冻融和耐侵蚀要求。它是地下防水工程首选的一种主要结构形式，广泛适用于一般工业与民用建筑地下工程的建（构）筑物。例如，地下室、地下停车场、水池、水塔、地下转运站、桥墩、码头、水坝等。混凝土结构自防水不适用于以下情况：允许裂缝开展宽度大于 0.2mm 的结构、遭受剧烈振动或冲击的结构、环境温度高于 80℃ 的结构以及可致耐蚀系数小于 0.8 的侵蚀性介质中使用的结构。

8.3.3.1　防水混凝土材料

防水混凝土可通过调整配合比，或掺加外加剂、掺合料、膨胀剂等措施配制而成，其抗渗等级不得小于 P6，试配混凝土的抗渗等级应比设计要求提高 0.2MPa，并应根据地下工程所处的环境和工作条件，满足抗压、抗冻和抗侵蚀性等耐久性要求。

防水混凝土的施工配合比应通过试验确定，并应符合下列规定：

（1）胶凝材料用量应根据混凝土的抗渗等级和强度等级选用，其总用量不宜小于 320kg/m^3；当强度要求较高或地下水有腐蚀性时，胶凝材料用量可通过试验调整。

（2）在满足混凝土抗渗等级、强度等级和耐久性条件下，水泥用量不宜小于 260kg/m^3。

（3）砂率宜为 35%~40%，泵送时可增至 45%。

（4）灰砂比宜为 1：1.5~1：2.5。

（5）水胶比不得大于 0.50，有侵蚀性介质时水胶比不宜大于 0.45。

（6）防水混凝土采用预拌混凝土时，入泵坍落度宜控制在 120~160mm，坍落度每小时损失值不应大于 20mm，坍落度总损失值不应大于 40mm。

（7）掺加引气剂或引气型减水剂时，混凝土含气量应控制在 3%~5%。

（8）预拌混凝土的初凝时间宜为 6~8h。

防水混凝土拌合物在运输后如出现离析，必须进行二次搅拌。当坍落度损失后不能满足施工要求时，应加入原水胶比的水泥浆或掺加同品种的减水剂进行搅拌，严禁直接加水。

8.3.3.2　防水混凝土施工

防水混凝土施工前应做好降排水工作，不得在有积水的环境中浇筑混凝土。防水混凝土应连续浇筑，宜少留施工缝。

（1）施工缝留设。当留设施工缝时，施工缝防水构造形式宜按图 8-17 选用。当采用两结构自防种以上构造措施时，可进行有效组合，且应符合下列规定：

1）施工缝留设位置：

①墙体水平施工缝不应留在剪力最大处或底板与侧墙的交接处，应留在高出底板表面不小于 300mm 的墙体上。

②拱（板）墙结合的水平施工缝，宜留在拱（板）墙接缝线以下 150~300mm 处。墙体顶部留孔洞时，施工缝距孔洞边缘不应小于 300mm。

③垂直施工缝应避开地下水和裂隙水较多的地段，并宜与变形缝相结合。

2）施工缝处理：

①水平施工缝浇筑混凝土前，应将其表面浮浆和杂物清除，然后铺设净浆或涂刷混凝土界面处理剂、水泥基渗透结晶型防水涂料等材料，再铺 30~50mm 厚的 1：1 水泥砂浆，

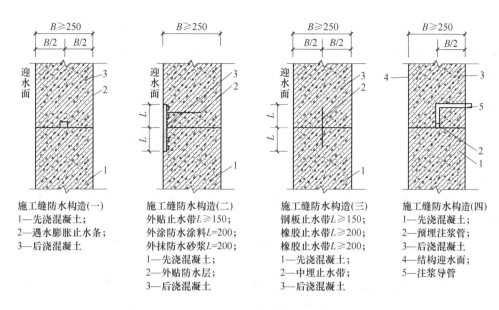

图 8-17　施工缝构造形式

并应及时浇筑混凝土；

②垂直施工缝浇筑混凝土前，应将其表面清理干净，再涂刷混凝土界面处理剂或水泥基渗透结晶型防水涂料，并应及时浇筑混凝土；

③遇水膨胀止水条（胶）应与接缝表面密贴；

④选用的遇水膨胀止水条（胶）应具有缓胀性能，7d 的净膨胀率不宜大于最终膨胀率的 60%，最终膨胀率宜大于 220%；

⑤采用中埋式止水带或预埋式注浆管时，应定位准确、固定牢靠。

（2）固定模板用螺栓的防水构造。防水混凝土结构内部设置的各种钢筋或绑扎铁丝，不得接触模板。用于固定模板的螺栓必须穿过混凝土结构，可采用工具式螺栓或螺栓加堵头，螺栓上应加焊方形止水环。拆模后应将留下的凹槽用密封材料封堵密实，并应用聚合物水泥砂浆抹平如图 8-18 所示。

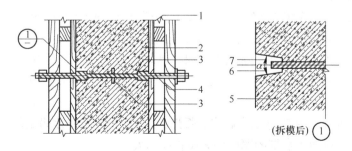

图 8-18　固定模板用螺栓的防水构造

1—模板；2—结构混凝土；3—止水环；4—工具式螺栓；

5—固定模板用螺栓；6—密封材料；7—聚合物水泥砂浆

8.3.3.3 防水混凝土养护

防水混凝土终凝后应立即进行养护，养护时间不得少于14d。冬期进行防水混凝土施工时应注意混凝土入模温度不应低于5℃，冬期混凝土养护应采用综合蓄热法、蓄热法、暖棚法、掺化学外加剂等方法，不得采用电热法或蒸气直接加热法；同时应采取保湿措施。

8.3.4 水泥砂浆防水层

防水砂浆包括聚合物水泥防水砂浆、掺外加剂或掺合料的防水砂浆，宜采用多层抹压法施工。可用于地下工程主体结构的迎水面，不应用于受持续振动或温度高于80℃的地下工程防水。

水泥砂浆防水层应在基础垫层、初期支护、围护结构及内衬结构验收合格后施工。基层表面应平整、坚实、清洁，并应充分湿润、无明水。基层表面的孔洞、缝隙，应采用与防水层相同的防水砂浆堵塞并抹平。施工前应将预埋件、穿墙管预留凹槽内嵌填密封材料后，再施工水泥砂浆防水层。

防水砂浆的配合比和施工方法应符合相关规定，其中聚合物水泥防水砂浆的用水量应包括乳液中的含水量，拌和后应在规定时间内用完，施工中不得任意加水。

水泥砂浆防水层应分层铺抹或喷射，铺抹时应压实、抹平，最后一层表面应提浆压光。水泥砂浆防水层各层应紧密粘合，每层宜连续施工；必须留设施工缝时，应采用阶梯形槎，但离阴阳角处的距离不得小于200mm。

水泥砂浆防水层冬期施工时，气温不应低于5℃，夏季不宜在30℃以上或烈日照射下施工。水泥砂浆终凝后，应及时进行养护，保持砂浆表面湿润，养护时间不得少于14d。聚合物水泥防水砂浆未达到硬化状态时，不得浇水养护或直接受雨水冲刷。

8.3.5 地下工程细部构造防水

8.3.5.1 变形缝处防水

外贴式防水卷材变形缝应增设合成高分子防水卷材附加层，卷材两端应读外中理式，应用密封材料密封，满粘的宽度应不小于150mm，如图8-19所示。变形缝处中埋式止水带与外贴防水层复合使用处理方式如图8-20所示。

中埋式止水带施工应符合下列规定：

（1）止水带埋设位置应准确，其中间空心圆环应与变形缝的中心线重合；

（2）止水带应固定，顶、底板内止水带应成盆状安设；

（3）中埋式止水带先施工一侧混凝土时，其端模应支撑牢固，并应严防漏浆；

（4）止水带的接缝宜为一处，应设在边墙较高位置上，不得设在结构转角处，接头宜采用热压焊接；

（5）中埋式止水带在转弯处应做成圆弧形，（钢边）橡胶止水带的转角半径不应小于200mm，转角半径应随止水带的宽度增大而相应加大。

8.3.5.2 后浇带

后浇带宜用于不允许留设变形缝的工程部位，应在其两侧混凝土龄期达到42d后再施工；高层建筑的后浇带施工应按规定时间进行。

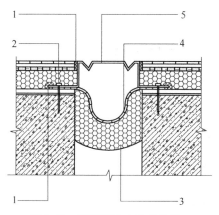

图 8-19 变形缝防水防护构造

1—密封材料；2—锚栓；3—保温衬垫材料；
4—合成高分子防水卷材（两端粘结）；5—不锈钢板

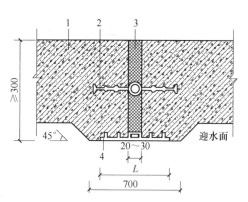

图 8-20 中埋式止水带与外贴防水层复合使用
（外贴式止水带 $L \geqslant 300$；外贴式防水卷材 $\geqslant 400$；
外涂防水涂层 $\geqslant 400$）

1—混凝土结构；2—中埋式止水带；
3—填缝材料；4—外贴止水带

后浇带应采用补偿收缩混凝土浇筑，其抗渗和抗压强度等级不应低于两侧混凝土。后浇带两侧可做成平直缝或阶梯缝，其防水构造形式如图 8-21 所示。

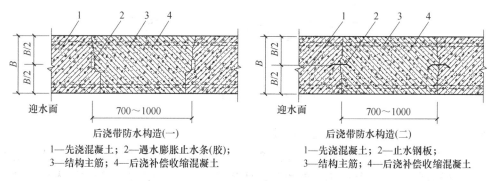

后浇带防水构造(一)

1—先浇混凝土；2—遇水膨胀止水条(胶)；
3—结构主筋；4—后浇补偿收缩混凝土

后浇带防水构造(二)

1—先浇混凝土；2—止水钢板；
3—结构主筋；4—后浇补偿收缩混凝土

图 8-21 后浇带防水构造

采用掺膨胀剂的补偿收缩混凝土，水中养护 14d 后的限制膨胀率不应小于 0.015%，膨胀剂的掺量应根据不同部位的限制膨胀率设定值经试验确定。施工时按配合比计量，膨胀剂掺量应以胶凝材料总量的百分比表示，不宜大于 12%。

后浇带需设置超前止水带时，后浇带部位的混凝土应加厚，并增设外贴式或中埋式止水带，如图 8-22 所示。

8.3.5.3 穿墙管道的防水构造

在管道穿过防水混凝土结构处预埋套管，套管上加焊止水环，套管与止水环必须一次浇筑于混凝土结构内，且与套管相接的混凝土必须浇捣密实，止水环应与套管满焊严密。穿管处混凝土墙厚应不小于 300mm。安装穿墙管道时，对于刚性防水套管，先将管道穿过预埋套管，按图将位置尺寸找准，予以临时固定，然后一端以封口钢板将套管及穿墙管焊牢，再从另一端将套管与穿墙管之间的缝隙以防水材料（防水油膏、沥青玛蹄脂等）填满后，用封口钢板封堵严密，如图 8-23 所示。

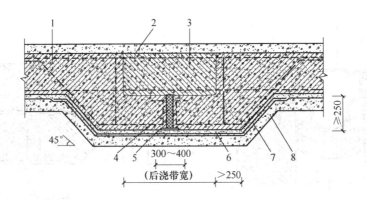

图 8-22 后浇带超前止水带构造

1—混凝土结构；2—钢筋网片；3—后浇带；4—填缝材料；5—外贴式止水带；
6—细石混凝土保护层；7—卷材防水层；8—垫层防水层

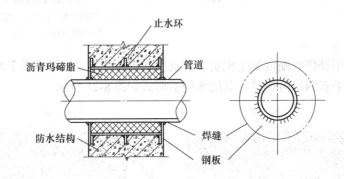

图 8-23 套管加焊止水环法

8.3.5.4 遇水膨胀止水胶施工技术

遇水膨胀止水胶是一种单组分、无溶剂、遇水膨胀的聚氨酯类无定型膏状体，用于密封结构接缝和钢筋、管、线等周围的渗漏，具有双重密封止水功能，当水进入接缝时，它可以利用橡胶的弹性和遇水膨胀体积增大（220%）填塞缝隙，起到止水作用。

8.4 外墙防水工程

建筑物的外墙应具有防止雨水雪水侵入墙体的基本功能。在合理使用和正常维护的条件下，有些外墙宜进行墙面整体防水，年降水量不小于 400mm 的地区的建筑外墙应采用节点构造措施。

8.4.1 外墙整体防水

8.4.1.1 无外保温外墙的防水构造

（1）外墙采用涂料饰面、块材饰面时，防水层应设在找平层和涂料饰面层（找平层和块材粘结层）之间，防水层可采用普通防水砂浆。

（2）外墙采用幕墙饰面时，防水层应设在找平层和幕墙饰面之间，防水层宜采用普通防水砂浆、聚合物防水砂浆、聚合物水泥防水涂料、聚合物乳液防水涂料、聚氨酯防水涂料或防水透汽膜。

（3）防水防护层的最小厚度应符合表8-9的规定。

表8-9 无外保温外墙的防水防护层最小厚度要求 （mm）

墙体基层种类	饰面层种类	聚合物水泥防水砂浆		普通防水砂浆	防水涂料	防水饰面涂料
		干粉类	乳液类			
现浇混凝土	涂料	3	5	8	1.0	1.2
	面砖				—	—
	幕墙				1.0	
砌体	涂料	5	8	10	1.2	1.5
	面砖				—	—
	干挂幕墙				1.2	—

8.4.1.2 有外保温外墙的防水构造

（1）采用涂料饰面、块材饰面时，防水层可采用聚合物水泥防水砂浆或普通防水砂浆。保温层的抗裂砂浆层如达到聚合物水泥防水砂浆性能指标要求，可兼作防水防护层，设在保温层和涂料饰面（找平层和块材粘结层之间）之间，乳液聚合物防水砂浆厚度不应小于5mm，干粉聚合物防水砂浆厚度不应小于3mm。

（2）采用幕墙饰面时，防水层应设在找平层和幕墙饰面之间，如图8-24所示，防水层宜采用聚合物水泥防水砂浆、聚合物水泥防水涂料、聚合物乳液防水涂料、聚氨酯防水涂料或防水透汽膜。防水砂浆厚度应符合表8-9规定，防水涂料厚度不应小于1.0mm。当外墙保温层选矿物棉保温材料时，防水层宜采用防水透汽膜。

（3）聚合物水泥防水砂浆防水层中应增设耐碱玻纤网格布或热镀锌钢丝网增强，并应用锚栓固定于结构墙体中，如图8-25所示。

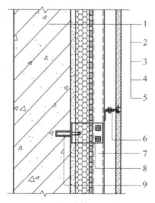

图8-24 幕墙饰面外保温外墙防水构造

1—结构墙体；2—找平层；3—保温层；4—防水层；
5—面板；6—挂件；7—竖向龙骨；8—连接件；9—锚栓

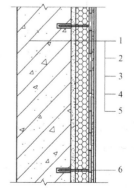

图8-25 抗裂砂浆层兼作防水层的外墙防水构造

1—结构墙体；2—找平层；3—保温层；
4—防水抗裂层；5—装饰面层；6—锚栓

8.4.1.3 外墙饰面层施工要点

（1）防水砂浆饰面层应留置分格缝，分格缝宜设置在墙体结构不同材料交接处。水平分格缝宜与窗口上沿或下沿平齐；竖向分格缝间距宜根据建筑层高确定，但不应大于6mm且宜与门、窗框两边线对齐；缝宽宜为8~10mm，缝内应采用密封材料做密封处理；保温层的抗裂砂浆层兼作防水防护层时，防水防护层不宜留设分格缝。

（2）面砖饰面层宜留设宽度为5~8mm的块材接缝，用聚合物水泥防水砂浆勾缝。

（3）防水饰面涂料应涂刷均匀，涂层厚度应根据具体的工程与材料确定，但不得小于1.5mm。

（4）上部结构与地下墙体交接部位的防水层应与地下墙体防水层搭接，搭接长度不应小于150mm，防水层收头应用密封材料封严，如图8-26所示；有保温的地下室外墙防水防护层应延伸至保温层的深度。

8.4.2　外墙细部防水构造

8.4.2.1　门窗

门窗框与墙体间的缝隙宜采用聚合物水泥防水砂浆或发泡聚氨酯填充。外墙防水层应延伸至门窗框，防水层与门窗框间应预留凹槽、嵌填密封材料；门窗上楣的外口应做滴水处理；外窗台应设置不小于5%的外排水坡度，如图8-27所示。

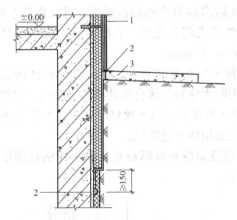

图 8-26　与散水交接部位防水防护构造

1—外墙防水层；2—密封材料；3—室外地坪（散水）

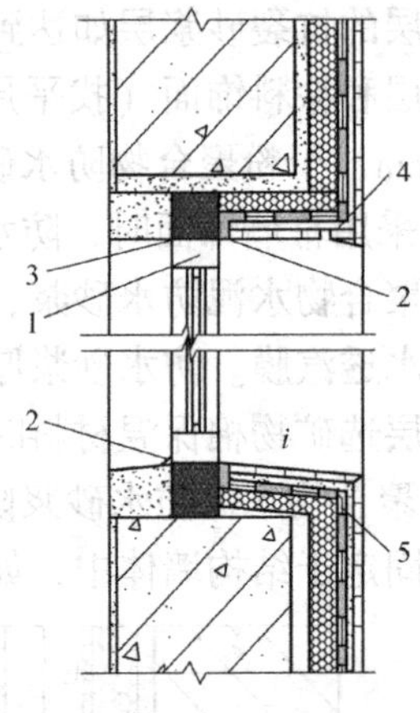

图 8-27　门窗框防水防护立剖面构造

1—窗框；2—密封材料；3—发泡聚氨酯填充；

4—滴水线；5—外墙防水层

8.4.2.2　雨篷、阳台

雨篷应设置不小于1%的外排水坡度，外口下沿应做滴水线处理；雨篷与外墙交接处的防水层应连续；雨篷防水层应沿外口下翻至滴水部位。

不封闭阳台应向水落口设置不小于1%的排水坡度，水落口周边应留槽嵌填密封材料。阳台外口下沿应做滴水线设计，如图8-28所示。

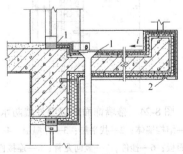

图 8-28　雨篷、阳台防水防护构造

1—密封材料；2—滴水线

8.4.2.3 女儿墙压顶

女儿墙压顶宜采用现浇钢筋混凝土或金属压顶，压顶应向内找坡，坡度不应小于2%。当采用混凝土压顶时，外墙防水层应上翻至压顶，内侧的滴水部位宜用防水砂浆作防水层，如图8-29所示；当采用金属压顶时，防水层应做到压顶的顶部，金属压顶应采用专用金属配件固定。

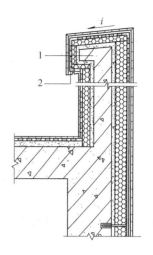

图 8-29 女儿墙防水构造
1—混凝土压顶；2—防水砂浆

8.4.3 外墙防水防裂砂浆施工要点

8.4.3.1 外墙防水砂浆施工要求

（1）砂浆防水层分格缝的密封处理应在防水砂浆达到设计强度的80%后进行，密封前应将分格缝清理干净，密封材料应嵌填密实。

（2）砂浆防水层转角宜抹成圆弧形，圆弧半径应不小于5mm，转角抹压应顺直。

（3）门框、窗框、管道、预埋件等与防水层相接处应留8~10mm宽的凹槽，做密封处理。

8.4.3.2 外墙保温层的抗裂砂浆层施工要求

（1）抗裂砂浆层的厚度、配合比应符合设计要求。当内掺纤维等抗裂材料时，比例应符合设计要求，并应搅拌均匀。

（2）当外墙保温层采用有机保温材料时，抗裂砂浆施工时应先涂刮界面处理材料，然后分层抹压抗裂砂浆。

（3）抗裂砂浆层的中间宜设置耐碱玻纤网格布或金属网片。金属网片应与墙体结构固定牢固。玻纤网格布铺贴应平整无皱折，两幅间的搭接宽度不应小于50mm。

（4）抗裂砂浆应抹平压实，表面无接槎印痕，网格布或金属网片不得外露。防水层为防水砂浆时，抗裂砂浆表面应搓毛。

（5）抗裂砂浆终凝后应进行保湿养护。防水砂浆养护时间不宜少于14d；养护期间不得受冻。

8.5 室内防水工程

室内防水工程是指对室内卫生间、厨房、浴室、水池、游泳池等和水有接触的部位进行防水作业的工程。室内防水受自然气候的影响相对较小，但受水的侵蚀具有干湿交替性和长久性，因此要求防水材料的耐水性及耐久性优良，不易水解、霉烂，同时，受到使用功能及施工环境影响，要求防水材料无毒、环保，并满足施工复杂性的要求。

8.5.1 室内防水要求

住宅室内防水的设计使用年限应不少于25年，宜根据不同的设防部位，按照防水涂料、防水卷材、刚性防水材料的优先次序，选用适宜的防水材料，并注意材料之间的相容性，宜采用冷粘法施工，胶粘剂应与卷材材性相容，与基层粘结可靠，不得使用溶剂型防水材料，防水工程竣工后，应进行24h蓄水检验。防水砂浆应使用由专业生产厂家生产的干混砂浆，厚度应符合表8-10的要求。

表 8-10　防水砂浆的厚度

防水砂浆		厚度/mm
掺防水剂的防水砂浆		≥20
掺聚合物的防水砂浆	涂刮型	≥3.0
	抹压型	≥15

8.5.2　楼、地面防水要求

8.5.2.1　楼、地面防水的构造

楼、地面防水的构造如图 8-30 所示。楼、地面的防水层防水材料通常选用防水卷材合成高分子涂料、聚合物水泥砂浆、改性沥青防水涂料、防水砂浆、细石防水混凝土等。

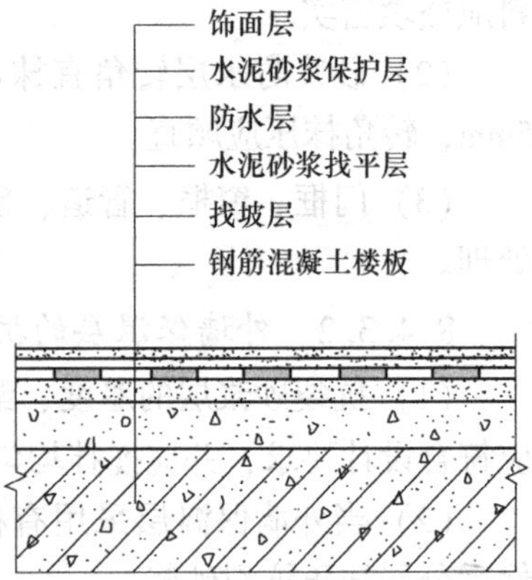

8.5.2.2　楼地面防水施工

楼地面防水施工程序为：清理基层→涂刷基层处理剂→防水层施工→蓄水试验→保层（饰面层）施工→蓄水试验。

（1）一般要求：

饰面层
水泥砂浆保护层
防水层
水泥砂浆找平层
找坡层
钢筋混凝土楼板

图 8-30　楼、地面防水构造

1）在结构层上做20mm厚1:3水泥砂浆找平层，作为防水层的基层。基层要求平整坚实，平整度用2m直尺检查，直尺与基层之间最大间隙不应大于3mm。基层如有裂缝或凹坑，应修补平整。基层所有转角应做成平滑一致的小圆角。

无地下室底层地面的垫层宜采用C15混凝土刚性垫层，最小厚度为60mm。楼面基层宜为现浇钢筋混凝土楼板。

需设填充层铺设管道时宜与找坡层合并，应采用 C20 细石混凝土，最小厚度为50mm。

2）卫生间楼、地面应有防水，并设地漏等排水设施；门口应有阻止积水外溢的措施，墙面、顶棚应防潮；当有非封闭式洗浴设施时，其墙面应防水。地漏防水构造如图8-31所示。

卫生间不应布置在下层住户的厨房和无用水点房间的上层，排水立管不应穿越下层住户的居室，且不应安装在与卧室相邻的墙面上。

3）当墙面采用防潮做法时，例如卫生间、厨房等功能房间处，防水层沿墙面上翻，高度应不小于200mm，如图 8-32 所示；当为轻质隔墙，应做全防水墙面，墙下做不小于150mm 高 C20 混凝土坎台。

4）有排水的楼、地面标高，卫生间、淋浴间地面应低于相邻房间20mm 或做挡水门槛，有无障碍要求时，为 15mm 且为斜坡过渡。

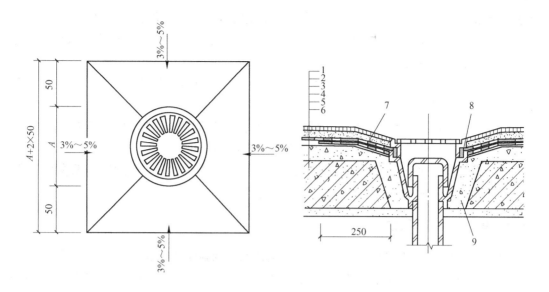

图 8-31　地漏防水构造

1—楼、地面面层；2—粘结层；3—防水层；4—找平层；5—垫层或找坡层；

6—钢筋混凝土楼板；7—防水层的附加层；8—密封膏；9—C20 细石混凝土掺聚合物填实

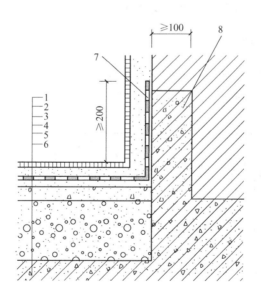

图 8-32　防潮墙面的底部构造

1—楼、地面面层；2—粘结层；3—防水层；4—找平层；5—垫层或找坡层；

6—钢筋混凝土楼板；7—防水层翻起高度；8—C20 细石混凝土坎台

　　5）涂刷基层处理剂的要求，在涂刷前基层应干净、平整、干燥。先在阴阳角、管道根部等细部均匀涂刷一遍，然后大面积涂刷。涂刷后应干燥 4h 以上才能进行下一道工序施工。

　　（2）施工防水层。涂料防水层应分层涂刷，先在地漏、管道出入口等防水薄弱部位涂刷防水材料，作为防水附加增强层。待增强层固化干燥后涂刷第一层防水材料，操作时注意防水层应薄厚一致。待第一层防水层材料固化干燥后涂刷上层，依次进行。相邻防水层涂刷方向应相互垂直，水层厚度不小于 1.5mm。卷材防水层及防水砂浆防水层施工方法与屋面防水施工相同。

（3）蓄水试验。待防水层完全固化干燥后，即可进行蓄水试验。蓄水试验的蓄水深度不小于 20mm，蓄水时间不小于 24h，观察无渗漏为合格。

（4）饰面层施工。蓄水试验合格后即可进行水泥砂浆保护层或贴地砖等饰面层施工，面层宜采用不透水材料和构造，并坡向地漏，坡度不小于 0.5%。

（5）第二次蓄水试验。饰面层完成后，进行第二次蓄水试验，经过试验无渗漏，楼、地面防水层施工完成。

8.5.3 室内墙面防水要求

（1）设防房间。卫生间、厨房、设有生活用水点的封闭阳台等。

（2）设防高度。当卫生间有非封闭式洗浴设施时，其墙面防水层高度应不小于 1.8m；其余情况下宜在距楼、地面面层 1.2m 范围内设防水层。

（3）轻质隔墙用于卫生间、厨房时，应做全防水墙面，其根部应做 C20 细石混凝土坎台。

（4）防水及防潮墙面宜采用防水砂浆处理。

8.5.4 室内细部防水构造

（1）楼、地面的防水层在门口处应水平延展，且向外延展的长度不小于 500mm，向两侧延展的宽度不小于 200mm，如图 8-33 所示。

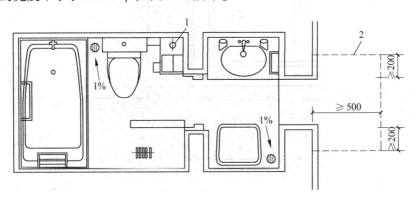

图 8-33 楼、地面门口处防水层延展示意
1—穿越楼板的管道及其防水套管；2—门口处防水层延展范围

（2）穿越楼板的管道应设置防水套管，其高度应高出装饰地面 20mm 以上，套管与管道间用防水密封材料嵌实，如图 8-34 所示。

（3）水平管道在下降楼板上采用同层排水措施时，楼板、楼面应做双层防水设防。对降低后可能出现的管道渗水，应有密闭措施，且宜在贴临下降楼板上表面处设泄水管，并宜采取增设独立的泄水立管的措施，如图 8-35 所示。

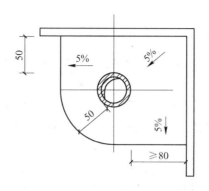

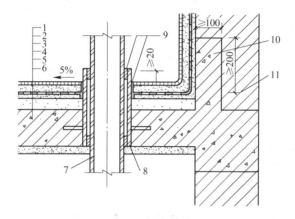

图 8-34 管道穿越楼板的防水构造

1—楼、地面面层；2—粘接层；3—防水层；4—找平层；5—垫层或找坡层；6—钢筋混凝土楼板；7—排水立管；
8—防水套管；9—密封膏；10—C20 细石混凝土坎台；11—装饰层完成面高度

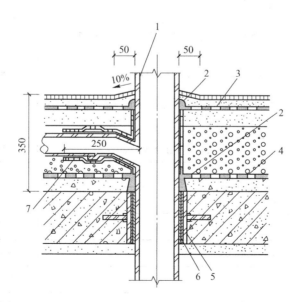

图 8-35 同层排水时管道穿越楼板的防水构造

1—排水立管；2—密封膏；3—设防房间装修面层下设防的防水层；4—钢筋混凝土楼板基层
上设防的防水层；5—防水套管；6—管壁间用填充材料塞实；7—附加层

8.5.5 室内防水成品保护

（1）防水层做完后 24h 内不得上人施工，避免防水层的凝固和空鼓。

（2）防水保护层施工时，施工人员不得穿带钉子鞋进入，推车要搭设专用车道，车道上要铺垫木板，施工人员不得用铁锹铲破防水层，以免影响防水层的效果。

（3）已铺好的卷材防水层，应及时采取保护措施，防止机具和施工作业损伤。

（4）变形缝、管道、地漏等处防水层施工前，应进行临时堵塞，防水层完工后，应进行清除，保证管道、地漏、缝内通畅，满足使用功能。

（5）施工中不得污染已做完的成品。已涂好的水泥胶未固化前，不允许上人和堆积物品，以免涂膜防水层受损坏，造成渗漏。防水层通过验收合格后，应尽快做好保护层，在没有完成保护层前不得进行下道工序作业。

职业技能

技 能 要 点	掌握程度	应用方向
防水工程的防水原则	了解	土建项目经理、工程师
卫生间、浴室地面渗漏原因及防治措施	熟悉	
屋面防水、地下防水施工质量控制要点	掌握	
外墙防水、室内防水质量控制及施工要点	掌握	
屋面卷材防水的施工要点及施工缝、伸缩缝、天沟檐口等细部处理、地下卷材防水的方法和施工要点	掌握	土建工程师
地下防水工程设防等级、设防要求、防水材料的选用、地下水位的控制、环境气温条件要求、地下防水工程分项工程的划分	了解	
地下防水工程施工前准备工作、原材料质量、现场抽样复验、子分部工程验收的程序及规定	熟悉	
地下防水工程质量控制及施工要点，主控项目及一般项目检验方法	掌握	
屋面的防水等级、防水层合理使用年限和设防要求；施工质量控制、防水材料质量要求、保温层和防水层施工自然环境要求	熟悉	
屋面工程质量控制及施工要点，主控项目及一般项目检验方法	掌握	
外墙防水、室内防水质量控制及施工要点	熟悉	
防水工程的项目划分、定额表现形式	了解	土建造价师
防水工程计算的有关规定	掌握	
水泥及混凝土、防水材料进场验收标准	掌握	
进场防水材料的技术要求	熟悉	试验工程师
防水材料的试验项目及试验结果评定准则	熟悉	
高聚物改性沥青、合成高分子防水卷材的主要品种、特性	了解	

习　题

8-1　选择题

（1）沥青防水卷材是传统的建筑防水材料，成本较低，但存在（　　　）等缺点。

A. 拉伸强度和延伸率低　　　B. 温度稳定性较差　　　C. 低温易流淌　　　D. 高温易脆裂

E. 耐老化性较差

（2）某住宅工程地处市区，东南两侧临城区主干道，为现浇钢筋混凝土剪力墙结构，工程节能设计依据《民用建筑节能设计标准（采暖居住建筑部分）》，屋面及地下防水均采用 SBS 卷材防水，屋面防水等级为 U 级，室内防水采用聚氨酯涂料防水。底板及地下外墙混凝土强度等级为 C35，抗渗等级为 P8。

1）按有关规定，本工程屋面防水使用年限为（　　　）年。

A. 5　　　　　　　　B. 10　　　　　　　　C. 15　　　　　　　　D. 25

2）本工程室内防水施工基底清理后的工艺流程是（　　　）。

A. 结合层→细部附加层→防水层→蓄水试验　　　B. 结合层→蓄水试验→细部附加层→防水层

C. 细部附加层→结合层→防水层→蓄水试验　　　D. 结合层→细部附加层→蓄水试验→防水层

（3）某建筑工程采用钢筋混凝土框架剪力墙结构，基础底板厚度为 1.1m，属大体积混凝土构件。层高变化大，钢筋型号规格较一般工程多。屋面防水为 SBS 卷材防水。公司项目管理部门在过程检查中发现：屋面防水层局部起鼓，直径 50~250mm，但没有出现成片串连现象。本工程屋面卷材起鼓的质量问题，正确的处理方法有（　　　）。

A. 防水层全部铲除清理后，重新铺设　　　B. 在现有防水层上铺一层新卷材

C. 直径在 100mm 以下的鼓泡可用抽气灌胶法处理

D. 直径在 100mm 以上的鼓泡，可用刀按斜十字形割开，放气，清水：在卷材下新贴一块方形卷材（其边长比开刀范围大 100mm）

E. 分片铺贴，处理顺序按屋面流水方向先上再左然后下

（4）室内防水工程施工环境温度应符合防水材料的技术要求，并宜在（　　　）以上。

A. -5℃　　　　　　　B. 5℃　　　　　　　C. 10℃　　　　　　　D. 15℃

（5）下列屋面卷材铺贴做法中，正确的是（　　　）。

A. 距屋面周边 800mm 以内以及叠层铺贴的各层卷材之间应满贴

B. 屋面坡度小于 3%时，卷材宜垂直屋脊铺贴

C. 基层的转角处，找平层应做圆弧形

D. 屋面找平层设分格缝时，分格缝宜与板端缝位置错开

E. 卷材防水层上有重物覆盖或基层变形较大的，不应采用空铺法和点粘、条粘法

8-2　简答题

（1）屋面防水工程分为几级，分类的标准是什么？

（2）找平层为什么要留置分格缝，如何留置？

（3）简述卷材防水屋面施工方法和适用范围。

（4）简述涂膜防水屋面施工方法和适用范围。

（5）地下防水层的卷材铺贴方案各具什么特点？

（6）防水混凝土工程施工中应注意哪些问题？

（7）地下防水工程分为几级，分类的标准是什么？

（8）外墙整体防水有哪些构造做法？

（9）室内防水工程有哪些构造要求？

8-3　案例分析

（1）某小区内拟建一座 6 层普通砖泥结构住宅楼，外墙厚 370mm，内墙厚 240mm，抗震设防烈度 7 度，某施工单位于 2021 年 5 月与建设单位签订了该项工程总承包全同。合同工程量清单报价中写明：瓷砖墙面积为 100m²，综合单位为 110 元/m²。由于工期紧，装修从顶层向下施工，给排水明装主管（无套管）从首层向上安装，五层卫生间防水施工结束后进行排水主管安装。

【问题】　五层卫生间防水存在什么隐患？说明理由。

（2）某办公大楼由主楼和裙楼两部分组成，平面呈不规则四方形，主楼二十九层，裙楼四层，地下二层，总建筑面积 81650m²。该工程 5 月份完成主体施工，屋面防水施工安排在 8 月份。屋面防水层由一层聚氨酯防水涂料和一层自粘 SBS 高分子防水卷材构成。

裙楼地下室回填土施工时已将裙楼外脚手架拆除，在裙楼屋面防水层施工时，因工期紧没有搭设安全防护栏杆。工人王某在铺贴卷材后退时不慎从屋面掉下，经医院抢救无效死亡。裙楼屋面防水施工完成后，聚氨酯底胶配制时用的二甲苯稀释剂剩余不多，工人张某随手将剩余的二甲苯从屋面向外倒在了回填土上。主楼屋面防水工程检查验收时发现少量卷材起鼓，鼓泡有大有小，直径大的达到 90mm，鼓泡割破后发现有冷凝水珠。经查阅相关技术资料后发现：没有基层含水率试验和防水卷材粘贴试验记录；屋面防水工程技术交底要求自粘 SBS 卷材搭接宽度为 50mm，接缝口应用密封材料封严，宽度不小于 5mm。

【问题】

1）从安全防护措施角度指出发生这一起伤亡事故的直接原因。

2）项目经理部负责人在事故发生后应该如何处理此事？

3）试分析卷材起鼓的原因，并指出正确的处理方法。

4）自粘 SBS 卷材搭接宽度和接缝口密封材料封严宽度应满足什么要求？

5）将剩余二甲苯倒在工地上的危害之处是什么？指出正确的处理方法。

9 建筑装饰与节能工程

学习要点:

·掌握一般抹灰施工工艺、XPS 板材薄抹灰外墙外保温系统施工要点、门窗安装工艺、楼地面节能施工要点;

·熟悉装饰装修和建筑节能的概念、抹灰工程作用和分类、玻璃幕墙的施工程序及节能要点;

·了解节能面的构造、吊顶工程的施工工艺、轻质隔墙、裱糊与软包工程施工要点。

主要国家标准:

·《建筑工程施工质量验收统一标准》(GB 50300);

·《建筑装饰装修工程质量验收规范》(GB 50210);

·《住宅装饰装修工程施工规范》(GB 50327);

·《建筑幕墙》(GB/T 21086);

·《玻璃幕墙工程技术规范》(JGJ 102);

·《建筑涂饰工程施工及验收规程》(JGJ/T 29);

·《机械喷涂抹灰施工规程》(JGJ/T 105);

·《外墙外保温工程技术规程》(JGJ 144);

·《建筑外墙保温防火隔离带技术规程》(JGJ 289);

·《建筑用硅酮结构密封胶》(GB 16776);

·《金属与石材幕墙工程技术规范》(JGJ 133);

·《建筑物防雷设计规范》(GB 50057);

·《建筑外门窗气密、水密、抗风压性能分级及检测方法》(GB/T 7106);

·《建筑节能工程施工质量验收规范》(GB 50411)。

案例导航

外墙面瓷砖脱落伤人

2020 年 10 月 10 日,长沙某小区发生悲剧,一名保安队长被脱落的瓷砖砸中,不幸身亡。此次脱离的瓷砖位于该小区 3 栋 14 楼的外墙,距离地面有 30 多米高。10 日下午有小区业主向物业公司反映,3 栋外墙瓷砖脱落,砸坏停于路边的一辆大众汽车后挡风玻璃。于是,小区保安队 46 岁的陈队长便和一名同事前去查看,并在瓷砖掉落处拉警戒带提醒行人。不幸的是,两人都被再次掉落的外墙瓷砖砸中,陈队长被砸倒在地,经抢救无效不幸身亡。

建筑瓷砖装饰外墙兴起于二十世纪八九十年代,瓷砖可以让房屋外立面看起来更漂亮,显得高端上档次,另外瓷砖耐污性较好,维护费用低。但随着风吹日晒,瓷砖与墙体的黏合剂慢慢老化，导致这些曾经为高楼加分的瓷砖，逐渐成为隐形的"高空杀手"。

近年来，我国各地频繁发生外墙脱落（见图 9-1）导致伤人的事故，造成外墙面砖空鼓、脱落的原因主要有以下几个方面。

（1）基层处理不当，致使底层抹灰和基层之间粘结不良。

（2）使用劣质、安定性不合格或过期的水泥。

（3）砂浆配合比不当，或搅拌好的砂浆停放超过 3h 仍使用，或选用专用胶粘剂失效。

（4）面砖没有按规定浸水。

图 9-1　外墙面瓷砖脱落

【问题讨论】

（1）发生事故该由谁负责？

（2）如何消除已有的隐患？

9.1　建筑装饰与节能

9.1.1　建筑装饰

建筑装饰是采用装饰材料及专用材料或饰物对建筑物的内外表面及空间进行各种处理的过程。不仅包含对建筑内外表面面层及空间装饰效果的处理，还包含基层处理、龙骨设置等处置过程。

装饰装修根据工程部位的不同分为室内和室外装饰装修；根据装饰材料或施工工艺的不同，装饰装修又可分为地面、抹灰、门窗、吊顶、轻质隔墙、饰面板与饰面砖、涂饰和裱糊与软包、外墙防水、幕墙等施工内容。

装饰装修工程具有同一施工部位施工项目多、工程量大、机械化施工程度低、工期长、新型装饰材料发展日新月异的特点。同时，随着社会经济水平不断提高，装饰装修的标准也越来越高，其所占工程造价的比重呈逐步上升的趋势。

9.1.2　建筑围护系统节能

建筑节能是指建筑物在全寿命周期过程中的节能降耗，采用节能型的技术、工艺、设备、材料和产品，提高建筑保温隔热性能和采暖供热、空调制冷制热系统效率，利用可再生能源，加强建筑物能源系统的运行管理，在保证室内热环境质量的前提下减少建筑物的能耗。20 世纪 80 年代初期，我国开始制定和实施建筑节能的政策，到 90 年代中期，我国建筑节能政策进入全面实施阶段，建设相关管理部门陆续发布了各类标准。

9.1.2.1　建筑节能系统

建筑节能是一个综合复杂的系统，由许多子系统组成，如建筑墙体保温系统、建筑供热制冷系统、可再生能源系统等，如图 9-2 所示。

图 9-2 建筑节能系统

《建筑工程施工质量验收统一标准》（GB 50300）将建筑节能新增为独立的分部工程，将建筑节能划分为维护系统节能、供暖空调设备及管网节能、电气动力节能、监控系统节能、可再生能源节能五个子分部。其中维护系统节能子分部的分项工程的主要验收内容如表 9-1 所示。

表 9-1 维护系统节能子分部的分项工程主要验收内容

序号	分项工程	主要验收内容
维护系统节能	墙体节能工程	主体结构基层；保温材料；饰面层等
	幕墙节能工程	主体结构基层；隔热材料；保温材料；隔汽层；幕墙玻璃；单元式幕墙板块；通风换气系统；遮阳设施；冷凝水收集排放系统等
	门窗节能工程	门；窗；玻璃；遮阳设施等
	屋面节能工程	基层；保温隔热层；保护层；防水层；面层等
	地面节能工程	基层；保温层；保护层；面层等

9.1.2.2 建筑围护系统

我国幅员辽阔，居住建筑节能根据气候特征划分为严寒地区（分 A、B、C 三个区）、寒冷地区（分 A、B 两个区）、夏热冬冷地区、夏热冬暖地区（分南、北两个区）、温和地区（分 A、B 两个区）五个不同的分区。

（1）不同地区对建筑围护系统有不同节能重点和要求：

1）严寒、寒冷地区以节约采暖能耗为主，兼顾夏季空调节约，对墙体以保温为主；

2）夏热冬冷地区既要节约冬期采暖能耗，也要节约空调能耗，对墙体既要保温，又要考虑夏季隔热；

3）夏热冬暖地区主要是节约空调能耗，对墙体主要考虑隔热。

相关资料数据显示，民用建筑运行总能耗中采暖空调能耗占比达 65%。由此可见建筑围护结构各组成部分（屋顶、墙体、门窗地面等）对内外环境、建筑能耗有重要影响。保温隔热节能外墙系统应用，成为建筑节能技术的重中之重。

（2）墙体节能技术。墙体节能技术分为单一墙体节能和复合墙体节能。单一墙体节能技术是指通过改善墙体材料（如墙体砌筑材料）本身的热工性能达到墙体节能效果。复合墙体节能技术是指在墙体单一围护墙体材料基础上增加一层或几层保温隔热材料来改善墙体的热工性能。

除了从墙体节能材料入手改善墙体传热系数达到节能目的外，对墙体采取科学合理的构造措施，使保温材料发挥最优的保温隔热效果，也是节能技术重要方面。如复合保温墙体保温层设置在墙体外侧、内侧、墙体夹层中，形成了不同的墙体保温系统和技术。再如通风墙体通过在墙体中构造通风换气夹层达到保温隔热的目的。通风墙体包括外墙、内墙，在内外墙之间置有通风换气层，内外墙的上下部开有通孔，在通风孔上设置调节气流走向的开闭装置。冬季时，关闭通风口，换气层中的空气在阳光的照射下温度升高，形成温室效应，降低建筑物的采暖能耗。夏季打开换气层的风口，利用烟囱效应带走通风间层内的热量。

通风墙体通过墙体内部的夹层通风结构来降低建筑物能耗，与普通外墙相比，通风外墙的隔热性能提高约 20%，需要根据气候条件选择合理的夹层宽度、开口面积。适用于夏热冬冷、夏热冬暖地区。

（3）门窗幕墙节能技术。门窗（幕墙）是建筑物热交换、热传导最活跃、最敏感的部位。门窗（幕墙）节能技术主要体现在采用热阻大的玻璃和门窗框窗扇材料，减少传热量；提高东、西向外窗玻璃的遮阳系数，降低太阳辐射能；提高外窗的气密性减少渗透量三个方面。

目前采用的节能玻璃主要有：中空玻璃、热反射玻璃、太阳能玻璃、吸热玻璃、电致变色玻璃、玻璃替代品（聚碳酸酯板）。常用玻璃的主要光热参数如表 9-2 所示。

表 9-2 常用玻璃的主要光热参数

玻璃名称	玻璃种类、结构	透光率/%	遮阳系数 S_c	传热系数/W·(m²·K)⁻¹	
				$U_冬$	$U_夏$
透明中空玻璃	6C+12A+6C	81	0.87	2.75	3.09
热反射镀膜玻璃	6CTS140+12A+6C	37	0.44	2.58	3.04
高透型 Low-E 玻璃	6CES11+12A+6C	73	0.61	1.79	1.89
遮阳型 Low-E 玻璃	6CEB12+12A+6C	39	0.31	1.66	1.70

普通白玻璃（6mm）U 值约为 5W/(m²·K)，对比表中中空玻璃 U 值，中空玻璃技术节能优势明显，特别是 Low-E 中空玻璃技术，冬季可有效地阻止室内暖气的热辐射向外泄漏，夏季可防止外面的热辐射进入室内。

除采用节能玻璃外，通过采用节能型门窗框材来改善门窗的整体传热系数，以减少传热量。框材从单一的木、钢、铝合金等发展到了复合材料，如铝木复合、铝塑复合、玻璃钢等。节能型门窗包括 PVC 塑料门窗、铝木复合门窗、铝塑复合门窗、玻璃钢门窗等。

在南方地区太阳辐射非常强烈，通过窗户传递的辐射热占主要地位，因此可通过遮阳设施（外遮阳、内遮阳等）及高遮蔽系数的镶嵌材料（如 LOW-E 玻璃）来减少太阳辐射量。百叶中空玻璃是在中空玻璃内置百叶，可实现百叶的升降、翻转，结构合理，操作简便，具有良好的遮阳性能，提高了中空玻璃保温性能，改善了室内光环境，广泛适用于节能型建筑门窗。

在大型公共建筑玻璃幕墙设计中，许多新的构造技术得以应用，如双层玻璃幕墙、水幕玻璃幕墙、可进行雨水收集的绿色玻璃幕墙、太阳能光伏玻璃幕墙、太阳能取暖制冷门窗幕墙等。在这些技术中，最能体现利用构造技术来达到节能目的的应当首选双层玻璃幕墙系统。

（4）楼地面节能技术。楼地面节能可根据层间楼板、架空或外挑楼板和底层地面，采用不同的节能技术。层间楼板可采取在楼板上设置保温层（例如发泡混凝土垫层的应用）或楼板底面抹保温砂浆层技术，也可通过装饰地面解决层间楼板保温问题（例如采取铺设木格栅架空木地板或实铺木地板）。底面接触室外空气的架空或外挑楼板宜采用外保温系统。底层地面以保温、防潮为主，在持力层以上土壤层的热阻已符合地面热阻规定值的条件下，宜在地面面层下铺设适当厚度的板状保温材料或浇筑发泡混凝土垫层，进一步提高地面的保温、防潮性能。其中，地板辐射采暖技术的应用不仅改善了冬冷地区的采暖方式，而且该技术中的绝热层的设置起到了楼地面的节能效果。

（5）屋面节能技术。屋面节能的原理与墙体节能相同。节能屋面根据不同气候分区，保温隔热解决的重点不一样，严寒和寒冷地区主要解决屋面保温问题；夏热冬暖地区主要解决屋面隔热问题；夏热冬冷地区既要解决冬季屋面保温问题，又要解决夏季屋面隔热问题。

1）屋面保温。屋面保温通过设置保温层改善屋面的热工性能来阻止热量的传递，其原理与墙体保温原理相同。

2）屋面隔热。屋面的隔热除了通过改善屋面层的热工性能外，还需要考虑炎热的太阳光辐射，尤其对于夏热地区的居住建筑的屋顶隔热更为重要。一般屋面隔热技术如屋面反射隔热外饰面（如浅色粉刷、涂层和面砖等）、屋顶内设置贴铝箔的封闭空气间层、用含水多孔材料做屋面的面层、屋面蓄水、屋面遮阳（架空通风屋面）、屋面种植等。

9.1.3 保温装饰一体化

建筑围护系统的保温装饰一体化目前是指将 EPS、XPS、聚氨酯、酚醛泡沫或无机发泡材料等保温材料与多种造型、多种颜色的金属装饰板材或无机装饰板复合，使其集保温节能与装饰功能于一体，如图 9-3 所示。复合保温板材完全在工厂制作与生产，达到产品的预制标准化，可实现组合多样化、施工装配化的目的。

外墙保温装饰一体板使建筑物保温功能与外立面装饰一次完成，克服当前其他外墙外保温节能系统的施工效率低，容易开裂，装饰性差，漆膜变色，保温层易脱落，墙面易脏，使用寿命短等缺点，它的出现对传统的涂料行业和保温行业产生重大的变革，具有很好的市场发展前景。

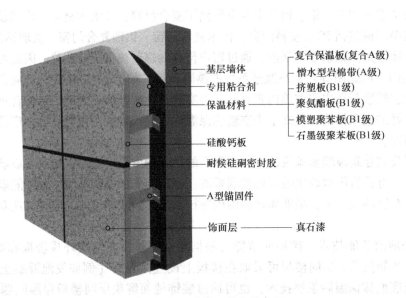

图 9-3　保温装饰一体化外墙板

9.1.4　夹心保温外墙板

目前，我国推行了十几多年的外墙外保温系统，逐渐表现出严重的质量隐患，外墙保温脱落的现象不断发生，尤其高层住宅建筑外墙保温的脱落，严重威胁着居民的生命财产安全。随着装配整体式建筑的不断发展，夹心保温外墙板技术日益成熟，与传统施工工艺相比，夹心保温外墙板集承重、围护、保温、防水、防火等功能为一体的重要装配式预制构件，由外墙板、挤塑板、内墙板通过链结构件预制而成，如图 9-4 所示。

图 9-4　夹心保温预制外墙板

9.2　墙体装饰工程施工

建筑的墙体装饰按饰面材料和施工方法的不同可分为抹灰、镶贴、涂饰、裱糊与软包和幕墙等类型。其中裱糊与软包应只用于室内装饰，幕墙只应于室外墙面。

墙体装饰的构造层次依次为底层抹灰层或基层、中间抹灰层和面层。图9-5所示为一般抹灰构造示意图，图9-6为保温外墙薄抹灰构造示意图。底层抹灰层起到粘接结构层和初步找平的作用，中间层起到进一步找平及弥补底层抹灰层缺陷（如干缩裂缝等）的作用，抹灰所用材料一般与底层相同。根据位置及功能的需要，还可增加防潮、保温隔热等中间层。面层位于最外层，满足使用与装饰功能，其材料可是各类抹灰、镶贴块材板材及卷材等。

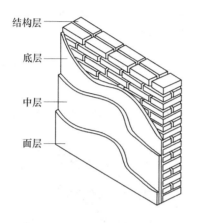

图9-5　普通墙面一般抹灰构造

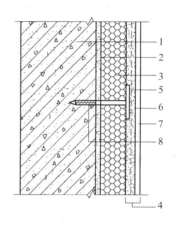

图9-6　粘贴保温板外墙薄抹灰构造
1—底层；2—胶粘剂；3—保温板材；4—保护层；
5—玻纤网；6—薄抹灰层；7—饰面层；8—辅助锚栓

9.2.1　建筑抹灰工程

抹灰工程指用抹面砂浆涂抹在基底材料的表面，具有保护基层和增加美观的作用，为建筑物提供特殊功能的系统施工过程。抹灰工程具有两大功能：一是防护功能，保护墙体不受风、雨、雪的侵蚀，增加墙面防潮、防风化、隔热的能力，提高墙身的耐久性能，热工性能；二是美化功能，改善室内卫生条件，净化空气，美化环境，提高居住舒适度。

抹灰工程根据抹面砂浆及施工工艺不同分为一般抹灰和装饰抹灰。

9.2.1.1　一般抹灰

一般抹灰为采用石灰砂浆、混合砂浆、水泥砂浆、聚合物水泥砂浆、膨胀珍珠岩水泥砂浆、麻刀灰、纸筋灰、粉刷石膏等材料进行的涂抹施工。

A　一般抹灰的分类

按建筑物标准、质量要求及操作工序，一般抹灰工程分为普通抹灰和高级抹灰，当设计无要求时，按普通抹灰验收，一般抹灰分类如表9-3所示。

抹灰所用材料的品种、规格和质量应符合设计要求和国家现行标准的规定。水泥的凝结时间和安定性复验应合格，不同品种、不同强度的水泥不得混用；砂浆配比应符合设计要求，砂颗粒坚硬，含泥量不大于3%，并不得含有有机杂质；抹灰用石灰膏的熟化期不应少于15d。当要求抹灰层具有防水、防潮功能时，应采用防水砂浆。

表 9-3 一般抹灰的分类

级 别	适 用 范 围	做 法 要 求
高级抹灰	适用于大型公共建筑物、纪念性建筑物（如剧院、礼堂、宾馆、展览馆和高级住宅）以及有特殊要求的高级建筑等	一层底灰，数层中层和一层面层。阴阳角找方，设置标筋，分层赶平、修整，表面压光。要求表面应光滑、洁净、颜色均匀、无抹纹，分格缝和灰线应清晰美观
普通抹灰	适用于一般居住、公用和工业建筑（如住宅、宿舍、教学楼、办公楼）以及建筑物中的附属用房，如汽车库、仓库、锅炉房、地下室、储藏室等	一层底灰，一层中层和一层面层（或一层底层，一层面层）。阳角找，设置标筋，分层赶平、修整，表面压光。要求光滑、洁净、接槎平整，分格缝应清晰

B 基体处理

抹灰前，对砖、石、混凝土等基层表面的灰尘、污垢、油渍等应清除干净，对于表面光滑的基体应进行毛化处理，并将墙面上的施工孔洞、管线沟槽、门窗框缝隙堵塞密实。抹灰前基体一定要洒水湿润，砖基体一般使砖面渗水深度达 8~10mm 左右，混凝土基体使水渗入混凝土表面 2~3mm。基体为加气混凝土、灰砂砖和煤矸石砖时，在湿润的基体表面还需刷掺加适量胶粘剂的 1:1 水泥浆一道，封闭基体的毛细孔，使灰不至于早期脱水，增强基体与底层灰的粘结力。在不同结构基层的交接处，应先铺钉一层加强网（金属网或纤维布）并绷紧牢固。金属网与各基层的搭接宽度不应小于 100mm，以防抹灰层由于两种基体材料胀缩差异而产生裂缝，如图 9-7 所示。

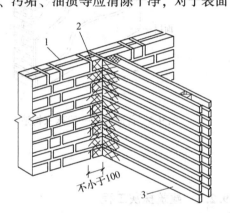

图 9-7 不同基层接缝处理
1—转强基层；2—金属网；3—木板隔墙

C 一般抹灰施工工艺

一般抹灰施工工艺流程为：找规矩，弹准线→做灰饼→设置标筋→做阳角护角→底层灰→中层灰→面层灰及压光→清理。

D 施工中还应注意

（1）水泥砂浆不得抹在石灰砂浆层上；有排水要求的部位应做滴水线（槽），滴水线及鹰嘴应内高外低，滴水槽宽度和深度不应小于 10mm。

（2）保证抹灰工程的质量关键在于抹灰层与基层、抹灰层各层之间粘接牢固，无开裂、空鼓和脱落。施工过程中应注意：

1）抹灰前应熟悉图纸、设计说明及其他设计文件，制定抹灰方案，做好样板间，经检验合格达到要求标准后方可正式施工。

2）各种砂浆抹灰层在凝结前应防止快速风干（干缩裂缝）、水冲、撞击、振动和受冻，冬期施工现场温度不低于 5℃（石灰砂浆不得受冻）。水泥砂浆抹灰层应在湿润条件下养护，外墙和顶棚的抹灰层与基层之间及各抹灰层之间必须粘接牢固。

3）抹灰采取分层进行，如果一次抹得太厚，由于内外收水快慢不同，易产生开裂，甚至空鼓脱落，并且底层的抹灰层强度不得低于面层的抹灰层强度，以增强各层间的粘结，保证抹灰质量。

4）抹灰层的平均总厚度根据具体部位及基层材料而定。钢筋混凝土顶棚抹灰厚度不大于 15mm；内墙普通抹灰厚度不大于 20mm，高级抹灰厚度不大于 25mm；外墙抹灰厚度不大于 20mm；勒脚及突出墙面部分不大于 25mm。当抹灰总厚度等于或大于 35mm 时，为防止干缩率较大而产生起鼓、脱落等质量问题，应采取加强措施。

9.2.1.2　装饰抹灰

装饰抹灰施工的工序、要求与一般抹灰基本相同，罩面是用水泥、石灰砂浆和各种颜色的颜料及石粒等作为抹灰的基本材料，采用不同的施工操作方法将其做成各种饰面，饰面层质感丰富、颜色多样、艺术效果鲜明，具有一般抹灰无法比拟的优点。

装饰抹灰的种类有干粘石、水刷石、水磨石、斩假石、拉毛灰、拉条灰、假面砖、喷砂、喷涂、滚涂、弹涂及彩色抹灰等。它们的施工工艺类同，装饰抹灰施工工艺流程：基层处理→抹底、中层灰→弹线、贴分隔条→抹（装）水泥石子浆→冲刷（磨）水泥石子浆→浇水养护（抛光）。

9.2.2　外墙外保温墙体抹灰

外墙外保温技术是将保温材料设置于围护墙体结构的外侧，增加墙体的平均热阻值，外墙外保温系统根据构造和施工方法不同又分为 XPS 板材薄抹灰外墙外保温系统（见图 9-8）、XPS 板材现浇混凝土外墙外保温系统（见图 9-9）、XPS 板材钢丝网架板现浇混凝土外墙外保温系统及机械固定 XPS 板材钢丝网架板外墙外保温系统等。XPS 板材薄抹灰外墙外保温系统应用最为普遍。

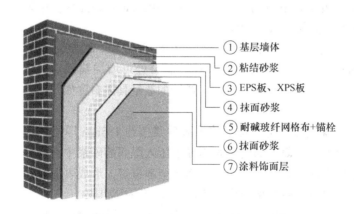

图 9-8　XPS 板材薄抹灰外墙外保温系统

① 基层墙体
② 粘结砂浆
③ EPS板、XPS板
④ 抹面砂浆
⑤ 耐碱玻纤网格布+锚栓
⑥ 抹面砂浆
⑦ 涂料饰面层

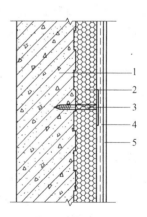

图 9-9　EPS 板材现浇混凝土外墙外保温系统
1—现浇混凝土外墙；2—EPS 板；
3—锚栓；4—砂浆面层；5—饰面层

9.2.2.1　XPS 板材薄抹灰外墙外保温系统施工

A　XPS 板材薄抹灰外墙外保温系统的构造

XPS 板材薄抹灰外墙外保温系统的构造分为（由外向里）饰面层、抹灰层、保温层、抹灰找平层、基层。饰面层可采用一般抹灰饰面或镶贴饰面或涂饰饰面。

（1）保温层。保温层材料常用膨胀型聚苯乙烯（EPS）板、挤塑型聚苯乙烯（XPS）板、岩棉板、玻璃棉毡以及超轻保温浆料等。其中，以阻燃膨胀型聚苯乙烯板应用较为普遍。

（2）保温板的固定。固定方式是将保温板用专用聚合物粘结砂浆粘结或锚固在基底上或两者结合使用，以粘结辅以锚固为主。锚栓通常由螺钉和带圆盘的塑料膨胀套管两部分组成。金属螺钉应采用不锈钢或经过表面防锈蚀处理的金属制成，塑料钉和带圆盘的塑料膨胀套管应采用聚酰胺、聚乙烯或聚丙烯制成。塑料锚栓有效锚固深度不小于 25mm，塑料圆盘直径不小于 50mm，单个塑料锚栓抗拉承载力标准值不小于 0.30kN。

（3）面层。薄抹灰面层是在保温层的外表面上涂抹聚合物粘结胶浆，直接涂覆在保温层上作为饰面层的底层，厚度一般为 3~6mm，内部包覆加强材料。加强材料一般为耐碱玻璃纤维网格布，包含在抹灰层内部，与抹灰层结合为一体。

（4）附件。包括密封膏、密封条、包角条、包边条、盖口条等。

B　XPS 板材薄抹灰外墙外保温系统施工工艺

a　施工工艺流程

施工工艺流程为：砂浆找平→基层处理→放线→铺贴翻包网→配制胶粘剂及粘贴保温板→安装固定件→打磨→切割分割凹线条→抹聚合物砂浆（底层）→铺设网格布→抹聚合物砂浆（面层）→补洞及修补→细部缝隙处理→面层。

b　施工作业要点

（1）粘结保温板时应轻柔均匀挤压板面，随时用托线板检查平整度。每粘完一块板，用木杠将相邻板面拍平，同时及时清除板边缘挤出的胶粘剂。保温板应挤紧、拼严，严禁上下通缝，超过 0.5mm 的板缝用憎水微膨胀砂浆进行塞缝。局部不规则处可现场裁切，但必须注意切口与板面垂直。墙面的边角处不应用短边尺寸小于 300mm 的保温板。粘贴保温板的方法有：点粘法、条粘法等，如图 9-10 所示。

（2）固定锚栓布置。锚栓固定在施工玻纤网格布后进行，在拼缝、交叉处固定锚栓，交叉点部位必须固定锚栓，间距 600mm，呈梅花形布置锚栓，洞口处可增加锚固点，依据现场实际情况选择锚栓长度，要求锚入结构不小于 25mm。锚栓的数量具体布置如图 9-11 所示。

（3）粘贴玻纤网及抹面砂浆。在保温板面上用抹子将抗裂砂浆按约 1.5mm 厚度均匀涂抹在略大于铺设网格布的表面位置上，将裁好的网格布用抹子压入湿润的砂浆中，稍停顿一分钟后，将第二道抗裂砂浆涂抹在网格布上，直至将网格布全部覆盖，形成表面无网格布痕迹、平整光滑面，两道抗裂砂浆及一层网格布厚度控制在 3~5mm 范围内。

在抗裂砂浆凝结前再抹一道砂浆罩面，厚度 1~2mm，以完全覆盖玻纤网为宜，抹面砂浆表面应平整，玻纤网不得外露。

9.2.2.2　外保温墙体防火要求

尽管保温层处于外墙外侧，采用了自熄性保温板材料，防火处理仍不容忽视。在房屋内部发生火灾时，大火仍然会从窗户洞口往外燃烧，因此，外墙外保温建筑所有门窗洞口周边的保温层的外面，都必须有非常严密而且要有厚度足够的保护面层覆盖。在建筑物超过一定高度时，需设置防火隔离带，以免在发生火灾时蔓延。

防火隔离带保温材料的燃烧性能应为 A 级，并宜选用岩棉带防火隔离带，防火隔离

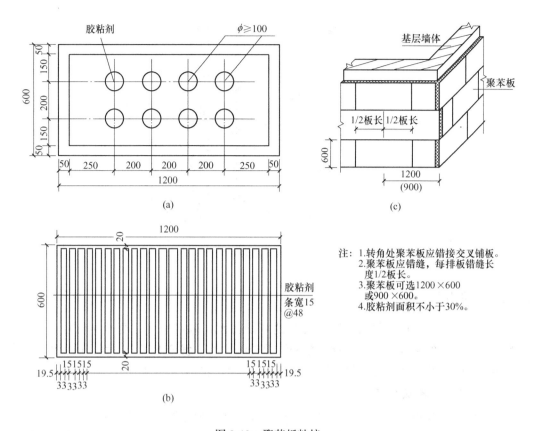

图 9-10　聚苯板粘接

（a）聚苯板点粘法；（b）聚苯板条粘法；（c）聚苯板转角排列示意图（平直墙面同样）

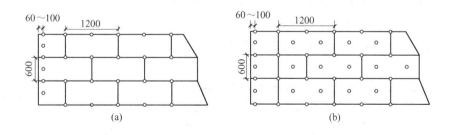

图 9-11　锚栓的数量及布置

（a）40m 以下高度锚栓布置图；（b）40m 以上高度锚栓布置图

带高度方向尺寸不应小于 300mm，防火隔离带应与外墙外保温系统厚度相同，防火隔离带应与基层墙体全面积粘贴。防火隔离带构造图如图 9-12 所示。

9.2.2.3　外保温墙体防风要求

风力随着建筑高度的增高而逐步加大，特别是在背风面上产生的吸力，有可能将保温板吸落。因此，对保温层应有十分可靠的固定措施。要计算当地不同层高处的风压力，以及保温层固定后所能抵抗的负风压力，并按标准方法进行耐负风压检测，以确保在最大风荷载时保温层不致脱落。

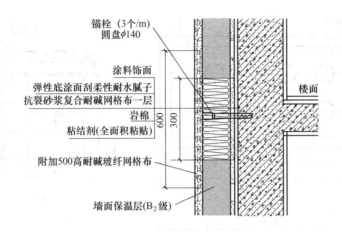

锚栓（3个/m）
圆盘φ140

涂料饰面
弹性底涂面刮柔性耐水腻子
抗裂砂浆复合耐碱网格布一层
岩棉
粘结剂(全面积粘贴)

附加500高耐碱玻纤网格布

墙面保温层(B₂级)

楼面

图 9-12　岩棉防火隔离带

9.2.3　建筑饰面工程

饰面工程是指把饰面材料镶贴或安装到基体表面（基层）上以形成装饰层。饰面材料的种类很多，但基本上可分为饰面板和饰面砖两大类。就施工工艺而言，前者以采用构造连接方式的安装工艺为主，后者以采用直接粘贴的镶贴工艺为主。

9.2.3.1　饰面板安装

饰面板工程是将天然或人造石材、陶板、金属饰面板等安装到基层上，形成建筑装饰面。建筑装饰用的石材主要有天然大理石（花岗石）、人造大理石（花岗石）和预制水磨石饰面板；陶板主要包括陶板、异形陶板和陶土百叶；金属饰面板主要有铝合金板、铝塑板、彩色涂层钢板、彩色不锈钢板、镜面不锈钢饰面板等。

A　大理石（花岗石、预制水磨石）饰面板施工

a　大理石（花岗石、预制水磨石）饰面板湿作业法施工

湿作业法施工是按照设计要求先在主体结构上安装钢筋骨架，在饰面板的四周侧面钻好（剔槽）绑扎钢丝或铅丝用的圆孔，然后用铜丝将石材与主体结构上的钢筋骨架固定，最后在饰面板与主体的缝隙内分层浇筑细石混凝土固定，如图 9-13 所示。

（1）湿作业法施工工艺流程：基层处理、板材钻孔、剔槽→穿丝→安装钢筋或型钢骨架、绑扎钢筋→穿钢丝安装板材→灌浆→嵌缝清理。

（2）湿作业法施工安装要点。安装施工时饰面板材离墙面留出 20~50mm 的空隙，板材上下口四角用石膏临时固定，确保板面平整；石板固定后进行分层灌入 1:2.5 水泥砂浆，每层约为 100~200mm，待下层初凝后再灌上层，直到离板材水平

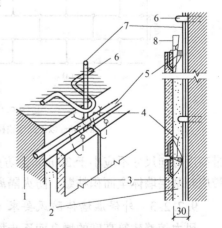

图 9-13　饰面板湿作业法示意图
1—墙体；2—灌水泥砂浆；3—饰面板；
4—钢丝；5—横筋；6—预埋铁环；
7—立筋；8—定位木楔

缝以下5~10mm为止，上一行板材安装好后再继续灌缝处理，依次逐行向上操作。如在灌浆中板发生移位，应及时拆除重装，以确保安装质量。

b 大理石（花岗石、预制水磨石）饰面板干挂法施工

湿作业施工方法饰面板易脱落，而且灌浆中的盐碱等色素对石材的渗透污染，会影响装饰质量和观感效果，饰面板干挂工艺有效地克服了湿作业存在的缺陷。干挂工艺是用螺栓和连接件将石材挂在建筑结构的外表面，石材与结构之间留出40~50mm的空隙，其构造如图9-14所示。其具体施工工艺如下：

测量放线→在基层结构上定位钻孔，预埋膨胀螺栓（在现场进行拉拔检测和承载力验算）→焊主龙骨→焊次龙骨→龙骨防腐（采用镀锌形钢无此工序）→选材→石材加工、钻孔→挂石材（用环氧树脂或密封膏堵塞T形件与石材的连接孔）→打胶→贴防污条、嵌缝（中性硅胶打入缝内）→清理石板表面（用棉丝沾丙酮擦净余胶），刷罩面剂→拆脚手架。

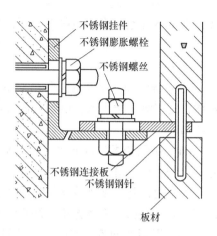

图9-14 干挂法不锈钢连接件
干挂工艺节点示意图

B 陶瓷饰面板施工

天然石板材厚度一般在2.5~3cm之间，存在色差，强度较低，本身很重，选板费力，施工进度较慢，大面积投入使用后会吸收污染物，装饰效果不理想。陶瓷板重量轻、强度高，尤其是外观色泽一致，装饰效果好，投入使用后不易吸收有害污染物，安装构造与大理石基本相同，而且价格便宜近一半，因此陶瓷板材应用的前景广泛。

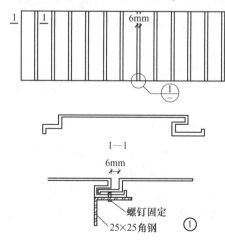

图9-15 铝合金饰面板安装示意图

C 金属饰面板的安装

a 铝合金饰面板安装

铝合金饰面板可用于内外墙装饰及吊顶等。铝合金饰面板的固定方法有两大类：一类是用螺钉拧到型钢或木骨架上，一类是将饰面板卡在特制的龙骨上。其施工工艺如下：找规矩、弹线→固定骨架的连接件→固定防腐骨架→铝合金饰面板安装。

将饰面板用螺钉直接拧固在骨架上，如采用后条扣压前条的构造方法，可使前块板条的固定螺钉被后块板条扣压遮盖，从而达到使螺钉全部暗装的效果，既美观，又对螺钉起保护作用。如图9-15所示。

b 铝塑板建筑饰面安装

铝塑板系以铝合金片与聚乙烯复合材料复合加工而成。其安装方法一般有无龙骨贴板法、轻钢龙骨贴板法和木龙骨贴板法，后两种方法均为在墙体表面先安装龙骨后安装纸面石膏板（室外采用硅钙板），最后粘贴塑铝板。

9.2.3.2　饰面砖镶贴

饰面砖包括釉面砖、外墙面砖、陶瓷锦砖、玻璃锦砖等。

A　釉面砖镶贴

釉面砖正面挂釉，有白色、彩色和印花等多种，形状有正方形和长方形两种。其表面光滑、美观、易于清洗，且防潮耐碱，多用于室内卫生间、浴室、水池、游泳池等处作为饰面材料。其镶贴工艺如下：选砖→抹底灰→找规矩、弹控制线→镶贴釉面砖→擦缝。

（1）釉面砖镶贴前应经挑选，要做到颜色均匀、尺寸一致，并在清水中浸泡（以瓷砖在水中不冒泡为止）后阴干备用，釉面砖的吸水率不得大于18%。

（2）基层应清除干净，浇水湿润，用水泥砂浆打底，厚7~10mm，找平划毛，打底后养护1~2d方可镶贴。

（3）镶贴前，墙面的阴阳角、转角处均需拉垂直线，并进行找方，阳角要双面挂垂直线，划出纵、横皮数，沿墙面进行预排。排列方法有直缝排列和错缝排列两种。缝宽一般约为1~1.5mm。

（4）镶贴顺序为自下而上，从阳角开始，使非整块砖留在阴角或次要部位。如墙面有突出的管线、灯具、卫生器具等，应用整砖套割吻合，不得用非整砖拼凑镶贴。

施工时，将粘结砂浆均匀刮抹在瓷砖背面，逐块粘贴于底层上，轻轻敲击，使之贴实粘牢。并随时检查平整方正、修正缝隙。

（5）贴后用同色水泥擦缝，最后用棉丝擦干净或用稀盐酸溶液刷洗瓷砖表面，并随即用清水冲洗干净。

B　陶瓷锦砖镶贴

陶瓷锦砖旧称"马赛克"，是以优质瓷土烧制而成的小块瓷砖，由于规格小，不宜分块铺贴，故出厂前工厂按各种图案组合将陶瓷锦砖反贴在护面纸上，常用作地面及室内外墙面饰面材料。其镶贴工艺如下：绘制大样图→找规矩，弹线、基层处理→镶贴陶瓷锦砖→揭纸→擦缝。

（1）镶贴前，应按照设计图纸要求及图纸尺寸核实墙面的实际尺寸，根据排砖模数和分格要求，绘制出施工大样图，加工好分格条，并对陶瓷锦砖统一编号，便于镶贴时对号入座。

（2）基层上用厚10~12mm的水泥砂浆打底，找平划毛，洒水养护。

（3）在湿润的底层上刷素水泥浆一道，再抹一层厚3mm的1:1水泥砂浆作粘结层。同时将陶瓷锦砖底面朝上铺在木垫板上，用1:1水泥细砂干灰填缝，再刮一层1~2mm厚的素水泥浆，随即将托板上的陶瓷锦砖纸板对准分格线贴于底层上，并拍平拍实。

（4）待水泥砂浆初凝后，用软毛刷将护纸刷水润湿，约半小时后揭纸，并检查缝的平直大小，校正拨直，使其间距均匀，边角整齐。

（5）粘贴48h后，用素水泥浆擦缝，待嵌缝材料硬化后用棉丝将表面擦净或用稀盐溶液刷洗，并随即用清水冲洗干净。

9.2.3.3　涂饰工程

涂饰工程是指将涂料施涂于结构表面，以达到保护、装饰及防水、防火、防腐蚀、防霉、防静电等作用的一种饰面工程。其耐久性略差，但维修、更新很方便。

A 建筑涂料饰面工程的基层处理

（1）新建筑物的混凝土或抹灰基层在涂饰涂料前应涂刷抗碱封闭底漆。

（2）旧墙面在涂饰涂料前应清除疏松的旧装修层，并涂刷界面剂。

（3）混凝土或抹灰基层涂刷溶剂型涂料时，含水率不得大于 8%；涂刷乳液型涂料时，含水率不得大于 10%。木材基层的含水率不得大于 12%。

（4）基层腻子应平整、坚实、牢固，无粉化、起皮和裂缝。

（5）厨房、卫生间墙面必须使用耐水腻子。

B 建筑涂料施工

涂料在施涂前及施涂过程中，必须充分搅拌均匀，如需稀释，应用该种涂料所规定的稀释剂稀释。

（1）刷涂。刷涂是用毛刷、排笔等将涂料涂饰在物体表面上的一种施工方法。刷涂一般不少于两遍，较好的饰面为三遍。第一遍浆的稠度要小些，前一遍涂层表干后才能进行后一遍刷涂，前后两遍间隔时间与施工现场的温度、湿度有密切关系，通常不少于 2~4h。

（2）喷涂。喷涂是利用压力或压缩空气将涂料喷涂于墙面的机械化施工方法。在喷涂施工中，涂料稠度必须适中，空气压力在 0.4~0.8MPa 之间选择，喷射距离一般为 40~60cm，喷枪运行中喷嘴中心线必须与墙面垂直。

（3）滚涂。滚涂是利用滚筒蘸取涂料并将其涂布到物体表面上的一种施工方法。这种涂饰层可形成明晰的图案、花色纹理，具有良好的装饰效果。

滚涂时应从上往下、从左往右进行操作，不够一个滚筒长度的留到最后处理，待滚涂完毕的墙面花纹干燥后，以遮盖的办法补滚。若是滚花时，滚筒每移动一次位置，应先将滚筒花纹的位置校正对齐，以保持图案一致。

滚涂过程中若出现气泡，解决的方法是待涂料稍微收水后，再用蘸浆较少的滚筒复压一次，消除气泡。

9.3 幕墙工程施工

建筑幕墙是悬挂在主体结构之外的连续的外围护系统，建筑幕墙已成为融建筑艺术、建筑技术、建筑功能（防水、保温、隔热、气密、防火和避雷等功能）为一体的新型建筑外围护构件，是现代大型和高层建筑常用的带有装饰效果的轻质墙体。本节以玻璃幕墙为例阐述幕墙施工技术。

9.3.1 玻璃幕墙的构造与分类

幕墙系统主要由结构框架支撑体系、镶嵌板材、减震和密封材料等部分组成。幕墙结构框架支撑体系可分为框支撑玻璃幕墙（构件式和单元式）（见图 9-16）、点支撑玻璃幕墙（钢管式、玻璃肋式、拉杆式、拉索式等）（见图 9-17）等。幕墙所采用的骨架材料主要有铝合金型材、钢材（碳素结构钢或不锈钢型材或钢材拉杆、拉索等）两大类。

（1）框支撑玻璃幕墙又分为明框幕墙和隐框幕墙。明框幕墙其玻璃镶嵌在框内，金属框架构件显露在玻璃外表面，节点构造如图 9-18 所示。隐框幕墙是指金属框架构件全部隐蔽在玻璃后面的有框玻璃幕墙，即将玻璃用结构胶粘结在框上，大多数情况下不再加金属连接件，形成大面积全玻璃镜面，节点构造如图 9-19 所示。

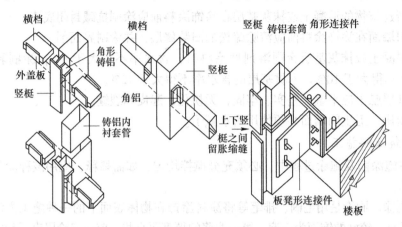

图 9-16　幕墙支撑结构与主体结构连接示意图

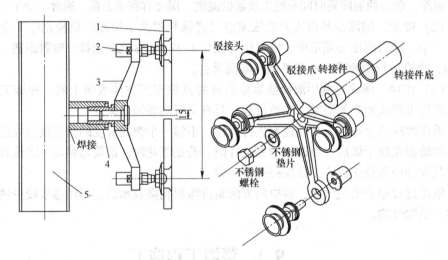

图 9-17　点支承玻璃幕墙示意图

1—玻璃；2—驳接头；3—驳接爪；4—转接件；5—钢架（主结构）

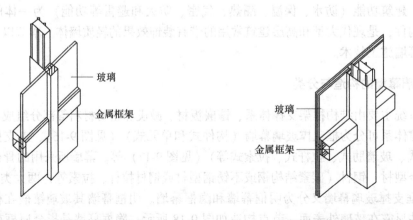

图 9-18　明框玻璃幕墙三维节点　　　　图 9-19　隐框玻璃幕墙内视三维节点

（2）全玻幕墙又称为无金属骨架玻璃幕墙，是由玻璃板和玻璃肋构成的玻璃幕墙。高度不超过 4m 的全玻幕墙，可以用下部直接支承的方式进行安装，超过 4m 的宜用上部悬挂方式安装。

（3）点支承玻璃幕墙又称为挂架式（或点式）玻璃幕墙，是由玻璃面板、点支承装置与支承结构构成的玻璃幕墙。它采用四爪式不锈钢挂件与立柱相焊接，每块玻璃四角在家加工钻四个 φ20 孔，挂件的每个爪与一块玻璃一个孔相连接，即一个挂件同时与四块玻璃相连接，所以一块玻璃需要四个挂件来固定。

9.3.2 玻璃幕墙的施工工艺

目前，框支玻璃幕墙使用最为广泛，本节以框支玻璃幕墙为例阐述其施工工艺。

A 定位放线

玻璃幕墙的测量放线应与主体结构测量放线相配合，其中心线和标高点由主体结构施工单位提供并校核准确。放线应沿楼板外沿弹出墨线定出幕墙平面基准线，从基准线测出一定距离为幕墙平面，以此线为基准弹出立柱的位置线，再确定立柱的锚固点位置。

B 骨架安装

骨架的固定是通过连接件将骨架与主体结构相连接的。常用的固定方法有两种：一种是将型钢连接件与主体结构上的预埋铁件按弹线位置焊接牢固；另一种则是将型钢连接件与主体结构上的预埋膨胀螺栓锚固。

预埋件应在主体结构施工时按设计要求埋设，并将锚固钢筋与主体构件主钢筋绑扎牢固或点焊固定，以防预埋件在浇筑混凝土时位置变动。膨胀螺栓的准确位置可通过放线确定，其埋深应符合设计要求。

（1）安装连接件。查预埋件安装合格后，将连接件通过焊接或螺栓连接到预埋件上。

（2）安装立柱。将立柱从上至下（也可从下至上）安装就位。安装时将已加工、钻孔后的立柱嵌入连接件角钢内，用不锈钢螺栓初步固定，根据控制通线对立柱进行复核，调整立柱的垂直度、平整度，检查是否符合设计分格尺寸及进出位置，如有偏差应及时调整，经检查合格后，将螺栓最终拧紧固定。

（3）安装横杆。待立柱通长布置完毕后，将横杆的位置线弹到立柱上。横杆一般是分段在立柱上嵌入安装，如果骨架为型钢，可以采用焊接或螺栓连接；如果是铝合金型材骨架，其横杆与立柱的连接，一般是通过铝铆钉与连接件进行固定。骨架横杆两端与立柱连接处设有弹性橡胶垫，橡胶垫应有 20%~30% 的压缩性，以适应横向温度变形的需要。安装时应将横杆两端的连接件及橡胶垫安装在立柱预定位置，并保证安装牢固、接缝严密。支点式（挂架式）幕墙只需立柱而无横杆，所有玻璃均靠挂件驳接爪挂于立柱上。

C 玻璃安装

构件式玻璃安装前应将表面尘土和污物擦拭干净，四边的铝框也要清除污物，以保证嵌缝耐候胶可靠粘结。热反射玻璃安装应将镀膜面朝向室内。元件式幕墙框料宜由上往下进行安装，单元式幕墙安装宜由下往上进行。玻璃装入镶嵌槽要有一定的嵌入量。

D 嵌缝

玻璃安装就位后，在玻璃与槽壁间留有的空腔中嵌入橡胶条或注入耐候胶固定玻璃。

隐框、半隐框幕墙所采用的结构粘结材料必须是中性硅酮结构密封胶，其性能必须符合《建筑用硅酮结构密封胶》（GB 16776）的规定，硅酮结构密封胶必须在有效期内使用。

玻璃幕墙四周与主体之间的间隙，应采用防火的保温材料填塞，内外表面应采用密封胶连续封闭，接缝应严密不漏水。

9.3.3 金属与石材幕墙

金属与石材幕墙的设计要根据建筑物的使用功能、建筑立面要求和技术经济能力，选择金属或石材幕墙的立面、结构形式和材料品质。幕墙的色调、构图和线形等，幕墙设计应保障幕墙维护和清洗方便与安全。《金属与石材幕墙工程技术规范》（JGJ 133）规范了民用建筑的金属与天然石材幕墙的工程设计、构件制作、安装施工及其工程验收。

幕墙性能应包括风压变形性能、雨水渗漏性能、空气渗透性能、平面内变形性能、保温性能、隔声性能及耐撞击性能。金属与石材幕墙一般规定：

（1）幕墙的防雨水渗漏。单元幕墙或明框幕墙应有泄水孔。有霜冻的地区，应采用室内排水装置；无霜冻地区的排水装置可设在室外，但应有防风装置；石材幕墙的外表面，不宜有排水管；采用无硅酮耐候密封胶时，必须有可靠的防风雨措施。

（2）幕墙中不同的金属材料接触处处理。除不锈钢外，均应设置耐热的环氧树脂玻璃纤维布或尼龙12（聚十二内酰胺）垫片，防止不同电位差造成不同金属间的电化学反应。

（3）幕墙的钢框架结构，应设温度变形缝，以适应幕墙骨架系统的热胀冷缩。金属与石材幕墙工程大多采用钢骨架，伸缩缝一般为两层一个接头，接头布置由设计确定；对于主体结构的抗震缝、伸缩缝、沉降缝等部位必须保证幕墙在此部位的功能性，不得在施工中任意改变这些部位的功能特性。

（4）空气通气层。幕墙的保温材料可与金属板、石板结合在一起，但应与主体结构外表面有50mm以上的空气通气层。

（5）金属与石材幕墙的防火。防火层应采取隔离措施，在楼层之间设一道防火层，并应根据防火材料的耐火极限决定防火层的厚度和宽度，且应在楼板处形成防火带。

幕墙的防火层隔板须用钢板包覆，必须采用经防腐处理且厚度不小于1.5mm的耐热钢板，不得采用铝板，更不允许用铝塑复合板，因为后两种材料起不到防火作用；防火层的密封材料应采用防火密封胶。

（6）幕墙的防雷。金属与石材幕墙的防雷设计应符合《建筑物防雷设计规范》（GB 50057）的有关规定。

9.3.4 节能幕墙

节能幕墙要求幕墙在防火、隔声、防水、密封性、防潮、隔热、防雷、遮阳、自然采光及通风等功能方面都达到节能效果，从节能工程的角度建筑幕墙可分为透明幕墙和非透明幕墙两种。透明幕墙是指可见光直接透射入室内的幕墙，一般指各类玻璃幕墙；非透明幕墙指各类金属幕墙、石材幕墙、人造板材幕墙等。透明幕墙的主要热工性能指标有传热系数和遮阳系数、可见光透射比等指标，非透明幕墙的热工指标主要是幕墙材料（石材幕墙、人造板材幕墙等）的传热系数。

除从热工性优良的幕墙材料研发与选择上入手实现幕墙节能外，幕墙设计、构造优化也是幕墙节能的重要措施，如双层玻璃幕墙、遮阳措施的使用等。

A 玻璃节能

在玻璃幕墙中，玻璃所占的面积比铝合金框要大得多，玻璃的节能是玻璃幕墙节能的关键。近年来幕墙玻璃技术发展很快，镀膜玻璃（包括 LOW-E 玻璃）、中空玻璃等产品日益丰富，这些高性能玻璃组成幕墙的技术也已经很成熟。如采用 LOW-E 中空玻璃、填充惰性气体和"断热桥"型材龙骨或双层通风式幕墙完全可以把玻璃幕墙的传热系数由普通单层玻璃的 $6.0W/(m^2 \cdot K)$ 以上降到 $1.5W/(m^2 \cdot K)$，从而减少温差传热的热负荷损失。

有资料显示，中空玻璃（普通）$K=2.3 \sim 3.2W/(m^2 \cdot K)$，而采用离线低辐射镀膜中空玻璃（中空层充惰性气体）$K=1.4 \sim 1.8W/(m^2 \cdot K)$，节能效果是显著的。

B 铝合金断热桥型材节能

为提高外露结构架框体节能性能，可以采用断桥铝型材。铝合金型材在窗及幕墙系统中，不但起着支承龙骨的作用，而且对节能效果也有较大影响。通常情况下，铝合金断热型材的特点是在内、外两侧铝型材中间采用低导热系数的隔离物质隔开，降低传热系数，增加热阻值。相关数据显示，即使在炎热的夏季，太阳暴晒的情况下，断热桥型材室外部分表面温度通常可达 $35 \sim 85℃$，而室内仍可维持在 $24 \sim 28℃$ 左右，有效地减少传到室内的热量；而在寒冷的冬季，室外铝材的温度可与环境温度相当（一般 $-28 \sim -20℃$），而室内铝材仍然可达到 $8 \sim 15℃$，从而减少热量损失，达到节能目的。

C 双（多）层结构体系节能

在温暖地区的玻璃幕墙一般采用单层结构，而在寒冷或炎热地区，则可以采用多层（双）幕墙的构造，如图 9-20 所示。利用两层结构间的空气层的绝热及空气动力学原理，降低系统总传热系数，来实现节能目的。

D 遮阳体系节能

玻璃幕墙大面积采用玻璃，如何实现在烈日炎炎的夏季将光（能量）挡在室外，或在寒冷的冬季能让充足的光（能量）传入室内，目前，在幕墙体系上融入遮阳技术是节能的有效途径之一。玻璃幕墙遮阳可采用花格、挡板、百叶、卷帘等，采用智能化的控制装置进行调节，以达到夏季遮阳、冬季采光的目的。

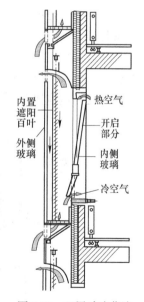

图 9-20 双层玻璃幕墙

9.4 门窗工程施工

9.4.1 门窗节能综述

作为影响建筑能耗四大围护部件之一的门窗，一般是薄壁的轻质构件，是建筑保温、隔热、隔声的薄弱环节，尤以绝热性能最差，它通过辐射传递、对流传递、传导传递和空气渗透四种形式导致建筑物能量流失，普通单层玻璃窗的能量损失约占建筑冬季保温和夏季降温能耗的50%以上。

门窗的保温和隔热与玻璃、门窗框的材料、构造及其气密性息息相关。建筑门窗无论什么形式、门窗框无论什么材质，判断门窗是否节能，取决于两个方面：一是窗外框、窗扇框的材料是否隔热保温；二是玻璃是否节能。其中玻璃占窗户面积70%以上，因此建筑门窗的节能应首先考虑玻璃的节能。

A　门窗框材料

对于门窗框材料，品种很多，呈现铝、塑、钢、木、玻璃钢、铝塑复合、铝木复合多元发展的态势。铝合金、彩钢等金属材料传热系数高，不隔热、不保温；塑、玻璃钢材料传热系数低，保温、隔热。铝塑组合门窗外侧是彩色铝合金材料，内侧是PVC材料，因此既具备铝合金门窗的特点，又具备塑料门窗的良好的保温节能优势。铝塑组合门窗配以5+12+5的普通中空玻璃，传热系数约为 $2.7W/(m^2 \cdot K)$，符合节能50%的建筑节能目标。

B　中空玻璃

保温和隔热门窗一般应采用中空玻璃，中空玻璃气体层厚度不宜小于9mm，如图9-21所示。热镜中空玻璃堪称是目前世界上最为节省能源的玻璃产品，于1970年引用太空科技开发研制的，是由两层玻璃与一张特殊的热镜薄膜组合而成的双中空结构，并采用双层硅胶密封。

严寒地区宜使用中空Low-E镀膜玻璃或单框三玻中空玻璃窗，窗框与窗扇间宜采用三级密封。当采用附框法与墙体连接时，附框应采取隔热措施。在墙体采取保温措施时窗框与保温层构造应协调，不得形成热桥。

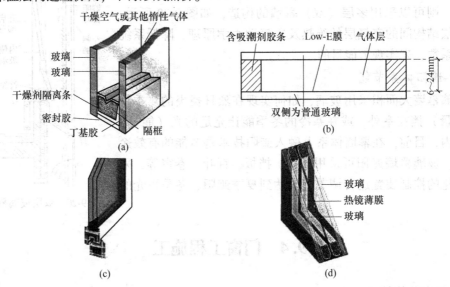

图9-21　中空玻璃

(a) 普通中空玻璃；(b) 贴Low-E膜中空玻璃构造；(c) 三玻中空玻璃；(d) 热镜中空玻璃

有遮阳要求的门窗可采用遮阳系数较低的玻璃或设计适宜的活动外遮阳装置。外遮阳装置应与建筑的整体外观相协调，且其开关操作应易于在室内进行，遮阳装置应安装牢固可靠（见图9-22）。

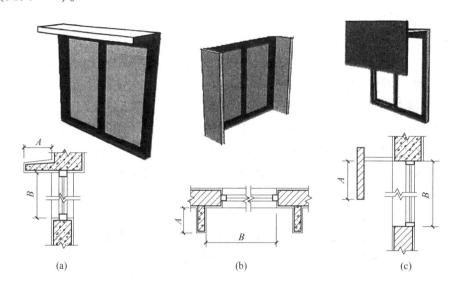

图9-22 建筑构造外遮阳

（a）水平外遮阳；（b）垂直外遮阳；（c）挡板外遮阳

C 水密性与气密性

门窗水密性与气密性是门窗节能的主要指标，居住建筑1~9层外窗的水密性与气密性性能应不低于《建筑外门窗气密、水密、抗风压性能分级及检测方法》（GB/T 7106）的4级水平；10层以上外窗的水密性与气密性性能应不低于6级水平。

D 门窗安装要点

施工中窗台的安装位置、窗台大小、流水坡度、有无防水层遮雨罩等措施对窗户的影响很大。为防止雨水沿窗楣汇水到门窗，必须在窗洞口的上侧预留"滴水槽"和"鹰嘴"，滴水槽的宽度和深度均不得低于10mm。该构造措施可有效减少雨水在窗户上流淌进而引发渗水的可能性。

窗洞口外窗台预留成室内高室外低的企口式，建筑外窗宜与外墙表面有一定的距离，外窗台宽度宜大于100mm，外窗台前后高低差不小于25mm，形成外窗台流水坡度开做一道防水涂料下返到垂直外墙100mm。

窗框与墙体缝隙填充聚氨酯发泡胶密封，不要使用普通砂浆或含有海砂成分的砂浆填充。然后进行外保温板的粘贴，窗洞四周必须粘贴严密，严禁空鼓，保温层外侧找平层刷外墙涂料并保证下侧窗台有20mm的泛水，最后在窗框与墙体交界处打外墙密封胶。

建筑外门窗防雷设计，应符合《建筑物防雷设计规范》（GB 50057）的规定。一类防雷建筑物其建筑高度在30m及以上的外门窗，二类防雷建筑物其建筑高度在45m及以上的外门窗，三类防雷建筑物其建筑高度在60m及以上的外门窗应采取防侧击雷和等电位保护措施，并与建筑物防雷系统可靠连接。所以当建筑物高度超过30m土建施工时，在接地干线焊出一根（数根）钢筋头与接地干线焊接。

9.4.2　节能门窗施工

A　节能门窗的安装流程

准备工作→测量、放线→确认安装基准→门窗框组装、安装→校正→固定门窗框→填充发泡剂→土建抹灰收口→安装门窗扇→门窗外周圈打胶→安装门窗五金件→清理保护膜、清洗门窗→检查验收。

a　门窗框安装

门窗框安装应选择在主体结构基本结束后进行。安装前，应先在洞口弹出门、窗位置线。按弹线确定的位置将门窗框就位，先临时固定，待检查立面垂直、左右间隙、上下位置等符合要求后，将门窗框与墙体连接固定，固定方法如图9-23所示。

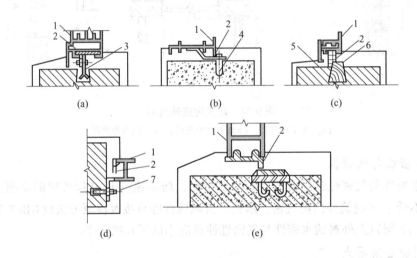

图9-23　铝合金门窗框与墙体连接方式

(a) 预留洞燕尾铁脚连接；(b) 射钉连接；(c) 预埋木砖连接；(d) 膨胀螺钉连接；(e) 预埋件焊接
1—门窗框；2—连接铁件；3—燕尾铁脚；4—射（钢）钉；5—木砖；6—木螺钉；7—膨胀螺钉

门窗框安装固定后，应及时处理框与洞口的间隙。洞口的构造尺寸应包括预留口与待安装窗框的间隙及墙体饰面材料的厚度。

b　门窗扇的安装

宜在室内外装修基本结束后进行，以免土建施工时将其损坏。安装推拉门窗扇时，应先装室内侧门窗扇，后装室外侧门窗扇；安装平开门窗扇时，应先把合页按要求位置固定在铝合金门窗框上，然后将门窗扇嵌入框内临时固定，调整合适后，再将门窗扇固定在合页上，必须保证上、下两个转动部分在同一轴线上。

c　玻璃的安装

小块玻璃用双手操作就位，若单块玻璃尺寸较大，可使用玻璃吸盘就位。玻璃就位后，即以橡胶条固定，然后在橡胶条上注入密封胶；也可以直接用橡胶衬条封缝、挤紧，表面不再注胶。

B 门窗安装节能构造

在建筑围护结构中，门窗是保温的薄弱环节，是热交换和热传导最活跃和最敏感的部位，门窗的热工性能还严重影响了墙体的温度分布和传热。门窗在建筑节点热桥传热损失中所占比例比较大，尤其是窗墙结合处是建筑节能工程质量通病的高发区。

保温墙体应将窗下框与洞口间缝隙全部用聚氨酯发泡胶填塞饱满，以起到保温防水的作用。外贴保温材料时应略压住窗下框，其缝隙应用密封胶进行密封处理。当外侧抹灰时，应做出披水坡度。窗框与洞口之间的伸缩缝用聚氨酯发泡胶填充成型后不宜切割。

9.5 楼地面工程施工

楼地面是建筑物底层地面（地面）和楼层地面（楼面）的总称。楼面、地面的组成分为基层和面层两大基本构造层，基层部分包括结构层和垫层。为了能满足一定的使用功能，还需增设结合层、找平层、填充层、隔离层等附加构造层。规范中把附加构造层也归类于基层中。楼地面的构成层次如图 9-24 所示。

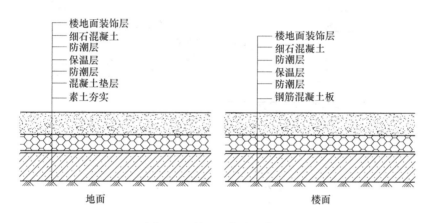

图 9-24 楼地面构造示意图

在建筑中，楼地面不仅具有支撑作用，而且还具有保温、隔热、蓄热作用。建结构中，通过地面向外传导的热（冷）量约占围护结构传热量的 3%~5%。在不同气候区，楼地面的节能重点不一样。在南方湿热地区由于潮湿气候影响，在春末夏初的潮霉季节常产生地面结霜现象；在严寒和寒冷地区的采暖建筑中，接触室外空气的楼板以及不采暖地下室上面的地面如不加保温，则不仅增加采暖能耗，而且因地面温度过低，严重影响居民健康。

9.5.1 楼地面保温隔热分类

（1）保温层在楼板上面的正置法。例如采用铺设硬质挤塑聚苯板、泡沫玻璃保温板等板材或强度符合地面要求的保温砂浆、发泡混凝土等材料，其厚度由设计进行节能计算后确定。

（2）保温层在楼板底面的反置法。可如同外墙外保温做法一样。普通的楼面在楼板下粘贴膨胀聚苯板、挤塑聚苯板或其他高效保温材料后抹保护砂浆或吊顶保护，如图 9-25 所示。

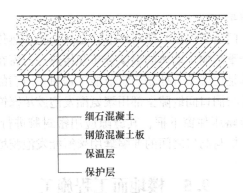

图 9-25　保温层在楼板底面的反置法

（3）装饰保温一体化。例如铺设木搁栅木地板或无木搁栅的实铺木地板，如图 9-26所示。

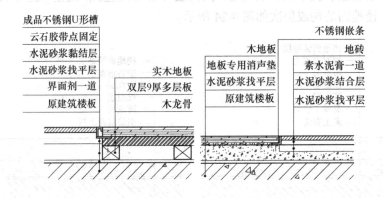

图 9-26　木地板构造示意图

9.5.2　楼地面的保温隔热技术

9.5.2.1　楼面的保温隔热

对于上下楼层之间的楼面的保温隔热是伴随分户供暖、供冷的计量而产生的，一般法同外墙保温，在楼面铺设保温隔热层，例如在垫层下铺硬质聚苯板、泡沫玻璃保温等。近几年，随着发泡混凝土的发展，越来越多的设计单位采用发泡混凝土垫层的方法保温隔热，与混凝土垫层结合，上面直接做室内地面装饰层，是一种值得推广的工程做法。

9.5.2.2　地面的保温隔热

对于底层地面的保温、隔热及防潮措施应根据地区的气候条件，结合建筑节能设计标准的规定采取不同的节能技术。

（1）寒冷地区采暖建筑的地面应以保温为主，在持力层以上土壤层的热阻已符合地面热阻规定的条件下，最好在地面面层上铺设适当厚度的板状保温材料，进而提高地面的保温和防潮性能，如图 9-27 所示。

（2）夏热冬冷地区应兼顾冬天采暖时的保温和夏天制冷时的隔热、防潮，也宜在地面面层下铺设适当厚度的板状保温材料，提高地面的保温及隔热、防潮性能。

（3）夏热冬暖地区底层地面应以防潮为主，宜在地面面层下铺设适当厚度保温层或设置架空通风道以提高地面的隔热、防潮性能。

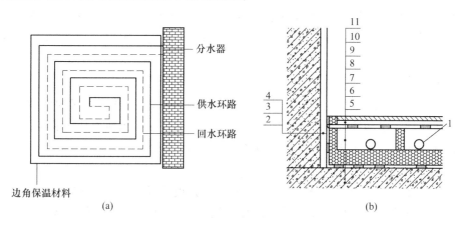

（a）　　　　　　　　　　　（b）

图 9-27　热水供暖楼地面构造

（a）水管环路平面；（b）地板供暖结构剖面；

1—加热管；2—侧面绝热层；3—抹灰层；4—外墙；5—楼板或地面；6—防潮层（对与土壤相邻地面）；

7—绝热层；8—豆石混凝土填充层；9—隔离层（对潮湿房间）；10—找平层；11—装饰面层做法

9.5.3　基层施工

基层的作用是承担其上面的全部荷载，它是楼地面的基体。基层施工包括基土、垫层、找平层、绝热层、隔离层、填充层等的施工。

A　基土施工

基土是底层地面垫层下的土层，是承受由整个地面传来荷载的地基结构层。地面应铺设在均匀密实的基土上，土层结构被扰动的基土应换填并压实，压实系数应符合设计要求。基土施工应严格按照《建筑地基基础工程施工质量验收规范》（GB 50209）的有关规定进行，基土施工完后，应及时施工其上垫层或面层，防止基土被扰动破坏。

B　垫层施工

垫层是承受并传递地面荷载于基土上的构造层，包括灰土垫层、砂垫层和砂石垫层、混凝土垫层、碎石垫层和碎砖垫层、三合土垫层、炉渣垫层等。

（1）灰土垫层施工。灰土垫层是采用熟化石灰与黏土（或粉质黏土、粉土）按一定比例或按设计要求经拌合后铺设在基土层而成，其厚度不应小于 100mm。灰土拌合料要随拌随用，不得隔日夯实，也不得受雨淋，如遭受雨淋浸泡，应将积水及松软灰土除去，晾干后再补填夯实。

（2）砂垫层和砂石垫层施工。砂垫层和砂石垫层是分别采用砂和天然砂石铺设在基土层上压实而成，如用人工级配的砂石，应按一定比例拌和均匀后使用。垫层可采用夯实法使其密实，压实后的密实度应符合设计要求。

（3）混凝土垫层。混凝土垫层的厚度不应小于 60mm。浇筑混凝土垫层前，应清除基层的淤泥和杂物。在墙上弹出控制标高线，垫层面积较大时，要设置混凝土墩控制垫层标高。铺设前，将基层湿润，摊铺混凝土后，用表面振捣器振捣密实，用木抹子将表面搓平，并应加强养护工作。

C　找平层施工

找平层是在各类垫层上、楼板或填充层上铺设，起着整平、找坡或加强作用的构造层。当找平层厚度小于 30mm 时宜用水泥砂浆做找平层，大于 30mm 时宜用细石混凝土铺设。

D　隔离层施工

隔离层是防止建筑地面上各种液体（主要指水、油、腐蚀性和非腐蚀性液体）侵蚀作用以及防止地下水和潮气渗透到地面而增设的构造层，仅防止地下潮气渗透到地面的可称作防潮层。隔离层应采用防水卷材、防水涂料等铺设而成。

E　填充层施工

填充层是在建筑地面上起隔声、保温、找坡或敷设管线等作用的构造层，可采用松散材料、板块、整体保温材料和吸声材料等铺设而成。松散材料可采用膨胀蛭石、膨胀珍珠岩、炉渣等铺设；板块材料可采用泡沫塑料板、膨胀珍珠岩板、蛭石板、加气混凝土板等铺设；整体材料可采用沥青膨胀蛭石、沥青膨胀珍珠岩、水泥膨胀珍珠岩和轻骨料混凝土等拌合料铺设。

F　结合层施工

结合层是面层与下一层相连接的中间层，是指水泥砂浆、沥青胶结料或胶粘剂等。通过结合层将整体面层（或板块面层）与垫层（或找平层）连接起来，以保证建筑地面工程的整体质量，防止面层出现起壳、空鼓等缺陷。

9.5.4　面层施工

面层是楼地面的表层，即装饰层，它直接受外界各种因素的作用。地面的名称通常以面层所用的材料来命名，如水泥砂浆地面。按工程做法和面层材料，不同楼地面可分为整体面层施工、板块面层施工、木（竹）面层施工等。

A　整体面层施工

整体面层包括水泥混凝土面层、水泥砂浆面层、板块面层、涂料面层、塑胶面层等。其中水泥砂浆面层是地面做法中最常用的一种整体面层。铺设前，先刷一道掺加 4%~5% 108 胶的水泥浆，随即铺抹水泥砂浆，用刮尺刮平，并用木抹子压实，在砂浆初凝后终凝前用铁抹子反复压光三遍。砂浆终凝后覆盖草帘、麻袋，浇水养护，养护时间不应少于 7d。

B　板块面层施工

板块面层包括砖面层（陶瓷锦砖、缸砖、陶瓷地砖和水泥花砖面层）、大理石面层和花岗石面层、预制板块面层（水泥混凝土板块、水磨石板块面层）、料石面层（条石、块石面层）、塑料板面层、活动地板面层、地毯面层等。

板块面层施工工艺流程为：选板→试拼→弹线→试排→铺板块面层→灌缝、擦缝→养护→打蜡（当面层为大理石或花岗石时有此工序）。

铺砌前将板块浸水湿润，晾干后表面无明水时，方可使用。先将找平层洒水湿润，均匀涂刷素水泥浆（水灰比为 0.4~0.5），涂刷面积不要过大，铺多少刷多少。为了找好位置和标高，应从门口开始铺贴，纵向先铺 2~3 行砖，以此为标筋拉纵横水平标高线，铺时应从里向外退着操作，人不得踏在刚铺好的砖面上。凡有柱子的大厅，宜先铺砌柱子与柱子中间的部分，然后向两边展开。如发现空隙应将块料板掀起用砂浆补实再行安装。

纵横缝隙要顺直。在铺砌后 1~2 昼夜进行灌浆擦缝，派专人洒水养护不少于 7d，踢脚板的缝隙与地面块料板接缝对齐为宜，阳角处切割成 45° 斜面对角连接，待砂浆强度达到设计强度后，用 5% 浓度的草酸清洗，再打蜡。

C 木（竹）面层施工

实木地板面层铺设方法有空铺和实铺两种方式。底层木地板一般采用空铺方法施工，而楼层木地板可采用空铺也可采用实铺方法进行施工。铺设工艺流程为：清理基层→弹线→铺设木搁栅→铺设实木地板→镶边→地面磨光→安装踢脚板→油漆打蜡。

（1）清理基层、弹线。在基层上弹出木搁栅中心控制线，并弹出标高控制线。

（2）铺设木搁栅。将木搁栅逐根就位，用预埋的 $\phi4$ 钢筋或 8 号铁丝将木搁栅固定牢，要严格做到整间木搁栅面标高一致。在木搁栅之间加设横向木撑，然后用炉渣、矿棉毡、珍珠岩、加气混凝土块等（具体材料按设计要求）填平木搁栅之间的空隙，要拍平拍实。空铺时钉以剪刀撑固定木搁栅。

（3）铺设面层实木地板。地板为单层木板面层时在木格栅上直接钉直条面板，侧面带企口，面板应与木搁栅方向垂直铺钉，且要注意使木地板的心材（髓心）朝上。在企口凸榫处斜着钉暗钉，每块板不少于 2 个钉。钉的长度应为板厚的 2~2.5 倍，钉头送入板中 2mm 左右，斜向入木，钉子不易从木板中拔出，使地板坚固耐用。剩最后一块用无榫地板条，加胶平接以明钉固定。

地板为双层木板面层时在木搁栅上先钉一层毛地板，再钉一层企口面板。毛地板条与木搁栅成 30° 或 45° 斜角方向铺钉，面板应与木搁栅方向垂直铺钉，这样避免上下两层同缝，增加地板的整体性。毛地板接头必须在搁栅上不得悬挑，接头缝留 2~3mm，接头要错开。毛地板与木搁栅用圆钉固定，钉长为板厚的 2~2.5 倍，每块毛地板与木搁栅处钉 1 个钉子。毛地板的含水率应严格控制并不得大于 12%。在毛地板上先铺一层沥青油纸或油毡隔潮（是否设置防潮层依设计要求），然后将企口板钉在毛地板上。

（4）地板磨光。地面磨光用磨光机，磨时不应磨得太快，磨深不宜过大，一般不超过 1.5mm，要多磨几遍，直到符合要求为止。

（5）安装踢脚板。当房间设计为实木踢脚板时，踢脚板应预先刨光，在靠墙的一面开成凹槽，以防翘曲，并每隔 1m 钻直径 6mm 的通风孔，每隔 750mm 与墙内防腐木砖钉牢。踢脚板要垂直，上口水平，在踢脚板与地板交角处，钉上 1/4 圆木条，以盖住缝隙。

（6）打蜡。该工作应在房间内所有装饰工程完工后进行。打蜡可用地板蜡，以增加地板的光洁度，使木材固有的花纹和色泽最大限度地显现出来。

9.6 屋面工程施工

屋面工程一般包含结构层、找平层、保温层、防水层、保护层或使用面层。保温屋面系统分为两大类：一类为传统屋面（正置式屋面，见图9-28（a）），即防水层铺在保温层上面的做法；另一类为倒置式屋面（见图9-28（b）），是把保温层放在防水层的上面，这种做法可以降低防水层的温度应力，避免防水层早期老化破坏，从而提高其使用年限，倒置式屋面采用保温材料必须为"憎水性"材料。

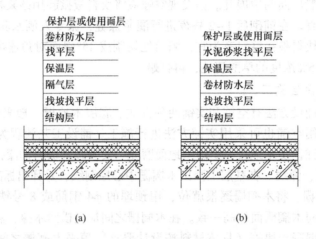

图 9-28　保温屋面
（a）正置式屋面；（b）倒置式屋面

　　屋面是外围护结构中受太阳照射最强，也是受室内外温度作用最大的部位。在冬季冷酷的风雪侵蚀、夏季强烈的太阳辐射下，屋面的保温隔热性直接影响顶层房间的室内冷热环境，直接影响建筑的能耗。

　　屋面保温隔热材料应选用导热系数小，蓄热系数相对大的保温隔热材料。保温隔热材料不宜选用吸水率高的材料（如水泥膨胀珍珠岩、蛭石类等），以防止屋顶湿作业时，保温隔热层大量吸水，降低热工性能。《屋面工程技术规范》（GB 50345）推荐的板状保温材料保温屋面、纤维材料保温屋面和整体现浇保温材料如表9-4所示。

表 9-4　屋面保温层及保温材料

保温层	保温材料
板状材料保温层	聚苯乙烯泡沫塑料，硬质聚氨酯泡沫塑料，膨胀珍珠岩制品，泡沫玻璃制品，加气混凝土砌块，泡沫混凝土砌块
纤维材料保温层	玻璃棉制品，岩棉、矿渣棉制品
整体材料保温层	喷涂硬泡聚氨酯，现浇泡沫混凝土

　　不同气候分区，屋面传热系数有不同的规定，表9-5列举了规范规定的不同分区屋面传热系数最大限制，该表是《严寒和寒冷地区居住建筑节能设计标准》（JGJ 26）条文4.2.2，《夏热冬冷地区居住建筑节能设计标准》（JGJ 134）条文4.0.4，《夏热冬暖地区居住建筑节能设计标准》（JGJ 75）条文4.0.7的汇总。

表 9-5 不同气候地区屋面热工性能限值

气候分区	传热系数 $K/W \cdot (m^2 \cdot K)^{-1}$		
	≤3 层建筑	4~8 层的建筑	≥9 层建筑
严寒地区（A）	0.2	0.25	0.25
严寒地区（B）	0.25	0.3	0.3
严寒地区（C）	0.3	0.4	0.4
寒冷地区（A、B）	0.35	0.45	0.45
夏热冬冷地区	体形系数不大于 0.4		体形系数大于 0.4	
	$D≤2.5$	$D>2.5$	$D≤2.5$	$D>2.5$
	0.8	1.0	0.5	0.6
夏热冬暖地区	$0.4 < K ≤ 0.9, D ≥ 2.5$ 或 $K ≤ 0.4$			

注：热惰性指标 D 值，是表征围护结构对周期性温度波在其内部衰减快慢程度的一个无量纲指标，单层结构 $D = R \cdot S$；多层结构 $D = \sum (R \cdot S)$；式中 R 为结构层的热阻，S 为相应材料层的蓄热系数，D 值越大，周期性温度波在其内部的衰减越快，围护结构的热稳定性越好。

9.6.1 板状保温材料保温屋面施工要点

板状保温材料一般包括挤塑型聚苯板（XPS 板）、聚氨酯板（PU 板）、高密度（>20kg/m³）聚苯板（EPS 板）等材料。

A 施工准备

（1）施工现场条件应符合保温作业要求。屋面上各种预埋件、支座、伸出屋面管道、落水口等设施已安装就位，屋面找平层已检查验收合格；基层的含水率符合要求。

（2）制定的施工方案必须包括屋面保温选用材料、层次结构、质量标准、细部做法、工序交叉作业、施工配合等内容。

（3）材料进场应具有生产厂家提供的产品合格证、检测报告。材料外表或包装物应有明显标志，标明材料生产厂家、材料名称、生产日期、执行标准、产品有效期等。

（4）板（块）状保温材料的导热系数、密度、抗压强度或压缩强度、燃烧性能进场时应进行复验，复验应通过见证取样送检。

B 板状保温材料施工

（1）干铺板状保温层直接铺设在平整、干燥的结构层或隔气层上，并应铺平垫稳，分层铺设时，上、下两层板块接缝应相互错开，板间缝隙应采用同类材料嵌填密实。

（2）粘贴板状保温层应贴严、铺平，分层铺设的接缝要错开。胶粘剂应考虑与保温材料的相容性，板缝间或缺棱掉角处应用碎屑加胶结材料拌匀填补密实。

C 细部处理

（1）屋面保温层在檐口、天沟处，宜用密封膏或保温砂浆封边或按设计要求施工。

（2）块状保温层在屋面周边靠女儿墙根部设置 30mm 的温度伸缩缝，并应贯通到结构基层，如图 9-29 所示。

（3）大面积保温材料设间距为 6m、缝宽 20mm 的变形缝，变形缝嵌填密封材料。

9.6.2　其他隔热屋面简介

A　整体现浇喷硬泡聚氨酯屋面

硬泡聚氨酯保温层的基层必须干燥，如有潮气，则泡孔大而不匀，强度降低。基层表面温度过低时，可先薄薄地涂一层甲组涂料，然后进行喷涂施工，否则易发生收缩，喷涂时要连续均匀。有雾、雨雪天和五级以上的天气，均不应进行硬泡聚氨酯现场施工。

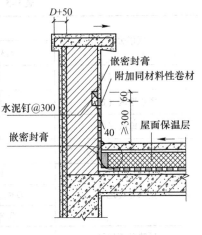

图 9-29　女儿墙根部处理

B　架空通风屋面

架空隔热屋面是在平屋面上用砖墩支承钢筋混凝土薄板等材料形成隔热层，架空通道一方面避免太阳直接照射屋面，减少热量向室内传导；另一方面利用风的对流将热气从商下带出，有利于屋面热量的散发。起到白天隔热、晚上散热的作用。架空隔热是一种自然通风降温的措施，它适用于无空调要求而炎热多风地区屋面。

C　种植屋面

种植屋顶有很好的热惰性，不会随大气气温的骤然升高或骤然下降而大幅波动。绿色植物可吸收周围的热量，其中大部分用于蒸发作用和光合作用，一般比空旷屋面低 15℃左右。另外屋面绿化可使城市中的灰尘降低 40%左右，可吸收有害气体，使空气新鲜清洁，改善人居环境，增进人体健康（见图 9-30）。

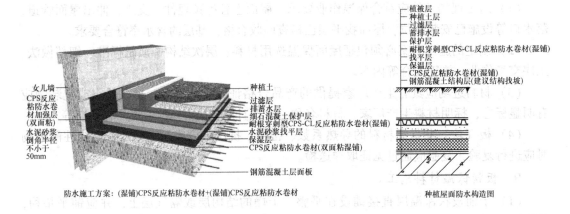

防水施工方案：(湿铺)CPS反应粘防水卷材+(湿铺)CPS反应粘防水卷材

种植屋面防水构造图

图 9-30　种植屋面

德国作为最先开发屋顶绿化技术的国家，在新技术研究方面处于世界领先的地位。到 2007 年，德国的屋顶绿化率达到 80%左右，是全世界屋顶绿化做得最好的国家。目前欧美通常根据栽培养护的要求将屋顶绿化分为三种类型：粗放式屋顶绿化，半精细式屋顶绿化，精细式屋顶绿化。

D　蓄水屋面

蓄水屋面是在屋面防水层上蓄一定高度的水来起到隔热作用的屋面。蓄水屋面在太阳辐射和室外气温的综合作用下，水能吸收大量的热而由液体蒸发为气体，从而将热量散发到空气中。此外，水面还能够反射阳光，减少阳光辐射对屋面的热作用。一般水深 50mm 即可满足理论要求，但实际使用中以 150~200mm 为适宜深度。

9.7 吊顶工程施工

吊顶具有保温、隔热、隔声和吸音作用，也是顶棚安装照明、暖卫、通风空调、通信和防火、报警管线设备的遮盖层，其形式有直接式和悬吊式两种。

9.7.1 吊顶的构造

吊顶主要由吊杆（吊筋）、龙骨（搁栅）和饰面板（罩面板）三部分组成。

A 吊杆

吊杆是吊顶与基层连接的构件，属于吊顶的支承部分。对现浇钢筋混凝土楼板，一般在混凝土中预埋 $\phi6$ 钢筋（吊环）或 8 号镀锌铁丝作为吊杆，如图 9-31 所示。坡屋顶可用长杆螺栓或 8 号镀锌铁丝吊在屋架下弦作吊杆，吊杆间距为 1.2~1.5m。

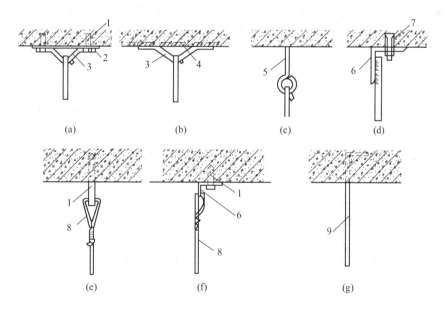

图 9-31 吊杆固定

（a）射钉固定；（b）预埋件固定；（c）预埋 $\phi6$ 钢筋吊环；（d）金属膨胀螺栓固定；
（e）射钉直接连接钢丝（或 8 号铁丝）；（f）射钉角铁连接法；（g）预埋 8 号镀锌铁丝
1—射钉；2—焊板；3—$\phi10$ 钢筋吊环；4—预埋钢板；5—$\phi6$ 钢筋；6—角钢；
7—金属膨胀螺栓；8—铝合金丝（8 号、12 号、14 号）；9—8 号镀锌铁丝

B 龙骨

龙骨（搁栅）是固定饰面板的空间格构，并将承受饰面板的重量传递给支承部分。吊顶龙骨有木质龙骨、金属龙骨（轻钢龙骨、铝合金龙骨）两类。木质龙骨多用于民用吊顶，而公用建筑吊顶多为金属龙骨。

　　轻钢龙骨与铝合金龙骨吊顶的主龙骨断面形状有 C 形、T 形、L 形等。截面尺寸取决于荷载大小，其间距尺寸应考虑次龙骨的跨度及施工条件，一般采用 1～1.5m。主龙骨与屋顶结构、楼板结构多通过吊杆连接。TL 形铝合金龙骨安装示意图如图 9-32 所示。

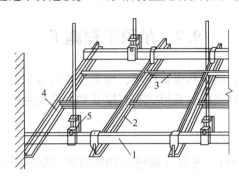

图 9-32　TL 形铝合金吊顶示意图
1—大龙骨；2—大 T；3—小 T；4—角条；5—大吊挂件

　　C　饰面板

　　饰面板是顶棚的装饰层，使顶棚达到既具有吸声、隔热、保温、防火等功能，又具有美化环境的效果。按材料不同可分为石膏饰面板、钙塑泡沫板、胶合板、纤维板、矿棉板、PVC 饰面板、金属饰面板等。

9.7.2　吊顶施工工艺

　　（1）吊顶施工工艺流程。弹线→固定吊杆→安装边龙骨→安装主龙骨→安装次龙骨→安装饰面板→安装压条。

　　1）弹线。从墙上的水准线（50 线）至吊顶设计高度加上一层面板的厚度，用墨线沿墙（柱）弹出水准线，即为吊顶次龙骨的下皮线。同时，在混凝土顶板弹出主龙骨的位置，并标出吊杆的固定点。

　　2）固定吊杆。按图 9-31 所示的方法固定吊杆。吊顶灯具、风口吸检修口等处应设附加吊杆。

　　3）安装边龙骨。边龙骨的安装应按设计要求弹线，沿墙（柱）上的水平龙骨线把 L 形镀锌轻钢条用自攻螺丝固定在预埋木砖上；如为混凝土墙（柱），可用射钉固定，射钉间距应不大于吊顶次龙骨的间距。

　　4）安装主龙骨。主龙骨应吊挂在吊杆上，间距 900～1000mm。主龙骨应平行房间长向安装，同时应起拱，起拱高度为房间跨度的 1/300～1/200。主龙骨的悬臂段不应大于 300mm，否则应增加吊杆。主龙骨的接长应采取对接，相邻龙骨的对接接头要相互错开。跨度大于 15m 以上的吊顶，应在主龙骨上，每隔 15m 加一道大龙骨，并垂直主龙骨焊接牢固。主龙骨挂好后应及时调整其位置标高。

　　5）安装次龙骨。次龙骨应紧贴主龙骨安装，次龙骨间距 300～600mm。用 T 形镀锌铁片连接件把次龙骨固定在主龙骨上时，次龙骨的两端应搭在 L 形边龙骨的水平翼缘上。

　　6）饰面板安装。饰面板的安装方法有搁置法、嵌入法、粘贴法、钉固法和卡固法。

　　①搁置法是将饰面板直接放在 T 形龙骨组成的格框内。有些轻质饰面板，考虑刮风

时会被掀起（如空调口、通风口附近）、可用卡子固定。如矿棉板、金属饰面板的安装可采用此法。

②嵌入法是将饰面板事先加工成企口暗缝，安装时将 T 形龙骨两肢插入企口缝内。如金属饰面板的安装可采用此法。

③粘贴法是将饰面板用胶粘剂直接粘贴在龙骨上。如石膏板、钙塑泡沫板、矿棉板的安装可采用此法。

④钉固法是将饰面板用钉、螺栓、自攻螺栓等固定在龙骨上。如石膏板、钙塑泡沫板、胶合板、纤维板、矿棉板、PVC 饰面板、金属饰面板等的安装可采用此法。

⑤卡固法多用于铝合金吊顶，板材与龙骨直接卡接固定，如图 9-33 所示。

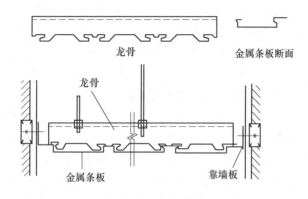

图 9-33 铝合金吊顶卡固法固定

（2）吊顶工程质量。吊顶工程质量满足《建筑装饰装修工程质量验收规范》（GB 50210）的规定。

1）吊顶工程中的预埋件、钢筋吊杆和型钢吊杆应进行防锈处理。

2）安装饰面板前应完成吊顶内管道和设备的调试及验收。

3）吊杆距主龙骨端部距离不得大于 300mm，当大于 300mm 时，应增加吊杆。当吊杆长度大于 1.5m 时，应设置反支撑。当吊杆与设备相遇时，应调整并增设吊杆。

4）重型灯具、电扇及其他重型设备严禁安装在吊顶工程的龙骨上。

9.8 轻质隔墙、裱糊与软包工程施工

9.8.1 轻质隔墙工程

轻质隔墙是分隔建物内部空间的非承重构件，具有自重轻、厚度薄、便于拆装、有一定的刚度等优点。某些隔墙还有隔声、耐火、耐腐蚀以及通风、透光等要求。

A 轻质隔墙的种类

轻质隔墙的种类很多，按其构造方式分为板材隔墙、骨架隔墙、活动隔墙和玻璃隔墙等。

（1）板材隔墙常用的板材有复合轻质墙板、石膏空心条板、预制或现制的钢丝网水泥板，此外还有加气混凝土轻质板材、增强水泥条板、轻质陶粒混凝土条板等。

（2）骨架隔墙是以轻钢龙骨、铝合金龙骨、木龙骨等为骨架，以纸面石膏板、人造木板、水泥纤维板、胶合板、木丝板、刨花板、塑料板等为墙面板的隔墙，也可在两层面板之间加设隔声层，以起到隔声的作用。

（3）活动隔墙是地面和顶棚带有轨道，可以推拉的轻质隔墙。

（4）玻璃隔墙是以轻钢龙骨、铝合金龙骨、木龙骨等为骨架，以玻璃为墙面板的隔墙，这种隔墙透光较好。

B 隔墙施工工艺

骨架隔墙的施工工艺：弹线→安装龙骨→安装墙面板→饰面施工。

（1）弹线。在地面和墙面上弹出隔墙的宽度线和中心线，并弹出门窗洞口的位置线。

（2）安装龙骨。先安装沿地、沿顶龙骨，与地、顶面接触处，先要铺填橡胶条或沥青-血沫塑料条，再按中距 0.6~1m 用射钉（或电锤打限固定膨胀螺栓）将沿地、沿顶龙补固定于地面和顶面。然后将预先切裁好长度的竖向龙骨，装入横向沿地、沿顶龙骨内，翼缘朝向拟安装的板材方向，校正其垂直度后，将竖向龙骨与沿地、沿顶龙骨固定好，固定方法可以用点焊，或者用连接件与自攻螺钉固定。

（3）安装墙面板。安装时，将墙面板放竖直，贴在龙骨上用电钻同时把板材与龙骨一起打孔，再拧上自攻螺栓，钉头要埋入板材平面 2~3mm，钉眼应用石膏腻子抹平。墙面板应竖向铺设，长边接缝应落在竖向龙骨上，接缝处用嵌缝腻子嵌平。

需要隔声、保温、防火的应根据设计要求在龙骨一侧安装好板材后，进行隔声、保温、防火等材料的填充。一般采用玻璃丝棉或 30~100mm 岩棉板进行隔声；采用 50~100mm 苯板进行保温处理。再封闭另一侧的板。

端部的墙面板与周围的墙或柱应留有 3mm 的槽口。施铺罩面板时，应先在槽口处加注嵌缝膏，然后铺板并挤压嵌缝膏使面板与邻近表层接触紧密。在丁字形或十字形相接处，如为阴角应用腻子嵌满，贴上接缝带，如为阳角应做护角。

（4）饰面施工。待嵌缝腻子完全干燥后，即可在隔墙表面裱糊墙纸，或进行涂料施工。

C 轻质隔墙的质量要求

轻质隔墙的质量要求按照《建筑装饰装修工程质量验收规范》（GB 50210）的规定。

9.8.2 裱糊工程

裱糊工程是将壁纸、墙布用胶粘剂裱糊在结构基层的表面上，进行室内装饰的一种工艺。裱糊材料分为壁纸和墙布两大类，常用的壁纸有普通壁纸、纺织纤维壁纸、塑料壁纸、发泡壁纸、特种壁纸等，墙布又有玻璃纤维墙布、纯棉装饰墙布、化纤装饰墙布及无纺墙布等。

A 裱糊施工工艺

（1）基层处理。混凝土和抹灰面基层表面应清扫干净，泛碱部位用 9% 的稀醋酸中和、清洗。对表面脱灰、孔洞较大的缺陷用砂浆修补平整；对麻点、凹坑、接缝、裂缝等较小缺陷，用腻子涂刮 1~2 遍修补填平，干燥后（基层含水率不得大于 8%）用砂纸磨平。为防止基层吸水过快，裱糊前用 1:1 的 108 胶水溶液涂刷基层以封闭墙面，并为粘贴壁纸提供一个粗糙面。木质、石膏板等基层先将基层的接缝、钉眼等处用腻子填平，然后满刮石膏腻子一遍，用砂纸打磨平整光滑，基层的含水率不得大于 12%。

（2）弹线。在墙面上弹出水平、垂直线，作为裱糊的依据，保证壁纸裱糊后横平竖直、图案端正。弹线时应从墙的阳角处开始，按壁纸的标准宽度找规矩弹线，作为裱糊时的操作准线。

（3）裁纸。裱糊前应先预拼试贴，观察接缝效果，确定裁纸尺寸及花饰拼贴方法。根据弹线找规矩的实际尺寸统一规划裁纸，并编号按顺序粘贴。裁纸时应以上口为准，下口可比规定尺寸略长 10~20mm，如为带花饰的壁纸，应先将上口的花饰对好，小心裁割，不得错位。

（4）润纸。塑料壁纸有遇水膨胀，干后收缩的特性，因此一般需将壁纸放在水槽中浸泡 3~5min，取出后抖掉明水，静置 2min，然后再裱糊。

（5）刷胶。一般基层表面与壁纸背面应同时刷胶，刷胶要薄而均匀，不裹边，不起堆，以防溢出，弄脏壁纸。基层表面涂胶宽度要比壁纸宽 20~30mm，涂刷一段，裱糊一张。如用背面带胶的壁纸，则只需在基层表面涂刷胶粘剂。

（6）裱糊。先贴长墙面，后贴短墙面，每个墙面从显眼的墙面以整幅纸开始，第一条纸都要挂垂线。对需对花的，贴每条纸均先对花，对纹拼缝由上而下进行，不留余量，先在一侧对缝保证墙纸粘贴垂直，后对花纹拼缝，对好后用板式鬃刷由上向下抹压平整，挤出的多余胶液用湿毛巾及时擦干净，上、下边多出的壁纸用刀裁割齐整。阳角处只能包角压实，不能对接和搭接，施工时还应对阳角的垂直度和平整度严格控制。窄条纸的裁切边应留在阴角处，其接缝应为搭接缝，搭缝宽 5~10mm，要压实，无张嘴现象。大厅明柱应在侧面或不显眼处对缝。裱糊到电灯开关、插座等处应减口做标志，以后再安装纸面上的照明设备或附件。

（7）清理修整。整个房间贴好后，应进行全面细致的检查，对未贴好的局部进行清理修整。若出现空鼓、气泡，可用针刺放气，再用注射针挤进胶粘剂，用刮板刮压密实，要求修整后不留痕迹，然后进行成品保护。

B 裱糊工程施工质量

裱糊工程施工质量要求参阅《建筑装饰装修工程质量验收规范》（GB 50210）。

9.8.3 软包工程

软包工程是用于室内墙面或门的一种高级装饰方法，其面料多用锦缎、皮革等。锦缎、皮革软包墙面或门可保持柔软、消声、温暖，适用于防止碰撞的房间及声学要求较高的房间。

软包工程作业条件为混凝土和墙面抹灰已完成，基层按设计要求木砖或木筋已埋设，水泥砂浆找平层已抹完灰并刷冷底子油，且经过干燥，含水率不大于 8%；木材制品的含水率不得大于 12%，水电及设备，顶墙上预留预埋件已完成。原则上房间内的地、顶内装修已基本完成，墙面和细木装修底板做完，开始做面层装修时插入软包墙面镶贴装饰和安装工程。

A 软包工程施工工艺

（1）埋木砖。在结构墙中埋入木砖，间距一般控制在 400~600mm 之间。

（2）抹灰、做防潮层。为防止潮气使面板翘曲、织物发霉，应在砌体上先抹 20mm 厚 1∶3 水泥砂浆找平层，然后刷冷底子油，铺贴一毡二油防潮层。

（3）立墙筋，铺底板。安装 25mm×50mm 木墙筋，间距为 450mm，用木螺钉钉于木砖上，并找平找直，然后在木墙筋上铺钉多层胶合板。如采取直接铺贴法，基层必须作认真的处理，方法是先将基层拼缝用油腻子嵌平密实、满刮腻子 1~2 遍，待腻子干燥后用砂纸磨平，粘贴前，在基层表面满刷清油（清漆+香蕉水）一道。如有填充层，此工序可以简化。门扇软包不需做底板，直接进行下道工序。

（4）找规矩、弹线。根据设计图纸要求，把房间需要软包部位的装饰尺寸、造型等通过吊直、套方、找规矩、弹线等工序，把设计的尺寸与造型落实到墙面、柱面或门扇上。

（5）套裁填充料和面料。首先根据设计图纸的要求，确定软包工程的具体做法。一般做法有两种：一是直接铺贴法，此法操作比较简便，但对基层或底板的平整度要求较高；二是预制铺贴镶嵌法，此法有一定的难度，要求必须横平竖直、不得歪斜、尺寸必须准确等，故需要做定位标志以利于"对号入座"。然后按照设计要求进行用料计算和底衬（填充料）、面料套裁工作。要注意同一房间、同一图案的面料必须用同一匹卷材料套裁面料。

（6）面层施工。面料在蒙铺之前必须确定正、反面及面料的纹理方向，同一场所必须使用同一匹面料，且纹理方向必须一致。

将裁剪好的面料蒙铺到已贴好内衬材料的门扇或墙面上，把下端和两侧位置调整合适后，用压条先将上端固定好，然后固定下部和两侧。四周固定后，若设计要求有压条或装饰钉时，按设计要求钉好压条，再用电化铝帽头钉或其他装饰钉梅花状进行固定。设计采用木压条时，必须先将压条进行油漆打磨，再进行上墙安装。

（7）理边、修整。清理接缝、边沿露出的面料纤维，调整接缝不顺直处。开设、修整各设备安装孔，安装镶边条，安装贴脸或装饰物，修补各压条上的钉眼，修刷压条、镶边条油漆，最后擦拭、清扫浮灰。

（8）完成其他涂饰。软包面施工完成后，要对其周边的木质边框、墙面以及门扇的其他几个面做最后一遍油漆或涂饰，以使其整个室内装修效果完整、整洁。

B　软包工程质量

软包工程质量要求参阅《建筑装饰装修工程质量验收规范》（GB 50210）的规定。

职业技能

技 能 要 点		掌握程度	应用方向
装饰装修工程的工作内容和对施工的环境要求		掌握	土建项目经理、工程师
各类饰面砖（板）的安装要求和质量要求		熟悉	
抹灰、饰面工程的施工工艺		掌握	
抹灰工程、饰面板工程、幕墙工程的一般规定		了解	土建工程师
一般抹灰工程、装饰抹灰工程、饰面板安装、饰面砖粘结工程、幕墙工程	主控项目及检验方法	掌握	
	一般项目及检验方法	掌握	

续表

技 能 要 点	掌握程度	应用方向
天然石材的主要矿物组成、物理、化学性质、加工方法、使用范围；釉面砖、陶瓷锦砖、墙地砖、陶瓷劈离砖等陶瓷制品；热工玻璃（吸热玻璃、热反射玻璃、中空玻璃）的特点与用途；不锈钢的主要特性及其主要产品；彩色涂层钢板的类型及其用途；铝合金及其制品	了解	试验工程师
安全玻璃（钢化玻璃、夹丝玻璃、夹层玻璃）的特点与用途	熟悉	

习　题

（1）试述装饰工程的作用、分类及特点。

（2）试述建筑节能系统的组成。

（3）试述一般抹灰工程的分类及各抹灰层的作用，简述一般抹灰的施工工艺。

（4）试述建筑围护墙体保温的类型及一般构造，简述外墙薄抹灰的施工工艺。

（5）常用的外墙饰面板安装方法有哪些？试述石材干挂施工工艺要点。

（6）试述地面的构造及地面保温形式及施工要点。

（7）门窗节能的重点内容是什么？

（8）玻璃幕墙分为哪几类？试述一种玻璃幕墙施工工艺。

10 施工组织概论

学习要点：

· 掌握施工管理目标；

· 掌握施工准备工作的内容和施工组织设计的作用；

· 了解施工准备工作的意义；

· 了解土木工程施工的特点和施工活动的规律，掌握施工组织的基本原则；

· 了解项目分解和系统整合、施工组织方式和施工组织机构。

主要国家标准：

· 《建设工程项目管理规范》（GB/T 50326）；

· 《建筑施工组织设计规范》（GB/T 50502）；

· 《建设项目工程总承包管理规范》（GB/T 50358）；

· 《质量管理体系——基础和术语》（GB/T 19000）。

案例导航

杭州地铁坍塌是天灾还是人祸

2008年11月15日下午3点20分，杭州市地铁1号线湘湖站工段施工工地突发地面塌陷，一个长达100m、宽约50m的深坑被瞬间撕开，现场路基下陷6m。路段下正在进行地铁施工的工人瞬间被埋压，事故造成21人死亡，24人受伤，直接经济损失4961万元，酿成了我国地铁建设史上最为严重的伤亡事故（见图10-1）。

图 10-1 事故现场

抗震专家钱国桢在给新华社浙江分社的信中提到如下观点：

在正确的技术方案指导下，应该抢工期。问题是设计方没有考虑最不利情况，使挡土桩（地下连续墙）埋深不足，被动区和主动区都加固不足，而且施工方没有采用科学的正确的方法来抢工期，而是采用人海战术，一次开挖长度太长，使挡土桩在无支撑状态时，处于不利的单边悬臂受力状态，几个不利因素凑在一起，使挡土桩产生转动，出事故是难免的。据说监测土体位移的基准点是放在挡土桩的底部，挡土桩一旦转动位移，当然就无法测到土体的正确位移。更严重的是，发现了土体异动都没有及时采取措施，这才失去了产生事故的最后一道防线。

以上分析可知，这起事故纯粹是技术原因造成的。

【问题讨论】

（1）你认为杭州地铁坍塌事故到底是天灾还是人祸？

（2）你周围的施工项目都做好了施工准备和施工组织设计吗？

土木工程的产品是固定的，生产是流动的，施工组织的任务就是将各项施工活动在空间上进行优化布置与时间上的有序安排。现代土木工程的施工是十分复杂的，具有如下特点：参与主体多，协作配合关系复杂；施工生产规模大，劳动力密集，材料、物资供应量大，建设周期长；同一工作面上流水施工与交叉施工并存，相互妨碍、牵制，降低工效，造成浪费；露天作业多，受自然条件影响大；机械化、标准化程度低。

10.1 施工组织的基本原则

（1）执行《建筑法》、坚持建设程序。《建筑法》是规范建筑活动的根本大法，是指导建设活动的准绳，要严格遵守施工许可证制度、从业资格管理制度、招标投标制度、总承包制度、发承包合同制度、工程监理制度、建筑安全生产管理制度、工程质量责任制度。

（2）合理安排施工顺序。施工顺序的安排符合施工工艺、满足技术要求，有利于组织平行流水、立体交叉施工，有利于对后续施工创造良好条件，有利于利用空间、争取时间。如：先施工准备、后正式施工；先场外后场内（工业项目）；先地下后地上（先深后浅、管沟合槽，先基础、后主体）；先主体后附属；先土建后安装；先屋面后内装修。

这些施工顺序反映了施工本身的客观规律，务必予以遵守。

（3）用网络技术组织平行流水和立体交叉施工。网络技术逻辑严密、层次清晰、关键路径明确，可进行计划方案的优化、控制和调整，是施工计划管理的有效方法。流水作业能合理使用资源、充分利用空间、争取时间，使施工连续、均衡、有节奏地进行。立体交叉施工能最大限度利用工作面，缩短工序间的间隙时间。

（4）加强季节性施工措施，确保连续施工。施工前充分了解当地的气候、水文、地质条件，减少季节性施工的技术措施费用。如：土方工程、地下工程、水下工程尽量避免在雨季和洪水期施工，混凝土现浇结构避免在冬期施工，高空作业、结构吊装避免在风季施工等。

（5）工厂预制与现场预制相结合，提高建筑工业化程度。把受运输和起重机械限制的大型、重型构件放在现场预制，中小型构件则在工厂预制，既发挥工厂批量生产的优势，又解决大件运输的矛盾。

（6）充分发挥机械效能，提高机械化施工程度。机械化施工能加快施工进度、减轻劳动强度，提高劳动生产率。选择施工机械时，考虑主导施工机械的一机多能、连续作业；大型机械与中小型相结合；机械化与半机械化相结合；能扩大机械化施工范围，实现施工综合机械化，提高机械使用效率和机械化施工程度。

（7）采用国内外先进的施工技术和管理方法。推广新材料、新工艺、新技术在施工中的应用，采用现代化管理方法进行施工管理，确保工程质量、加速工程进度、降低施工成本、促进技术进步。

（8）合理安排施工现场，减少暂设工程。精心进行施工总平面图的规划，合理部署施工现场，是节约施工用地、实现文明施工、确保安全生产的重要一环。尽量利用正式工程、原有建筑物、已有设施为施工服务，是减少暂设工程费用、降低工程成本的重要途径。

10.2 施工组织原理

建筑工程产品具有单件性生产、多专业工种协同配合、作业交叉衔接多、施工周期长、环境影响大等特点。遵守施工的客观规律，科学合理地进行施工任务的组织，有序、安全、经济地实现预期的建设质量、工期和成本费用目标，是施工组织的最终目标。

10.2.1 工程项目的分解与系统整合

10.2.1.1 施工项目的划分

（1）建设项目：是在一个总体设计范围内，由一个或多个单项工程组成，经济上统一核算，具有独立组织形式的建设单位。一座完整的工厂、矿山或一所学校、医院都可以是一个建设项目。

（2）单项工程：是具有独立的设计文件，竣工后能独立发挥生产能力或投资效益的工程。如工业建筑的一条生产线、市政工程的一座桥梁，民用建筑中的医院门诊楼、学校教学楼等。

（3）施工项目：是承包商自投标开始到保修期满为止的全过程完成的项目。施工项目的范围是由承包合同界定的，施工项目的管理主体是承包商。施工项目可以是一个建设项目（总承包模式），也可以是一个单项工程或单位工程。

（4）单位工程：是指具备单独设计条件、可独立组织施工，能形成独立使用功能但完工后不能单独发挥生产能力或投资效益的建（构）筑物。如一栋建筑物的建筑与安装工程为一个单位工程，室外给排水、供热、煤气等又为一个单位工程，道路、围墙为另一个单位工程。

（5）分部工程：是按专业性质、建筑部位划分确定。一般建筑工程可划分为九大分部工程。即：地基与基础、主体结构、装饰装修、屋面、给排水及采暖、电气、智能建筑、通风与空调、电梯。分部工程较大或较复杂时，可按专业及类别划分为若干子分部工程。如主体结构可划分为：混凝土结构、砌体结构、钢结构、木结构、网架或索膜结构等。

（6）分项工程：是按主要工种、材料、施工工艺、设备类别进行划分。如混凝土结构可划分为：模板、钢筋、混凝土、预应力、现浇结构、装配式结构；砌体结构可划分为：砖砌体、混凝土小型空心砌块砌体、石砌体、填充墙砌体、配筋砖砌体等。

（7）检验批：分项工程由一个或若干个检验批组成，检验批可根据施工及质量控制和专业验收需要按楼层、施工段、变形缝等进行划分。

10.2.1.2 工程项目分解与系统整合

为有条不紊地全面展开大型建设项目的施工，业主方通常按工程构成将工程项目进行分解，组织各子系统的施工招标，如图 10-2 所示，分别确定施工承包商，合理配置施工资源，并进行建设总目标的控制。

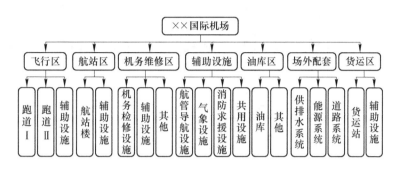

图 10-2　工程项目进行分解

承包商中标后合同所界定的施工项目，可能是建设项目中的某一单项工程，也可能是几个单位工程或一个独立的单位工程。组织施工时，同样需要先进行施工项目的分解，以便进行施工作业的任务分工和施工顺序的安排。

建筑工程产品的特征是单件性生产，但又有在使用上的整体性特点。某个单位工程竣工验收后，即具备了预定的使用功能，但不一定能实现它的使用价值。如一个居住小区，住宅楼竣工后，需要电通、水通、路通和必要的生活辅助设施建成后才能形成居住条件。

建筑项目的管理不是孤立地着眼于单位建筑产品的质量、成本和工期，而要着眼于整个建设项目的综合功能和综合效益目标。在施工任务组织的时候，从工程项目的分解结构来考虑施工任务的安排，项目管理上要着眼于工程项目系统整合来进行项目总目标的控制。

建筑产品的单件性生产与整体性使用的要求，决定着对施工展开方式的选择和施工任务的组织方式。

10.2.2 施工组织方式与组织机构

10.2.2.1 施工展开方式

（1）依次施工：前一个施工过程完成后，后一个施工过程才开始施工。这是一种最基本、最原始的施工组织方式。

（2）平行施工：是将几个相同的施工过程，分别组织几个相同的工作队，在同一时间、不同的空间上平行进行施工。

（3）流水施工：是将拟建工程在竖直方向上划分施工层，在平面上划分施工段，然后按施工工艺的分解组建相应的专业施工队，按施工顺序的先后进行各施工层、施工段的施工。

10.2.2.2　施工组织管理机构

土木工程产品是多方市场主体共同参与的生产过程。在施工现场，除承包商、监理工程师、业主代表外，大型工程还往往有设计代表、政府派驻工地的质量监督机构，建筑市场主体关系如图10-3所示。

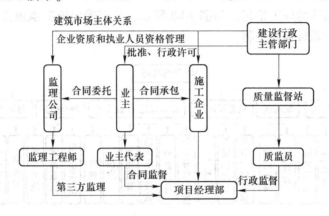

图 10-3　建筑市场主体关系

（1）施工组织机构设置原则：

1）目的性原则；

2）管理跨度与管理层次的统一原则；

3）效率性原则；

4）业务系统化原则；

5）弹性与流动性原则；

6）与企业组织一体化原则。

（2）施工项目经理部。施工项目经理部是承包商为实施特定的工程项目建设任务而组建的一次性施工项目管理组织，对内承担企业下达的各项经济指标和技术责任，对外负责全面履行工程承包合同的全部责任和义务。项目经理部的组织模式有直线职能制和矩阵制二种，如图10-4、图10-5所示。

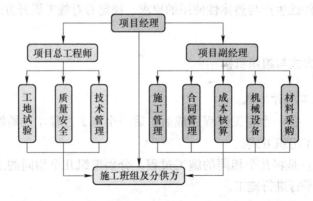

图 10-4　直线职能制项目经理部示意图

（3）施工项目经理。项目经理是承包商法定代表人在施工项目的授权代理人，是施

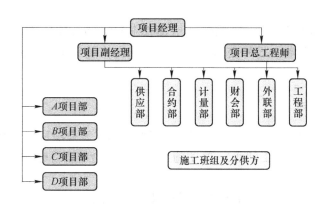

图 10-5　矩阵制项目经理部示意图

工项目的最高管理者。经考核认定或考试合格取得建造师资格证书、并经注册取得建造师注册证书和执业印章（分为一、二级）的专业人员方可担任相应级别施工项目的项目经理。

10.2.2.3　施工生产要素

施工生产要素主要包括：人（劳动力）、机械、材料、施工工艺（施工方法）、资金（环境），如图 10-6 所示。

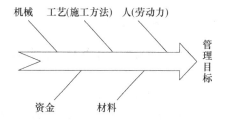

图 10-6　施工生产的五大要素

A　劳动力

用工特点：需求量大（劳动密集）、波动性、流动性；

劳动力需求特点：配套性、动态性；

管理目标：优化配置和动态管理；

管理体制：管理层与劳务作业层的"两层分离"。

B　施工机械

配置要求：技术上先进、适用、安全、可靠，经济上合理及保养维护方便；

优化配置：配置数量尽可能少、协同配合效率尽可能高、一机多用；

动态管理：控制进出场时机、减少机械在现场的空置。

C　施工方案

施工方案包括技术方案和组织方案，土木工程的多样性和单件性决定了施工方案既要符合土木工程施工的普遍规律又具有很强的项目个性。

优秀的施工方案就是将土木工程的共性规律与项目个性合理统一，做到技术先进、组织合理、经济适用、安全可靠。

D　建筑材料、构配件

"工三料七"，建筑工程消耗的材料、构配件品种多、数量大，对工程的质量、成本、进度和工期的影响最为重要。要加强对材料质量、供应（加工）能力、订货时机和分批进场安排、运输、验收方法及保管条件的管理。

E 施工环境

施工环境包括施工现场的自然环境、劳动作业环境和管理环境。如：气候、水文地质、场内障碍物及埋设物、场外交通、邻近建筑（构）物和地下管线；施工场地的使用安排；承发包模式等。

10.2.3 施工管理目标

主要施工管理目标包括：工程质量目标、工期目标（工业项目则分为交安工期、投产工期）、降低成本目标（施工利润）、文明施工目标、安全施工目标等。

10.3 施 工 准 备

施工准备是为拟建工程的施工创造必要的技术、物资条件，动员安排施工力量、部署施工现场，确保施工顺利进行。施工准备工作要有计划、有步骤、分期和分阶段进行，贯穿于整个施工过程的始终。包括：基础工作准备、全场性施工准备、单位工程施工条件准备、分部分项工程作业条件准备。

10.3.1 基础性准备工作

当施工单位与业主签订承包合同、承接工程任务后，首先要做好一系列的基础工作，这些工作包括：

（1）组建项目经理部，与公司签订内部合同。

（2）落实、审查分包单位资质、签订分包合同。

（3）建立健全工地质量管理体系，完善技术检测设施。

（4）施工力量的集结，材料和设备的加工和订货。

（5）调查施工地区的自然条件：掌握建设地点地形图（原始地形地貌、邻近建筑及道路、地下管网、文物或其他障碍物），以此规划施工场地；确定生产生活临建设施布置；道路及水电管网的接入及布置；依据地形图的等高线、方格网进行测量放线、竖向布置；计算土方量等。

（6）调查施工地区的技术经济条件：包括社会协作能力（分包商、机械租赁及维修、商品混凝土、预制构件厂的规模、信誉、价格）、地材质量及供应能力（规模、质量、价格、运输方式）、供水供电条件（管网负荷）、运输条件（水陆方式选择、价格）、劳动力（熟练程度、价格、休假习惯）等，分析对施工有利和不利条件及对策。

（7）施工条件准备：与城市规划（定位、验线）、环卫（渣土外运）、城管（临街工程占道）、交通（城市道路开口）、供电（施工用电增容）、供水（开口及装表）、消防（消防通道）、市政（污水排放）等政府部门接洽，尽早办理申请手续和批准手续。

（8）开工手续准备：向建设主管部门办理《施工许可证》，向监理公司提交《开工申请报告》。

10.3.2 全场性施工准备

全工地性施工准备，是以整个建设群体项目为对象所进行的施工准备工作。它不仅要为全场性的施工活动创造有利条件，而且要兼顾单位工程施工条件的准备。全场性施工准备包括：

（1）编制指导项目全面施工的施工组织总设计，这是指导全工地性施工活动的战略方案。

（2）建立测量控制网：接收业主移交的水准基桩和坐标控制桩，建立测量控制网和永久性标桩。

（3）做好"五通一平"工作：即水通、电通、气通、通信通、道路通和场地平整。

（4）建设工地生产、生活性临建设施：

1）混凝土、砂浆搅拌站及钢筋加工、模板加工、材料仓库、配电房等生产临建设施规模、位置的确定及搭设；

2）办公（含甲方及监理）、宿舍、食堂、浴室、厕所等生活临建设施规模、位置的确定及搭设；

3）施工入口的位置、场内道路做法及交通组织方式确定及施工；

4）材料、设备和周转材料的堆场位置及堆放方式；

5）施工设备就位（塔吊的位置、行走方式，混凝土搅拌站的工艺布置及后台上料方式）和调试。

（5）组织物资、材料、机械、设备的采购、储备及分批进场。

（6）对拟采用的新工艺、新材料、新技术进行试验、检验和技术鉴定。

（7）场封闭方案（围墙）、七牌一图（工程概况牌、施工人员概况牌、安全六大纪律牌、安全生产技术牌、十项安全措施牌、防火须知牌、卫生须知牌与现场平面布置图）、防火安全、噪声治理、场地排水及污水处理等。

（8）新工人的进场安全教育。

10.3.3 单位工程的施工条件准备

其是指以一个建筑物或构筑物为施工对象而进行的施工准备工作。它不仅为该单位工程在开工前做好一切准备，而且也要为分部、分项工程的作业条件做准备。其主要内容有：

（1）编制单位工程施工组织设计报业主审批。

（2）组织技术交底和图纸会审工作。

（3）修建单位工程必需的暂设工程。

（4）按施工段的划分编制分层分段的施工预算和人工、材料供应计划。

（5）进行混凝土、砂浆配合比的试拌试配工作，出具各强度等级的混凝土、砂浆配合比通知单，对各种试验及检测设备进行检定和校验。

（6）组织机械、设备、材料的进场和检验。

（7）进行建筑物的定位、放线工作，引入水准控制点。

（8）拟定和落实冬雨期施工作业措施。

10.3.4 分部分项工程作业条件准备

对施工难度大、技术复杂的分部分项工程，如地下连续墙、大体积混凝土、人工降水、桩基础、深基础、预应力施工、大跨度结构吊装等应编制单独的施工方案（作业设计），对拟采用的施工工艺、材料、机具、设备及安全防护设施分别进行准备。

10.4　施工组织设计

施工组织设计是以工程项目为对象而编制的施工组织计划，或简称施工计划。其是指导施工组织与管理、施工准备与实施、施工控制与协调、资源配置与使用的技术经济文件，是对施工活动的全过程进行科学管理的重要手段。

10.4.1　施工组织设计的作用

施工组织设计是用以指导施工组织与管理、施工准备与实施、施工控制与协调、资源的配置与使用等全面性的技术、经济文件；是对施工活动的全过程进行科学管理的重要手段。通过编制施工组织设计，可以针对工程的特点，根据施工环境的各种具体条件，按照客观的施工规律，制定拟建工程的施工方案，确定施工顺序、施工方法、劳动组织和技术组织措施；可以确定施工进度，控制工期；可以有序地组织材料、机具、设备、劳动力需要量的供应和使用；可以合理地利用和安排为施工服务的各项临时设施；可以合理地部署施工现场，确保文明施工、安全施工；可以分析施工中可能产生的风险和矛盾，以便及时研究解决问题的对策、措施；可以将工程的设计与施工、技术与经济、施工组织与施工管理、施工全局规律与施工局部规律、土建施工与设备安装、各部门之间、各专业之间有机的结合，相互配合，统一协调。

实践证明，在工程投标阶段编好施工组织设计，充分反映施工企业的综合实力，是实现中标、提高市场竞争力的重要途径；在工程施工阶段编好施工组织设计，是实现科学管理、提高工程质量、降低工程成本、加速工程进度、预防安全事故的可靠保证。

10.4.2　施工组织设计分类

施工组织设计一般根据工程规模的大小，建筑结构的特点，技术、工艺的难易程度及施工现场的具体条件，可分为施工组织设计大纲、施工组织总设计、单位工程施工组织设计及分部或分项工程作业设计。

10.4.2.1　施工组织设计大纲

施工组织设计大纲是以一个投标工程项目为对象编制的，用以指导其投标全过程各项实施活动的技术、经济、组织、协调和控制的综合性文件。它是编制工程项目投标书的依据，其目的是为了中标。主要内容包含项目概况、施工目标、施工组织和施工方案、施工进度、施工质量、施工成本、施工安全、施工环保和施工平面等计划，以及施工风险防范。它是编制施工组织总设计的依据。

10.4.2.2　施工组织总设计

施工组织总设计是以整个建设项目或民用建筑群为对象编制的。它是对整个建设工程的施工过程和施工活动进行全面规划，统筹安排，据以确定建设总工期、各单位工程开展的顺序及工期、主要工程的施工方案、各种物资的供需计划、全工地性暂设工程及准备工作、施工现场的布置和编制年度施工计划。由此可见，施工组织总设计是总的战略部署，是指导全局性施工的技术、经济纲要。

10.4.2.3　单位工程施工组织设计

单位工程施工组织设计，是以各个单位工程为对象编制的，用以直接指导单位工程的施工活动，是施工单位编制作业计划和制订季、月、旬施工计划的依据。

单位工程施工组织设计，根据工程规模、技术复杂程度不同，其编制内容的深度和广度亦有所不同；对于简单单位工程，一般只编制施工方案并附以施工进度和施工平面图，即"一案、一图、一表"。

10.4.2.4　分部（分项）工程作业设计

分部（分项）工程作业设计（即施工设计），是针对某些特别重要的、技术复杂的，或采用新工艺、新技术施工的分部（分项）工程，如深基础、无粘结预应力混凝土、特大构件的吊装、大量土石方工程、定向爆破或冬、雨期施工等为对象编制的，其内容具体、详细，可操作性强，是直接指导分部（分项）工程施工的依据。

10.4.3　施工组织设计的内容

施工组织设计的内容，要结合工程的特点、施工条件和技术水平进行综合考虑，做到切实可行、简明易懂。其主要内容如下：

（1）工程概况。工程概况中应概要地说明工程的性质、规模，建设地点，结构特点，建筑面积，施工期限，合同的要求；本地区地形、地质、水文和气象情况；施工力量，劳动力、机具、材料、构件等供应情况；施工环境及施工条件等。

（2）施工部署及施工方案。全面部署施工任务，确定质量、安全、进度、成本目标，合理安排施工顺序，拟定主要工程的施工方案；施工方案的选择应技术可行，经济合理，施工安全；应结合工程实际，拟定可能采用的几种施工方案，进行定性、定量的分析，通过技术经济评价，择优选用。

（3）施工进度计划。施工进度计划反映了最佳施工方案在时间上的安排。采用计划的形式，使工期、成本、资源等方面通过计算和调整达到优化配置，符合目标的要求；使工程有序地进行，做到连续施工和均衡施工。据此，即可安排资源供应计划，施工准备工作计划。

（4）资源供应计划。它包括劳动力需求计划；主要材料、机械设备需求计划；预制品订货和需求计划；大型工具、器具需求计划。

（5）施工准备工作计划。它包括施工准备工作组织和时间安排；施工现场内外准备工作计划；暂设工程准备工作计划；施工队伍集结、物质资源进场准备工作计划等。

（6）施工平面图。施工平面图是施工方案及进度计划在空间上的全面安排。它是把投入的各种资源：材料、机具、设备、构件、道路、水电网路和生产、生活临时设施等，合理地定置在施工现场，使整个现场能进行有组织、有计划地文明施工。

（7）技术组织措施计划。它包括保证和控制质量、进度、安全、成本目标的措施；季节性施工的措施；防治施工公害的措施；保护环境和生态平衡的措施；强化科学施工、文明施工的措施等。

（8）工程项目风险。它包括风险因素的识别；风险可能出现的概率及危害程度；风险防范的对策；风险管理的重点及责任等。

（9）项目信息管理。它包括信息流通系统；信息中心建立规划；工程技术和管理软件的选用和开发；信息管理实施规划等。

（10）主要技术经济指标。技术经济指标是用以评价施工组织设计的技术水平和综合经济效益，一般用施工周期、劳动生产率、质量、成本、安全、机械化程度、工厂化程度等指标表示。

职业技能

技能要点	掌握程度	应用方向
施工组织设计的概念及作用	了解	土建项目经理、工程师
施工组织设计的分类和编制内容	掌握	
施工组织设计的编制原理与方法	了解	造价师
工程项目的分解与系统整合	掌握	项目经理工程

习 题

10-1 选择题

（1）单位工程施工组织设计中最具决策性的核心内容是（ ）。

A. 施工方案设计　B. 施工进度计划编制　C. 资源需求量计划编制　D. 单位工程施工平面图设计

（2）由总承包单位负责，会同建设、设计、分包等单位共同编制的，用于规划和指导拟建工程项目的技术经济文件是（ ）。

A. 分项工程施工组织设计　　　　B. 施工组织总设计

C. 单项工程施工组织设计　　　　D. 分部工程施工组织设计

（3）施工组织设计的主要作用是（ ）。

A. 确定施工方案　　　　　　　　B. 确定施工进度计划

C. 指导工程施工全过程工作　　　D. 指导施工管理

（4）单位工程施工组织设计中的核心内容是（ ）。

A. 制订好施工进度计划　　　　　B. 设计好施工方案

C. 设计好施工平面图　　　　　　D. 制定好技术组织措施

（5）单位工程施工组织设计的核心内容是（ ）。

A. 资源需要量计划　　　　　　　B. 施工进度计划

C. 施工方案　　　　　　　　　　D. 施工平面图设计

（6）施工组织总设计的编制者应为承包人的（ ）。

A. 总工程师　　　B. 法定代表人　　　C. 项目经理　　　　D. 安全负责人

（7）单位工程施工组织设计的编制应在（ ）。

A. 初步设计完成后　　　　　　　B. 施工图设计完成后

C. 招标文件发出后　　　　　　　D. 技术设计完成后

（8）施工组织总设计的主要内容中点定为关键的是（ ）。

A. 施工部署和施工方案　　　　　B. 施工总进度计划

C. 施工准备及资源需要量计划　　D. 主要技术组织措施和主要技术经济指标

10-2 简答题

试分析单位工程施工组织设计包括哪些内容？

11 流水施工原理

学习要点：
- 了解流水施工概念；
- 掌握流水施工的主要参数及其确定方法；
- 熟悉流水施工的组织方式；
- 掌握有节奏流水组织方法和无节奏流水组织方法。

主要国家标准：
- 《工程网络计划技术规程》（JGJ/T 121—1999）；
- 《网络计划技术　第 3 部分：在项目管理中应用的一般程序》（GB/T 13400.3）。

案例导航

怎样施工效率更高

某项目拟建四幢相同的建筑物，其编号分别为Ⅰ、Ⅱ、Ⅲ、Ⅳ，四幢楼基础工程量都相等，且都是由挖土方、做垫层、砌筑基础和回填土等四个施工过程组成，每个施工过程的施工天数均为 5d，其中，挖土方时，工作队由 8 人组成；做垫层时，工作队由 6 人组成；砌筑基础时，工作队由 14 人组成；回填土时，工作队由 5 人组成。按照依次施工、平行施工和流水施工组织方式建造的施工进度计划，如图 11-1 所示。

【问题讨论】
（1）试讨论本例中哪一种施工组织方法效率更高？
（2）试想如果你是项目负责人，你将如何提高建筑施工现场的生产效率？

土木工程的产品是固定的，生产是流动的，施工组织的任务就是将各项施工活动在空间上进行优化布置与时间上的有序安排。现代土木工程的施工是十分复杂的，具有如下特点：参与主体多，协作配合关系复杂；施工生产规模大，劳动力密集，材料、物资供应量大，建设周期长；同一工作面上流水施工与交叉施工并存，相互妨碍、牵制，降低工效，造成浪费；露天作业多，受自然条件影响大；机械化、标准化程度低。

11.1 流水施工概念

11.1.1 依次施工

依次施工组织方式是将拟建工程项目的整个建造过程分解成若干施工过程，按照一定的施工顺序，前一个施工过程完成后，后一个施工过程才开始施工；对建筑群而言，系指待一幢建筑物全部竣工后，再进行另一幢建筑物的施工。这是一种最基本的、最原始的施工组织方式，其特点是：

（1）不能充分利用空间、争取时间，所以工期长；

（2）工作队不能实现专业化施工，不利于改进施工工艺、提高工程质量；不利于提高工人的操作技术水平和劳动生产率；

（3）如采用专业工作队施工，则专业工作队必然产生窝工现象或调动频繁，不能连续作业；

（4）单位时间内投入的资源量较少，有利于资源的组织供应；

（5）施工现场的组织、管理较简单。

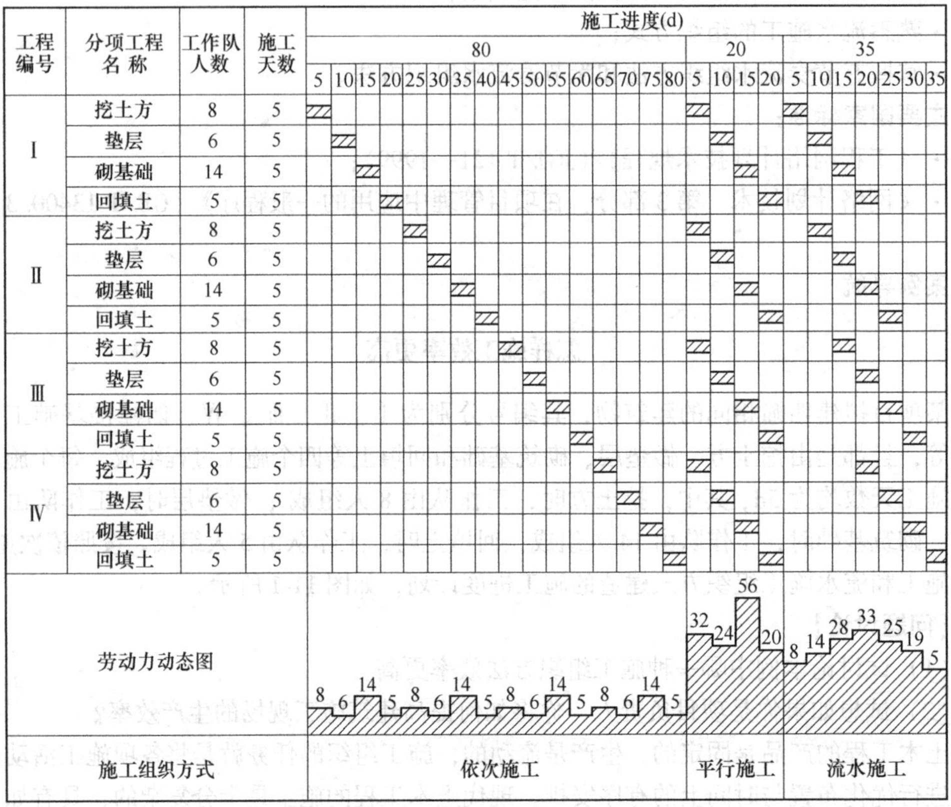

工程编号	分项工程名称	工作队人数	施工天数	施工进度(d)
I	挖土方	8	5	
	垫层	6	5	
	砌基础	14	5	
	回填土	5	5	
II	挖土方	8	5	
	垫层	6	5	
	砌基础	14	5	
	回填土	5	5	
III	挖土方	8	5	
	垫层	6	5	
	砌基础	14	5	
	回填土	5	5	
IV	挖土方	8	5	
	垫层	6	5	
	砌基础	14	5	
	回填土	5	5	
劳动力动态图				依次施工：8 6 14 5 6 14 5 6 14 5 8 6 14 5；平行施工：32 24 56 20；流水施工：8 14 28 33 25 19 5
施工组织方式				依次施工　平行施工　流水施工

施工进度标度：80（5 10 15 20 25 30 35 40 45 50 55 60 65 70 75 80）；20（5 10 15 20）；35（5 10 15 20 25 30 35）

图 11-1　施工组织方式对比

11.1.2　平行施工

平行施工组织方式是将几个相同的施工过程，分别组织几个相同的工作队，在同一时间、不同的空间上平行进行施工；或将几幢建筑物同时开工，平行地进行施工。这种施工组织方式具有以下特点：

（1）充分利用了空间，争取了时间，可以缩短工期；

（2）适用于组织综合工作队施工，不能实现专业化生产，不利于提高工程质量和劳动生产率；

（3）如采用专业工作队施工，则工作队不能连续作业；

（4）单位时间投入施工的资源量成倍增加，现场各项临时设施也相应增加；

（5）现场施工组织、管理、协调、调度复杂。

11.1.3 流水施工

流水施工组织方式，是将拟建工程项目全部建造过程，在工艺上分别为若干个施工过程，在平面上划分为若干个施工段，在竖直方向上划分为若干个施工层；然后按照施工过程组建相应的专业工作队；各专业工作队的工人使用相同的机具、材料，按施工顺序的先后，依次不断地投入各施工层中的各施工段进行工作，在规定的时间内完成所承担的施工任务。这种施工组织方式的主要特点是：

（1）既能充分利用空间，又可争取时间，若将相邻两工作队之间进行最大限度地、合理地搭接，还可进一步地缩短工期；

（2）各专业工作队能连续作业，不致产生窝工现象；

（3）实现专业化生产，有利于提高操作技术、工程质量和劳动生产率；

（4）资源使用均衡，有利于资源供应的组织和管理；

（5）为现场文明施工和科学管理创造了良好的条件。

通过对图 11-1 所示三种施工组织方式的对比分析，可见流水施工是建筑安装工程施工最有效、最科学的组织方法。它具有节奏性、均衡性和连续性；可合理利用空间，争取时间；可实现专业化生产，有效地利用资源，从而可达到缩短工期、确保工程质量、降低工程成本、提高施工技术水平和管理水平的目的。

11.1.4 流水施工的分类与表达方式

11.1.4.1 流水施工的分类

根据流水施工组织的范围不同，流水施工通常可分为表 11-1 示意的类别。

表 11-1 流水施工按组织按范围不同的分类

类别	别名	属性	施工进度计划表上的示意方式
分项工程流水施工	细部流水施工	一个专业工种内部组织起来的流水施工	用一条标有施工段或工作队编号的水平进度指示线段或斜向进度指示线段来表示
分部工程流水施工	专业流水施工	一个分部工程内部、各分项工程之间组织起来的流水施工	用一组标有施工段或工作队编号的水平进度指示线段或斜向进度指示线段来表示
单位工程流水施工	综合流水施工	一个单位工程内部、各分部工程之间组织起来的流水施工	由若干组分部工程的进度指示线段，并由此构成一张单位工程施工进度计划
群体工程流水施工	大流水施工	一个单位工程之间组织起来的流水施工	反映在项目施工进度计划上，是一张项目施工总进度计划

流水施工的分级及其相互关系，如图 11-2 所示。

11.1.4.2 流水施工的表达方式

流水施工的表达方式，主要有横道图和网络图两种表达方式，如图 11-3 所示。

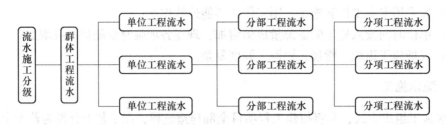

图 11-2 流水施工的分级

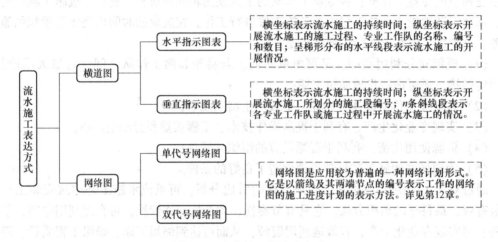

图 11-3 流水施工的表达方式

11.2 流 水 参 数

组织流水施工时，为了能够清晰表述各施工过程在时间安排和空间布置以及工艺流程等方面的情况，引入一些状态参数，称为流水施工参数。流水施工参数一般包括工艺参数、时间参数和空间参数。

11.2.1 工艺参数

11.2.1.1 施工过程数 n

一项工程施工由许多施工过程（分部、分项、工序）组成。施工过程的划分应按工程对象、施工方法及计划性质确定。

施工过程的划分应考虑工程的特点、进度的要求、施工方案和施工工艺。只有那些对工程项目施工的空间、工期具有直接影响的施工内容，如挖土、垫层、支模板、扎钢筋等分项工程，或基础工程、主体工程、屋面工程等分部工程，才能作为施工过程列入流水作业中；而那些不占有施工项目的空间，也不影响工期的施工过程，如砂浆、混凝土的制备、运输等过程，则在流水施工组织中不予考虑。

施工过程数要适量，不宜太多、太细，以免使流水施工组织复杂化，造成主次不分的弊端，但也不能太粗、太少，以免计划过于笼统，失去指导施工的作用。编制控制性施工进度计划时，流水施工的施工过程可粗一些，只列出分部工程；编制实施性施工进度计划时，施工过程则应划分得细一些，将分部工程分解为分项工程乃至施工工序以便指导施工。

11.2.1.2　流水强度 V_i

流水强度是每一个施工过程的施工班组在单位时间内所完成的工程量。流水强度一般用"V_i"表示。

（1）机械施工过程的流水强度

$$V_i = \sum_{i=1}^{n} R_i S_i \qquad (11\text{-}1)$$

式中　V_i——某施工过程 i 的机械操作流水强度；

　　　R_i——投入施工过程 i 的某施工机械的台数；

　　　S_i——投入施工过程 i 的某施工机械的台班产量定额；

　　　n——投入施工过程 i 的施工机械的种类。

（2）人工施工过程的流水强度

$$V_i = R_i S_i \qquad (11\text{-}2)$$

式中　V_i——投入施工过程 i 的人工操作流水强度；

　　　R_i——投入施工过程 i 的工作队人数；

　　　S_i——投入施工过程 i 的工作队的平均产量定额。

11.2.2　时间参数

时间参数是指在组织流水施工时，用以表达施工过程在时间安排上所处状态的参数。它包括流水节拍、间歇时间、平行搭接时间、流水步距和流水工期等。

（1）流水节拍 t_i。流水节拍是指某个专业队在一个施工段上工作的延续时间。常用"t"表示，流水节拍的大小可反映出流水施工速度的快慢、节奏感的强弱和资源消耗量的多少。

由于划分的施工段大小可能不同，因此，同一施工过程在各施工段上的作业时间也就不同。当施工段确定以后，流水节拍的长短将影响总工期，流水节拍长则工期就长，流水节拍短则工期就短。

1）流水节拍的计算。组织施工时所采用的施工方法、施工机械以及工作面所允许投入的劳动力人数、机械台班数、工作班次，都将影响流水节拍的长短，进而影响施工速度和工期，流水节拍的计算有定额计算法、经验估算法和工期计算法。

①定额计算法。根据施工段的工程量和可投入劳动力人数、机械台班进行计算：

$$t_i = \frac{Q}{RS} = \frac{P}{R} \qquad (11\text{-}3)$$

式中　Q——施工段的工程量；

　　　R——专业队的人数或机械台数；

　　　S——产量定额，即工日或台班完成的工程量；

　　　P——某施工段所需的劳动量或机械台班量。

②经验估算法。对于没有定额可循的施工项目，如新结构、新工艺、新材料等，根据

以往的施工经验先估算该流水节拍的最长、最短和正常三种时间，再按下式求出期望的流水节拍，亦称为三时间估算法。

$$t_i = \frac{a + 4c + b}{6} \tag{11-4}$$

式中　t_i——某施工过程在某施工段上的流水节拍；

　　　a——某施工过程在某施工段上的最短估算时间；

　　　b——某施工过程在某施工段上的最长估算时间；

　　　c——某施工过程在某施工段上的正常估算时间。

③工期计算法。按工期的要求在规定期限内必须完成的工程项目，往往采用"倒排进度法"，步骤如下：

a. 倒排施工进度：根据工期倒排施工进度，确定主导施工过程的流水节拍，然后安排需要投入的相关资源；

b. 确定流水节拍：若同一施工过程的流水节拍不等，则用估算法；若流水节拍相等，则按下式确定：

$$t = \frac{T}{m} \tag{11-5}$$

式中　t——流水节拍；

　　　T——某施工过程的工作持续时间；

　　　m——某施工过程划分的施工段数。

2）确定流水节拍的要点：

①流水节拍应取适当的整数，不得已时也可取 0.5d 或 0.5d 的倍数。

②施工班组人数应合理，施工班组人数既要满足合理施工所必需的最少劳动组合人数，同时也不能太多，应满足施工段工作面上正常施工情况下可容纳的最多人数。

③首先应确定主导施工过程的流水节拍，据此再确定其他施工过程的流水节拍，并应尽可能是有节奏的，以便组织有节奏的流水。

④如果流水节拍根据工期要求来确定，往往就要增加劳动力和机械台数，此时必须检查劳动力和机械供应的可能性，工作面是否满足，材料物资供应能否保证。如果工期紧，节拍小，就需增加工作班次（两班或三班）。

（2）流水步距 K。其是指相邻两个专业队先后进入同一施工段开始工作的时间间隔。施工段确定后，流水步距大则工期长，步距小则工期短。流水步距的数目取决于参加流水施工的施工过程数或专业队数，如施工过程数为 n 个，则流水步距的总数为 $n-1$。

确定流水步距的基本要求是：

1）始终保持前、后两个施工过程合理的工艺顺序，尽可能使施工时间相互搭接（即前一施工过程完成后，能尽早进入后一施工过程施工）；

2）保持各施工过程的连续作业，妥善处理间隙时间，避免发生停工、窝工；

3）流水步距至少为一个或半个工作班。

（3）间隙时间 Z_i。由于工艺要求或组织因素，流水施工中两个相邻的施工过程往往需考虑一定的流水间隙时间。

工艺间隙时间 Z_1：如楼板混凝土浇筑后需一定的养护时间才能进行后道工序的施工；

屋面找平层完成后需干燥后才能进行防水层的施工。

组织间隙时间 Z_2：如基坑持力层验槽、回填土前的隐蔽工程验收、装修开始前的主体结构验收或安全检查等。

工艺间隙和组织间隙在流水施工时，可与相应施工过程一并考虑，也可分别考虑，灵活运用工艺间隙和组织间隙的时间参数特点，对简化流水施工的组织有特殊的作用。

（4）平行搭接时间 $C_{i,i+1}$。平行搭接时间是指当工期要求紧迫，在工作面允许的条件下，前一个施工班组完成部分工作，后一个施工班组就提前进入施工，出现同一个施工段上两个施工班组平行搭接施工，后一施工班组提前介入的这段时间称为搭接时间，以 "$C_{i,i+1}$" 表示。

（5）流水施工工期 T。流水施工工期是指从第一个专业工作队投入流水作业开始，到最后一个专业工作队完成最后一段施工过程的工作为止的整个持续时间。由于一项工程往往是由几个流水组或施工过程所组成，所以这里所说的流水施工工期，并不是整个工程的总工期。流水施工的工期要受工程总工期的制约，应确保工程总工期目标的实现。

流水施工的工期在流水指示图表进度中已标注，但仍应根据流水作业的类型计算流水施工的工期，以此来检验图表绘制的正确性。

11.2.3 空间参数

空间参数是指在组织流水施工时，用以表达施工过程在空间所处状态的参数。空间参数包括工作面、施工段数、施工层数。

（1）工作面。工作面是指供工人或机械进行施工的活动空间。工作面的形成有的是工程一开始就形成的，如基槽开挖，也有一些工作面的形成是随着前一个施工过程结束而形成的。如现浇混凝土框架柱的施工，绑扎钢筋、支模、浇筑混凝土等都是前一施工过程结束后，为后一施工过程提供了工作面。在确定一个施工过程的工作面时，不仅要考虑前一施工过程可能提供的工作面大小，还要遵守安全技术和施工技术规范的规定。

（2）施工段数 m。施工段的数目常用 m 表示。一般情况下每一工段在某一时段内只安排一个施工班组，各施工班组按照工艺顺序依次投入施工，同一施工班组在不同施工段上平行施工，以实现流水施工组织。划分施工段是组织流水施工的基础，施工段划分的基本要求如下：

1）施工段的数目要适当。施工段的数目过多，会减缓施工进度，延长工期，造成工作面不能充分利用。施工段的数目过少，不利于合理利用工作面，容易造成劳动力、机械设备和材料的集中消耗，给施工现场的组织管理增加难度，有时还会出现窝工现象。

2）各施工段的劳动量或工程量应大致相等。一般相差宜在15%以内，从而保证施工班组能够连续、均衡地施工。

3）施工段的分界应尽可能与结构界限相一致，如沉降缝、伸缩缝等。在没有结构缝时，应在允许留置施工缝的位置设置，从而保证施工质量和结构的整体性。

4）施工段数 m 一般应大于或等于施工过程数 n，以满足合理流水施工组织要求。

5）对于多层建筑物，施工段数是各层段数之和，各层应有相等的段数和上下垂直对应的分界线，以保证专业工作队在施工段和施工层之间，能进行有节奏、均衡、连续的流水施工。

（3）施工层数。施工层数是指多层、高层建筑的竖向空间分隔的数目。当组织楼层结构的流水施工时，既要满足分段流水，也要满足分层流水。即施工班组做完第一段后，能立即转入第二段；做完第一层的最后一段，能立即转入第二层的第一段。

例如某二层现浇钢筋混凝土结构，施工过程均为支模板、绑扎钢筋和浇注混凝土（即 $n = 3$），各施工过程在施工段上的持续时间均为 3 天（即 $t = 3$），施工段 m 分别按 4、3、2 组织流水施工：

1）$m > n$ 时流水施工开展情况（见图 11-4）。

施工层	施工过程名称	施工进度/d									
		3	6	9	12	15	18	21	24	27	30
I 层	支模板	1段	2段	3段	4段						
	绑扎钢筋		1段	2段	3段	4段					
	浇混凝土			1段	2段	3段	4段				
II 层	支模板					1段	2段	3段	4段		
	绑扎钢筋						1段	2段	3段	4段	
	浇混凝土				Z=3			1段	2段	3段	4段

图 11-4 $m > n$ 时流水施工开展情况

当 $m > n$ 时，各专业队能连续作业，但施工段有空闲（图中各施工段在第一层浇完混凝土后均空闲 3d），即工作面有空闲。这种空闲可用于弥补由于工艺间隙、组织间隙和备料等要求的时间。

2）$m = n$ 时流水施工开展情况（见图 11-5）。

施工层	施工过程名称	施工进度/d									
		3	6	9	12	15	18	21	24	27	30
I 层	支模板	1段	2段	3段							
	绑扎钢筋		1段	2段	3段						
	浇混凝土			1段	2段	3段					
II 层	支模板				1段	2段	3段				
	绑扎钢筋					1段	2段	3段			
	浇混凝土						1段	2段	3段		

图 11-5 $m = n$ 时流水施工开展情况

当 $m = n$ 时，各专业队能连续作业，施工段没有空闲，是理想的流水施工方案。施工段数 m 应大于或等于施工过程数 n，以满足合理流水施工组织要求。

3）$m < n$ 时流水施工开展情况（见图 11-6）。

当 $m < n$ 时，各专业队不能连续作业（图中各专业队在完成第一层作业、进入第二层

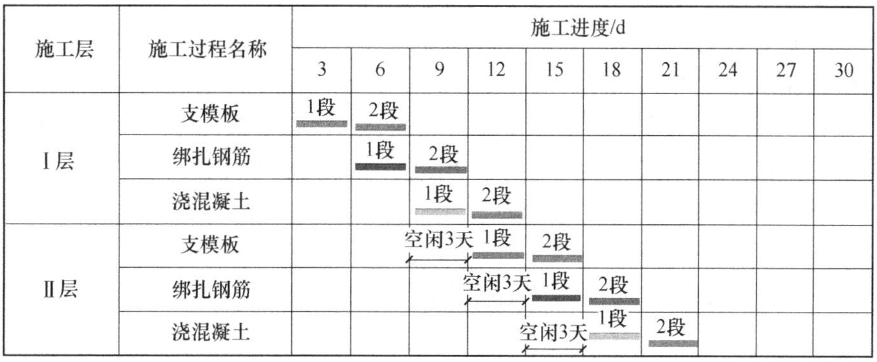

施工层	施工过程名称	施工进度/d									
		3	6	9	12	15	18	21	24	27	30
I 层	支模板	1段	2段								
	绑扎钢筋		1段	2段							
	浇混凝土			1段	2段						
II 层	支模板				空闲3天	1段	2段				
	绑扎钢筋					空闲3天	1段	2段			
	浇混凝土						空闲3天	1段	2段		

图 11-6 $m < n$ 时流水施工开展情况

作业前均停工 3 天），但施工段没有空闲。即专业队因无工作面而停工。

值得指出的是：对于在建筑群中大流水施工时，这种专业流水的停工可以避免；对单栋建筑物的专业流水施工组织则应避免 $m < n$ 的情况出现。

当组织层间流水需考虑层间间歇，或对某些施工过程需考虑技术间歇时，则每层的最少施工段数应按下式计算：

$$m_{\min} = n + \frac{\sum Z}{K} \tag{11-6}$$

式中 $m_{\min}$ ——每层需划分的最少施工段数；

n ——施工过程数或专业工作队数；

$\sum Z$ ——技术间歇时间的总和（含组织间歇、层间间歇）；

K ——流水步距。

在这种情况下，其流水工期为：

$$T = (m + n - 1)K + \sum Z - \sum C \tag{11-7}$$

11.3 流水施工的组织方法

在工程施工中，分部工程流水（即专业流水）是组织流水施工的基础，根据工程施工的特点和流水参数的不同，一般专业流水施工组织分固定节拍流水、成倍节拍流水和分别流水三种。其中前两种属有节奏流水，后一种属无节奏流水。

11.3.1 固定节拍流水

俗称"等节拍流水"，是一种有规律的施工组织形式，所有施工过程在各施工段的流水节拍相等，且流水节拍 t_i 等于流水步距 K，即 $t_i = K = $ 常数。

固定节拍流水组织步骤如下：

（1）确定施工起点流向，划分施工段；

（2）分解施工过程，确定施工顺序；

（3）确定流水节拍，此时 $t_i = t$；

（4）确定流水步距，此时 $K = t$ ；

（5）计算确定总工期 T ；

（6）绘制流水施工指示图表。

【例 11-1】　已知某分部工程有三个施工过程，其流水节拍为 $t_1 = t_2 = t_3 = 2\mathrm{d}$ ；在第二施工过程之后，需要技术停歇 $Z = 2\mathrm{d}$ ，试绘出流水指示图表并计算工期 T 。

【解】　流水指示图表如图 11-7 所示。

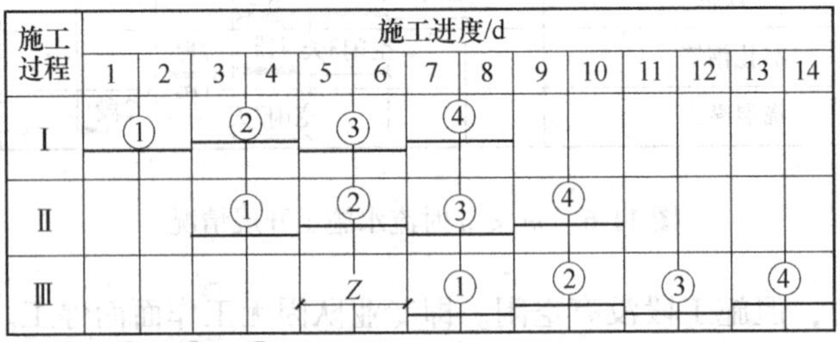

图 11-7　例 11-1 水平指示图表

取 $K = t = 2$ ，则：

$$m = n + \frac{\sum Z}{K} = 3 + \frac{2}{2} = 4$$

$$T = (m + n - 1)K + \sum Z - \sum C = (4 + 3 - 1) \times 2 + 2 - 0 = 14\mathrm{d}$$

当分层施工时，例如多层现浇混凝土结构工程，多层混合结构砌砖工程等，其施工段数 m 应为各施工层中施工段数的总和。此时，流水总工期 T 应按下式计算：

$$T = (mj + n - 1)K + \sum Z - \sum C \tag{11-8}$$

式中　j ——施工层数。

11.3.2　成倍节拍流水

在组织流水施工时，如果同一施工过程在各施工段上的流水节拍相等，不同施工过程在同一施工段上的流水节拍之间存在一个最大的公约数，能使各施工过程的流水节拍互为整倍数，据此组织的流水作业称为成倍节拍流水。

成倍节拍流水的组织，首先应求出各施工过程流水节拍 t 的最大公约数 K ，K 即为流水步距，在数值上应小于最大的流水节拍，并要大于 1，只有最大公约数等于 1 时，该流水步距才能等于 1，这样就可得出每个施工过程的流水节拍是 K 的倍数；然后分别组织相同倍数的专业工作队共同完成同一施工过程。

同一施工过程专业工作队数目可按下式计算：

$$b = \frac{t_i}{K} \tag{11-9}$$

式中　b ——某施工过程专业工作队数；

t_i——流水节拍；

K——流水步距。

在成倍节拍流水中，工期 T 为：

$$T = (m + N - 1)K + \sum Z - \sum C \qquad (11\text{-}10)$$

式中　N——工作队总数。

【例 11-2】　某现浇钢筋混凝土结构由支模板、扎钢筋和浇混凝土三个分项工程组成，其流水节拍分别为支模板 6d，钢筋绑扎 4d，浇混凝土 2d。试按成倍节拍流水组织施工。

【解】　假定支模板、扎钢筋和浇混凝土三个分项工程依次由专业工作队 Ⅰ、Ⅱ、Ⅲ 完成。

（1）确定流水步距：

$$K = 最大公约数 [6、4、2] = 2d$$

（2）确定分项工程专业工作队数目：

$$b_{Ⅰ} = 6/2 = 3 个；\ b_{Ⅱ} = 4/2 = 2 个；\ b_{Ⅲ} = 2/2 = 1 个$$

（3）专业工作队总数目：

$$N = 3 + 2 + 1 = 6 个$$

（4）求施工段数：

$$m = N = 6$$

（5）计算工期：

$$T = (6 + 6 - 1) \times 2 = 22d$$

（6）绘制流水指示图表，如图 11-8 所示。

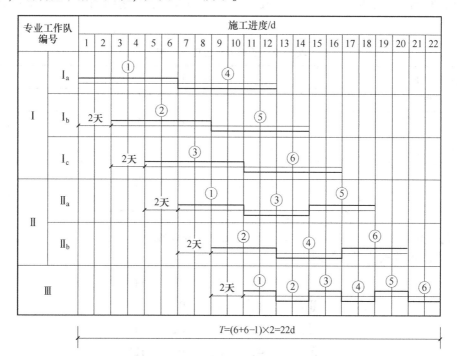

图 11-8　成倍节拍流水水平指示图表

11.3.3　分别流水

在工程实践中，通常每个施工过程在各个施工段上的工程量彼此不相等。或者各个专业工作队的生产效率相差悬殊，造成多数流水节拍彼此不相等。这时只能按照施工顺序要求，使相邻两个专业工作队，在开工时间上最大限度地搭接起来，并组织成每个专业工作队都能够连续作业的非节奏流水施工。这种流水施工组织方式，称为分别流水（亦称无节奏流水），它是流水施工的普遍形式。

组织分别流水的关键，是如何合理地确定各施工过程相邻两个专业工作队之间的流水步距，使每个施工过程既不出现工艺超前现象，又能紧密地衔接，并使每个专业工作队都能够连续作业。

确定流水步距的计算方法较多，简捷实用的方法有图上分析法、分析计算法和潘特考夫斯基法。其中以潘特考夫斯基法最简便、易掌握，潘特考夫斯基法没有计算公式，它的文字表达式为："累加数列错位相减，取其最大差。"其计算步骤如下：

（1）据专业工作队在各施工段上的流水节拍，求累加数列；

（2）根据施工顺序，对所求相邻的两累加数列，错位相减；

（3）根据错位相减的结果，确定相邻专业工作队之间的流水步距，即相减结果中数值最大者便是流水步距。现举例说明如下：

【例 11-3】　某拟建工程有Ⅰ、Ⅱ、Ⅲ、Ⅳ、Ⅴ等5个施工过程。施工时在平面上划分成4个施工段，每个施工过程在各个施工段上的流水节拍如表11-2所示。规定施工过程Ⅱ完成后，其相应施工段至少养护2d；施工过程Ⅳ完成后，其相应施工段要留有1d的准备时间。为了尽早完工，允许施工过程Ⅰ与Ⅱ之间搭接施工1d，试编制流水施工方案。

表 11-2　各施工段上流水节拍

施工过程（专业工作队）编号	流水节拍/d				
	Ⅰ	Ⅱ	Ⅲ	Ⅳ	Ⅴ
①	3	1	2	4	3
②	2	3	1	2	4
③	2	5	3	3	2
④	4	3	5	3	1

【解】　根据题设条件，该工程只能组织无节奏专业流水。

1）求流水节拍的累加数列：

$$\text{Ⅰ}\quad 3,\quad 5,\quad 7,\quad 11$$
$$\text{Ⅱ}:\quad 1,\quad 4,\quad 9,\quad 12$$
$$\text{Ⅲ}:\quad 2,\quad 3,\quad 6,\quad 11$$
$$\text{Ⅳ}:\quad 4,\quad 6,\quad 9,\quad 12$$
$$\text{Ⅴ}:\quad 3,\quad 7,\quad 9,\quad 10$$

2）确定流水步距：

① $K_{I,II}$ 为

$$3 \quad 5 \quad 7 \quad 11$$
$$-) \quad\quad 1 \quad 4 \quad 9 \quad 12$$
$$3 \quad 4 \quad 3 \quad 2 \quad -12$$

所以 $K_{I,II} = \max\{3, 4, 3, 2, -12\} = 4d$。

② $K_{II,III}$ 为

$$1 \quad 4 \quad 9 \quad 12$$
$$-) \quad\quad 2 \quad 3 \quad 6 \quad 11$$
$$1 \quad 2 \quad 6 \quad 6 \quad -11$$

所以 $K_{II,III} = \max\{1, 2, 6, 6, -11\} = 6d$。

③ $K_{III,IV}$ 为

$$2 \quad 3 \quad 6 \quad 11$$
$$-) \quad\quad 4 \quad 6 \quad 9 \quad 12$$
$$2 \quad -1 \quad 0 \quad 2 \quad -12$$

所以 $K_{III,IV} = \max\{2, -1, 0, 2, -12\} = 2d$。

④ $K_{IV,V}$ 为

$$4 \quad 6 \quad 9 \quad 12$$
$$-) \quad\quad 3 \quad 7 \quad 9 \quad 10$$
$$4 \quad 3 \quad 2 \quad 3 \quad -10$$

所以 $K_{IV,V} = \max\{4, 3, 2, 3, -10\} = 4d$。

3）确定计划工期：

由题给条件可知：$Z_{II,III} = 2d$，$Z_{IV,V} = 1d$，$C_{I,II} = 1d$，得

$$T = \sum_{i=1}^{n-1} K_{i,i+1} + \sum_{j=1}^{m} t_{nj} + \sum Z - \sum C$$
$$= (4+6+2+4) + (3+4+2+1) + 2 + 1 - 1 = 28(d)$$

4）绘制流水施工进度计划如图 11-9 所示。

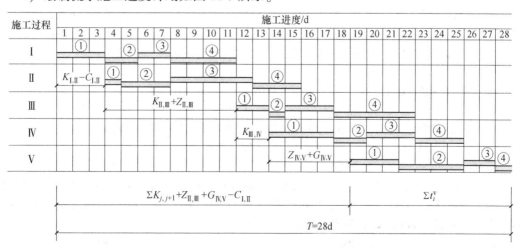

图 11-9 流水施工进度计划

职业技能

技 能 要 点	掌握程度	应用方向
有关时间参数的计算	掌握	
施工段的划分	了解	
流水施工的原理和掌握流水施工的主要参数	了解	
掌握横道计划基本编制方法	了解	
等节奏流水施工方案编制	熟悉	土建项目经理、工程师
异节奏流水施工基本特点和工期的计算	掌握	
无节奏流水施工的特点和工期的计算	掌握	
横道图进度计划的编制方法	了解	

习 题

11-1 选择题

(1) 流水施工的科学性和技术经济效果的实质是 ( )。

A. 实现了机械化生产   B. 合理利用了工作面   C. 合理利用了工期   D. 实现了连续均衡施工

(2) 流水施工的施工过程和施工过程数属于 ( )。

A. 技术参数   B. 时间参数   C. 工艺参数   D. 空间参数

(3) 为有效地组织流水施工,施工段的划分应遵循的原则是 ( )。

A. 同一专业工作队在各施工段上的劳动量应大致相等

B. 各施工段上的工作面满足劳动力或机械布置优化组织的要求

C. 施工过程数大于或等于施工段数

D. 流水步距必须相等

E. 流水节拍必须相等

(4) 浇筑混凝土后需要保证一定的养护时间,这就可能产生流水施工的 ( )。

A. 流水步距   B. 流水节拍   C. 技术间歇   D. 组织间歇

(5) 某项目组成了甲、乙、丙、丁共4个专业队进行等节奏流水施工,流水节拍为6周,最后一个专业队 (丁队) 从进场到完成各施工段的施工共需30周。根据分析,乙与甲、丙与乙之间各需2周技术间歇,而经过合理组织,丁对丙可插入3周进场,该项目总工期为 ( ) 周。

A. 49   B. 51   C. 55   D. 56

(6) 用于表示流水施工在施工工艺上的展开顺序及其特征的参数是 ( )。

A. 施工段   B. 施工层   C. 施工过程   D. 流水节拍

(7) 某工程划分为 A、B、C、D 4 个施工过程,3 个施工段,流水节拍均为 3d,其中 A 与 B 之间间歇 1d,B 与 C 之间搭接 1d,C 与 D 之间间歇 2d,则该工程计划工期应为 ( )。

A. 19d   B. 20d   C. 21d   D. 23d

(8) 已知某基础工程分为开挖、夯实、垫层和砌筑四个过程。每一过程各划分为四段施工,计划各段持续时间各为 6d,各段过程之间最短隔时间依次为 5d、3d 和 3d,实际施工中在第二段分实过程中延误了 2d,则实际完成该基础工程所需时间为 ( )。

A. 37d   B. 35d   C. 39d   D. 88d

(9) 某 3 跨工业厂房安装预制钢筋混凝土屋架,分吊装就位、矫直、焊接加固 3 个工艺流水作业,各工艺作业时间分别为 10d、4d、6d ，其中矫直后需稳定观察 3d 才可焊接加固，则按异节奏组织流水施工的工期应为（　　）。

A. 20d　　　　　　　B. 27d　　　　　　　C. 30d　　　　　　　D. 44d

11-2　计算题

某施工项目有四个工艺过程，每个过程按五段依次进行施工，各过程在各段的持续时间依次为：4d、3d、5d、7d、4d；5d、6d、7d、3d 2d；3d、5d、4d、8d、7d；5d 、6d、2d、3d、4d，其工期应为多少?

12 网络计划技术

学习要点：
- ·了解网络计划技术的内容组成；
- ·掌握双代号网络图的绘制方法和时间参数的计算方法；
- ·了解单代号网络图的绘制方法；
- ·掌握双代号时标网络计划的编制方法和时间参数的判读方法；
- ·熟悉网络计划优化、控制的原理和方法。

主要国家标准：
- ·《工程网络计划技术规程》（JGJ/T 121）；
- ·《网络计划技术　第3部分：在项目管理中应用的一般程序》（GB/T 13400.3）。

案例导航

怎样施工效率更高

　　小明是一名大三学生，他的生活起居很有规律。三年来，每天早晨上课前小明都会坚持泡一杯茶，然后看看当天的新闻。今年进入大四了，多门专业课的开设让小明感觉时间越来越紧张。学了网络计划技术后，小明对自己早晨的作息计划做了调整，更改前后的作息计划如图 12-1 和图 12-2 所示，两者相差 20 多分钟。他不由感叹时间真的像海绵，挤挤就有了！

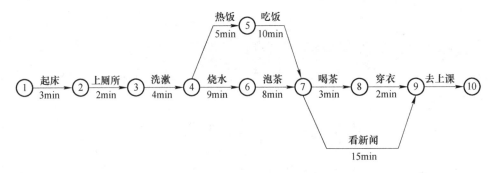

图 12-1　小明的作息时间（调整前）

【问题讨论】

（1）小明通过作息计划的调整，每天早晨节省了多长时间？

（2）你认为小明的计划调整节省了时间的主要原因是什么？

　　网络计划技术，是对网络计划原理与方法的总称，是指用网络图表示计划中各项工作之间的相互制约和依赖关系，在此基础上，通过各种计算分析，寻求最优计划方案的实用

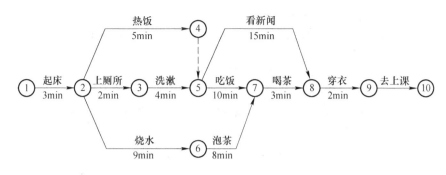

图 12-2　小明的作息时间（调整后）

计划管理技术。

网络计划技术是一种有效的系统分析和优化技术。它来源于工程技术和管理实践，在保证和缩短时间、降低成本、提高效率、节约资源等方面成效显著。

应用网络技术编制土木工程施工进度计划，能正确表达计划中各项工作开展的先后顺序及相互关系；能确定各项工作的开始时间和结束时间，并找出关键工作和关键线路；通过网络计划的优化可寻求最优方案；施工过程中进行网络计划的有效控制和调整，可以最小的资源消耗取得最大的经济效益和最理想的工期。

12.1　网络图的绘制原则及方法

12.1.1　网络图的概念及分类

工程网络计划是指用网络图表示出来的并注有相应时间参数的工程项目计划。因此，提出一项具体工程任务的网络计划安排方案，就必须首先要求绘制网络图。

网络图是指用箭线、节点表示工作流程的有向、有序的网状图形。该定义中，"箭线""节点"分别指带箭头的线段和网络图中的圆或方框；"有向""工作流程"是指规定箭头一般应以从左往右（但不排除垂直）指向为正确指示方向，并以箭线或节点表示工作、以箭头指向表示不同工作依次开展的先后顺序；"有序"是指基于工作先后顺序关系形成的工作之间的逻辑关系，它可区分为由工程建造工艺方案和工程实施组织方案所决定的工艺关系及组织关系，并表现为组成一项总体工程任务各项工作之间的顺序作业、平行作业及流水业等各种联系；最后，上述定义所称的"网状图形"描述了网络图的外观形状并强调了图形封闭性要求，其含义是指网络图只能具有一个开始与一个结束节点，因而呈现为封闭图形。

12.1.2　双代号网络图的构成要素

双代号网络图是以有向箭线及两端带编号的节点表示工作的网络图，如图 12-3 所示。反之，以节点表示工作、以箭线衔接工作之间逻辑关系的网络图则称为单代号网络图。

12.1.2.1　工作

工作是指计划任务按需要划分而成、消耗时间或同时也消耗资源的一个子项目或子任

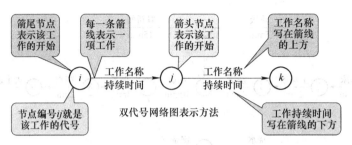

图 12-3　双代号网络图的表示方法

务。根据计划编制的粗细不同，工作既可是一个建设项目、一个单项工程，也可以是一个分项工程乃至一个工序。

一般情况下，工作需要消耗时间和资源，如支模板、浇筑混凝土等。有的则仅消耗时间而不消耗资源。如混凝土养护、抹灰干燥等技术间歇。还有一种既不消耗时间也不消耗资源的工作——虚工作，它用虚箭线来表示，用以反映一些工作与另外一些工作之间的逻辑关系。

12.1.2.2　节点

节点也称事件，是指表示工作开始、结束或连接关系的圆圈；箭线的出发节点叫起点节点，箭头指向的节点叫终点节点。任何工作都可用其箭线前、后的两个节点的编码来表示。网络图的第一个节点为整个网络图的原始节点，最后一个节点为网络图的结束节点，其余节点为中间节点。起点节点编码在前，终点节点编码在后。

12.1.2.3　线路

网络图中从起点节点开始，沿箭头方向顺序通过一系列箭线与节点，最后到达终点节点的通路称为线路。一条线路上的各项工作所持续时间的累加之和称为该线路的持续时间，它表示完成该线路上的所有工作需花费的时间，如图 12-4 所示。

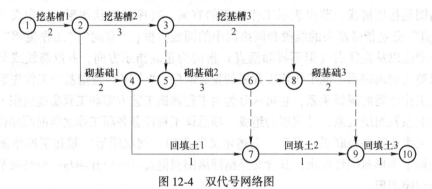

图 12-4　双代号网络图

持续时间最长的线路可作为工程的计划工期，该线路上的工作拖延或提前，则整个工程的完成时间将发生变化，该线路称为关键线路。

非关键线路上既有关键工作，也有非关键工作，非关键工作有一定的机动时间，该工作在一定幅度内的提前或拖延不会影响整个计划的工期。

关键线路用较粗的箭线或双箭线表示，以示与非关键线路的区别。

工作、节点和线路是双代号网络图的三要素。

12.1.3　双代号网络图的绘制

12.1.3.1　逻辑关系

各工作间的逻辑关系包括工艺关系、组织关系。逻辑关系表达得是否正确，是网络图能否反映工程实际情况的关键，一旦逻辑关系搞错，图中各项工作参数的计算及关键线路和工程工期都将随之发生错误。

A　工艺关系

工艺关系是指生产工艺上客观存在的先后顺序。例如，建筑工程施工时，先做基础，后做主体；先做结构，后做装修。这些顺序是不能随意改变的。

B　组织关系

组织关系是在不违反工艺关系的前提下，人为安排工作的先后顺序。如：建筑群中各建筑物开工的先后顺序；施工对象的分段流水作业等。这些顺序可以根据具体情况，按安全、经济、高效的原则统筹安排。无论工艺关系还是组织关系，在网络图中均表现为工作进行的先后顺序。

常见的逻辑关系及表示方法如表 12-1 所示。

表 12-1　双代号网络图工作逻辑关系表达示例

序号	工作之间逻辑关系	网络图中表示方法
1	A、B 两项工作依次施工	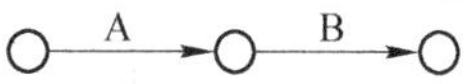
2	A、B、C 三项工作同时开始	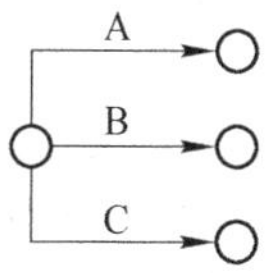
3	A、B、C 三项工作同时结束	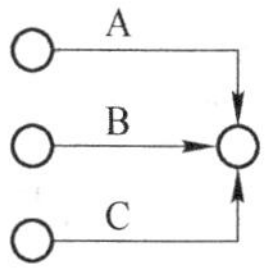
4	A 完成后，B、C、D 才能开始	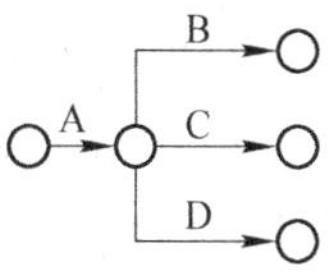
5	A、B、C 均完成后，D 才能开始	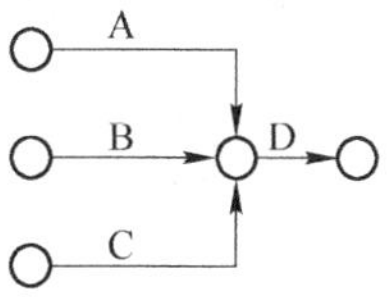
6	A、B 均完成后，C、D 才能开始	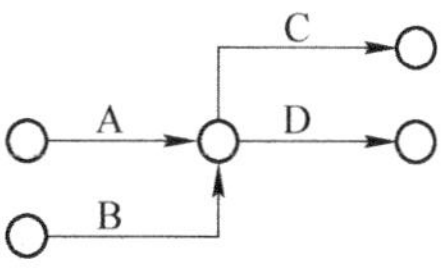

续表 12-1

序号	工作之间逻辑关系	网络图中表示方法
7	A、D 同时开始，B 是 A 的紧后工作，B、D 均完成后，C 才能开始	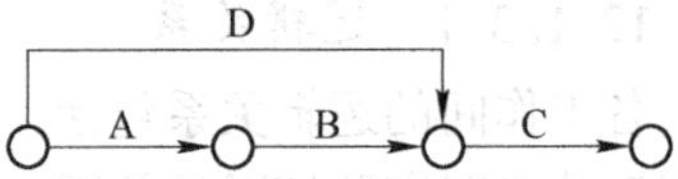
8	A 完成后，D 才能开始；A、B 均完成后，E 才能开始；A、B、C 均完成后，F 才能开始	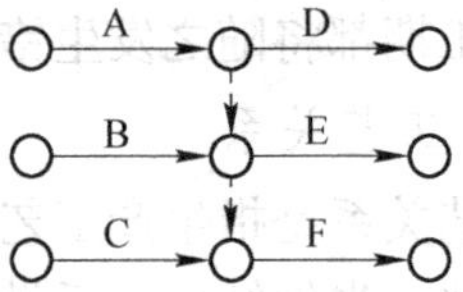
9	A、B 完成后，D 才能开始；A、B、C 均完成后，E 才能开始；D、E 完成后，F 才能开始	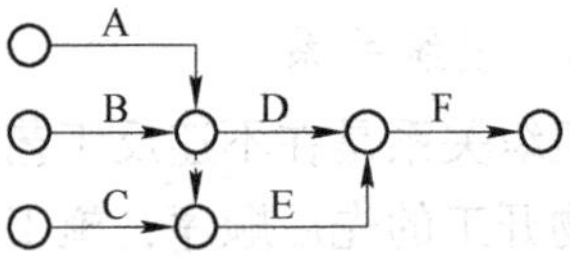
10	A、B 完成后，C 才能开始；B、D 完成后，E 才能开始	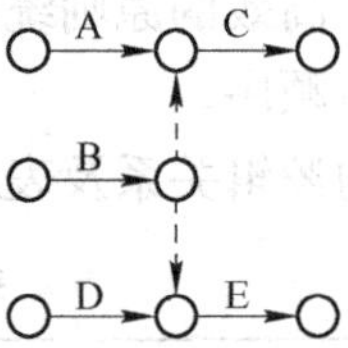
11	A 结束后，B、C、D 才能开始，B、C、D 结束后，E 才能开始	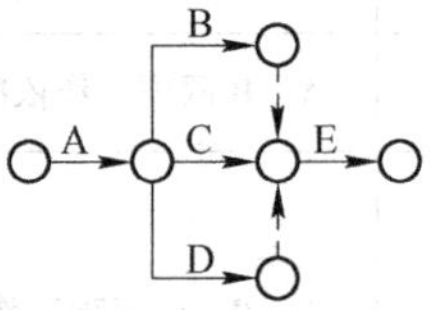
12	工作 A、B 分为三个施工段，分段流水作业；a_1 完成后进行 a_2、b_1；a_2 完成后进行 a_3、b_2；b_1 完成后进行 b_2；a_3、b_2 完成后进行 b_3	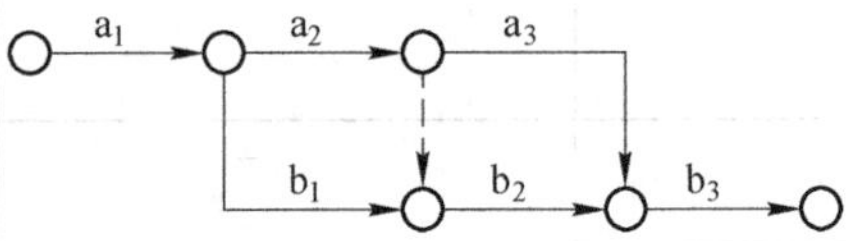

12.1.3.2　绘图规则

在正确表达工作逻辑关系的前提下，网络图的绘制还必须遵从一定的绘图规则要求。

（1）双代号网络图必须正确表达已定的逻辑关系。

（2）严禁出现循环回路。循环回路是指从网络图中的某一个节点出发，顺着箭线方向又回到了原来出发点的线路。

（3）严禁出现没有箭头节点或没有箭尾节点的箭线，如图 12-5 所示。

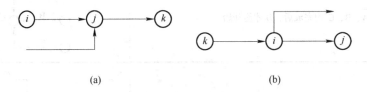

(a)　　　　　　　　　　　　　(b)

图 12-5　箭头或箭尾不齐全的箭线节点

(a) 无箭头节点的箭线；(b) 无箭尾节点的箭线

（4）在节点之间严禁出现带双向箭头或无箭头的连线。

（5）双代号网络图的某些节点有多条外向箭线或多条内向箭线时，为使图形简洁，可使用母线法绘制。但应满足一项工作用一条箭线和相应的一对节点表示，如图 12-6 所示。

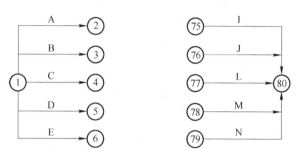

图 12-6　母线的表示方法

（6）绘制网络图时，箭线不宜交叉；当交叉不可避免时，可用过桥法或指向法，如图 12-7 所示。

（7）双代号网络图中应只有一个起点节点和一个终点节点（多目标网络计划除外）；而其他所有节点均应是中间节点，如图 12-8 所示。

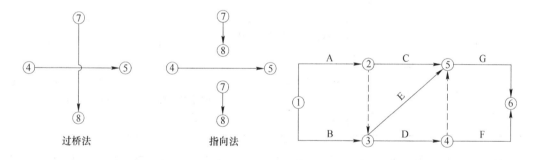

图 12-7　过桥法交叉与指向法交叉　　　图 12-8　一个起点①、一个终点节点⑥的示意

12.2　双代号网络图时间参数的计算

12.2.1　双代号网络图时间参数的概念及其符号

双代号网络计划时间参数计算的目的在于通过计算各项工作的时间参数，确定网络计划的关键工作、关键线路和计算工期，为网络计划的优化、调整和执行提供明确的时间参数。网络图的时间参数的计算有多种方法，常用的有图上计算法、表上计算法和电算法等。

工作持续时间 D_{ij}：工作持续时间是对一项工作规定的从开始到完成的时间。在双代号网络计划中，工作 i—j 的持续时间用 D_{ij} 表示。网络计划主要时间参数的种类、含义及计算如表 12-2 所示。

表 12-2　网络计划主要时间参数的种类、含义及计算

种类	符号 双代号	符号 单代号	含义	公式	在本章中的公式编号
（1）工作的最早可以开始时间	ES_{ij}	ES_i	一旦具备工作条件，立即着手进行的工作开始时间	$ES_{ij} = \max(ES_{hi} + D_{hi})$	(12-1)
（2）工作的最早可以完成时间	EF_{ij}	EF_i	与上一时间参数对应的工作完成时间	$EF_{ij} = ES_{ij} + D_{ij}$	(12-2)
（3）工作的最迟必须开始时间	LS_{ij}	LS_i	在不影响总体工程任务按计划工期完成前提下的工作最晚开始时间	$LS_{ij} = \min LS_{jk} - D_{ij}$	(12-3)
（4）工作的最迟必须完成时间	LF_{ij}	LF_i	与上一时间参数对应的工作完成时间	$LF_{ij} = LS_{ij} + D_{ij}$	(12-4)
（5）工作总时差	TF_{ij}	TF_i	在不影响总体工程任务按计划工期完成前提下，本项工作拥有的机动时间	$TF_{ij} = LS_{ij} - ES_{ij}$	(12-5)
（6）工作自由时差	FF_{ij}	FF_i	在不影响紧后工作最早可以开始时间前提下，本项工作拥有的机动时间	$FF_{ij} = ES_{jk} - ES_{ij} - D_{ij}$	(12-6)
（7）计算工期	T_c		由关键线路决定的网络计划总持续时间	$T_c = \max(ES_{in} + D_{in})$	(12-7)
（8）计划工期	T_p		基于计算工期调整形成的工期取值，一般令 $T_p=T_c$	备注：要求工期及不按计算工期取值确定的计划工期均与时间参数计算无关，当已规定了要求工期时，$T_p \leq T_r$	
（9）要求工期	T_r		为外界所加工期限制条件		

参照《工程网络计划技术规程》（JGJ/T 121—2015）的符号表示规定，在表 12-2 所涉及的各个公式中下角标 ij、hi、jk 分别表示双代号网络计划中的本工作及其紧前、紧后工作，in 表示双代号网络计划的收尾工作，D 用于表示工作持续时间。

12.2.2　网络计划时间参数的计算方法

12.2.2.1　网络计划时间参数的计算方法体系

网络计划时间参数计算方法繁多。首先，按求取时间参数途径的不同，其方法可包括分析计算法、图上计算法、表上计算法、矩阵计算法和电算法等；其次，按网络图图形种类不同，其方法又可划分为对非搭接网络计划和搭接网络计划进行计算的两类不同方法，其中，前一类方法又包含了双代号和单代号两种不同形式的网络计划的计算方法。按上述两种分类标志交叉结合各种方法，则大体构成了网络计划时间参数的计算方法体系框架。

在双代号网络计划时间参数的手算方法中，应用广泛的是图上计算法。其中，若计算对象为双代号网络图，其方法又包括工作时间计算法和节点时间计算法。根据所计算的时间参数数量多少的不同，工作时间计算法又包括二时标注法、四时标注法和六时标注法，

节点时间计算法则包括一般节点时间计算法和标号法。需要强调，标号法是一种时间参数计算内容有限的简便算法，它适合于快速确定网络计划的关键线路与计划工期。

双代号网络图图上计算法的计算标注规则如图 12-9 所示。

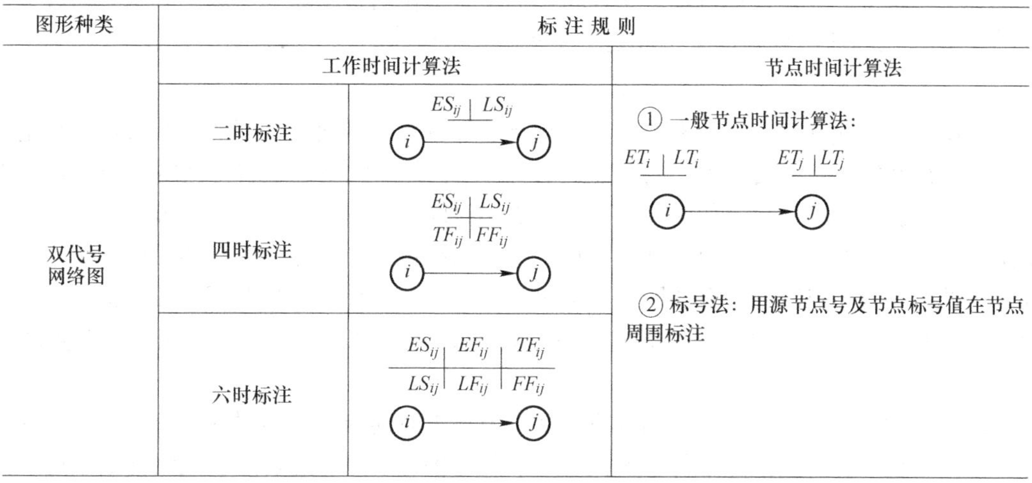

图形种类
标 注 规 则
双代号
网络图
工作时间计算法
节点时间计算法
二时标注
ES_ij | LS_ij
四时标注
ES_ij | LS_ij
TF_ij | FF_ij
六时标注
ES_ij | EF_ij | TF_ij
LS_ij | LF_ij | FF_ij
i
j
① 一般节点时间计算法：
ET_i | LT_i
ET_j | LT_j
② 标号法：用源节点号及节点标号值在节点周围标注

图 12-9　网络计划时间参数计算结果标注规则

12.2.2.2　双代号网络计划时间参数的计算方法

A　用工作时间计算法计算时间参数

如采用工作时间计算法，双代号网络计划时间参数的图上计算过程是依照表 12-2 所给公式，首先，沿网络图箭线指示方向从左往右，依次计算各项工作的最早可以开始时间并确定计划（计算）工期；其次，逆网络图箭线指示方向从右往左，依次计算各项工作的最迟必须开始时间，显然，当最早可以开始时间和最迟必须开始时间确定之后，两个相应的完成时间即工作的最早可以与最迟必须完成时间也就相应确定下来，其结果是确定了工作相应的开始时间与工作持续时间之和；再次，是计算工作的总时差与自由时差；最后，按总时差最小（当 $T_p = T_c$ 时，其取值为 0）的工作为关键工作的判定原则，确定由关键工作组成的关键线路并用双线、粗线或色线表示之，根据需要，计算其他时间参数。

【例 12-1】　试计算如图 12-10 所示的双代号网络计划时间参数。

5 | 10 | 3
8 | 13 | 1
11 | 14 | 2
13 | 16 | 2
0 | 5 | 0
0 | 5 | 0
5 | 11 | 0
5 | 11 | 0
11 | 11 | 2
13 | 13 | 0
11 | 16 | 0
11 | 16 | 0
0 | 1 | 1
1 | 2 | 0
1 | 4 | 1
2 | 5 | 1
1 | 3 | 8
9 | 11 | 8
T_c=16

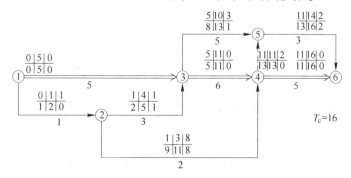

图 12-10　用六时标注法计算双代号网络计划时间参数

【解】 可采用工作时间计算法中的六时标注法，直接在图 12-10 上计算本例网络计划的各种时间参数。需要强调，由于双代号网络图中虚箭线对工作逻辑关系所起的传递作用可能影响时间参数的计算结果，故此处按《工程网络计划技术规程》（JGJ/T 21—2015）示例提供的解法，一并计算包括虚工作在内的所有工作的各项时间参数。本例时间参数计算结果按图 12-9 所给规则标注，计划总工期计算结果则标记于网络图结束节点。

B 用一般节点时间计算法计算时间参数

按图上计算法规定，用一般节点时间计算法计算双代号网络计划的时间参数，其主要要求是依次确定节点早时间 ET_i 与节点迟时间 LT_i，并在此基础上求得网络计划的计算工期，找到关键线路，确定工作时差。由于节点早时间是指以该节点为开始节点的相应工作的最早可以开始时间，节点迟时间是指以该节点为结束节点的相应工作的最迟必须完成时间，因此，一般节点时间计算法既可以通过套用专门公式计算各种时间参数，也可以根据上述两个基本关系，将利用工作时间计算法得出的工作时间参数转化为相应的节点时间参数。

需要强调，通过一般节点时间计算法求得节点早时间与节点迟时间，有助于确定双代号网络图中在计算工期限定条件下的关键节点与非关键节点，这对于在网络计划中通过分析、应用各种时间参数，达到优化、调整计划的目的，往往具有十分重要的意义。

C 用标号法计算时间参数

标号法的作用是：快速确定网络计划的节点早时间、计算工期及关键线路。运用该法实施图上计算，要求在网络图每一节点周围事先标记的括号内进行双标号标注，其中右边标号为本节点早时间，称"节点标号值"，左边标号记载的是决定本节点标号值的以本节点为完成节点的各项工作的开始节点，称"源节点号"（表示本节点早时间数值的计算来源）。显然，在计算过程中，对每一不同节点，应先确定其节点标号值，再依此确定源节点号。

应用标号法确定双代号网络计划的时间参数，其计算步骤可简要归纳如下：

（1）从左往右，确定各个节点的节点标号值。

其中，网络图起始节点即第 1 个节点的节点标号值记为"0"，即：

$$b_1 = 0 \qquad (12-8)$$

其余节点即第 i 个节点的节点标号值可按以本节点为完成节点的各项紧前工作的开始节点 h 的节点标号值与其对应持续时间之和的最大值取定，即：

$$b_i = \max(b_h + D_{hi}) \qquad (12-9)$$

当除起始节点以外的任何一个节点的节点标号值一经确定，则据此确定并记载源节点号。

（2）依照网络图结束节点的标号值确定网络计划的计算工期，即：

$$T_c = b_n \qquad (12-10)$$

（3）从网络图结束节点开始，从右往左，依照源节点号的指示作用，逆向确定关键线路，至此完成整个计算过程。

需要补充说明，事实上，标号法亦同样适用于单代号网络计划的时间参数计算。

【例 12-2】 试用标号法确定图 12-11 所示的双代号网络计划时间参数。

【解】 该双代号网络计划各节点的计算标号情况已直接指示于图。本例计算结果表明，网络计划的计算工期是 23d，关键线路是①-②-③-④-⑥。

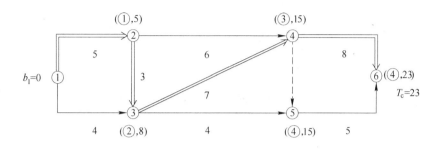

图 12-11 用标号法计算时间参数示例

12.2.3 单代号网络图

单代号网络图是以节点及其编号表示工作，以箭线表示工作之间逻辑关系的网络图。

在单代号网络图中加注工作的持续时间，以形成单代号网络计划。图 12-12 所示即为一个单代号网络图的示意图。

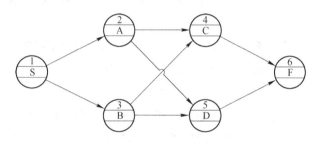

图 12-12 单代号网络图

12.2.3.1 单代号网络图的基本符号

A 节点

单代号网络图中的每一个节点表示一项工作，节点可采用圆圈，也可采用方框。节点所表示的工作名称、持续时间和工作代号等应标注在节点内，如图 12-13 所示。

单代号网络图中的节点必须编号，其编号标注在节点内，其号码可间断，但严禁重复。箭线的箭尾节点编号应小于箭头节点的编号。一项工作必须有唯一的一个节点及相应的编号。

B 箭线

箭线表示紧邻工作之间的逻辑关系，既不占用时间、也不消耗资源，这一点与双代号网络图中的箭线完全不同。箭线应画成水平直线、折线或斜线。箭线水平投影的方向应自左向右，表示工作的行进方向。工作之间的逻辑关系包括工艺关系和组织关系，在网络图中均表现为工作之间的先后顺序。

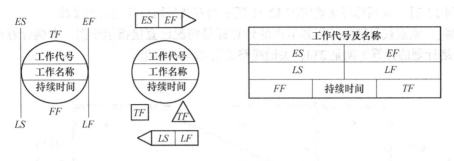

图 12-13　单代号网络图节点的几种表现形式

C　线路

单代号网络图中,各条线路应用该线路上的节点编号从小到大依次表示。

12.2.3.2　单代号网络图的绘图规则

(1) 因为每个节点只能表示一项工作,所以各节点的代号不能重复。

(2) 用数字代表工作的名称时,宜由小到大按活动先后顺序编号。

(3) 不允许出现循环的线路,不允许出现双向的箭杆。

(4) 除原始节点和结束节点外,其他所有节点都应有指向箭杆和背向箭杆。

(5) 单代号网络图必须正确表达已定的逻辑关系。在一幅网络图中,单代号和双代号的画法不能混用。

单代号网络图只应有一个起点节点和一个终点节点;当网络图中有多项起点节点或多项终点节点时,应在网络图的两端分别设置一项虚工作。

12.2.3.3　单代号网络计划时间参数的计算

单代号网络计划与双代号网络计划的时间参数计算原理相同。因此,对单代号网络计划的时间参数实施图上计算,既可以借助于在时间参数表示符号上与之配套的一套专门公式进行,也可以通过借用双代号网络计划的工作时间计算方法,逐次计算各项工作的时间参数。单代号网络计划时间参数的标注形式如图 12-14 所示。

图 12-14　单代号网络计划时间参数表示方法

【例 12-3】　试进行图 12-15 所示的单代号网络计划各项时间参数的计算。

【解】　本例计算结果已直接标注在图上。由计算过程可知,该网络计划的计算工期是 15d,关键线路是 S-B-E-I-F。

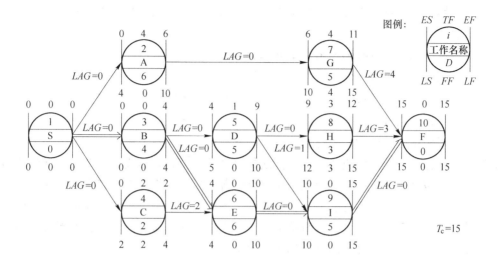

图 12-15　单代号网络计划时间参数计算示例

12.3　时标网络计划

按《工程网络计划技术规程》（JGJ/T 121—2015）所给定义，时标网络计划是指以时间坐标为尺度编制的网络计划。对应工作或日历天数，按工作持续时间长短比例绘制的时标网络图，其特点是可以直观明了地揭示网络计划的各种时间参数概念内涵，从而便于计划管理人员一目了然地从网络图上看出各项工作的开工与完工时间，在充分把握工期限制条件的同时，通过观察工作时差，实施各种控制活动，适时调整、优化计划。采用时标网络计划，还便于在整个计划的持续时间范围内，逐日统计各种资源的计划需用量，在此基础上，进一步编制资源需用量计划及工程项目的成本计划。因此，在工程项目施工组织与管理过程中，时标网络计划是应用广泛的计划安排与管理工具；由于其具有整合工程项目进度、成本、资源等多重管理目标的作用，时标网络图已成为目前各种项目管理应用软件输出的网络计划的主要表现形式。

12.3.1　时标网络计划的绘制表达方法

按工作表达方法不同，时标网络计划可区分为用箭线表示工作的双代号时标网络计划及用节点表示工作的单代号时标网络计划；在本质上，后者即是用改进"甘特图"（为横道图的别名）表示的横道网络计划。

按照与时间参数赋予的两组开、完工时间形成的对应关系，时标网络计划又可区分为在工期限定条件下的两种极限开工时间计划，即早时标与迟时标网络计划，其中根据读图习惯，早时标网络计划是通常采用的初始计划表现形式。

时标网络图的绘制方法可分类为间接绘制法和直接绘制法，其中间接绘制法是指先进行网络计划时间参数的计算，再根据计算结果绘图；直接绘制法是指不通过时间参数计算这一过渡步骤，直接绘制时标网络图。采用间接绘制法绘制时标网络图，有助于结合绘图过程，深入理解时间参数概念；而利用直接绘制法绘图，其优点是过程直接，因而生成计划较为快捷。

以下着重说明双代号时标网络计划的编制方法。

12.3.1.1 时标网络计划的构图要素及绘制步骤

双代号时标网络图的构图要素包括实箭线、节点、虚箭线和波形线，其中实箭线、节点、虚箭线所表示的含义与前述非时标网络图相同，但是，由于时标网络图要求表示实存工作的实箭线应按照其天数长短比例绘图，因此在持续时间各不相同的情况下，为了在构图上使一项工作的多项紧前或紧后工作箭线能分别延长至其开始或完成节点，就必须通过设立波形线，以弥补具有相同完成或开始节点的各项平行工作存在的持续时间差异，从而满足正确表达工作逻辑关系的需要。在时标网络图的具体绘制过程中，波形线通常体现为实箭线的向前、向后延伸部分，或直接存在于水平虚箭线。从总体上说，波形线可用于表示总时差、自由时差等各种不同性质的工作时差。

在编制时标网络计划之前，应先按事先确定的时间单位绘制如表 12-3 所示的时标网络计划表。时间坐标可以标在时标网络计划表的顶部或底部。当网络计划的规模较大且比较复杂时，可在时标网络计划表的顶部和底部同时标注时间坐标。必要时，可以在顶部时间坐标之上或底部时间坐标之下同时加注日历时间。时标网络计划表中部用于与图形结合的时标刻度线宜用细线表示。为使图面清晰整洁，此线亦可不画或少画。

编制时标网络计划，应先绘制非时标网络图草图，然后再按间接或直接绘制法绘图。

表 12-3　时标网络计划表

日　历									
时间单位	1	2	3	4	5	6	7	8	…
网络计划									
时间单位	1	2	3	4	5	6	7	8	…

12.3.1.2 时标网络计划的具体编制方法

A　间接绘制法

这里可通过列举一个简单实例，说明间接绘制法的绘图步骤。

【例 12-4】　试将图 12-12 所示的非时标网络计划改绘为时标网络计划。

【解】　（1）取图 12-12 时间参数计算结果中的最早可以开始时间数据，确定在时标网络计划表中与各项工作相对应箭线的开始节点位置，之后按工作持续时间长短，沿时标指示方向向右延展工作箭线长度，并根据需要，通过在某些非关键工作箭线右端添补波形线，使之到达相应完成节点并与其相连，由此得到图 12-16 所示的双代号早时标网络图；

（2）取图 12-12 时间参数计算结果中的最迟必须开始时间数据，确定在时标网络计划表中与各项工作相对应箭线的开始节点位置，之后按工作持续时间长短，沿时标指示方向向右延展工作箭线长度，并根据需要，通过在某些工作箭线左端添补波形线，使之到达相应开始节点并与其相连，由此得到图 12-16 所示的双代号迟时标网络图，至此本题解毕。

由图 12-16 可知，双代号时标网络图中，虚箭线可呈现为波形线形式，事实上，它反映的是虚工作时差的计算结果。时标网络图中由波形线表示的虚工作时差，对于从时标网络图中直接判读网络计划的时间参数具有重要的作用。

需要说明的是，采用间接绘制法绘制双代号早、迟时标网络图时，可以采用先绘制关键线路，之后依靠关键节点的定位作用，依次按从左往右及从右往左结合运用实箭线、波形线两种构图元素布置各项非关键工作，并在此过程中画相应节点及虚箭线的简便作图方法。限于篇幅，这里不再进行具体举例。

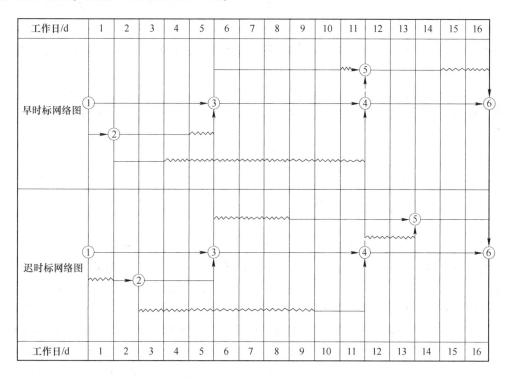

图 12-16　时标网络计划间接绘制法举例

B　直接绘制法

直接绘制法一般多用于绘制双代号早时标网络图，其主要步骤可归结如下：

（1）将网络图开始节点定位于时标网络计划表的起始刻度线上，即令起始工作的最早可以开始时间为 0；

（2）从网络图起始节点开始，按工作持续时间长短向右延长箭线；

（3）除网络图起始节点以外的其他节点位置，应由以本节点为完成节点的最长箭线末端所在位置确定，以本节点为完成节点的其余箭线当其位置不能达到该节点时，应通过补画波形线令其与该节点连接；

（4）按上述方法从左到右，依次确定其他节点位置，直到完成整个绘图过程。

12.3.2 从时标网络计划中判读相关时间参数

学会从时标网络计划中判读各有关时间参数，其意义是进一步加深对网络计划时间参数概念内涵的理解，在此基础上，使计划管理人员无须通过烦琐的计算，便能从图上直接观察出计划所涉及的各项工作的开、完工时间，在明确关键线路、把握工期限制条件的同时，区分关键工作与非关键工作，通过识别与运用非关键工作时差，调整、优化计划与实施各种相关控制活动。

12.3.2.1 关于关键线路及关键工作的判读方法

双代号时标网络计划中，网络图结束节点与起始节点所在位置差表示计划总工期，自网络图结束节点向开始节点作逆向观察，凡自始至终不出现波形线的线路即为网络计划的关键线路。这是由于不存在波形线，表示在工期限定范围之内，整条线路上的任何一项工作均不存在任何一种性质的时差，这条线路是关键线路，而组成该线路的各项工作即为网络计划的关键工作。

例如，通过观察图 12-16，可知计划工期为 16d，①-③-④-⑥为关键线路，其余线路为非关键线路；工作①-③、③-④、④-⑥为关键工作，网络计划中的其余工作为非关键工作。

12.3.2.2 关于工作最早时间的判读方法

在双代号早时标网络计划中，由实箭线左右两端点所在位置，便可分别判读相应工作的最早可以开始及最早可以完成时间。

12.3.2.3 关于工作时差的判读方法

根据自由时差"是指在不影响紧后工作最早可以开始时间前提下本工作拥有最大机动时间余裕"这一定义，易知在双代号早时标网络图中，工作自由时差可直接由波形线长度表示，如在图 12-16 中，非关键工作①-②、③-⑤的自由时差应各为 1d 和 3d。

根据总时差"是指在不影响整个工程任务按计划工期完成前提下本工作拥有的最大机动时间余裕"这一定义，可知从一张静态的双代号时标网络图中无法直接观察工作总时差，无论它是早时标或迟时标网络图。此时可借助如下方法，逆早时标网络图箭线指示方向，逐一判读不同工作的总时差 [式（12-11）、式（12-12）、式（12-13）、式（12-14）、式（12-15）中符号均详见表 12-1 及其相关解释]：

第一，按"总时差等于计算工期与收尾工作最早完成时间之差"判读各项收尾工作的总时差，公式即：

$$TF_{in} = T_c - EF_{in} \tag{12-11}$$

第二，按"总时差等于诸紧后工作总时差的最小值与本工作的自由时差之和"判读其余各项工作的总时差，公式即：

$$TF_{ij} = \min TF_{jk} + FF_{ij} \tag{12-12}$$

例如，在图 12-16 所含早时标网络图中，可首先读出收尾工作⑤-⑥、④-⑥总时差分别为 2d、0d，则属"其余工作"的工作③-⑤、②-④的总时差应各为 2+1、0+8，即 3d 和 8d，显然，依此类推，就不难读出所有工作的总时差。

通过判读工作自由时差及总时差，可以看出上述两类时差的不同特性，即自由时差只能由本工作利用而不能被其所在的线路共有；反观总时差，则具有既可以被本工作利用又可以为本工作所在的线路共有的双重属性。还可以看出：一般情况下，非关键线路上诸工作的自由时差总和等于该线路可供利用的线路总时差。即线路总时差的作用是由各非关键工作以自由时差的名义加以分配使用。

此外，根据"相邻两工作时间间隔是指紧后工作的最早可以开始时间与本工作的最早可以完成时间之间的间隔"定义，还可以从双代号早时标网络图中，直接按紧后工作箭线左边端点与本工作箭线右边端点的位置差判读该时间参数，例如可从图 12-16 所含早时标网络图中读出：①-②、②-④相邻两工作时间间隔为 0d，②-③、③-⑤相邻两工作时间间隔为 1d。需要说明，相邻两工作时间间隔与工作自由时差是概念内涵互不相同的两个时间参数，不能因为两者取值常常相等而将其混为一谈，实际上，两者的关系应由以下公式给出，即：

$$FF_{ij} = \min LAG_{ijk} \tag{12-13}$$

12.3.2.4 关于工作最迟时间的判读方法

除了从迟时标网络图中直接判读各项工作的最迟必须开始及最迟必须完成时间，这两项时间参数还可以从早时标网络图中根据上面几个步骤得出的各种时间参数读数结果，按以下来源于表 12-2 所涉及的工作总时差的变形公式分别判读，即：

$$LS_{ij} = ES_{ij} + TF_{ij} \tag{12-14}$$

$$LF_{ij} = EF_{ij} + TF_{ij} \tag{12-15}$$

综上所述，就是在双代号时标网络图中判读时间参数的一般方法。需要补充说明的是，上述判读方法在较大程度上仍未摆脱对时间参数计算公式的依赖，因而显得比较烦琐。事实上，判读时标网络图的基本功应主要是在深入体会时间参数含义的基础上，切实建立有助于各种时间参数相关概念理解的动态思维方式方法，这是不依赖于任何公式直接从图上正确解读时间参数的关键所在。

【例 12-5】 图 12-17 所示为某工程双代号时标网络计划（时间单位：周），设由于 A、D、G 三项工作需共用一台施工机械而必须顺序施工，则按该计划此台施工机械在现场闲置时间将达几周？在计划工期范围内，何时安排施工机械进场可使其闲置时间最短？

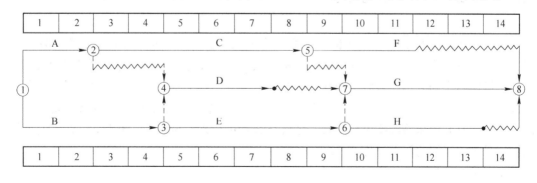

图 12-17 某工程双代号时标网络计划

【解】 按图 12-17 所示初始网络计划，各项工作均按最早可以开始时间进行，则在

A、D、G 三项工作共用一台施工机械而必须顺序施工的情况下，其闲置时间取决于 D、A 两工作及 G、D 两工作的两组时间间隔之和，即闲置时间为 (4-2)+(9-7)= 4d。要使施工机械闲置时间最短且不影响工期，则 A、G 两项工作应分别按最迟必须及最早可以开始时间进行，此时施工机械最短闲置时间将仍为前述三项工作的两组时间间隔之和，不同之处在于，A 工作的完工时间应取其最迟必须完工时间。由时标网络计划时间参数判读方法可知，A 工作的总时差为 1d，则其最迟必须完工时间为 2+1=3d，至此解得施工机械的最短闲置时间为 (4-3)+(9-7)=3d；又由 A 工作最迟必须开始时间为 0+1=1d，可知开工一天后安排施工机械进场可使闲置时间达到最短。

12.4 网络计划的优化与控制

在工程项目的施工组织过程中，按既定施工工艺及组织关系的要求编制的初始网络计划，通常应符合处于经常变化过程中的工程完成期限、资源供应及费用预算等限制条件的要求；为了保证编制出来的计划具有可实施性并取得最佳的预期执行效果，就有可能通过压缩相应工作的持续天数，或改变其原订的开始与结束时间，从而形成新的计划安排决策。

网络计划的优化是指在计划编制或执行阶段，在一定的约束条件之下，按某种预期目标，对初始网络计划进行改进，借此寻求令人满意的计划方案。

网络计划的优化原理，一是可概括为利用时差，即通过改变在原定计划中的工作开始时间，调整资源分布，满足资源限定条件；二是可归结为利用关键线路，即通过增加资源投入，压缩关键工作的持续时间，以借此达到缩短计划工期的目的。

12.4.1 网络计划的优化

12.4.1.1 网络计划优化原理概述

网络计划的预期优化目标一般可根据完成一项工程任务的实际需要确定，它通常可分为工期、费用、资源三类目标，由此而形成的网络计划优化问题的类型可相应划分为如下三种，即工期优化、费用优化和资源优化。

A 工期优化

就网络计划技术提供的方法原理而言，所谓工期优化，是指当网络计划的计算（计划）工期不满足限定工期要求时（即 $T_c > T_r$），在不改变工作之间逻辑关系的前提下，按代价增加由小到大排序，依次选择并压缩初始网络计划及后来出现的新关键线路上各项关键工作的持续时间（按经济合理的原则，当经过压缩步骤导致新关键线路出现时，关键工作持续时间的压缩幅度应比照新关键线路长度进行即时调整），直到使计算工期最终能够满足限定工期的要求（即 $T_c \leq T_r$）。

B 费用优化

费用优化，是指依据随工期延长工程直接费减少而间接费增加，因而两类费用叠加之后形成的工程总成本费用存在最小值，即总成本曲线存在最低点这一费用-工期关系，按照成本增加代价小则优先压缩的原则，通过依次选择并压缩初始网络计划关键线路及后来出现的新关键线路上各项关键工作的持续时间（关键工作的压缩幅度同样要求按新关键线路的长度即时调整），在此过程中观察随工期缩短相应引起的费用变化情况，直至找到使工程总成本费用取值达到最小值的适当工期。

C 资源优化

资源优化，是指通过改变网络计划中各项工作的开始时间，使各种资源即人力、材料、设备或资金按时间分布符合"资源有限，工期最短"或"工期固定，资源均衡"两类优化目标。其中，前者是指通过调整计划安排，在满足资源限制的条件下，使工期延长幅度达到最小；后者是指通过调整计划安排，在工期保持不变的前提下，使资源用量尽可能达到在时间分布上的均衡。

以下着重就常见的第一类优化问题做简要的展开说明。

12.4.1.2 工期优化方法与示例

A 优化步骤

网络计划的工期优化可按如下步骤进行：

（1）确定在不考虑压缩工作持续时间，即各项工作均按正常持续时间进行的前提条件下的计算工期 T_c，并与要求工期 T_r 比较，若 $T_c > T_r$，则：

（2）界定压缩目标，即按下式确定应予缩短的工期 ΔT：

$$\Delta T = T_r - T_c \tag{12-16}$$

（3）将应予优先考虑的关键工作持续时间压缩至再无压缩余地的最短时间即极限持续时间，此时，若出现新关键线路使原关键工作成为非关键工作，则比照新关键线路长度，减少压缩幅度使之仍保持为关键工作（这一过程即网络计划技术术语所称的"松弛"）。

在本步骤中，优先考虑压缩的关键工作是指那些缩短其持续时间对工程质量、施工安全影响不大，具有充足备用资源，或缩短其持续时间造成费用增加最少的工作，这样规定，是为了使压缩工作持续时间造成的各种不利影响能被降低到最小程度；而当经过压缩步骤造成新关键线路出现时，减少压缩幅度、恢复关键工作，同样是为了使压缩工作持续时间付出的代价达到最小；

（4）在完成步骤（3）后，若计算工期仍大于要求工期，则重复步骤（3）继续压缩某些关键工作的持续时间，此时对多条关键线路上的不同关键工作，应设定相同的压缩幅度，从而使多条关键线路能得以同步缩短，以此有效缩短工期；

（5）经过步骤（4），当通过逐步压缩关键工作的持续时间，已使工期缩短幅度达到或超出 ΔT，则意味着 $T_c \le T_r$，关系已经成立，至此工期优化过程结束，网络计划的计算工期已达到要求工期的规定。

当然，如经过上述步骤，当所有相关工作的持续时间均被压缩至极限持续时间，但计算工期仍然无法达到要求工期的规定，则应考虑修改原计划中设定的工作逻辑关系，或重新审定计划目标。

B 优化示例

【例 12-6】 试对图 12-18 所示的初始网络计划实施工期优化。假定要求工期为 40d，箭线下方括号内外的数据分别表示相应工作的极限与正常持续天数。工作优先压缩顺序依次为 G、B、C、H、E、D、A、F。

【解】 本例优化过程可按下述步骤进行：

（1）按工作正常持续时间，用标号法计算初始网络计划的时间参数，可知计算工期 $T=48d$，关键线路为 A-E-G（图 12-18）。因此，A、E、G 即构成初始网络计划的关键工作。

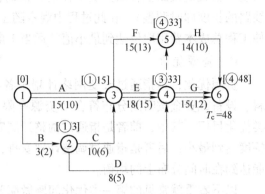

图 12-18 某工程初始网络计划

（2）确定网络计划应予缩短的天数。$\Delta T = T_r - T_c = 48 - 40 = 8d$。

（3）为缩短计算工期，首先依题目给出的工作压缩次序，将 G 工作的持续时间压缩为极限持续时间 12d（即压缩 15−12=3d），则重新计算网络计划时间参数的结果是：计算工期 $T_{c1}=47d$，关键线路为 A-E-H，如图 12-19 所示。可见经压缩 G 工作，出现了取代原关键线路的新关键线路。

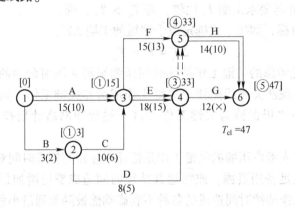

图 12-19 G 工作缩短至 12d 的网络计划

此时，应比照新关键线路长度 47d，调整 G 工作的压缩幅度。最终确定将 G 工作压缩 48−47=1d，即松弛 G 工作 3−1=2d。经过这一调整过程，A-E-G 被恢复为与 A-E-H 等长的关键线路，G 工作的关键工作地位也因此得到重新恢复（见图 12-20）。

（4）由于 $T_{c1}=47d$ 仍超出要求工作期 7d，故计算工期需进一步压缩。为使工期压缩有效，应同时压缩 A-E-G 和 A-E-H 两条关键线路。依题目所给工作压缩次序，可按工作允许压缩限度，同步压缩 G、H 工作各

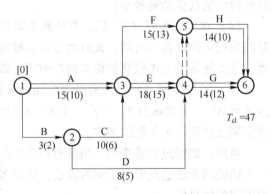

图 12-20 G 工作松弛 2d 后的网络计划

2d，即令两工作持续时间取其各自的极限持续时间。经再次计算网络计划时间参数，得

计算工期 T_{c2} =45d，关键线路为 A-E-G 和 A-G-H（见图 12-21）。

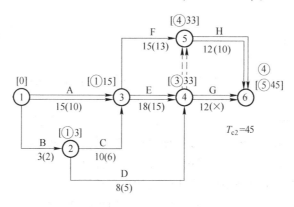

图 12-21　压缩 G、H 工作各 2d 后的网络计划

（5）由于 T_{c2} =45d 仍超出要求工期 5d，故计算工期需进一步压缩。依题目给出的工作压缩次序，可按工作允许压缩限度，先压缩 E 到达其极限持续时间，再按要求工期取值将 A 压缩到适当程度，即压缩 E 工作 18−15=3d，压缩 A 工作 5−3=2d，之后重新计算网络计划时间参数，可知计算工期 T_{c3} =40d，至于关键线路的数量，则在 A-E-G 和 A-E-H 的基础有进一步的扩展（见图 12-22）。显然经过这一步骤，$T_c = T_r$，关系已成立，至此即可完成本题工期优化过程。

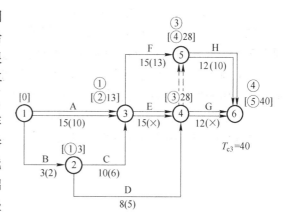

图 12-22　优化后的网络图

12.4.2　网络计划的控制

在一般管理学原理中，控制被认为是以计划标准衡量成果，并通过纠偏行动以确保实现计划目标。因此，网络计划的控制是指在完成计划编制工作之后，在计划执行的过程中，随时检查、记录网络计划的实施情况，找出偏离计划的误差，及时发现影响计划实施进程的具体干扰因素，找到计划制订本身可能存在的不足，在此基础上，确定调整措施、采取相应纠偏行动，从而使工程项目的施工组织与管理过程始终沿着预定的轨道正常运行，直至顺利实现事先确立的各种计划目标。由此可见，网络计划的控制实际上可概括为一个发现问题、分析问题和解决问题的连续的系统过程。

由前所述，网络计划的控制主要体现为在计划执行情况检查、分析的基础上对计划实施的各种必要调整活动。

12.4.2.1　网络计划执行情况的检查方法

网络计划执行情况检查的目的是通过将工程实际进度与计划进度进行比较，得出实际进度较计划要求超前或滞后的结论，并在此基础上预测后期工程进度，从而对计划能否如期完成，做出事先的估计。它通常包括如下一些方法。

A　S形曲线比较法

由于从工程项目施工进展的过程来看，其单位时间内完成的工作任务量一般都随着时间的递进而呈现出两头少、中间多的分布规律，即工程的开工和收尾阶段完成的工作任务量少而中间阶段完成的工作任务量多，这样，以横坐标表示进度时间，以纵坐标表示累计完成工作任务量而绘制出来的曲线将是一条S形曲线。

所谓S形曲线比较法，就是将网络计划确定的计划累计完成工作任务量和实际累计完成工作任务量分别绘制成S形曲线，并通过两者的比较，判断实际进度与计划进度相比是超前还是滞后，并同时得出其他相关信息的计划执行情况检查方法。

以下结合图12-23，说明S形曲线比较法的主要用途：

(1) 进行工程实际进度与计划进度的比较。在图12-23中，与任意检查日期对应的实际S形曲线上的一点，若位于计划S形曲线左侧，表示此时实际进度比计划进度超前；位于右侧，则表示实际进度比计划进度滞后。

(2) 确定工程实际进度比计划进度超前或滞后的时间。图12-23中的 ΔT_a 表示 T_a 时刻实际进度超前的时间，ΔT_b 表示 T_b 时刻实际进度滞后时间。

(3) 确定实际比计划超出或拖欠的工作任务量。图12-23中的 ΔQ_a 表示 T_a 时刻超额完成的工作任务量，ΔQ_b 表示在 T_b 时刻拖欠的工作任务量。

(4) 预测后期工程进度。显然，从图12-23中可以看出，如工程按原计划速度进行，则总计拖延时间的预测值为 ΔT_c，即工程完工时间将比计划工期拖延 ΔT_c。

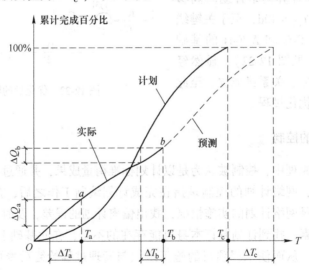

图 12-23　S形曲线比较法用法示意

B　香蕉形曲线比较法

根据工程网络计划技术原理，在满足计划工期限制的条件下，网络计划中的任何一项工作均可具有最早可以和最迟必须开始两种极限开工时间选择；而S形曲线比较法则揭示了随着时间推移，工程项目逐日累计完成的计划工作任务量可以用S形曲线描述。于是，内含于网络计划中的任何一项工作，其逐日累计完成的工作任务量就必然可借助于两条S

形曲线概括表示：其一是按工作最早可以开始时间安排计划绘制的 S 形曲线，称 ES 曲线；其二是按工作最迟必须开始时间安排计划绘制的 S 形曲线，称 LS 曲线。由于上述两条曲线除在开始点和结束点相互重合，ES 曲线上的其余各点均落在 LS 曲线的左侧，从而使两条曲线围合成一个形如香蕉的闭合区域，故可将其称为香蕉曲线（见图 12-24）。

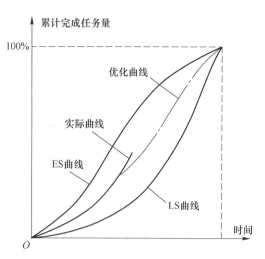

图 12-24 香蕉形曲线比较法用法示意

在网络计划的执行过程中，较为理想的状况是在任一时刻按实际进度描出的点均落在香蕉形曲线区域内，因为这说明实际工程进度被控制于工作最早可以开始和最迟必须开始时间界定的范围之内，因而计划的执行情况呈现为正常状态；而一旦按实际进度描出的点落在 ES 曲线的上方（左侧）或 LS 曲线的下方（右侧），则说明与计划要求相比，实际进度表现为超前或滞后，此时应根据需要，分析偏差原因，决定是否采取及采取何种纠偏措施。

除了对工程的实际与计划进度进行比较外，香蕉形曲线的作用还在于对工程实际进度进行合理的调整与安排，或确定在计划执行情况检查状态下后期工作进度偏离 ES 曲线和 LS 曲线的趋势或程度。

C 前锋线比较法

前锋线比较法是适用于早时标网络计划的实际与计划进度比较的方法。

所谓前锋线，是指从计划执行情况检查时刻的时标位置出发，经依次连接时标网络图上每一工作箭线的实际进度点，再最终结束于检查时刻的时标位置而形成的对应于检查时刻各项工作实际进度前锋点位置的折线（一般用点划线标出），故前锋线又可称为实际进度前锋线。简言之，前锋线比较法就是借助于实际进度前锋线比较工程实际与计划进度偏差的方法。

在应用前锋线比较法的过程中，实际进度前锋点的标注方法通常有如下两种：其一是按已完工程量百分数标定；其二是按与计划要求相比工作超前或滞后的天数标定。通常后一方法更为常用。

例如，在图 12-25 中，位于右边的一条实际进度前锋线表示在计划进行到第 4d 末第二次检查实际进度时，工作 C、B 与按照最早开始时间排定的计划要求相比已分别滞后 2d、1d，工作 E 超前 1d，工作 D 则不存在进度偏差，因而其进展状况正常。

D 列表比较法

列表比较法是通过将截至某一检查日期工作的尚有总时差与其原有总时差的计算结果列于表格之中进行比较，以判断工程实际进度与计划进度相比是超前还是滞后的方法。

由网络计划技术原理可知，工作总时差是在不影响整个工程任务按原计划工期完成的前提下，该项工作在开工时间上所具有的最大选择余地。因而到某一检查日期，各项工作的尚有总时差实际上标志着工作进度偏差，并预示着计划能否得以按期完成。

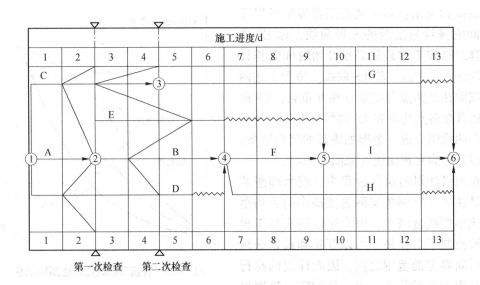

图 12-25　前锋线比较法示例

工作尚有总时差可定义为检查日到此项工作的最迟必须完成时间的尚余天数与自检查日算起该工作尚需的作业天数两者之差；将工作尚有总时差与原有总时差进行比较，相应形成的网络计划执行情况的检查结论可按下述不同情况做出：

（1）若工作尚有总时差大于其原有总时差，则说明该工作的实际进度比计划进度超前，且为两者之差；

（2）若工作尚有总时差等于其原有总时差，则说明该工作的实际进度与计划进度一致，因而计划实施情况正常；

（3）若工作尚有总时差小于其原有总时差但仍为正值，则说明该工作的实际进度比计划进度滞后，但计划工期不受影响，此时工作实际进度的滞后天数为两者之差；

（4）若工作尚有总时差小于其原有总时差但为负值，则说明该工作的实际进度比计划进度滞后且计划工期已受影响，此时工作实际进度的滞后天数为两者之差，而计划工期的延迟天数则与工作尚有总时差天数相等。

例如结合图 12-25 所示实例，可对第二次检查网络计划执行情况时得出的数据进行列表比较，并取得相应的判断分析结论（见表 12-4）。

表 12-4　网络计划执行情况检查表

工作名称	检查日	自检查日起工作尚需作业天数	工作最迟完成时间	检查日到最迟完成时间尚余天数	工作原有总时差	工作尚有总时差	判断结论		
							工作进度/d		工期
							超前	滞后	
(1)	(2)	(3)	(4)	(5)=(4)-(2)	(6)	(7)=(5)-(3)	(8)=(7)-(6)	(9)=(7)-(6)	(10)
C	4	2	5	1	1	−1		2	延迟 1d
E	4	1	9	5	3	4	1		

工作名称	检查日	自检查日起工作尚需作业天数	工作最迟完成时间	检查日到最迟完成时间尚余天数	工作原有总时差	工作尚有总时差	判断结论 工作进度/d 超前	滞后	工期
B		3	9	2	0	−1		1	延迟 1d
D	4	1	6	2	1	1	0	0	

12.4.2.2　网络计划执行情况检查结论的分析

在检查网络计划执行情况的过程中,往往会发现偏差的存在,而且其通常的表现形式是计划工作不同程度的进度拖延。工程项目施工过程中造成进度拖延的原因多种多样,但总体概括起来,主要有如下几种:

(1) 计划欠周密、计划不周必然导致计划本身失去意义。在网络计划编制过程中,遗漏部分工作事项引起计划工作量不足而实际工作量增加;对完成计划所需各种资源的限制条件考虑不充分而使完成计划工作量的能力不足,或是未能使现有施工能力充分发挥其应有作用等,均会导致工作拖延,甚至会不可避免地形成总体计划工期的延迟。

(2) 工程实施条件发生变化工程项目的实施过程本身会受到各种不可预知事件的干扰,常见的如业主要求变更设计,为保证工程质量降低工程成本而采取临时措施等,这些事项的发生,均会导致工程实施条件发生变化,从而使工程实施进程无法按事先预定的网络计划原样进行。

(3) 管理工作失误。工作失误常常是导致计划失控的最主要原因。网络计划执行过程中常见的管理工作失误包括:1) 计划制订部门与计划执行人员之间、总包单位与分包单位之间、业主与施工承包企业之间缺少必要的信息沟通,从而导致计划失控;2) 施工承包企业计划管理意识不强,或技术素质、管理素质较差,缺乏对计划执行情况实施主动控制的必要措施手段,或者由于出现质量问题引起返工,造成不必要的工作量增加,因而延误施工进度;3) 对参与工程建设活动的各有关单位之间的相互配合关系协调不力,使计划实施工作出现脱节;4) 对项目实施所需资金及各种资源供应不及时,从而导致工程实际进度偏离计划轨道。

针对上述各种原因,一般均应借助网络计划技术有关时间参数计算分析的原理,精确估量进度拖延对后续工作如期完成是否造成影响,以及所造成的影响程度,优化调整后期工程网络计划。

12.4.2.3　网络计划执行过程中的调整方法

工程网络计划执行过程中,如发生实际进度与计划进度要求不符,往往必须修改与调整原定计划,从而使之与变化后的实际情况适应。由于一项工程任务是由多个不同的工作过程组成的,其中每一工作过程的完成又可采用工作持续时间、费用和资源投入种类、数量要求各异的施工组织方法,这样从客观上讲,计划安排本身可以存在多种方案,而处于执行过程中的计划则同样具有可供挖掘、利用的各种时空余裕。因此,在网络计划执行过程中,对原定计划进行调整不但是必要的,而且也是可能的。

A　计划调整原则

对执行过程中的网络计划是否实施调整,应根据下述两种情况分别做出决定。

第一种情况：当计划执行情况偏差体现为某项工作的实际进度超前。

由网络计划技术原理可知：作为网络计划中的一项非关键工作，其实际进度的超前事实上不会对计划工期形成任何影响，换言之，计划工期不会因非关键工作的进度提前而同步缩短。由于加快某些个别工作的实施进度，往往可导致资源使用情况发生变化，如不能及时变更资源供应计划，或施工组织与管理过程中稍有疏忽，就有可能打乱整个原定计划对资源使用所作的合理安排，特别是在多个平行分包单位同时施工的情况下，由此而引起的后续工作时间安排的变化往往会给工程管理人员的协调工作带来许多意想不到的麻烦，这就使得加快非关键工作进度而付出的代价并不能够收到缩短计划工期的相应效果。

与此同时，对网络计划中的一项关键工作而言，尽管其实施进度提前可引起计划工期的相应缩短，但基于上述原因，往往同样会使缩短部分工期的实际效果得不偿失。因此，当计划执行过程中产生的偏差体现为某项工作的实际进度超前，但超前幅度不大，通常不必调整计划；反之，当超前幅度较大，则有必要考虑对计划做出适当放慢步调的调整。

第二种情况：当计划执行情况偏差体现为某项工作的实际进度滞后。

由网络计划技术原理定义的工作时差概念可知，当计划执行情况偏差体现为某项工作的实际进度滞后，决定对计划是否做出相应调整，其具体情形应作如下区分：

（1）若出现进度偏差的工作为关键工作，则由于工作进度滞后，必然会引起后续关键工作最早与最迟开工时间的同时延误，造成整个计划工期的相应延长，因而在此种情况下，必须对原定计划采取相应调整措施。

（2）当出现进度偏差的工作为非关键工作，且工作进度滞后天数已超出其总时差，则由于工作进度延误同样会引起后续工作最早、最迟开工时间的延误和整个计划工期的相应延长，因而必须对原定计划采取相应调整措施。

本情形中，根据工程项目总工期是否允许拖延，或虽然允许拖延，但对拖延时间有限定条件这两种具体情况，可相应形成不同的计划调整方案。

（3）若出现进度偏差的工作为非关键工作，且工作进度滞后天数已超出其自由时差而未超出其总时差，则由于工作进度延误只引起后续工作最早开工时间的拖延而对整个计划工期并无影响，因而此时只有在后续工作最早开工时间不宜推后的情况下才考虑对原定计划采取相应调整措施。

（4）若出现进度偏差的工作为非关键工作，且工作进度滞后天数未超出其自由时差，则由于工作进度延误对后续工作的最早开工时间和整个计划工期均无影响，因而不必对原定计划采取任何调整措施。

B 计划调整方法

网络计划执行过程中调整方法可概括为：判断进度干扰因素的具体作用对象与程度；分析有无调整必要及根据具体工程任务的特点要求，决定采取何种途径调整计划。

显然，依照常识范畴，当网络计划执行过程中因无法排除各种因素干扰，导致前期工作延迟，因而使后期计划无法按时完成，此时计划的调整方法无外乎有以下两种：要么改变后续工作之间的逻辑关系，要么直接压缩后续工作的持续时间。当然，采取上述两条调整途径，其前提条件都是工程费用预算目标与质量目标必须同时得到保证。

a 改变某些后续工作之间的逻辑关系

若计划执行情况偏差已影响到计划工期，并且有关后续工作之间的逻辑关系允许改变，此时，可变更位于关键线路或非关键线路但延误时间已超出其总时差的有关工作之间的逻辑关系，从而达到缩短工期的目的。例如可将按原计划安排依次进行的工作关系改为平行、搭接进行或分段流水进行的工作关系。通过变更工作逻辑关系缩短工期，往往简便易行、效果显著。

b 缩短某些后续工作的持续时间

当计划执行情况偏差已影响到计划工期，网络计划调整的另一方法是不改变工作之间的逻辑关系而只是压缩某些后续工作的持续时间，以借此加快后期工程进度，从而使原计划工期仍能够得以实现。应用本方法需注意被压缩持续时间的工作应是位于因工作实际进度拖延而引起计划工期延长的关键线路或某些非关键线路上的工作，且这些工作应确实具有压缩持续时间的余地。该方法通常在网络图上借助图上分析计算直接进行，其基本思路是，通过计算到计划执行过程中某一检查时刻剩余网络计划的时间参数，来确定工作进度偏差对计划工期的实际影响程度；再以此为据，反过来推算有关工作持续时间的压缩幅度。其具体计算分析步骤一般是：

第一步，删去截至计划执行情况检查时刻业已完成的工作，将检查计划的当前日期作为剩余网络计划的开始日期，以此形成剩余网络计划；

第二步，将处于进行过程中的相关工作的剩余持续时间标注于剩余网络图中；

第三步，计算剩余网络计划的各项时间参数；

第四步，根据剩余网络计划时间参数的计算结果，推算有关工作持续时间的压缩幅度，或验证既定压缩方案能否满足计划调整目标。

需要说明的是，采用压缩计划工作持续时间的方法缩短工期不仅可能会使工程项目在质量、费用和资源供应均衡性保证方面蒙受损失，而且还要受到必要的技术间歇时间、气候、施工场地、施工作业空间及施工单位的技术能力和管理素质等条件的限制，故应用这一方法，必须注重从工程具体实际情况出发，以确保方法应用的可行性和实际效果。

显然，如果单纯用手算方法实施上述计划调整过程，往往会带来较大的计算工作量。为此，可通过采用电算方法解决网络计划调整过程中计算操作的繁复性问题。目前广泛应用的各种工程项目管理软件，大都具有强大的网络计算处理功能，这无疑为网络计划的调整工作提供了极大的方便。

12.4.2.4 基于网络计划技术的项目管理软件应用

由上所述，网络计划技术是现代工程项目施工计划管理的先进技术。但与传统的横道计划方法相比，在客观上却存在着计划编制过程复杂及分析、调整计算工作量大等实际问题。为了克服这些问题，一个有效的途径便是借助于计算机提供的辅助手段进行计划的编制与管理。

随着计算机在工程项目管理中日益广泛的应用，国内外推出了许多基于网络计划技术的不同版本的项目管理软件，继美国著名的 Primavera 公司和 Microsoft 公司研发的 P3 和 Microsoft Project 4.0、Microsoft Project 8.0 陆续投入使用，项目管理软件的功能也不断得到新的改进和完善，在我国，首次以中文版式出现的 Microsoft Projcet 98 目前正被功能和界面更为先进的更新换代版本不断替代，其便捷、高效的使用特点，使之成为不但可用于工程项目的进度计划的编制管理，而且广泛涉及并综合了项目资源、成本管理内容的有效计算工具。简言之，在工程网络计划编制管理方面，其相关功能主要包括：

（1）通过直观作图的方式输入工作逻辑关系，引导用户方便地建立工程项目的初始网络计划。

（2）快速确定工程项目的计划总工期及关键线路。

（3）除明确表示不同工作之间的逻辑关系外，还可用于为每项工作添加叙述性说明和提供其他信息。如对存在于计划中的每道工序，可以定义随着其持续时间的改变，相应引起的多种资源用量的变化，即是对各种资源的需要量实施动态描述；可以设定各道工序对资源要求的优先级别，以强调不同工序的重要性，以此提供计划的优化依据。

（4）计算所有工作的各种时间参数，如最早或最迟开始时间、完成时间，总时差和自由时差等，并可对不同的时间单位进行自动切换。

（5）跟踪进度并随时更新网络计划，可及时报告工作进度完成量的百分比及其对后续工作进度的影响程度。

（6）除输出横道图、网络图并在两者之间进行转换外，还可生成其他各种自定义格式的进度报表图形；能够生成与工程进度方案对应的资源需要量计划及预算成本报表；能够将工程项目成本与时间直接对应，实现工程项目成本和进度的集成管理，从而为费用优化提供便利。

职业技能

技能要点	掌握程度	应用方向
网络计划技术的概念	了解	土建工程师、造价师
网络计划技术分类及特点	了解	
双代号网络图的绘制和计算	掌握	
单代号网络图的绘制和计算	掌握	
网络计划的工期优化	掌握	
网络计划的电算方法	了解	

习 题

12-1 选择题

（1）已知 E 工作有一个紧后工作 G。G 工作的最迟完成时间为第 14d，持续时间为 3d，总时差为 2d。E 工作的最早开始时间为第 6d，持续时间为 1d，则 E 工作的自由时差为（ ）。

A. 1d   B. 2d   C. 3d   D. 4d

（2）关于双代号时标网络计划，下述说法中错误的是（ ）。

A. 自终点至起点不出现波形线的线路是关键线路

B. 双代号时标网络计划中表示虚工作的箭线有可能出现波形线

C. 每条箭线的末端（箭头）所对应的时标就是该工作的最迟完成时间

D. 每条实箭线的箭尾所对应的时标就是该工作的最早开始时间

（3）对于按计算工期绘制的双代号时标网络图，下列说法中错误的是（ ）。

A. 除网络起点外，每个节点的时标都是一个工作的最早完工时间

B. 除网络终点外，每个节点的时标都是一个工作的最早开工时间

C. 总时差不为零的工作，箭线在时标轴上的水平投影长度不等于该工作持续时间

D. 波形箭线指向的节点不只是一个箭头的节点

（4）当一个工程项目要求工期 T_r 大于其网络计划计算工期 T_c 时，该工程网络计划的关键线路是（　　）。

A. 各工作自由时差均为零的线路

B. 各工作总时差均为零的线路

C. 各工作自由时差之和不为零但为最小的线路

D. 各工作最早开工时间与最迟开工时间相同的线路

（5）在双代号时标网络计划图中，用波形线将实线部分与其紧后工作的开始节点连接起来，用以表示工作（　　）。

A. 总时差　　　　　　B. 自由时差　　　　　　C. 虚工作　　　　　　D. 时间间隔

（6）双代号时标网络计划中，不能从图上直接识别非关键工作的时间参数是（　　）。

A. 最早开始时间　　　B. 最早完成时间　　　C. 自由时差　　　D. 总时差

（7）已知某工作总时差为 8d，最迟完成时间为第 16d，最早开始时间为第 7d，则该工作的持续时间为（　　）。

A. 8d　　　　　　　　B. 7d　　　　　　　　C. 4d　　　　　　　D. 1d

（8）已知 A 工作的紧后工作为 B、C，持续时间分别为 8d、7d、4d。A 工作的最早开始时间为第 9d。B、C 工作的最迟完成时间分别为第 37d、第 39d，则 A 工作的自由时差应为（　　）。

A. 0d　　　　　　　　B. 1d　　　　　　　　C. 13d　　　　　　　D. 18d

（9）A 工作的紧后工作为 B、C，A、B、C 工作持续时间分别为 6d、5d、5d，A 工作最早开始时间为 B d，B、C 工作最迟完成时间分别为 25d、22d，则 A 工作的总时差应为（　　）。

A. 0d　　　　　　　　B. 3d　　　　　　　　C. 6d　　　　　　　D. 9d

（10）关于网络图绘制规则，说法错误的是（　　）。

A. 双代号网络图中的虚箭线严禁交叉，否则容易引起混乱

B. 双代号网络图中严禁出现循环回路，否则容易造成逻辑关系混乱

C. 双代号时标网络计划中的虚工作可用波形线表示自由时差

D. 单代号搭接网络图中相邻两工作的搭接关系可表示在箭线上方

12-2 案例题

（1）某办公楼工程，建筑面积 18500m²，现浇钢筋混凝土框架结构，筏板基础。该工程位于市中心，场地狭小，开挖土方需运至指定地点，建设单位通过公开招标方式选定了施工总承包单位和监理单位，并按规定签订了施工总承包合同和监理委托合同，施工总承包单位进场后按合同要求提交了总进度计划，如图 12-26 所示（时间单位：月），并经过监理工程师审查和确认。

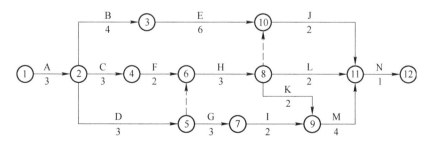

图 12-26　总进度计划

合同履行过程中，当施工进行到第 5 个月时，因建设单位设计变更导致工作 B 延期 2 个月，造成施工总承包单位施工机械停工损失费 13000 元和施工机械操作人员窝工费 2000 元，施工总承包单位提出一项工期索赔和两项费用索赔。

【问题】

1) 施工总承包单位提交的施工总进度计划和工期是多少个月？指出该工程总进度计划的关键线路（以节点编号表示）。

2) 事件中，施工总承包单位的三项索赔是否成立？并分别说明理由。

（2）某综合楼工程，地下1层，地上10层，钢筋混凝土框架结构，建筑面积28500m²，某施工单位与建设单位签订了工程施工合同，合同工期约定为20个月。施工单位根据合同工期编制了该工程项目的施工进度计划，并且绘制出施工进度网络计划如图12-27所示（单位：月）。

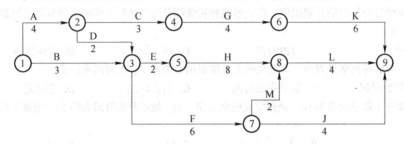

图 12-27 施工进度网络计划

在工程施工中发生了如下事件：

事件一：因建设单位修改设计，致使工作K停工2个月。

事件二：因建设单位供应的建筑材料未按时进场 致使工作H延期1个月。

事件三：因不可抗力原因致使工作F停工1个月。

事件四：因施工单位原因工程发生质量事故返工，致使工作M实际进度延迟1个月。

【问题】

1) 指出该网络计划的关键线路，并指出由哪些关键工作组成。

2) 针对本案例上述各事件，施工单位是否可以提出工期索赔的要求？并分别说明理由。

3) 上述事件发生后，本工程网络计划的关键线路是否发生改变？如有改变，指出新的关键线路。

4) 对于索赔成立的事件，工期可以顺延几个月？实际工期是多少？

13 单位工程施工组织设计

学习要点:

·了解单位工程施工组织设计编制的程序和依据,掌握编制的方法、内容和步骤;

·了解单位工程施工方案设计的主要内容,掌握施工流向、施工顺序、施工方法等的选择依据;

·了解单位工程施工进度计划及施工平面图的主要内容,并能正确地进行编制、设计和调整。

主要国家标准:

·《建筑施工组织设计规范》(GB/T 50502—2009);

·《建设工程安全生产管理条例》中华人民共和国国务院令第393号;

·《水利水电工程施工组织设计规范》(SL 303—2004);

·《风力发电工程施工组织设计规范》(DL/T 5384—2007)。

案例导航

到底该如何施工

某施工单位由于业务繁多,需要新引进一位施工人员。该企业老总制定了一套招聘程序,并开始实施。通过激烈角逐,层层筛选,最后剩下一男一女两位应聘者。谁能最终获得胜利,成为该企业的一员,还必须经过最后一关的竞争。

最后一关的题目是,给出某一工程的工程概况,要求两人分别编制装饰装修工程的施工方案。施工方案更合理者胜出。

工程概况:××工程位于我国南方××城市市区,是由三个单元组成的一字形住宅;砖混结构;建筑总高度18.6m,共六层,无地下室;楼板采用预制混凝土叠合板;施工期限为当年12月10日至第二年7月10日;土质为软土。根据所提供的材料,两位应聘者积极准备,精心策划,编制出了各自的方案。通过对比分析,发现两位编制出的方案最大差异在施工顺序上,分别如下:

男应聘者:室外装修为自上而下,室内装修也为自上而下。

女应聘者:室外装修为自上而下,而室内装修为自下而上。

企业老总拿着两份装饰装修工程的施工方案,脸上流露出了惬意的表情……。

【问题讨论】

(1) 请问哪位应聘者能最终获得胜利而成为该企业的一员呢?

(2) 一男一女两位应聘者中,在没有通过最终考核之前,企业老总更中意哪位应聘者,为什么?

    单位工程施工组织设计是由施工承包企业依据国家的政策和现行技术法规及工程设计图纸的要求，为使施工活动能有计划地进行，从工程实际出发，结合现场客观的施工条件做出的为实现优质、低耗、快速的施工目标而编制的技术经济文件，亦是规划和指导拟建工程从施工准备到竣工验收全过程施工活动的纲领性技术经济文件。

    单位工程是具备独立施工的条件的一个建筑物或构筑物，单位工程施工组织设计应体现施工的特点，简明扼要，便于选择施工方案，有利于组织资源供应和技术配备。单位工程施工组织设计按用途不同可分为两类：一类是施工单位在投标阶段编制的组织设计，也称技术标；另一类是用于指导施工的。这两类施工组织设计的侧重点不同，前一类的主要目的是为了中标获取工程，其施工方案可能较粗略，而在工程质量保证措施、工期和施工的机械化程度、技术水平、劳动生产率等方面较为详细，后一类的重点在施工方案。本章主要介绍后一类施工组织设计。

13.1 单位工程施工组织设计内容

13.1.1 单位工程施工组织设计的编制依据

    单位工程施工组织设计的编制应根据工程规模和复杂程度、工程施工对象的类型和性质、建设地区的自然条件和技术经济条件以及施工企业收集的其他资料等作为编制依据。其主要的编制依据如下：

    （1）工程承包合同，特别是施工合同中有关工期、施工技术限制条件、工程质量标准要求，对施工方案的选择和进度计划的安排有重要影响的条款。

    （2）建设单价的意图和要求、设计单位的要求，包括全部施工图纸、会审记录和标准图等有关设计资料。

    （3）施工现场的自然条件（场地条件及工程地质、水文地质、气象情况）和建筑环境、技术经济条件，包括工程地质勘察报告、地形图和工程测量控制网等。

    （4）资源配置情况，例如，业主提供的临时房屋、水压、供水量、电压、供电量能否满足施工的要求；原材料、劳动力、施工设备和机具、预制构件等的市场供应和来源情况。

    （5）建设项目施工组织总设计（或建设单位）对本工程的工期、质量和成本控制的目标要求。

    （6）承包单位年度施工计划对本工程开工、竣工的时间安排；施工企业年度生产计划对该工程规定的有关指标，例如，设备安装对土建的要求及与其他项目穿插施工的要求。

    （7）土地申请、施工许可证、预算或报价文件以及相关现行有关国家方针、政策、法律、法规及规程、规范、定额。预算文件提供了工程量报价清单和预算成本，相关现行规范、规程等资料和相关定额是编制进度计划的主要依据。

    （8）类似工程施工经验总结。

13.1.2 单位工程施工组织设计编制的主要内容

    单位工程施工组织设计的主要内容有工程概况、施工方案、施工进度计划和施工平面图。另外，单位工程施工组织设计的内容还包括劳动力、材料、构件、施工机械等需用量计划，主要技术经济指标，确保工程质量和安全的技术组织措施，风险管理、信息管理等。如果工程规模较小，可以编制简单的施工组织设计，其内容是施工方案、施工进度计划，施工平面图，简称"一案一表一图"。

13.1.3 单位工程施工组织设计的编制程序

单位工程施工组织设计是施工企业控制和指导施工的文件，其编制程序如图 13-1 所示。

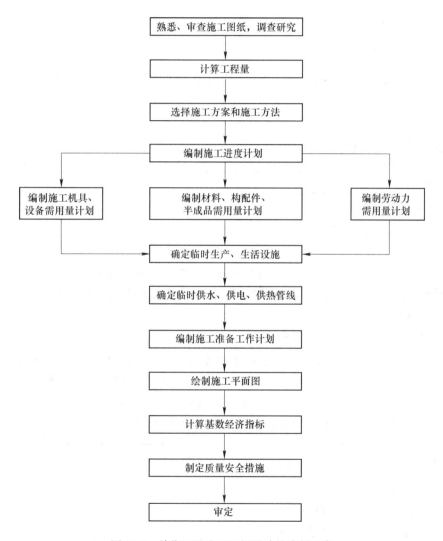

图 13-1 单位工程施工组织设计的编制程序

13.2 单位工程施工方案设计

施工方案是单位工程施工组织设计的核心内容，施工方案合理与否，将直接影响到单位工程的施工效果，应在拟定的多个可行的方案中，选用综合效益好的施工方案。在拟定施工方案之前应先决定以下几个主要问题：

（1）整个房屋的施工开展程序、施工阶段及每个施工阶段中需配备的主要机械。

（2）哪些构件是现场预制，哪些构件有预制厂，供应工程施工中需配备多少劳动力和设备。

（3）结构吊装和设备安装需要的协作单位。

（4）施工总工期及完成各主要施工阶段的控制日期。

然后，将这些主要问题与其他需要解决的有关施工组织与技术问题结合起来，拟定出整个单位工程的施工方案。

13.2.1　施工方案的确定

施工方案的基本内容主要由施工方法和施工机械的选择、施工段的划分、施工流向和施工顺序的确定和施工流水的组织等组成。

13.2.1.1　单位工程施工程序

单位工程施工中应该遵循"四先四后"的施工程序。

（1）先地下后地上。主要是指首先完成管道、管线等地下设施，土方工程的基础工程，然后开始地上工程的施工。

（2）先主体后围护。

（3）先结构后装饰装修。

（4）先土建后设备。

单位工程施工完成后，施工单位应预先验收，严格检查工程质植，整理各项技术经济资料，然后经建设单位、施工单位和质检站交工验收，经检查合格后，双方办理交工验收手续及有关事宜。

13.2.1.2　单位工程施工起点流向

确定施工起点流向是确定单位工程在平面或竖向上施工开始的部位和进展的方向。对单层建筑物，例如厂房，按其车间、工段或跨间，分区分段地确定出在平面上的施工流向；对于多层建筑物，除了确定每层平面上的流向外，还须确定其他层或单元在竖向上的施工流向。确定单位工程施工起点流向时一般应考虑如下因素。

A　车间的生产工艺流程

车间的生产工艺流程往往是确定施工流向的关键因素，因此，从生产工艺上考虑，凡将影响其他试车投产的工段应该先施工。例如，B 车间生产的产品需受 A 车间生产的产品影响，A 车间划分为 3 个施工段。因为Ⅱ、Ⅲ段的生产受Ⅰ段的约束，故其施工起点流向应从A 车间的Ⅰ段开始，如图 13-2 所示。

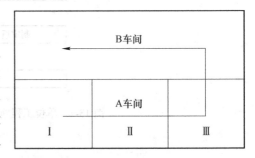

图 13-2　施工起点流向示意

B　建设单位对生产和使用的需要

（1）建设单位对生产和使用的需要一般应考虑建设单位对生产或使用急切的工段或

部位先施工。

（2）工程的繁简程度和施工过程之间的相互关系。一般技术复杂、施工进度较慢、工期较长的区段和部位应先施工。密切相关的分部分项工程的流水施工，一旦前导施工过程的起点流向确定了，则后续施工过程也随之而定。例如，单层工业厂房的挖土工程的起点流向决定柱基础施工过程和某些预制、吊装施工过程的起点流向。

（3）房屋高低层和高低跨。柱子的吊装应从高低跨交界处开始；屋面防水层施工应按先高后低的方向施工，同一屋面则由檐口到屋脊方向基础有深浅之分时，应后浅的顺序进行施工。

（4）工程现场条件和施工方案。施工场地的大小、道路布置和施工方案中采用的施工方法和机械也是确定施工起点和流向的主要因素。例如，土方工程边开挖边余土外运，则施工起点应确定在离道路远的部位和应按由远及近的方向进展。

（5）分部分项工程的特点及其相互关系。例如，多层建筑的室内装饰工程除平面上的起点和流向外，在竖向上还要决定其流向，而竖向的流向确定更为重要，其施工起点流向一般分为自上而下、自下而上以及自中而下再自上而中 3 种。

1）室内装饰工程自上而下的施工起点流向，通常是指主体结构工程封顶、做好屋面防水层后，从顶层开始，逐层往下进行，如图 13-3 所示，有水平向下和垂直向下两种，通常采用水平向下的流向。

优点：主体结构完成后有一定的沉降时间，能保证装饰工程的质量；做好屋面防水层后，可防止在雨季施工时因雨水渗漏而影响装饰工程的质量；自上而下的流水施工，各工序之间交叉少，便于组织施工，保证施工安全；从上往下清理垃圾方便。缺点：不能与主体施工搭接，因而工期较长。

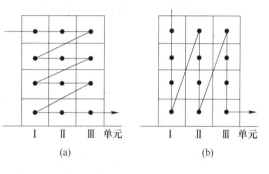

图 13-3 室内装饰工程自上而下流水
（a）水平向下；（b）垂直向下

2）室内装饰工程自下而上的起点流向是指当主体结构工程的砖墙砌到 2~3 层以上时，装饰工程从一层开始，逐层向上进行。其施工流向有水平向上和垂直向上两种，如图 13-4 所示。

优点：可以和主体砌筑工程进行交叉施工，故工期缩短。缺点：工序之间交叉多，需要很好地组织施工并采取安全措施。当采用预制楼板时，由于板缝填灌不严密，以及靠墙边处较易渗漏雨水和施工用水，影响装饰工程质量。为此，在上下两相邻楼层中，应首先抹好上层地面，再做下层天棚抹灰。此种流向对千成品保护也不利，室内也有流向，如先卧室后客厅、走廊、楼梯等。

3）自中而下再自上而中的起点流向，综合了上述两者的优点，适用于中、高层建筑的装饰工程。

13.2.1.3 分部分项工程的施工顺序

施工顺序是指分项工程或工序之间的施工先后次序，确定施工顺序的基本原则：遵循施工程序；符合施工技术、施工工艺的要求；满足施工组织的要求，使施工顺序与选择的

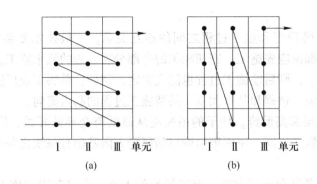

图 13-4 室内装饰工程自下而上流水
(a) 水平向上；(b) 垂直向上

施工方法和施工机械相互协调；必须确保工程质量和安全施工要求；必须适应工程建设地点气候变化规律的要求。

A　多层砖混结构的施工顺序

混合结构房屋的常见施工顺序可分为 3 个阶段，即基础工程→主体结构工程→装饰工程，如图 13-5 所示为三层混合结构房屋的常见施工顺序。

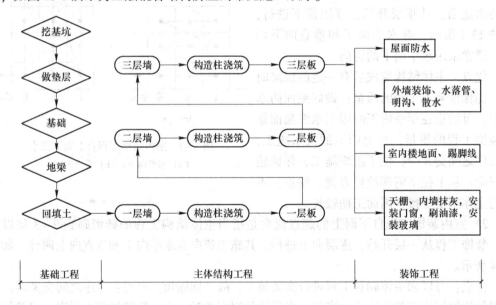

图 13-5　三层混合结构房屋施工顺序示意

B　单层装配式厂房的施工顺序

装配式单层厂有 5 个施工阶段，即基础工程→预制工程→结构安装工程→围护、屋面、装饰工程→设备安装工程。具体如表 13-1 所示。

13.2.1.4　选择施工方法和施工机械

正确地拟定施工方法和选择施工机械是施工组织设计的关键，它也直接影响施工的进度、质量、安全和工程成本。

表 13-1 单层装配式厂房的施工顺序

施工阶段		施工顺序
基础工程	厂房基础	挖土→混凝土垫层→杯基扎筋→支模→浇混凝土→养护→拆模→回填
	设备基础	采用开敞式施工方案时，设备基础与杯基同时施工；采用封闭式施工方案时，设备基础在结构完工后施工
预制工程	柱	地胎模→扎筋→支侧模→浇混凝土（安木心模）→养护→拆模
	屋架	砖底模→扎筋、埋管→支模（安预制腹杆）→浇混凝土→抽心→养护→穿预应力筋、张拉、描固→灌浆→养护→翻身吊装
吊装工程	单件法吊装	准备→吊装柱子→吊装地梁、吊车梁→吊装屋盖系统
	综合法吊装	准备→吊装第一节间柱子→吊装第一节间地梁、吊车梁→吊装第一节间屋盖系统→吊装第二节间柱子→……→结构安装工程完成
围护、屋面、装饰工程	围护	砌墙（搭脚手架）—浇圈梁、门框、雨篷
	装饰	安门窗→内外墙勾缝→顶、墙喷浆→门窗油漆、玻璃→地面、勒脚、散水

施工方法的选择，应着重考虑影响整个单位工程的分部分项工程，如工程量大、施工技术复杂或采用新技术、新工艺及对工程质量起关键作用的分部分项工程，对常规做法和工人熟悉的项目，则不必详细拟定，只提具体要求。

选择施工方法必然涉及施工机械的选择，机械化施工是实现建筑工业化的基础，因此，施工机械的选择是施工方法选择的中心环节，在选择时应该注意以下几点。

（1）首先选择主导工程的施工机械，如地下工程的土方机械，主体结构工程的垂直、水平运输机械、结构吊装工程的起重机械等。

（2）各种辅助机械或运输工具应该与主导机械的生产能力协调配套，以便充分发挥主导机械效率。如土方工程在采用汽车运土时，汽车的载重量应为挖土机斗容量的整倍数，汽车的数量应保证挖土机连续工作。

（3）在同一工地上，应力求建筑机械的种类和型号尽可能少一些，以利于机械管理；且应尽量一机多能，提高机械使用效率。机械选择应考虑充分发挥施工单位现有机械的能力。

13.2.2 施工方案的技术经济评估

施工方案的技术经济评价方法主要有定性分析法和定量分析法两种。

A 定性分析法

定性分析法是结合工程施工实际经验，对多个施工方案的一般优缺点进行分析和比较，如施工操作的难易程度和安全可靠性；方案是否能为后续工序提供有利条件等。

B 定量分析法

定量分析法是通过对各个方案的工期指标、实物量指标和价值指标等一系列单个技术经济指标进行计算对比，从而得到最优实施方案的方法。定量分析指标如表 13-2 所示。

表 13-2 定量分析指标

指 标	主 要 内 容
施工工期	从开工到竣工所需要的时间，一般以施工天数计。当要求工程尽快完成以便尽早投入生产和使用时，选择施工方案应在确保工程质量、安全和成本较低的条件下，优先考虑工期较短的方案
单位产品的劳动消耗量	完成单位产品所需消耗的劳动工日数，它反映施工机械化程度和劳动生产率水平。通常，方案中劳动量消耗越少，施工机械化程度和劳动生产率水平越高
主要材料消耗量	反映各施工方案主要材料消耗和节约情况，一般是指钢材、木材、水泥、化学建材等材料
成本	反映施工方案的成本高低情况

13.3 单位工程施工进度计划与资源需要量计划

单位工程施工进度计划是在既定施工方案的基础上，根据规定的工期和各种资源供应条件，对单位工程中的各分部分项工程的施工顺序、施工起止时间及衔接关系进行合理安排的计划。

13.3.1 施工进度计划的形式

施工进度计划一般采用水平图表（横道图）、垂直图表和网络图的形式。本节主要阐述用横道图编制施工进度计划的方法及步骤。

单位工程施工进度计划横道图的形式和组成如表 13-3 所示。表左侧列出各分部分项工程的名称及相应工程量、劳动量和机械台班等基本数据。表右侧是由左侧数据算出的指示图线，用横线条形式可形象地反映各施工过程施工进度及各分部分项工程间的配合关系。

表 13-3 单位工程施工进度计划表

序号	分部分项工程名称	工程量		×× 定额	劳动量		需要机械		每日工作班数	每日工作人数	工作天数	进度日程								
		单位	数量		工种	工日	名称	台班				×月					×月			
												5	10	15	20	25	5	10	15	…

13.3.2 施工进度计划的一般步骤

13.3.2.1 确定分部分项项目，划分施工过程

施工进度表中所列项目是指直接完成单位工程的各分部分项工程的施工过程。首先按

照施工图纸的施工顺序，列出拟建单位工程的各个施工过程，并结合施工方法、施工条件和劳动组织等因素，加以适当调整。在确定分部分项工程项目时，应注意以下问题。

（1）工程项目划分的粗细程度，应根据进度计划的具体要求而定。对于控制性进度计划，项目的划分可粗一些，一般只列出分部分项工程的名称；而实施性的单位工程进度计划项目应划分得细一些，特别是对工期有影响的项目不能漏项，以使施工进度能切实指导施工。为使进度计划能简明清晰，原则上应在可能条件下尽量减少工程项目的数目，对于劳动量很少、次要的分项工程，可将其合并到相关的主要分项工程中。

（2）施工过程的划分要结合所选择的施工方案，应在熟悉图纸的基础上按施工方案所确定的合理顺序列出。由于施工方案和施工方法会影响工程项目名称、数量及施工顺序，因此，工程项目划分应与所选施工方法相协调一致。

（3）对于分包单位施工的专业项目，可安排与土建施工相配合的进度日期，但要明确相关要求。

（4）划分分部分项工程项目时，还要考虑结构的特点及劳动组织等因素。

（5）所有分部分项工程项目及施工过程在进度计划表上填写时应基本按施工顺序排列。项目的名称可参考现行定额手册上的项目名称。

13.3.2.2　计算工程量

工程量的计算应根据施工图和工程量计算规则进行。分部分项工程项目确定后，可分别计算工程量，计算中应注意以下几个问题。

（1）各分部分项工程的工程量计算单位应与现行定额手册中所规定的单位相一致。

（2）计算工程量应与所确定的施工方法相一致，要结合施工方法满足安全技术的要求。例如，土方开挖应根据土壤的类别和是否放坡、是否增加支撑或工作面等进行调整计算。

（3）当施工组织要求分区、分段、分层施工时，工程量计算应按分区、分段、分层来计算，以利于施工组织及进度计划的编制。

13.3.2.3　确定劳动量和机械台班数

劳动量是指完成某施工过程所需要的工日数（人工作业时）和台班数（机械作业时）。根据各分部分项工程的工程量（Q）、施工方法和现行的劳动定额，结合施工单位的实际情况计算各施工过程的劳动量和机械台班数（P）。其计算公式为：

$$P = Q/S \quad 或 \quad P = Q \times H \tag{13-1}$$

式中　Q——某分项工程所需的劳动量（工日）或机械台班数；

　　　S——某分项工程的工程量（m^3、m^2、t 等/工日或台班）；

　　　H——某分项工程的时间定额（m^3、m^2、t 等/工日或台班）。

13.3.2.4　确定各施工过程的作业天数

A　计算各分项工程施工持续天数的方法

（1）根据配备的人数或机械台数计算天数。其计算式为：

$$t = \frac{P}{RN} \tag{13-2}$$

式中　t——完成某分项工程的施工天数；

　　　R——每班配备在该分部分项工程上的施工机械台数或人数；

　　　N——每天的工作班次。

（2）根据工期的要求倒排进度。首先根据总工期和施工经验，确定各分项工程的施工时间，然后计算出每一分项工程所需要的机械台班或工人数，计算式为：

$$R = \frac{P}{tN} \tag{13-3}$$

B　工作班制的确定

工作班制一般宜采用一班制，因其能利用自然光照，适宜于露天和空中交叉作业，有利于保证安全和工程质量。若采用二班或三班制工作，可以加快施工进度，并且能够保证施工机械得到更充分的利用，但是，也会引起技术监督、工人福利以及作业地点照明等方面费用的增加。一般来说，应该尽量把辅助工作和准备工作安排在第二班内，以使主要的施工过程在第二天白班能够顺利地进行。只有那些使用大型机械的主要施工过程（如使用大型挖土机、使用大型的起重机安装构件等），为了充分发挥机械的能力才有必要采用二班制工作。三班制工作应尽量避免，因在这种情况下，施工机械的检查和维修无法进行，不能保证机械经常处在完好的状态。

C　机械台数或人数的确定

对于机械化施工过程，如计算出的工作持续天数与所要求的时间相比太长或太短，则可增加或减少机械的台数，从而调整工作的持续时间，在安排每班的劳动人数时的注意要点如表13-4所示。

表 13-4　机械台数或人数的确定

依　据	主　要　内　容
最小劳动组合	最小劳动组合是指某一施工过程要进行正常施工所必需的最低限度的人数及其合理组合。例如砌墙，除技工外，还必须有辅助工配合
最小工作面	最小工作面是指每一个工人或一个班组施工时必须要有足够的工作面才能发挥效率，保证施工安全。一个分项工程在组织施工时，安排工人数的多少受到工作面的限制，不能为了缩短工期，而无限制地增加作业的人数，否则会因工作面过少，而不能充分发挥工作效率，甚至会引发安全事故
可能安排的人数	根据现场实际情况（如劳动力供应情况、技工技术等级及人数等），在最少必需人可能安排的人数和最多可能人数的范围之内，安排工人人数。如果在最小工作面的情况下，安排了最多人数仍不能满足工期要求时，可以组织两班制或三班制施工

13.3.2.5　施工进度计划的编制、检查和调整

编制进度计划时，须考虑各分部分项工程的合理施工顺序，力求同一性质的分项工程连续进行，而非同一性质的分项工程相互搭接进行。在拟定施工方案时，首先应考虑主要分部工程内的各施工过程的施工顺序及其分段流水的问题，而后再把各分部分项工程适当衔接起来，并在此基础上，将其他有关施工过程合理穿插与搭接，才能编制出单位工程施工进度表的初始方案。即先主导分部工程的施工进度，后安排其余分部工程各自的进度，

再将各分部工程搭接，使其相互联系。

建设工程施工本身是一个复杂的生产过程，受到周围许多客观条件的影响。因此，在执行中应随时掌握施工动态，并经常不断地检查和调整施工进度计划。

（1）施工顺序的检查和调整。施工进度计划安排的顺序应符合建设工程施工的客观规律。应从技术上、工艺上、组织上检查各个施工项目的安排是否正确合理，如有不当之处，应予以修改或调整。

（2）施工工期的检查与调整。施工进度计划安排的施工工期首先应满足上级规定或施工合同的要求，其次应具有较好的经济效果，即安排工期要合理，并不是越短越好。当工期不符合要求时，应进行必要的调整。

（3）资源消耗均衡性的检查与调整。施工进度计划的劳动力、材料、机械等供应与使用，应避免过分集中，尽量做到均衡。

例如某大学图书馆 B 段工程的施工进度计划横道图，如图 13-6 所示。该图书馆主体为框剪结构，集图书管理、阅览、借阅、多媒体教学、会议厅、展览厅、演出大礼堂于一体。主体 6 层，局部 8 层，地下 1 层，层高 5m，总高度 39m，建筑面积 23998m²。B 段工程的施工进度计划是于 2000 年 11 月 3 日定位放线至 2002 年 5 月 30 日竣工，工期 574d。

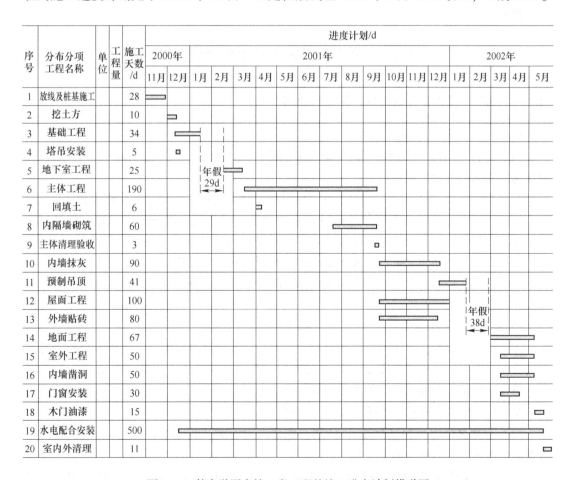

图 13-6 某大学图书馆 B 段工程的施工进度计划横道图

13.3.3　资源需要量计划

　　各项资源需要量计划可用来确定建设工程工地的临时设施，并按计划供应材料、构件、调配劳动力和机械，以保证施工顺利进行。在编制单位工程施工进度计划后，就可以着手编制劳动力、主要材料以及构件和半成品需要量等各项资源需要量计划。

　　劳动力需要量计划，主要是作为安排劳动力、调配和衡量劳动力消耗指标、安排生活福利设施的依据。其编制方法是根据施工方案、施工进度和施工预算，依次确定专业工种、进场时间、劳动量和工人数，然后汇集成表格形式，作为现场劳动力调配的依据。

　　主要材料需要量计划，主要是作为备料、供料和确定仓库、堆场面积及组织运输的依据。其编制方法是根据施工预算工料分析和施工进度，依次确定材料名称、规格、数量和进场时间，并汇集成表格，作为备料、确定堆场和仓库面积以及组织运输的依据。某些分项工程是由多种材料组成的，应按各种材料分类计算，如混凝土工程应计算出水泥、砂、石、外加剂和水的数量，列入相关表格。

　　建筑结构构件、配件和其他加工半成品的需要量计划主要用于落实加工订货单位，并按照所需规格、数量、时间组织加工、运输和确定仓库或堆场。它是根据施工图和施工进度计划编制的。

13.4　单位工程施工平面图设计

13.4.1　施工平面图设计的内容、依据和原则

13.4.1.1　设计内容

　　(1) 建设项目施工用地范围内地形和等高线；一切地上、地下已有和拟建的建筑物、构筑物及其他设施的位置和尺寸。

　　(2) 全部拟建的建筑物、构筑物和其他基础设施的坐标网或标高的标桩位置。

　　(3) 一切为全工地施工服务的临时设施的位置，包括施工用的运输道路；各种加工厂、半成品制备站及有关机械化装置的位置；各种材料、半成品、构配件的仓库及堆场；取土、弃土位置；办公、宿舍、文化生活和福利用的临时建筑物；水源、电源、变压器位置及临时给水、排水的管线，动力、照明供电线路；施工必备的安全、防火和环境保护设施的位置。

13.4.1.2　设计依据

　　布置施工平面图，首先应对现场情况进行深入细致地调查研究，并对原始资料进行详细的分析，以确保施工平面图的设计与现场相一致，尤其是地下设施资料要进行认真了解。单位工程施工平面图设计的主要依据如下。

　　A　施工现场的自然资料和技术经济资料

　　(1) 自然条件资料包括气象、地形、地质、水文等。其主要用于排水、易燃易爆、有毒品的布置以及冬雨季施工安排。

　　(2) 技术经济条件包括交通运输、水电源、当地材料供应、构配件的生产能力和供应能力、生产生活基地状况等主要用于三通一平的布置。

B 工程设计施工图

工程设计施工图是设计施工平面图的主要依据，其主要内容如下：

（1）建筑总平面图中一切地上、地下拟建的和已建的建筑物和构筑物，都是确定临时房屋和其他设施位置的依据，也是修建工地内运输道路和解决排水问题的依据。

（2）管道布置图中已有和拟建的管道位置是施工准备工作的重要依据，例如，已有管线是否影响施工，是否需要利用或拆除，又如临时性建筑应避免建在拟建管道上面等。

（3）拟建工程的其他施工图资料。

C 施工方面的资料

施工方面的资料包含施工方案、施工进度计划、资源需求计划、施工预算和建设单位提供的有关设施的利用情况等。

施工方案可确定超重机械和其他施工机具位置及场地规划；施工进度计划可了解各施工过程情况，对分阶段布置施工现场有重要作用；资源需求计划可确定堆场和仓库面积及位置；施工预算可确定现场施工机械的数量以及加工场的规模；建设单位提供的有关设施的利用可减少重复建设。

13.4.1.3 设计原则

根据工程规模和现场条件，单位工程施工平面图的布置方案一般应遵循以下原则：

（1）在满足施工的条件下，场地布置要紧凑，施工占用场地要尽量小，以不占或少占农田为原则。

（2）最大限度地缩小场地内运输量，尽可能避免二次搬运，大宗材料和构件应就近堆放；在满足连续施工的条件下，各种材料应按计划分批进场，充分利用场地。

（3）最大限度地减少暂设工程的费用，尽可能利用已有或拟建工程。如利用原有水、电管线、道路、原有房屋等为施工服务，亦可利用可拆装式活动房屋，或利用当地市政设施等。

（4）在保证施工顺利进行的情况下，要满足劳动保护、安全生产和防火要求。对于易燃、易爆、有毒设施，要注意布置在下风向，并保持安全距离；对于电缆等架设要有一定的高度；还应注意布置消防设施。

13.4.2 施工平面图设计的步骤

13.4.2.1 场外交通的引入

在设计施工平面图时，必须从确定大宗材料、预制品和生产工艺设备运入施工现场的运输方式开始。

（1）当大宗物资由铁路运入场地时，必须引入铁路的专用线。考虑到施工场地的施工安全，一般将铁路先引入工地一侧或两侧，待整个工程进展到一定程度，才能将铁路引进工地的中心区域，此时铁路应位于每个施工区的侧边。

（2）当大宗物资由公路运入工地时，必须解决好现场大型仓库、加工厂与公路之间相互关系。一般先将仓库、加工厂等生产性临时设施布置在最经济合理的地方，再布置通向场外的公路线。

（3）当大宗物资用水路运来时，必须解决好如何利用原有码头和是否需增设新码头，以及大型仓库、加工厂与码头之间的关系，一般卸货码头不应少于两个，且宽度应大于2.5m，宜用石砌或钢筋混凝土结构建造。

13.4.2.2　确定垂直运输机械的位置

垂直运输机械的位置直接影响搅拌站、材料堆场、仓库的位置及场内运输道路和水电管网的布置，因此必须首先确定。

固定式垂直运输机械（如井架、龙门架、固定式塔式起重机等）的布置，须根据机械的运输能力和性能、建筑物的平面形状和大小、施工段的划分、材料的来向和已有运输道路的情况而定。其目的是充分发挥起重机械的能力，并使地面和楼面的运输距离最小。

通常，当建筑物各部位的高度相同时，布置在施工段的分界处；当建筑物各部位的高度不相同时，布置在高低分界处，这样的布置可使楼面上各施工段水平运输互不干扰。井架、龙门架最好布置在有窗口的地方，以避免墙体留搓，减少井架拆除后的修补工作；井架的卷扬机不应距离起重机太近，以便司机的视线能够看到整个升降过程。点式高层建筑，可选用附着式或自升式塔式起重机，且应布置在建筑物的中间或转角处。

有轨式起重机的轨道布置，主要取决于建筑物的平面形状、尺寸和周围场地的条件。应尽量使起重机的工作幅度能将材料和构件直接运至建筑物各处，并避免出现"死角"。轨道通常在建筑物的一侧或两侧布置，在满足施工的前提下，应争取轨道长度最短。

13.4.2.3　确定搅拌站、材料、构件、半成品的堆场及仓库的位置

（1）搅拌站位置主要由垂直运输机械决定，布置搅拌机时，应考虑以下两个因素：

1）根据施工任务的大小和特点，选择适用的搅拌机型号及台数，然后根据总体要求，将搅拌机布置在使用地点和起重机械附近；并与混凝土运输设备相匹配，以提高机械的利用率。

2）搅拌机的位置尽可能布置在场地运输道路附近，且与场外运输相连，以保证大量的混凝土材料顺利进场。

（2）材料、构件的堆场位置应根据施工阶段、施工部位和使用时间的不同，各种材料、构件的堆场或仓库的位置应尽量靠近使用位置或在塔式起重机服务范围之内，并考虑到运输和装卸的方便；砂、石堆场和水泥仓库应设置在厂区下风向，靠近搅拌站分开布置，其中，水泥仓库应尽量置于较偏僻之处，石子堆场的位置应考虑冲洗水源和便于污水排放。石灰仓库、淋灰池的位置应靠近搅拌站，并设在下风方向；沥青堆放场和熬制锅的位置应远离易燃物品，也应设在下风方向。基础施工时使用的各种材料（如标准砖、块石）可堆放在基础四周，但不宜距基坑（槽）边缘太近，以防止压塌土壁。

（3）成品预制构件的堆放位置要考虑到吊装顺序，先吊装的放在上面，后吊装的放在下面，预制构件的进场时间应与吊装就位密切配合，力求直接卸到其就位位置，避免二次搬运。现场预制件加工厂应布置在人员较少往来的偏僻地区，并要求靠近砂、石堆场和水泥仓库。

（4）混凝土搅拌站与砂浆搅拌站应靠近布置，加工厂（如木工棚、钢筋加工棚）的位置宜布置在建筑物四周稍远的位置，且应有一定的材料、成品的堆放场地，应远离办公、生活和服务性房屋，远离火种、火源和腐蚀性物质，各种材料的布置要随着不同的施工阶段动态调整，以形成不同阶段在同一位置上先后放置不同的材料。

13.4.2.4　现场运输道路的布置原则和要求

（1）现场运输道路应按照材料和构件运输的需要，沿着仓库和堆场进行布置。

（2）尽可能利用永久性道路或先做好永久性道路的路基，在施工之前铺路辅助面。

（3）道路宽度要符合规定，通常单行道应不小于 3.5m，双行道应不小于 6.0m。

（4）现场运输道路布置时应保证车辆行驶通畅，有回转的可能。因此，最好围绕建筑物布置成一条环形道路，便于运输车辆回转调头。若无条件布置成一条环形道路时，则应在适当的地点布置回车场。

（5）道路两侧一般应结合地形设置排水沟，沟深不小于 1.4m，底宽不小于 0.3m。

13.4.2.5　布置行政、生活、福利用临时设施的位置

单位工程现场临时设施很少，主要有办公室、工人宿舍、加工车间、仓库等，临时设施的位置一般考虑使用方便，并符合消防要求；为了减少临时设施费用，临时设施可以沿工地围墙布置；办公室应靠近现场，出入口设门卫，在条件允许的情况下最好将生活区与施工区分开，以免相互干扰。

13.4.2.6　布置水电管网

A　施工用的临时给水管

建筑工地的临时供水管一般由建设单位的干管或自行布置的干管接到用水地点，最好采用生活用水。应环绕建筑物布置，使施工现场不留死角，并力求管网总长度最短。管径的大小和龙头数目的设置需视工程规模大小，并通过计算而定。管道可埋于地下，也可铺设在地面上，以当时当地的气候条件和使用期限的长短而定。工地内要设置消防栓，消防栓离建筑物不应小于 5m，也不应大于 25m，距离路边不大于 2m。施工时，为防止停水，可在建筑物附近设置简单蓄水池，若水压不足，还需设置高压水泵。

B　临时供电

单位工程施工用电，应在整个工地施工总平面图中一并考虑。独立的单位工程施工时，一般计算出施工期间的用电总数，提供给建设单位决定是否另设变压器。变压器的位置应布置在现场边缘高压线接入处，四周用铁丝网围住，不宜布置在交通要道路口。

C　施工用的下水道

为便于排除地面水和地下水，要及时修通永久性下水道，并结合现场地形在建筑物周围设置排泄地面水和地下水的沟渠。

13.4.3　施工平面图管理与评价

施工平面图是对施工现场科学合理的布局，是保证单位工程工期、质量、安全和降低成本的重要手段。施工平面图不但要设计好，且应管理好，忽视任何一方面，都会造成施工现场混乱，使工期、质量、安全和成本受到严重影响。因此，需要加强施工现场对合理使用场地的管理，以保证现场运输道路、给水、排水、电路的畅通。

一般应严格按施工平面图布置施工道路、水电管网、机具、堆场和临时设施；道路、水电应有专人管理维护；准备施工阶段和施工过程中应做到工完料净、场清；施工平面图还必须随着施工的进展及时调整补充，以适应变化情况。评价施工平面图设计的优劣，可以参考的技术经济指标，如表 13-5 所示。

表 13-5　施工平面图的技术经济评价指标

经济指标	主　要　内　容
施工用地面积	在满足施工的条件下，要紧凑布置，不占和少占场地
场内运输的距离	应最大限度地缩短工地内运输距离，尽可能避免场内的二次搬运
临时设施数量	包括临时生活、生产用房的面积临时道路及各种管线的长度等。为了降低临时工程费用，应尽量利用已有或拟建的房屋、设施和管线为施工服务
安全、防火的可靠性	包括安全和防火的措施等
文明施工	工地施工的文明程度

13.5　案　例　分　析

13.5.1　编制依据

编制依据：招标文件；某小区 16 号住宅楼工程施工图（建施、结施、水施、电施）；国家有关现行建筑工程施工验收规范、规程、条例、标准及省、市基本建设工程的有关规定；其他现行国家有关施工及验收规范；有关标准图集等。

13.5.2　工程概况

工程概况如表 13-6 所示。

表 13-6　工程概况

项　目	工　程　概　况
建筑设计	本工程楼东西向布置，平面形式呈"一"字形，最大长度为 44.180m，最大宽度为 14.410m。地下 1 层，地上 17.5 层，分为两个单元，每单元两户，标准层层高为 2.8m，建筑物檐口高为 51.6m，建筑面积为 12279m²
结构设计	抗震设防烈度为 7 度，基础采用 800mm 厚筏板基础，主体结构为全现浇钢筋混凝土剪力墙结构。混凝土强度等级为基础；地下一层至地上三层墙体为 C30；楼板及四层以上墙体为 C25。隔墙为 M5 水泥砂浆砌筑加气混凝土砌块。耐火等级为二级
装饰装修设计	厨房、卫生间防水为 2mm 厚聚氨酯防水涂料。门窗为塑钢中空玻璃窗；一层储藏室对外门为自控门，户门为防撬门，单元楼宅门可视为对讲防撬门。楼地面为细石混凝土垫层，预留面层。装修为墙面、顶棚披腻子不刷涂料。外墙面均为挤塑聚保温苯板（做结构时与混凝土墙体浇筑成一体，外带钢丝网，便于挂灰），贴面砖

13.5.3　施工管理机构与组织

根据本工程质量要求，施工现场的特点以及公司长期形成的管理制度，在该工程施工过程中，公司将在人、财、物上合理组织、科学管理。

13.5.3.1 工程管理机构

（1）公司对项目施行"项目法"施工，建立以公司经理总体控制工程施工，项目经理全权负责经营、技术、质量、进度和安全等管理工作，由公司总工程师及有关科室组成项目保证机构，直接对项目部进行对口管理，其项目部各职能机构如图13-7所示。

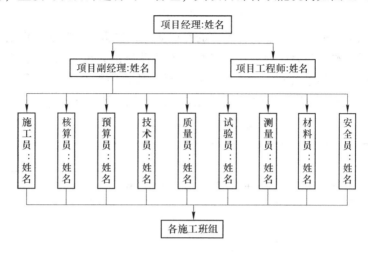

图 13-7　施工组织机构

（2）公司拟定采用操作能力强、技术高、精干的施工队伍作为项目部的劳务层，由项目经理具体管理。项目部所有作业班组在持证上岗、优化组合的基础上，实行整建制调动，以增强施工实力。

13.5.3.2 项目班子组成及岗位责任

项目经理是全面负责工程施工实施的计划决策、组织指挥、协调等经营管理工作，承担经营管理责任，终身负责工程质量管理；项目工程师是专职专责负责该项目的图纸会审、施工方案，并负责施工技术、质检等资料、档案的管理工作；质检员是专职专责负责质量检查、验收、签证，对工程施工质量终身负责；安全员是专职专责负责该项目的现场施工安全及文明生产的管理工作；材料员是专职专责负责各种材料的采购、供应及材料保证管理工作；预算员是负责该工程的预（决）算及材料、资金计划管理工作。

13.5.4 施工准备

13.5.4.1 技术准备

组织施工管理人员熟悉图纸，做好图纸会审和设计交底工作，完善施工组织设计和各分部分项工程施工方案。对新技术、新工艺、特殊工种工程做好技术准备和人员培训。

13.5.4.2 施工现场准备

清理现场障碍物，做好"七通一平"工作，搭设临时设施，布置好临时供水、供电管网和排水、排污管线等。

施工现场全部用 C15 混凝土覆盖，使施工场地全部硬化，确保文明施工程度，混凝土地面设 3%的坡度并朝向排水沟。

现场设计为有组织排水系统，临时排水沟形式为砖砌暗沟，沟盖采用钢筋混凝土盖板，深度大于 300mm，泄水坡度大于 2%，总流向为由西向东排放。所有临时建筑及建筑物周边均设排水沟，施工废水及生活污水经沉淀池（化粪池）处理后排入城市下水道。

13.5.4.3 劳动力安排、主要施工机具准备

为确保本工程顺利完成，拟派有经验的专业队伍，塑钢窗、防水、钢结构装修等专业人员为分包队伍，本劳动力计划亦一并考虑，专业队伍的人员分布如表 13-7 所示。主体施工阶段设 1 台塔式起重机和 1 台人货两用电梯，负责物料及人员的垂直运输，设 2 台 JZC350 型混凝土搅拌机和 1 台 HB60 混凝土泵。主要机具装备详见表 13-8。

表 13-7 主要劳动力计划

工种级别	施工阶段				
	基础工程	主体工程	屋面工程	装饰工程	收尾工程
木工	40	40	10	8	2
钢筋工	40	40	2	2	
混凝土工	15	20	5	8	2
架子工	20	25	25	25	2
瓦工	12	25	5	5	2
抹灰工	4	4	20	60	2
油工	1	1	15	40	1
壮工	30	30	20	30	30
小机工	8	8	8	8	4
大机工	2	2	2	2	
维修工	2	2	2	2	1
焊工	2	6	4	6	2
水暖工	2	4	2	30	15
电工	4	8	8	20	8
其他	3	3	3	2	10

表 13-8 主要机具装备

序号	机具名称	型号及规格	机械功率	单位	数量
1	塔式起重机	QTZ40C	40kW	台	1
2	混凝土搅拌机	JZC350	6.6kW	台	1
3	砂浆搅拌机	325L	5kW	台	1
4	混凝土泵	HB60	6kW	台	1
5	电梯	人货两用	4.5kW	台	1
6	电焊机		30kV·A	台	2
7	电锯		3.5kW	台	2
8	振捣机		1.1kW	个	6
9	打夯机		3kW	台	4
10	双轮小车	自制		辆	20
11	平刨	MB504A	3kW	台	1
12	反铲挖掘机	现代 210 型		台	2
13	自卸汽车	15t		辆	10

13.5.5 施工方案

13.5.5.1 施工段的划分

施工段划分既要考虑现浇混凝土工程的模板配置数量、周转次数及每日混凝土的浇筑量，也要考虑工程量的均衡程度和塔式起重机每台班的效率，具体流水段划分是土方工程及筏板基础施工，不分施工段；主体结构工程划分为 4 个施工段；屋面工程施工，不分施工段；装饰装修工程水平方向不划分施工段，竖向划分施工层，一个结构层为一个施工层。

13.5.5.2 基础工程施工方案

基础工程施工顺序为土方开挖→验槽→基础垫层浇筑混凝土→筏板基础扎筋、支模、浇筑混凝土→地下防水→土方回填。

A 土方开挖施工方案

定位放线确定基础开挖尺寸后进行土方开挖。

(1) 基底开挖尺寸：按设计基础混凝土垫层尺寸，周边预留 500mm 工作面。

(2) 基坑开挖放坡：据地勘资料，由于土质情况较稳定，土方开挖按 1:0.33 放坡。

为防止雨水冲刷，在坡面挂铁丝网，抹20mm厚1:3水泥砂浆防护。

（3）采用2台反铲挖土机，沿竖向分两层开挖，并设一宽度4m、坡度1:6的坡道供车辆上下基坑，最后用反铲随挖随将坡道清除。土方外运配10辆自卸汽车。弃土于建设单位指定的堆场。车斗必须覆盖，避免运输中遗撒。土方运输车辆出场前应进行清扫，现场大门处设置洗车装置，洗车污水应经沉淀池沉淀后排出，土方施工期间指派专人负责现场大门外土方开挖影响区的清理。

（4）土方开挖随挖随运，整个基坑上口0.8m范围内不准堆土防止遇水垮塌；基坑四周应设防护栏杆，人员上下要有专用爬梯。

（5）土方开挖至距垫层底设计标高20～30cm时复核开挖位置，确定其正确后由人工继续开挖至垫层底标高时及时会同建设、设计、质监部门验槽；签字认定后及时浇筑垫层混凝土，避免雨水、地表水浸泡土质而发生变化。

（6）基底周边设排水沟，基坑四角设300mm×300mm×300mm的集水坑，集水坑周边采用120mm厚MU10红砖、M5水泥砂浆砌筑护边，基础施工期间每个集水坑设一台水泵排地表水。

B　基础模板施工方案

筏板基础周边模板采用砖胎模，表面抹20mm厚1:3水泥砂浆。基础梁模板：采用组合钢模板，并尽量使用大规格钢模板施工，为保证模板的刚度及强度，模板背楞采用φ48×3.5钢管脚手管支撑，φ12钩头螺栓固定，具体支撑详见模板支撑体系图（略）；模板与混凝土接触面在支模前均打扫干净、满刷隔离剂；模板安装按《混凝土结构工程施工质量验收规范》（GB 50204）进行评定，达到优良标准。

C　基础钢筋施工方案

本工程筏板钢筋均为双层双向，采用人工绑扎的方式安装。基础底板钢筋网四周两行钢筋交叉点每点绑扎，中间部位可间隔交错绑扎，相邻绑扎点铁丝扣成八字形，以免受力滑移。基础梁最大钢筋规格为φ25，采用剥肋滚压直螺纹连接。为确保底板上下层钢筋间距离，在上下层钢筋之间梅花形布置马凳铁（φ16钢筋制成）固定，间距1000mm。在浇筑混凝土时，需搭设马道，禁止直接踩踏在钢筋上。

D　基础混凝土施工方案

本工程基础混凝土全部用商品混凝土，现场设固定泵一台，布设泵送管道，由西向东顺次浇筑，采用斜面分层浇筑方案，即一次从底浇到顶，自然流淌形成斜面的浇筑方法，以减少混凝土输送管道拆除、冲洗和接长的次数，提高泵送效率。

采用插入式振动器振捣，应严格控制振捣时间、振动点间距和插入深度。浇筑时，每隔半小时，对已浇筑的混凝土进行一次重复振捣，以排除混凝土因泌水在粗集料、水平筋下部生成的水分和空隙，提高混凝土与钢筋间的握裹力，增强密实度，提高抗裂性。

浇筑成型后的混凝土表面水泥砂浆较厚，应按设计标高用刮尺刮平，在初凝前用木抹子抹平、压实，以闭合收水裂缝。

筏板基础应按大体积混凝土施工，必须采取各种措施控制内外温差不超过25℃，以避免温度裂缝的出现。

13.5.5.3　主体工程施工方案

主体工程施工顺序为测量放线→剪力墙钢筋绑扎→剪力墙支模→剪力墙浇筑混凝土→

板、楼梯钢筋绑扎→板、楼梯支模→浇筑板、楼梯混凝土。

A 模板工程施工方案

根据工程特点，本工程墙体模板采用大钢模板，楼梯、阳台、现浇板为竹胶合板模板，楞用方木，支撑采用钢管支撑系统。根据施工进度计划，在确保工程质量的前提下，模板和支撑系统全部配置三层进行周转。

墙体大模板采用平模加角模的方式，内外模板间设穿墙螺栓固定，以抵抗混凝土浇筑时的侧压力，避免张模，保证墙体质量。为确保螺栓顺利取出，可加塑料套管。

内墙模板应先跳仓支横墙板，待门洞口及水电预埋件完成后立另一侧模板。门口可在模板上打眼，用双角钢及花篮螺栓固定木门口，最后立内纵墙模板。外墙先支里侧模板，立在下层顶板上。窗洞口模板用专用合页固定在里模板上，待里模板与窗洞模板支完后立外侧模板。外侧模板立在外墙悬挂的三角平台架上。

模板支撑操作过程中，施工管理人员严格按技术规范要求进行检验，达到施工验收规范及设计要求后，签证同意进行下道工序。

模板拆除顺序与安装相反，应注意检查穿墙螺栓是否全部拔掉，以免吊运时起重机将墙拉坏。拆模后及时检测、修复、清除表面混凝土渣，刷隔离剂后按施工总平面布置进行堆码整齐，进行下次周转。

B 钢筋工程施工方案

每批钢筋进场，必须出具钢材质量检验证明和合格证，并随机按规范要求抽样检验，合格后方可使用。

本工程所用钢筋全部在现场集中加工。钢筋配料前由放样员放样，配料工长认真阅读图纸、标准图集、图纸会审、设计变更、施工方案、规范等后核对放样图，认定放样图钢筋尺寸无误后下达配料令，由配料员在现场钢筋车间内完成配料。钢筋加工后的形状尺寸以及规格、搭接、锚固等符合设计及规范要求，钢筋表面洁净无损伤、油渍和铁锈、漆渍等。本工程墙体钢筋均为双排双向，水平筋在外，竖筋在内，先立竖筋，后绑水平筋；两层钢筋之间设置 $\phi6$ 拉筋，水平筋锚入邻墙或暗柱、端柱内。门洞口加固筋与墙体钢筋同时绑扎，钢筋位置要符合设计要求。墙筋最大钢筋规格为中 $\phi20$，暗柱和连梁主筋最大钢筋规格为 $\phi25$。竖向钢筋采用电渣压力焊连接，水平钢筋接长采用绑扎连接，交叉部位钢筋采用十字扣绑扎。为确保墙体厚度，可以绑扎竖向及水平方向的定型梯子筋，同时也能保证墙体两个方向的钢筋间距。墙体钢筋还需绑扎水泥砂浆垫块或环形塑料垫块，以确保钢筋保护层厚度。

每次浇完混凝土、绑扎钢筋前清理干净钢筋上的杂物；检查预埋件的位置、尺寸、大小，并调校；水、电、通风预留、预埋与土建协商，不得随意断筋，要焊接必须增设附加筋，严禁与结构主筋焊接。

C 混凝土工程施工方案

本工程主体结构工程采用商品混凝土泵送浇筑的方式，零散构件及局部采用现场拌制混凝土，塔式起重机吊运浇筑的方式。在混凝土浇筑前做好准备工作，技术人员根据专项施工方案进行技术交底；生产人员检查机具、材料准备，保证水电的供应；检查和控制模板、钢筋、保护层、预埋件、预留洞等的尺寸，规格、数量和位置，其偏差值应符合现行国家标准的规定；检查安全设施、劳动力配备是否妥当，能否满足浇筑速度的要求。在"三检"合格后，请监理人员进行隐蔽验收，填写混凝土搅拌通知单，通知搅拌站所要浇筑混凝土的强度等级、配合比、搅拌量、浇筑时间，严格执行混凝土浇灌令制度。

混凝土拌合物运到浇筑地点后，按规定检查混凝土砷落度，做好记录，并应立即浇筑入模。浇筑过程中，应经常观察模板、支架、钢筋、预埋件和预留洞的稳定情况，当发现有变形、移位时，应立即停止浇筑，并立即采取措施，在已浇筑的混凝土凝结前修整完好。

混凝土浇筑期间，掌握天气季节变化情况，避免雷雨天浇筑混凝土；浇筑过程中准备水泵、塑料布、雨披以防雨；发电机备足柴油及检修好以保证施工用电不间断。浇筑时，先浇墙混凝土，后浇楼板。墙混凝土浇筑为先外墙、后内墙。浇筑墙体混凝土前，底部先剔除软弱层，清理干净后填以 50mm 厚与混凝土成分相同的水泥砂浆。

混凝土的密实度主要在于振捣，其合理的布点、准确的振捣时间是混凝土密实与否的关键。本工程采用插入式振捣棒振捣，每次布料厚度为振捣棒有效振动半径的 1.25 倍，上下层混凝土浇筑间隔时间小于初凝时间，每浇一层混凝土都要振捣至表面翻浆不冒气泡为止；振动棒插点间隔 30~40cm，均匀交错插入，按次序移动，保证不得漏振，欠振且不得过振；不许振模板，不许振钢筋，严格按操作规程作业。墙体洞口处两侧混凝土高度应保持一致，同时下灰，同时振捣，以防止洞口变形，大洞口下部模板应开口补充振捣，以防漏振。

主体混凝土浇筑做到"换人不停机"，采取两班人员轮流连续作业。混凝土浇筑过程中，严格按规定取样，应在混凝土的浇筑地点随机取样制作。混凝土浇筑完毕 12h 内加以养护，内外墙混凝土采用喷洒养护液进行养护，顶板采用浇水覆盖塑料薄膜养护。

为保证工程施工质量，在混凝土结构拆模后，采用在柱角、墙角、楼梯踏步、门窗洞口处钉 50mm×15mm 防护木板条，柱、墙防护高度为 1.5m。

13.5.5.4　屋面工程施工方案

屋面工程施工顺序为保温层→找平层→防水层→面层。

结构顶板施工完即进行保温层施工，保温层采用 100mm 厚聚苯板，铺设前应先将接触面清扫干净，板块应紧贴基层，铺平垫稳，板缝用保温板碎屑填充，保持相邻板缝高度一致。对已铺设完的保温板，不得在其上面行走、运输小车或堆放重物。随后抹水泥砂浆找平层，要求设分格缝，并做到表面无开裂、疏松、起砂、起皮现象，找平层必须干燥后方可铺设卷材防水层。

屋面防水等级为Ⅱ级，防水层采用 SBS 改性沥青防水卷材与 SBS 改性沥青防水涂料的组合，卷材厚 4mm、涂膜厚 3mm。采用热熔法铺贴卷材，所以烘烤时要使卷材底面和基层同时均匀加热，喷枪要缓缓移动，至热熔胶熔融呈光亮黑色时，即可趁卷材柔软情况下滚铺粘贴。施工时，先做好节点、附加层和排水比较集中部位的处理，然后由屋面最低标高处向上施工。每一道防水层做完后，都要经专业人员检验合格后方准进行下一道防水层的施工。防水层的铺贴方法、搭接宽度应符合规范标准要求，做到粘贴牢固、无滑移、翘边、起泡、褶皱等缺陷。

防水层做完后，应进行蓄水试验，检查屋面有无渗漏。最后施工面层，本工程屋面有上人屋面和不上人屋面两种，上人屋面面层铺贴彩色水泥砖，不上人屋面是面层铺红色屋面瓦的坡屋面。

13.5.5.5 装饰工程施工方案

为缩短工期，加快进度，合理安排施工顺序，本工程提前插入装饰工程，并与土建同期穿插交叉作业，将墙体和吊顶内的管子提前铺设完毕，为室内装饰创造条件。装饰工程包括室内外装饰。由于装饰内容较多，装饰工程施工工艺此处略。

13.5.5.6 水、暖、电安装工程施工方案

土建与水、暖、电、通风之间的交叉施工较多，交叉工作面大，内容复杂，如处理不当将出现相互制约、相互破坏的不利局面，土建与水电的交叉问题必须重点解决。水、暖、电安装工程施工方案略。

13.5.5.7 脚手架工程

A 混凝土结构施工阶段

本工程室外地上二层以下至地下室坑底采用 $\phi48\times3.5$ 钢管和铸铁扣件搭设双排落地式脚手架；室内采用满堂脚手架；地上部分外墙采用外挂脚手架，利用穿墙螺栓留下的穿墙孔，用 M25 螺栓挂三角架，上面搭设钢管脚手架。每棍外挂架拉一道螺栓，若干棍挂架应按设计要求用脚手架连成整体，组成安装单元，并借助塔式起重机安装。挂架安装时的混凝土强度不得低于 7.5MPa，安装中必须拧紧挂架螺栓。每次搭设一个楼层高度，施工完一层后，用塔式起重机提升到上一层进行安装。挂架安装中，当挂架螺栓未安装时，塔式起重机不允许脱钩；升降时，未挂好吊钩前不允许松动挂架螺栓。

B 装修阶段

采用吊篮进行外装饰，在屋顶预埋锚环，设 I 16 挑梁，吊篮导轨用 12.8mm 钢丝绳，保险绳用 9.6mm 钢丝绳，提升吊篮用电动葫芦。内装饰采用支柱式和门式内脚手架。

13.5.5.8 垂直运输机械布置

根据本工程的实际情况，为满足工程需要，安装 1 台臂长 50m 的附着式塔式起重机和 1 台双笼施工电梯。塔式起重机主要吊运钢筋、模板、脚手架等，施工电梯主要用于人员上下以及运送室内装饰材料。

13.5.6 施工工期及进度计划

按建设单位的要求，该工程的总体施工工期是 2009 年 3 月 15 日至 2010 年 11 月 30 日，经施工单位负责该工程的专家认真研究，结合现有的先进施工技术和项目管理水平，确定工期目标于 2010 年 9 月 30 日前交付使用。施工过程中，按照先基础，后主体，中间穿插电气、暖卫预留、预埋工作的原则，然后是装饰装修，最后是水电、通风以及消防安装调试工作，对工程施工进度计划进行详细编制，施工进度计划如图 13-8 所示。

13.5.7 施工平面布置

施工平面布置如图 13-9 所示。

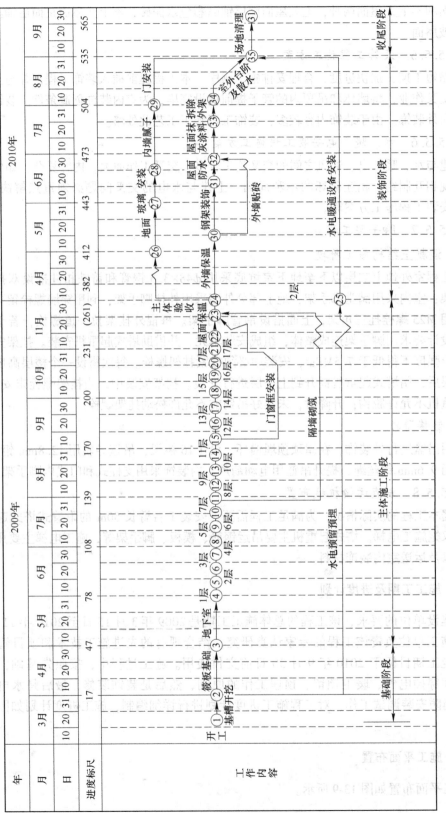

图 13-8 某单位工程网络计划

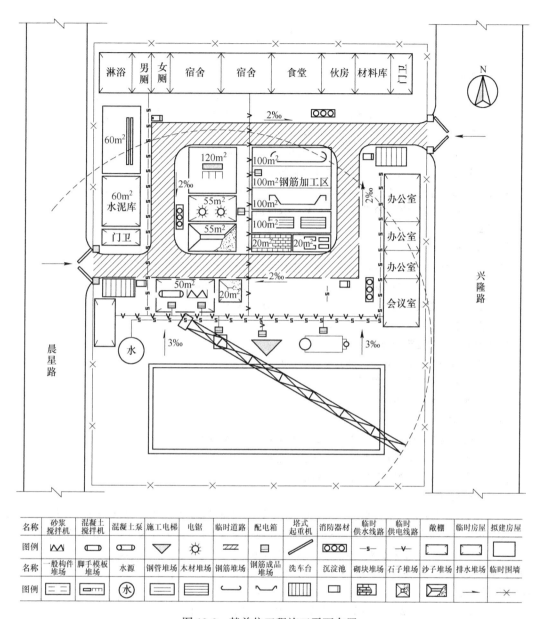

图 13-9 某单位工程施工平面布置

职业技能

技 能 要 点	掌握程度	应用方向
单位工程施工组织设计的编制依据	了解	土建施工员
单位工程施工组织设计的编制内容	熟悉	
施工进度计划的执行和施工平面图的布置	掌握	
分部分项工程的划分	了解	土建预算员
分部分项工程的工程量计算、定额的套用	掌握	
根据主要材料、构件、半成品的需要量计划表，正确选择其规格、数量等	掌握	材料员

习 题

13-1 选择题

(1) 施工组织设计是用以指导施工项目进行施工准备和正常施工的基本（　　）文件。

A. 施工技术管理　　　B. 技术经济　　　　C. 施工生产　　　　D. 生产经营

(2) 施工组织总设计是由（　　）主持编制。

A. 分包单位负责人　　B. 总包单位总工程师　C. 施工技术人员　　D. 总包单位负责人

(3) 施工组织设计是（　　）的一项重要内容。

A. 施工准备工作　　　B. 施工过程　　　　C. 试车阶段　　　　D. 竣工验收

(4) 施工组织设计中施工资源需要量计划一般包括（　　）等。

A. 劳动力　　　　　　　　　　　　　　B. 主要材料

C. 特殊工种作业人员　　　　　　　　　D. 施工机具及测量检测设备

(5) 在下列给定的工作的先后顺序，属于工艺关系的是（　　）。

A. 先室内装修，再室外装修　　　　　　B. 先支模，后扎筋

C. 先做基槽，再做垫层　　　　　　　　D. 先设计，再施工

(6) 施工总平面图中应包括（　　）。

A. 已有和拟建的建筑物与构筑物

B. 为施工服务的生活、生产、办公、料具仓库临时用房与堆场

C. 建设及监理单位的办公场所

D. 施工水、电平面布置图

13-2 简答题

(1) 单位工程进度计划有什么作用？试简述施工进度计划编制的步骤、内容和方法。

(2) 什么是施工方案，如何衡量施工方案的优劣？

(3) 单位工程施工组织设计的主要作用是什么？

13-3 案例分析

某施工单位作为总承包商，承接一写字楼工程，该工程为相邻的两栋 18 层钢筋混凝土框架–剪力墙结构高层建筑，两栋楼地下部分及首层相连，中间设有后浇带。2 层以上分为 A 座、B 座两栋独立高层建筑（见图 13-10）。合同规定该工程的开工日期为 2017 年 7 月 1 日，竣工日期为 2018 年 9 月 25 日。施工单位编制了施工组织设计，其中施工部署中确定的项目目标：质量目标为合格，创优目标为主体结构创该市"结构长城杯"；由于租赁的施工机械可能使进场时间推迟，进度目标确定为 2017 年 7 月 6 日开工，2018 年 9 月 30 日竣工。该工程工期紧迫，拟在主体结构施工时安排两个劳务队在 A 座和 B 座同时施工；装修装饰工程安排较多工人从上向下进行内装修的施工，拟先进行 A 座施工，然后进行 B 座的施工。

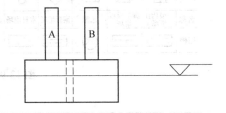

图 13-10　立面图

【问题】

(1) 该工程施工项目目标有何不妥之处和需要补充的内容？

(2) 一般工程的施工程序应当如何安排？

(3) 该工程主体结构和装饰装修工程的施工安排是否合理？说出理由。如果工期较紧张，在该施工单位采取管理措施可以保证质量的前提下，应该如何安排较为合理？

14 施工组织总设计

学习要点：

·了解施工组织总设计编制的程序和依据，能够合理地进行施工部署；

·了解施工总进度计划编制的原则，掌握其编制步骤及方法；

·了解施工总平面图设计的依据和原则，并且熟悉其设计步骤及方法。

主要国家标准：

·《建筑施工组织设计规范》（GB/T 50502）；

·《建设工程安全生产管理条例》中华人民共和国国务院令第 393 号；

·《施工现场临时用电安全技术规范（附条文说明）》（JG 46）；

·《建设工程施工现场供用电安全规范》（GB 50194）；

·《建设工程项目管理规范》（GB/T 50326）；

·《建设工程总承包管理规范》（GB/T 50358）。

案例导航

基坑中装位偏移

某工程在基坑开挖时将土方就近堆放在南北两侧，其中一侧堆放较高。桩基验收过程中，发现桩位出现较大的倾斜偏位，土方堆放较高的北向一侧的外边纵轴与内墙横轴相交 7 个承台群桩共 23 根桩发现了异常偏位，且中间承台群桩偏位较大，土体坡面上已明显开裂，如图 14-1 所示。事故的直接原因即是施工组织设计不合理。

图 14-1　桩位倾斜偏位效果

【问题讨论】

你认为施工组织总设计的合理性将会带来怎样的工程效果？

14.1 施工组织总设计编制程序及依据

施工组织总设计是以整个建设项目或群体工程为对象，根据初步设计图纸或扩大初步设计图纸以及有关资料和现场施工条件编制，用以指导全工地各项施工准备和施工活动的综合性技术经济文件。一般是由建设总承包公司或大型工程项目经理部的总工程师主持，会同建设、设计和分包单位的工程技术人员进行编制的。

14.1.1 施工组织总设计编制程序

施工组织总设计的编制程序，如图14-2所示。

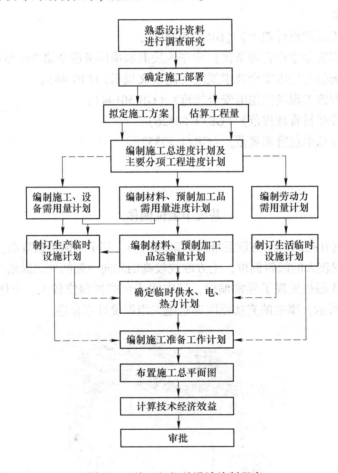

图 14-2 施工组织总设计编制程序

从编制程序可知：

（1）施工组织总设计，首先是从战略的全局出发，对建设地区的自然条件和技术经济条件、对工程特点和施工要求进行全面系统的分析研究，找出主要矛盾，发现薄弱环节，以便在确定施工部署时采取相应的对策、措施，及早克服和清除施工中的障碍，避免造成损失和浪费。

（2）根据工程特点和生产工艺流程，合理安排施工总进度，确保施工能均衡连续进行，确保建设项目能分期分批投产使用，充分发挥投资效益。

（3）根据施工总进度计划，提出资金、材料、设备、劳力等物质资源分年度供需计划。

（4）为了保证总进度计划的实现，应制定机械化、工厂化、冬雨期施工的技术措施和主要工程项目的施工方案，主要工种工程施工的流水方案。

（5）编制施工组织总设计尤应重视施工准备工作，包括附属企业、加工厂站，生活、办公临时设施，交通运输、仓库堆场，供水、供电，排水、防洪，通信系统等的规划和布置，这些是保证工程顺利施工的物质基础。

（6）施工组织总设计系编制各项单位工程施工组织设计的纲领和依据，并为制订作业计划，实现科学管理，进行质量、进度、投资三大目标控制创造了条件。施工组织总设计使各项准备工作有计划、有预见地做在开工之前，使所需各种物资供应有保证，避免停工待料，并可根据当地气候条件，采取季节性技术组织措施，做到常年不间断地连续施工。

14.1.2 施工组织总设计编制依据

编制施工组织总设计的依据主要有：

（1）计划文件。包括可行性研究报告，国家批准的固定资产投资计划，单位工程项目一览表，分期分批投产的要求，投资额和材料、设备订货指标，建设项目所在地区主管部门的批件，施工单位主管上级下达的施工任务书等。

（2）设计文件。包括初步设计或技术设计，设计说明书，总概算或修正总概算等。

（3）合同文件。即建设单位与施工单位所签订的工程承包合同。

（4）建设地区工程勘察和技术经济调查资料如地形、地质、气象资料和地区技术经济条件等。

（5）有关的政策法规、技术规范、工程定额、类似工程项目建设的经验等资料。

施工组织总设计的内容一般包括：工程概况，施工部署和施工方案，施工准备工作计划，施工总进度计划，各项物质资源需用量计划，施工总平面图，技术经济指标等部分。现简述施工部署、施工总进度计划、施工总平面图等三个主要部分的编制步骤、方法和要点。

14.2 施 工 部 署

施工部署是对整个建设项目进行统筹规划和全面安排，主要解决影响建设项目全局的重大施工问题。施工部署主要包括工程施工程序的确定、主要项目施工方案的拟订、施工任务划分与组织安排、施工准备工作计划的编制等内容。当建设项目的性质、规模和各种客观条件的不同，施工部署的内容和侧重点亦随之不同。

14.2.1 确定工程施工程序

根据建设项目总目标的要求，确定合理的工程建设分批施工的程序。一些大型工业企业项目，如冶金联合企业、化工联合企业等，是由许多工厂或车间组成的，为了能使整个建设项目迅速建成、尽快投产，应在保证工期的前提下，分期分批建设。至于分几期施工，各项工程包含哪些项目，则要根据生产工业特点、工程规模大小和施工难易程度、资金、技术资源等情况，由施工单位和业主共同研究确定。

对于居民小区类的大中型民用建设项目，一般也分期分批建设。除了考虑住宅以外，还应考虑商店、幼儿园、学校和其他公共设施的建设，以便交付使用后能及早产生经济效益和社会效益。

对于小型工业和民用建筑和大型建设项目的某一系统，由于工期较短或生产工艺要求，可不必分期建设，采取一次性建成投产。

各类项目的施工需统筹安排，须保证重点，兼顾其他。一般情况下，应优先安排的项目包括工程量大，施工难度大、需要工期长的项目；运输系统、动力系统，如厂内外道路、铁路和变电站；供施工使用的工程项目，如各种加工厂、搅拌站等附属企业和其他为施工服务的临时设施；生产上优先使用的机修、车库、办公及家属宿舍等生活设施；须先期投入生产或起主导作用的工程项目。

14.2.2　明确施工任务划分与组织安排

施工组织总设计要拟定一些主要工程项目和特殊的分项工程项目的施工方案。这些项目通常是工程量大、施工难度大、工期长、在整个建设项目中起关键作用的单位工程项目以及全场范围内工程量大、影响全局的特殊分项工程。拟定主要工程项目施工方案的目的是为了进行技术和资源的准备工作，同时也为了施工的顺利进行和现场的合理布置。其内容包括以下几项：

（1）施工方法，要兼顾技术的先进性和经济的合理性。

（2）施工工艺流程，要兼顾各工种各施工段的合理搭接。

（3）施工机械设备，应使主导机械的性能既能满足工程的需要，又能发挥其效能，在各个工程上能够实现综合流水作业，减少装、拆、运的次数；对于辅助配套机械，其性能应与主导机械相适应。

在明确施工项目管理体制、机构的条件下，划分各参与施工单位的任务，明确各承包单位之间的关系，建立施工现场统一的组织领导机构及职能部门，确定综合的和专业的施工队伍，划分施工阶段，确定各施工单位分期分批的主导项目和穿插项目。

14.2.3　编制施工准备工作计划

根据施工开展程序和主要项目方案，编制好施工项目全场性的施工准备工作计划。其主要内容如下：

（1）安排好场内外运输、施工用主干道、水、电、气来源及引入方案。

（2）安排好场地平整方案和全场性排水、防洪。

（3）安排好生产、生活基地建设。规划好商品混凝土搅拌站，预制构件厂，钢筋、木材加工厂，金属结构制作加工厂，机修厂以及职工生活设施等。

（4）安排好各种材料的库房、堆场用地和材料货源供应及运输。

（5）安排好现场区域内的测蚤工作，设置永久性测量标志，为放线定位做好准备。

（6）安排好冬、雨期施工的准备工作。

14.3 施工总进度计划

编制施工总进度计划是根据施工部署中的施工方案和施工项目开展的程序，是对整个工地的所有施工项目做出时间和空间上的安排。其作用是确定各个施工项目及其主要工种、工程、准备工作和整个工程的施工期限以及开竣工日期，以及它们之间的搭接关系和时间，从而确定建筑施工现场上劳动力、材料、成品、半成品、施工机具的需要数量和调配情况，以及现场临时设施的数量、水电供应数量、供热、供气数量等。

14.3.1 施工总进度计划编制的原则

正确地编制施工总进度计划，不仅能保证各工程项目能成套地交付使用，而且直接影响投资的综合经济效益。在编制施工总进度计划时，应考虑以下要点：

（1）合理安排施工顺序，保证在人力、物力、财力消耗最少的情况下，在规定期限内完工；有次序地将人力和物力集中在投产项目上，使所有必要的辅助工程和正式工程同时投产，首先完成施工生产基地的建造工作，以及整个场地的工程，如地下管线敷设、道路修建和平整场地等工程。

（2）采用合理的施工组织方法，将土建工程中的主要分部分项工程和设备安装工程分别组织流水作业、连续均衡施工，以达到土方、劳动力、施工机械、材料和构件的五大综合平衡。

（3）为了保证全年施工的均衡性和连续性，全年的工程尽可能按季度均匀地分配基本建设投资。

14.3.2 施工总进度计划的编制方法

A 编制工程项目一览表

施工总进度计划主要起控制总工期的作用，因此项目划分不宜过细，一般是按工程分期分批的投产顺序和工程开展程序列出主要工程项目，对于一些附属项目及小型工程、临时设施等，可以合并列出。

计算各工程项目的工程量的目的是正确选择施工方案和主要的施工、运输安装机械；初步规划各主要工程的流水施工、估算各项目的完成时间、计算各项资源的需要量。因此工程量计算只需粗略计算，可按初步（或扩大初步）设计图纸并根据各种定额手册进行计算。常用的定额资料如表 14-1 所示。

表 14-1 常用的定额资料

参考指数	特 征	方 法
每万元或 10 万元投资工程量、劳动力及材料	规定了某一种结构类型建筑，每万元或 10 万元投资中劳动力、主要材料消耗数量	根据设计图纸中的结构类型，即可估算出拟建工程各分项需要的劳动力和主要材料的消耗量
概算指标或扩大结构定额	均是预算定额的进一步扩大。概算指标以建筑物每 100 面体积为单位，扩大结构定额则以每 100 面建筑面积为单位	查定额时，先按建筑物的结构类型、跨度、层数、高度等分类，然后查出这种类型建筑物按定额单位所需要的劳动力和各项主要材料的消耗量，从而推算出拟计算项目所需要劳动力和材料的消耗数量

续表 14-1

参考指数	特　征	方　法
标准设计或已建同类型房屋、构筑物的资料	在缺乏上述几种定额手册的情况下，可采用标准设计或已建成的类似工程实际所消耗的劳动力及材料，进行类比	按比例估算。但是，由于和拟建工程完全相同的已建工程极少，因此利用这些资料时，一般都要进行折算调整

除房屋外，还必须计算主要的全工地性工程的工作量，如场地平整、铁路及地下管线的长度等，这些可以根据建筑总平面图来计算。

将按上述方法计算的工程量填入统一的工程量汇总表中，如表 14-2 所示。

表 14-2　工程项目工程量汇总表

工程项目分类	工程项目名称	结构类型	建筑面积	幢数	概算投资	主要实物工程量					
						场地平整	土方工程	基础工程	…	装饰工程	…
			1000m²	个	万元	1000m²	1000m³	1000m³		1000m²	
全工地性工程											
主体项目											
辅助项目											
永久住宅											
临时建筑											
合计											

B　确定各单位工程的施工期限

建筑物的施工期限，应根据各施工单位的施工技术和管理水平、机械化程度、劳动力和材料供应情况以及单位工程的建筑结构类型、体积大小和现场地形地质、施工条件环境等因素加以确定。此外，也可参考有关的工期定额来确定各单位工程的施工期限。

C　确定各单位工程的开工竣工时间和相互搭接关系

根据施工部署及单位工程施工期限，就可以安排各单位工程的开工、竣工时间和相互搭接关系。通常应考虑下列因素：

（1）保证重点，兼顾一般。在同一时期进行的项目不宜过多，以免人力物力分散。

（2）要满足连续、均衡施工要求。组织好大流水作业，尽量保证各施工段能同时进行作业，使劳动力、材料和施工机械的消耗在全工地上达到均衡，减少高峰和低谷的出现，以利于劳动力的调度和材料供应。

（3）要满足生产工艺要求，合理安排各个建筑物的施工顺序，以缩短建设周期，尽快发挥投资效益。

（4）认真考虑施工总平面图的空间关系。应在满足有关规范要求的前提下，使各拟建临时设施布置尽量紧凑，节省占地面积。

（5）全面考虑各种条件限制。在确定各建筑物施工顺序时，应考虑各种客观条件限制，如企业的施工力量，各种原材料、机械设备的供应情况、设计单位提供图纸的时间、投资情况等，同时还要考虑季节、环境的影响。因此，需要考虑各种因素，对各单位工程的开工时间和施工顺序进行合理调整。

    D 安排施工总进度计划，并对其调整和修正

施工总进度计划可以用横道图和网络图表达。由于施工总进度计划只是起控制性作用，而且施工条件复杂多变，因此项目划分不必过细。当用横道图表达施工总进度计划时，项目的排列可按施工总体方案所确定的工程开展程序排列。横道图上应表达出各施工项目开工、竣工时间及施工持续时间，施工总进度计划的表格形式如表 14-3 所示。

表 14-3　施工总进度计划

序号	工程项目名称	结构类型	工程量	建筑面积	总工日	施工进度计划								
						××年			××年			××年		

施工总进度计划绘制完成后，把各项工程的工作量加在一起，用一定的比例画在施工总进度计划的底部，即可得出建设项目工作量的动态曲线。若曲线上存在较大的高峰和低谷，表明在该时间内各种资源的需求量变化较大，则需调整一些单位工程的施工速度和开工、竣工时间，使各个时期的工作量尽可能达到均衡。同时，也要检查是否满足工期要求，各施工项目之间的搭接是否合理，主体工程与辅助工程、配套工程之间是否平衡。

14.4　资源需要量计划

14.4.1　各项资源需要量计划

各项资源需要量计划是做好劳动力及物资的供应、平衡、调度、落实的依据，其内容一般包括劳动力、材料、构件、施工机具需求量计划几个方面。

    A 劳动力需要量计划

劳动力需要量计划是确定暂设工程规模和组织劳动力进场的依据。编制时首先根据施工总进度计划和主要分部（分项）工程进度计划，套用概、预算定额或经验资料，计算出各施工阶段各工种的用工人数和施工总人数，确定施工人数高峰的总人数和出现时间，力求避免劳动力频繁进退场，尽量达到均衡施工。劳动力需要量计划表如表 14-4 所示。

    B 材料、构件需求量计划

根据工程量汇总表所列各建筑物和构筑物的工程量，查定额或概算指标便可得出各建筑物或构筑物所需的建筑材料、构件和半成品的需要量。然后根据施工总进度计划表，大致算出某些建筑材料在某一时间内的需要值，从而编制出建筑材料、构件和半成品的需要量计划，包括全工地性工程（主厂房、辅助车间、道路、铁路、给排水管道、电气工

程)、生活用房(永久住宅、临时住宅)、工地内部临时性建筑物及机械化装置等的材料、构件。这是组织货源、签订供应合同、确定运输方式、编制运输计划、组织进场、确定暂设工程规模的依据。

表 14-4　劳动力需要量一览表

序号	工种名称	劳动量(工日)	全工地性工程						生活用房		工地内部临时性建筑及机械化装置	用工时间	
			主厂房	辅助车间	道路	铁路	给排水管道	电气工程	永久住宅	临时住宅		××年	××年
1	木工												
2	钢筋工												
3	砖石工												
4	…												

C　施工机具需求量计划

主要施工机械,如挖土机、起重机等的需要量,可根据施工方案和工程量、施工总进度计划,并套用机械台班定额求得;辅助机械可以根据建筑安装工程每十万元扩大概算指标求得;运输机械的需要量根据运输量计算。施工机具需要量计划除组织机械供应外,还可作为施工用电量计算和确定停放场地面积的依据。主要施工机具备需要量计划表如表14-5所示。

表 14-5　施工机具需要量计划

序号	机械名称	型号	电动机功率	数量	需要量计划	
					××年	××年

14.4.2　施工准备工作计划

施工组织总设计的准备工作一般包括以下几项:

(1)障碍物的拆除。原有建(构)筑物架空电线、埋地电缆、自来水管、污水管道、煤气管道等的拆除工作,经审批后由专业施工队进行处理。

(2)"三通一平"工作。制定场地平整工作及全场性排水、防洪方案,规划场内外施工道路,确定水、电来源及其引入方案。

(3)测量放线工作。按照建筑总平面图做好现场控制网测桩。

(4)临时建筑的搭设。修建临时工棚,设置保安消防设施。

(5)材料和机具准备工作。落实施工材料、加工品、构配件的货源和运输储存方式,组织施工机具设备配置和维修保养工作。

(6)技术准备工作。组织新技术、新工艺、新材料、新结构试制、试验和人员培训。

14.5 全场性暂设工程

在工程正式开工前，应按照工程项目施工准备工作计划及时完成加工厂（站）、仓库堆场、交通运输道路、水、电、动力管网、行政、生活福利设施等各项大型暂设工程，为工程项目的顺利实施创造良好的施工环境。

14.5.1 加工厂组织

（1）加工厂的类型和结构。工地的加工厂有混凝土搅拌站、砂浆搅拌站、钢筋加工厂、木材加工厂、金属结构构件加工厂等，对于公路、桥梁路面工程还需有沥青混凝土加工厂等。工厂的结构形式应根据当地条件和使用期限而定，使用期限较短的，可采用简易的竹木结构，使用期限长的宜采用砖木结构或装拆式的活动房屋。

（2）加工厂面积的确定。加工厂的建筑面积，主要取决于设备尺寸、工艺过程及设计、加工量、安全防火等因素，通常可参考有关经验指标等资料确定。

对于钢筋混凝土构件预制厂、锯木车间、模板加工车间、细木加工车间、钢筋加工车间（棚）等，其建筑面积可按计算式：

$$F = \frac{QK}{TS\alpha} \tag{14-1}$$

式中　F——所需建筑面积，m^2；

　　　K——不均匀系数，取 1.3～1.5；

　　　Q——加工总量；

　　　T——加工总时间；

　　　α——场地或建筑面积利用系数，取 0.6～0.7。

常用各种临时加工厂的面积参考指标如表 14-6 和表 14-7 所示。

表 14-6　临时加工厂所需面积参考指标

序号	加工厂名称	年产量		单位产量所需建筑面积/m²	占地总面积/m²	备　注
		单位	数量			
1	混凝土搅拌站	m³	3200	0.022	按砂石堆场考虑	400L 搅拌机 2 台
			4800	0.021		400L 搅拌机 3 台
			6400	0.020		400L 搅拌机 4 台
2	临时性混凝土预制厂	m³	1000	0.25	2000	生产屋面板和中小型梁板柱等，配有蒸养设施
			2000	0.20	3000	
			3000	0.15	4000	
			5000	0.125	<6000	
3	木材加工厂	m³	15000	0.0244	1800～3600	进行原木、大方加工
			24000	0.0199	2200～4800	
			30000	0.0181	3000～5500	

序号	加工厂名称	年产量 单位	年产量 数量	单位产量所需建筑面积/m²	占地总面积/m²	备 注
4	综合木工加工厂	m³	200	0.30	100	加工门窗、模板、地板、屋架等
			500	0.25	200	
			1000	0.20	300	
			20000	0.15	400	
5	钢筋加工厂	t	200	0.35	280~530	加工、成型、焊接
			500	0.25	380~750	
			1000	0.20	400~800	
			2000	0.15	450~900	
6	金属结构加工（包括一般铁件）	所需场地/m²·t⁻¹				按一批加工数量计算
		10		年产 500t		
		8		年产 1000t		
		6		年产 2000t		
		5		年产 3000t		
7	石池消化贮灰池 石灰消化淋灰池 淋石灰消化淋灰槽	5×3=15（m²） 4×3=12（m²） 3×2=6（m²）				每 2 个贮灰池配一套淋灰池和淋灰槽，每 600kg 石灰可消化 1m³ 石灰膏
8	沥青锅场地	20~24（m²）				台班产量 1~1.5/台

表 14-7　现场作业棚所需面积参考指标

序号	名称	单位	面积	序号	名称	单位	面积	序号	名称	单位	面积
1	木工作业棚	m²	2	6	烘炉房	m²	30~40	11	机、钳工修理房	m²	20
2	电锯房	m²	80	7	焊工房	m²	20~40	12	立式锅炉房	m²/台	5~10
3	钢筋作业棚	m²/人	3	8	电工房	m²	15	13	发电机房	m²/kW	0.2~0.3
4	搅拌棚	m²/台	10~18	9	白铁工房	m²	20	14	水泵房	m²/台	3~8
5	卷扬机棚	m²/台	6~12	10	油漆工房	m²	20	15	空压机房（移动式）	m²/台	18~30

14.5.2　工地仓库组织

　　工地材料储备既要保证施工的连续性，又要避免材料的大量积压，造成仓库面积过大而增加投资。储藏量的大小要根据工程的具体情况而定，场地小、运输方便的可少储存，对于运输不便的、受季节影响的材料可多储存。

　　对经常或连续使用的材料，如砖、瓦、水泥和钢材等，可按储备期计算：

$$P = T_c \frac{Q_i K_i}{T} \tag{14-2}$$

式中　P——材料储备量，t 或 m³ 等；

　　　T_c——储存期定额，d，见表 14-8；

　　　Q_i——材料、半成品的总需要量，t 或 m³；

　　　T——有关项目的施工总工作日，d；

　　　K_i——材料使用不均衡系数，可参考表 14-8。

仓库面积的计算公式为：

$$F = \frac{P}{qK} \tag{14-3}$$

式中　F——该材料所需仓库总面积，m²；

　　　q——该材料每平方米的储存定额；

　　　K——仓库面积有效利用系数（考虑人行道和车道所占面积），可见表 14-8。

表 14-8　计算仓库面积的有关系数

材料及半成品	单位	储备天数 T_c	不均衡系数 K_i	每 m² 储存定额 q	有效利用系数 K	仓库类型	备　注
水泥	t	30~60	1.3~1.5	1.5~1.9	0.65	封闭式	堆高 10~12 袋
生石灰	t	30	1.4	1.7	0.7	棚	堆高 2m
砂子（人工堆放）	m³	15~30	1.4	1.5	0.7	露天	堆高 1~1.5m
砂子（机械堆放）	m³	15~30	1.4	2.5~3	0.8	露天	堆高 2.5~3m
石子（人工堆放）	m³	15~30	1.5	1.5	0.7	露天	堆高 1~1.5m
石子（机械堆放）	m³	15~30	1.5	2.5~3	0.8	露天	堆高 2.5~3m
块石	m³	15~30	1.5	10	0.7	露天	堆高 1m
钢筋（直筋）	t	30~60	1.4	2.5	0.6	露天	占全部钢的 80%，堆高 0.5m
钢筋（盘筋）	t	30~60	1.4	0.9	0.6	库或棚	占全部钢筋的 20%，堆高 1m
钢筋成品	t	10~20	1.5	0.07~0.1	0.6	露天	
型钢	t	45	1.4	1.5	0.6	露天	堆高 0.5m
金属结构	t	30	1.4	0.2~0.3	0.6	露天	
原木	m³	30~60	1.4	1.3~1.5	0.6	露天	堆高 2m
成材	m³	30~45	1.4	0.7~0.8	0.5	露天	堆高 1m
废木材	m³	15~20	1.2	0.3~0.4	0.5	露天	废木材约占锯木量的 10%~15%
门窗扇	m³	30	1.2	45	0.6	露天	堆高 2m
门窗框	m³	30	1.2	20	0.6	露天	堆高 2m
砖	千块	15~30	1.2	0.7~0.8	0.6	露天	堆高 1.5~2m
模板整理	m²	10~15	1.2	1.5	0.65	露天	
木模板	m³	10~15	1.4	4~6	0.7	露天	
泡沫混凝土制品	m³	30	1.2	1	0.7	露天	堆高 1m

14.5.3　工地运输组织

工地的运输方式有铁路运输、水路运输和汽车运输等。选择哪种运输方式，需考虑各种影响因素，如运输量的大小、运输距离、货物的性质、路况及现有运输条件、自然条件以及经济条件。

建筑工地运输组织的内容包括：确定运输量，选择运输方式，计算运输工具需要量。

当采用铁路、水路和汽车运输货物时，一般由专业运输单位承运，施工单位可仅解决所在地区及工地范围内运输。工地运输道路应尽可能利用永久性道路或先修永久性道路路基并铺设简易路面。主要道路应布置成环形，次要道路可布置成单行线，但应有回车场，尽量避免与铁路交叉。

14.5.4　组织办公、生活和福利设施

工程建设期间，必须为施工人员修建一定数量的临时房屋，以供行政管理和生活福利用。这类临时建筑包括行政管理和辅助生产用房（如办公室、警卫室、消防站、汽车库及修理车间等）、居住用房（如职工宿舍、招待所等）、生活福利用房（如文化活动中心、学校、托儿所、图书馆、浴室、理发室、开水房、商店、邮亭、医务所等）。

办公、生活福利设施的建筑面积可由计算式求得：

$$S = NP \qquad\qquad (14-4)$$

式中　S——建筑面积，m^2；

　　　N——人数；

　　　P——建筑面积指标，如表 14-9 所示。

表 14-9　行政、生活福利建筑面积参考指标　　　　　　　（m^2/人）

序号	临时房屋名称	指标使用方法	参考指标
1	办公室	按使用人数	3~4
2	单层通铺宿舍	按高峰年（季）平均人数	2.5~3.0
	双层床宿舍	（扣除不在工地住人数）	2.0~2.5
	单层床宿舍	（扣除不在工地住人数）	3.5~4.0
3	家属宿舍		16~25m²/户
4	食堂	按高峰年平均人数	0.5~0.8
	食堂兼礼堂	按高峰年平均人数	0.6~0.9
5	医务所	按高峰年平均人数	0.05~0.07
	浴室	按高峰年平均人数	0.07~0.1
	理发室	按高峰年平均人数	0.01~0.03
	俱乐部	按高峰年平均人数	0.1
	小卖部	按高峰年平均人数	0.03
	招待所	按高峰年平均人数	0.06
	其他公用	按高峰年平均人数	0.05~0.10
6	开水房		10~40m²
	厕所	按工地平均人数	0.02~0.07
	工人休息室	按工地平均人数	0.15

确定施工现场人数时，一般包括以下 4 类人员：直接参加建筑施工生产的工人，包括施工过程中的装卸运输工人和现场附属工厂的工人；辅助施工的工人，包括施工机械的维护工人，运输及仓库管理工人，动力设施管理工人；行政及技术管理人员；为建筑工地上居民生活服务的人员。以上人员的比例，可按国家有关规定或工程实际情况计算，现场型施工企业家属人数可按职工的一定比例计算，通常占职工人数的 10%~30%。

14.5.5 组织工地供水和工地供电

建筑工地供水主要有生产用水、生活用水和消防用水 3 种类型。其中，生产用水包括工程施工用水、施工机械用水；生活用水包括施工现场生活用水和生活区用水。工地临时供水设计内容主要有确定用水量、设计配水管网。

14.5.5.1 工地供水组织

（1）确定用水量：

1）生产用水。工程施工用水量可按式确定：

$$q_1 = K_1 \sum \frac{Q_1 N_1}{T_1 b} \times \frac{K_2}{8 \times 3600} \tag{14-5}$$

式中 q_1——施工工程用水量，L/s；

      K_1——未预见的施工用水修正系数，1.05~1.15；

      Q_1——年（季）度工程量（以实物计量单位表示）；

      N_1——施工用水定额，见表 14-10；

      T_1——年（季）度有效工作日，d；

      b——每天工作班次；

      K_2——用水不均衡系数，见表 14-11。

表 14-10 施工用水量（N_1）参考定额

用水对象	耗水数量	用水对象	耗水数量	用水对象	耗水数量
浇筑混凝土全部用水	1700~2400L/m³	冲洗模板	5L/m²	砌石工程全部用水	50~80L/m³
搅拌普通混凝土	250L/m³	搅拌机清洗	600L/台班	抹灰工程全部用水	30L/m²
搅拌轻质混凝土	300~350L/m³	人工冲洗石子	1000L/m³	耐火砖砌体工程	100~150L/m³
搅拌泡沫混凝土	300~400L/m³	机械冲洗石子	600L/m³	浇砖	200~250L/千块
搅拌热混凝土	300~350L/m³	洗砂	1000L/m³	浇硅酸盐砌块	300~350L/m³
混凝土自然养护	200~400L/m³	抹面	4~6L/m²	上水管道工程	98L/m
混凝土蒸汽养护	500~700L/m³	楼地面	190L/m²	下水管道工程	1130L/m
搅拌砂浆	300L/m³	砌砖工程全部用水	150~250L/m³	工业管道工程	35L/m
石灰消化	3000L/t				

施工机械用水量可按下式计算：

$$q_2 = K_2 \sum Q_2 N_2 \times \frac{K_3}{8 \times 3600} \tag{14-6}$$

式中　q_2——施工机械用水量，L/s；

　　　K_2——未预见的施工用水修正系数，$1.05 \sim 1.15$；

　　　Q_2——同种机械数量；

　　　N_2——施工机械用水定额，见表14-12；

　　　K_3——施工机械用水不均衡系数，见表14-11。

表 14-11　不均衡系数（K）参考定额

K	K_2		K_3		K_4	K_5
用水名称	施工工程用水	生产企业用水	施工机械、运输机械	动力设备	施工现场生活用水	居民区生活用水
系数	1.5	1.25	2	$1.05 \sim 1.10$	$1.30 \sim 1.50$	$2.00 \sim 2.50$

表 14-12　机械用水量（N_2）参考定额

用水机械名称	耗水数量	备注	用水机械名称	耗水数量	备注
内燃挖土机	$200 \sim 300$L/（$m^3 \cdot$ 台班）	以斗容量 m^3 计	锅炉	1050L/（t・h）	以小时蒸发量计
内燃起重机	$15 \sim 18$L/（t・台班）	以起重机吨数计	点焊机 25 型	100L/（台・h）	
蒸汽起重机	$300 \sim 400$L/（t・台班）	以起重机吨数计	点焊机 50 型	$150 \sim 200$L/（台・h）	
蒸汽打桩机	$1000 \sim 1200$L/（t・台班）	以锤重吨数计	点焊机 75 型	$250 \sim 350$L/（台・h）	
内燃压路机	$12 \sim 15$L/（t・台班）	以压路机吨数计	对焊机	300L/（台・h）	
蒸汽压路机	$100 \sim 150$L/（t・台班）		冷拔机	300L/（台・h）	
拖拉机	$200 \sim 300$L/（台・昼夜）		凿岩机 01-30 型（CM -56）	3L/（台・min）	
汽车	$400 \sim 700$L/（台・昼夜）		凿岩机 01-45 型（TN-4）	5L/（台・min）	
标准轨蒸汽机车	$10000 \sim 20000$L/（台・昼夜）		凿岩机 01-38 型（KⅡM-4）	8L/（台・min）	
空气压缩机	$40 \sim 80$L/ [（m^3/min）・台班]	以空气压缩机单位容量计	木工场	$20 \sim 25$L/台班	
内燃机动力装置（直流水）	$120 \sim 300$L/（kW・台班）		锻工房	$40 \sim 50$L/（炉・台班）	以烘炉数计
内燃机动力装置（循环水）	$25 \sim 40$L/（kW・台班）				

2）生活用水。施工现场生活用水量可按下式计算：

$$q_3 = \frac{P_1 N_3 K_4}{b \times 8 \times 3600}$$

（14-7）

式中　q_3——施工现场生活用水量，L/s；

　　　P_1——施工现场高峰期生活人数；

　　　N_3——施工现场生活用水定额，见表 14-13；

　　　K_4——施工现场生活用水不均衡系数，见表 14-11；

　　　b——每天工作班次。

生活区生活用水量可按下式计算：

$$q_4 = \frac{P_2 N_4 K_5}{24 \times 3600} \qquad (14\text{-}8)$$

式中　q_4——生活区生活用水量，L/s；

　　　P_2——生活区居民人数，人；

　　　N_4——生活区昼夜全部用水定额，见表 14-13；

　　　K_5——生活区用水不均衡系数，见表 14-11。

表 14-13　生活用水量（N_3、N_4）参考定额

序号	1	2	3	4	5	6	7	8	9
用水对象	生活用水	食堂	浴室	淋浴带大地	洗衣房	理发室	学校	幼儿园	病房
单位	L/（人·日）	L/（人·次）	L/（人·次）	L/（人·次）	L/kg 干衣	L/（人·日）	L/（学生·日）	L/（儿童·日）	L/（病床·日）
耗水量	20~40	10~20	40~60	50~60	40~60	10~25	10~30	75~100	100~150

3）消防用水量。消防用水量 q_5 分为居民生活区消防用水和施工现场消防用水，应根据工程项目大小和居住人数的多少来确定，如表 14-14 所示。

表 14-14　消防用水量（q_5）

用水对象	居民区消防用水			施工现场消防用水	
	≤5000人	≤10000人	≤25000人	施工现场在 2.5×10^{5}m^2 以内	每增加 2.5×10^{5}m^2 递增
火灾同时发生次数	一次	二次	三次	一次	一次
耗水量	10	10~15	15~20	10~15	5

4）确定总用水量 Q：

①当 $q_1 + q_2 + q_3 + q_4 \leqslant q_5$ 时，$Q = q_5 + (q_1 + q_2 + q_3 + q_4)/2$。

②当 $q_1 + q_2 + q_3 + q_4 > q_5$ 时，$Q = q_1 + q_2 + q_3 + q_4$。

③当 $q_1 + q_2 + q_3 + q_4 < q_5$，且工地面积小于 50000m^2 时，$Q = q_5$。

最后计算出的总用水量，还应增加 10%，以补偿管网的漏水损失。

（2）设计配水管网。配水管网布置的原则，是在保证连续供水和满足施工适用要求的情况下，管道铺设尽可能的短。

1）确定供水系统。临时供水系统可由取水设施、净水设施、储水构筑物、输水管道和配水管线等综合组成。一般工程项目的首建工程应是永久性供水系统，只有在工期紧迫时，才修建临时供水系统，如果已有供水系统，可以直接从供水源接输水管道。

取水设施一般由进水装置、进水管和水泵组成，取水口距河底（或井底）0.25～0.9m。在临时供水时，如水泵房不能连续抽水，则需设置储水构筑物，储水构筑物有水池、水塔或水箱，其容量以每小时消防用水决定，但不得少于 10～20m³。

2）确定供水管径。计算出工地的总用水量后，可根据下式计算出干管管径：

$$D = \sqrt{\frac{4Q \times 1000}{\pi v}} \qquad (14\text{-}9)$$

式中　D——配水管内径，mm；

　　　Q——计算总用水量，L/s；

　　　v——管网中水的流速，m/s，见表 14-15。

表 14-15　临时水管经济流速表

管　　径		支管 $D<100mm$	生产消防管道 $D=100～300mm$	生产消防管道 $D>300mm$	生产用水管道 $D>300mm$
流速/m·s⁻¹	正常时间	2	1.3	1.5～1.7	1.5～2.5
	消防时间	—	>3.0	2.5	3.0

3）选择管材。临时给水管道，须根据管道尺寸和压力大小进行选择，一般干管为钢管或铸铁管，支管为钢管。

14.5.5.2　工地临时供电组织

施工现场临时供电组织包括计算主地总用电量、选择电源、确定变压器、确定导线截面面积及布置配电线路。

（1）计算工地总用电量。建筑工地用电量分为动力用电和照明用电两种，在计算总电量时，应考虑全工地使用的电力机械设备、工具和照明的用电功率；施工总进度计划中，施工高峰期同时用电数量；各种电力机械的利用情况。

总用电量可按下式计算：

$$P = (1.05 \sim 1.10)\left(K_1 \frac{\sum P_1}{\cos\varphi} + K_2 \sum P_2 + K_3 \sum P_3 + K_4 \sum P_4 \right) \qquad (14\text{-}10)$$

式中　　　　P——供电设备总需要容量，kV·A；

　　　　　P_1——电动机额定频率，kW；

　　　　　P_2——电焊机额定频率，kW·A；

　　　　　P_3——室内照明容量，kW；

　　　　　P_4——室外照明容量，kW；

　　　　$\cos\varphi$——电动机的平均功率因数，施工现场最高为 0.75～0.78，一般为 0.65～0.75。

　　K_1，K_2，K_3，K_4——需要系数，见表 14-16。

（2）选择电源。选择临时供电电源时，应优先选用工地附近的电力系统供电，只在无法利用或电源不足时，才考虑临时电站供电。通常是利用附近的高压电网，向供电部门临时申请加设配电变压器降压后引入工地。

表 14-16　需要系数（K）值

用水对象		电动机			加工厂动力设备	电焊机		室内照明	室外照明
		3~10 台	11~30 台	30 台以上		3~10 台	10 台以上		
需要系数	K		K_1				K_2	K_3	K_4
	数值	0.7	0.6	0.5	0.5	0.6	0.5	0.8	1

（3）确定变压器。变压器的功率可由下式计算：

$$P = K\frac{\sum P_{max}}{\cos\varphi} \tag{14-11}$$

式中　　P——变压器输出功率，kV·A；

　　　　K——功率损失系数，取 1.05；

$\sum P_{max}$——各施工区最大计算负荷，kW；

　　　$\cos\varphi$——功率因数。

（4）确定配电导线截面面积。配电导线要正常工作，必须具有足够的力学强度，防止拉断或折断，还必须受因电流通过所产生的温升，并且使得电压损失在允许范围内。

1）按机械强度选择。导线在各种敷设方式下，应按其强度需要，保证必需的最小截面，以防止拉断或折断，可根据有关资料进行选择。

2）按允许电流选择。导线必须能够承受负荷电流长时间通过所引起的温升。

①三相五线制线路上的电流可按下式计算：

$$I_{线} = \frac{KP}{\sqrt{3}\,U_{线}\,\cos\varphi} \tag{14-12}$$

②二相制线路上的电流可按下式计算：

$$I_{线} = \frac{P}{U_{线}\,\cos\varphi} \tag{14-13}$$

式中　　$I_{线}$——电流强度，A；

　　　　K——需要系数，见表 14-16；

　　　　P——功率，kW；

　　　$U_{线}$——电压，V；

　　　$\cos\varphi$——功率因数，临时网络取 0.7~0.75。

制造厂家根据导线的容许温升，制定了各类导线在不同的敷设条件下的持续容许电流值（详见相关资料），选择导线时，导线中的电流不能超过此值。

3）按容许电压降选择。导线上引起的电压降必须在一定限度之内。配电导线的截面可用下式计算：

$$S = \frac{\sum PL}{C\varepsilon} = \frac{\sum M}{C\varepsilon} \tag{14-14}$$

式中　　S——导线截面，mm²；

　　　　M——负荷矩，kW·m；

　　　　P——负载的电功率或线路输送的电功率，kW；

L ——送电线路的距离，m；

ε ——允许的相对电压降（线路电压损失）（%）；照明允许电压降为 2.5%~5%，电动机电压不超过±5%；

C ——系数，视导线材料、线路电压及配电方式而定。

按照以上 3 个条件计算的结果，取截面面积最大者作为现场使用的导线。一般道路工地和给排水工地作业线比较长，导线截面由电压降选定；建筑工地配电线路比较短，导线截面可由容许电流选定；小负荷的架空线路中的导线截面往往以机械强度选定。

（5）布置配电线路。配电线路的布置方案有枝状、环状和混合式 3 种，主要根据用户的位置和要求，永久性供电线路的形状而定。一般 3~10V 的高压线路宜采用环状，380/220V 的低压线路可用枝状。

14.6 施工总平面图

施工总平面图是拟建项目的施工现场的总布置图。它是按照施工方案和施工总进度计划的要求，将施工现场的交通道路、材料仓库，附属生产或加工企业，临时建筑和临时水、电管线等进行合理的规划和布置，并以图纸的形式表达出来，从而正确处理全工地施工期间所需各项设施与永久建筑以及拟建工程之间的空间关系。

14.6.1 施工总平面图设计原则与内容

14.6.1.1 施工总平面图的设计原则

（1）在保证顺利施工的前提下，尽量使平面布置紧凑、合理、不占或少占农田，不挤占道路。

（2）合理布置仓库、附属企业、机械设备等临时设施的位置，在保证运输方便的前提下，减少场内运输距离，尽可能避免二次运输，使运输费用最少。

（3）施工区域的划分和场地确定，应符合施工流程要求，尽量减少专业工种和各工程之间的干扰。

（4）充分利用各种永久性建筑物、构筑物和原有设施为施工服务，降低临时设施的费用，临时建筑尽量采用可拆移式结构。凡拟建永久性工程能提前完工为施工服务的，应尽量提前完工，并在施工中代替临时设施。

（5）各种临时设施的布置应有利于生产和方便生活。

（6）应满足劳动保护、安全防火、防火及环境保护的要求。

（7）总平面图规划时应标清楚新开工和二次开工的建筑物，以便按程序进行施工。

14.6.1.2 施工平面图的内容

（1）一切地上、地下已有和拟建的建筑物、构筑物、道路、管线以及其他设施的位置和尺寸。

（2）一切为全工地施工服务的临时设施的布置，包括工地上各种运输用道路；各种加工厂、制备站及机械化装置的位置；各种建筑材料、半成品、构配件的仓库和主要堆场；行政管理用办公室、施工人员的宿舍以及各种文化生活福利用的临时建筑等；水源、电源、临时给排水管线、动力线路及设施；机械站、车库位置；一切安全、消防设施等。

（3）取土及弃土的位置。

（4）永久性测量及半永久性测量放线桩标桩位置。

（5）特殊图例、方向标志和比例尺等。

由于许多大型工程的建设工期较长，随着工程的进展，施工现场的面貌将不断改变。在这种情况下，应按不同阶段分别绘制若干张施工总平面图，或根据工地的实际变化情况，及时对施工总平面图进行调整和修正，以便适应不同时期的需要。

14.6.2　施工总平面图的设计

14.6.2.1　施工总平面图的设计步骤

A　场外交通的引入

在设计施工总平面图时，应从研究大宗材料、成品、半成品、设备等的供应情况及运输方式开始。当大批材料由铁路运输时，由于铁路的转弯半径大，坡度有限制，因此首先应解决铁路从何处引入及可能引到何处的方案。对拟建永久性铁路的大型企业工地，一般可提前修建永久性铁路专用线。铁路线的布置最好沿着工地周边或各个独立施工区的周边铺设，以免与工地内部运输线交叉，妨碍工地内部运输。

假如大批材料由公路水路运输时，应考虑在码头附近布置附属企业或转运仓库。如原有码头的吞吐能力不足，需增设码头，卸货码头不应少于2个，码头宽度应大于2.5m。

假如大批材料由公路运输时，由于公路布置较灵活，一般先将仓库、加工厂等生产性临时设施布置在最经济合理的地方，再布置通向场外的公路。

B　仓库和材料堆场的布置

通常考虑设置在运输方便、位置适中、运距较短且安全防火的地方，并应区别不同材料、设备和运输方式来设置。

当采取铁路运输时，仓库通常沿铁路线布置，并且要留有足够的装卸前线。如果没有足够的装卸前线，必须在附近设置转运仓库。布置铁路沿线仓库时，应将仓库设置在靠近工地一侧，以免内部运输跨越铁路。同时仓库不宜设置在弯道外或坡道上。

当采用水路运输时，一般应在码头附近设置转运仓库，以缩短船只在码头的停留时间。当采用公路运输时，仓库的布置较灵活。一般中心仓库布置在工地中央或靠近使用地的地方，也可布置在靠近外部交通的连接处，同时也要考虑给单个建筑物施工时留有余地。

砂、石、水泥、石灰、木材等仓库或堆场宜布置在搅拌站、预制构件场和木材加工厂附近；砖、瓦和预制构件等直接使用的材料应该直接布置在施工对象附近，以免二次搬运。工具库应布置在加工区与施工区之间交通方便处，零星、小件、专用工具库可分设于各施工区段。车库、机械站应布置在现场的入口处。油料、氧气、电石、炸药库应布置在边远、人少的安全地点，易燃、有毒材料库要设于拟建工程的下风方向。工业项目建筑工地的笨重设备应尽量放置在车间附近，其他设备仓库可布置在外围或其他空地。

C　加工厂和搅拌站的布置

加工厂的布置，应以方便使用、安全防火、不影响建筑工程施工的正常进行为原则。一般把加工厂布置在工地的边缘地带，既便于管理，又能降低铺设道路、动力管线及给排水管理的费用。

（1）混凝土搅拌站和砂浆搅拌站的布置。混凝土搅拌站的布置有集中、分散、或集中与分散相结合3种方式。当运输条件好，砂、石等材料由铁路或水路运入，可以采用集中布置的方式，或现场不设搅拌站而是用商品混凝土；当运输条件较差时，则应分散布置在使用井点或井架等附近为宜。对于一些建筑物和构筑物类型较多的大型工程，混凝土的品种、强度等级较多，需要在同一时间，同时供应几种强度等级不同混凝土，则可以采用集中与分散相结合的布置方式。

砂浆搅拌站以分散布置为宜，随拌随用。

（2）钢筋加工厂的布置。钢筋加工厂有集中或分散两种布置方式。对需要冷加工、点焊的钢筋骨架和大片钢筋网，宜设置中心加工厂集中加工；对于小型加工件，小批量生产利用简单机具成型的钢筋加工，则可在分散的临时加工棚内进行。

（3）木材加工厂的布置。

木材加工厂的布置亦是有集中和分散两种布置方式。当锯材、标准门窗、标准模板等加工量较大时，宜设置集中的木材联合加工厂；对于非标准件的加工及模板的修理等工作，则可分散在工地附近临时工棚进行加工。如建设区有河流时，联合加工厂最好靠近码头，因原木多用水运，直接运到工地，可减少二次搬运，节省时间和运输费用。

预制加工厂一般设置在建设单位的空闲地带上，如材料堆场专用线转弯的扇形地带或场外临近处。金属结构、锻工电焊和机修等车间在生产上联系密切，应尽可能布置在一起。

D　场内运输道路的布置

工地内部运输道路，应根据各加工厂、仓库及各施工对象的位置来布置，并研究货物周转运行图，以明确各段道路上的运输负担，从而分主要道路和次要道路。规划道路时要特别注意满足运输车辆的安全行驶，在任何情况下，不致形成交通断绝或阻塞。规划场内道路时，应考虑以下几点：

（1）合理规划临时道路与地下管网的施工顺序。规划临时道路时应充分利用拟建永久性道路，提前修建永久性道路或者先修路基和简易路面，作为施工所需的道路，以达到节约投资的目的。若地下管网的图纸尚未出全，必须采取先施工道路、后施工管网的顺序时，临时道路就不能完全建造在永久性道路的位置，而应尽量布置在无管网地区或扩建工程范围地段上，以免开挖管道沟时破坏路面。

（2）保证运输通畅。道路应有两个以上进出口，道路末端应设置回车场地，且尽量避免临时道路与铁路交叉。场内道路干线应采用环形布置，主要道路宜采用双车道，宽度不小于6m，次要道路宜采用单车道，宽度不小于3.5m。

（3）选择合理的路面结构。临时道路的路面结构，应根据运输情况、运输工具和使用条件的不同，采用不同的结构。一般场外与省、市公路相连的干线，因其以后会成为永久性道路，宜建成混凝土路面；场区内的干线和施工机械形式路线，最好采用碎石级配路面，以利修补；场内支线一般为土路或砂石路。

E　行政与生活福利临时建筑的布置

对于各种生活与行政管理用房应尽量利用建设单位的生活基地或现场附近的其他永久性建筑，不足部分另行修建临时建筑物。临时建筑物的设计，应遵循经济、实用、装拆方便的原则，并根据当地的气候条件、工期长短确定其建筑与结构形式。

全工地性管理用房一般设在全工地入口处，以便对外联系，也可设在工地中部，便于全工地管理。工人用的福利设施应设置在工人较集中的地方或工人必经之路。生活基地应设在场外，距工地 $500 \sim 1000\mathrm{m}$ 为宜，并避免设在低洼潮湿、有烟尘和有害健康的地方。食堂宜设在生活区，也可布置在工地与生活区之间。

F 临时水电管网及其他动力设施的布置

（1）尽量利用已有的和提前修建的永久线路，若必须设置临时线路时，应取最短线路。

（2）临时总变电站应设在高压线进入工地处，避免高沿线穿过工地。临时自备发电设备应设置在现场中心或靠近主要用电区域。

（3）临时水池、水塔应设在用水中心和地势较高处。管网一般沿道路布置，供电线路应避免与其他管道设在同一侧，主要供水、供电管线采用环状，孤立点可设枝状。

（4）管线穿过道路处均要套钢管，一般电线用 $\phi51 \sim 76$ 管，电缆用 $\phi102$ 管，并埋入地下 $0.6\mathrm{m}$ 处。

（5）过冬的临时水管需埋在冰冻线以下或采取保温措施。

（6）消防站、消火栓的布置要满足消防规定，其位置应在易燃建筑物（木材仓库等）附近必须有畅通的出口和消防车道（应在布置道路运输时同时考虑），其宽度不得小于 $6\mathrm{m}$，于拟建房屋的距离不得大于 $25\mathrm{m}$，也不得小于 $5\mathrm{m}$，沿着道路应设置消防栓，其间距不得大于 $100\mathrm{m}$，消防栓与邻近道路边的距离不得大于 $2\mathrm{m}$。

（7）施工场地应有畅通的排水系统，场地排水坡度不应小于 0.3%，并沿道路边设立管（沟）等，其纵坡不小于 0.2%，过路必须设涵管。

14.6.2.2 施工总平面图的绘制

施工平面图虽然经过以上各设计步骤，但各步骤并不是独立的，而是相互联系、相互制约的，需要全面考虑、统筹安排，反复修改才能确定下来。有时还要设计出多个不同的布置方案，则需要通过分析比较后确定出最佳方案。完成施工总平面图要求比例准确，图例规范，线条粗细分明、标准，字迹端正，图画整洁美观。

施工总平面的布置是一项系统工程，应全面分析，综合考虑，正确处理各项内容的相互联系和相互制约关系，使其施工用地、临时建筑面积少；临时道路、水电管网短；材料、设备运输成本低；施工场地的利用率高。

图 14-3 所示为某开发小区施工总平面分区布置图，图中西区的商业大厦正在施工中。该施工总平面图的特点是充分利用东区和西区之间的绿化带布置为施工服务的临时设施，有利于东区、西区的分期施工。为了便于运输，将临时道路分区按环状布置；为了便于管理，充分利用施工场地，将加工厂（站）、仓库、堆场均集中布置在规划的绿化带上。将混凝土搅拌站、钢筋加工厂、预制场、木作棚等紧靠塔吊同侧布置，而砂石堆场、水泥库、化灰池等又紧靠混凝土和砂浆搅拌站。为了有利于生产，方便生活，将常用的材料库和工地办公室直接设在东、西两区的现场上；将生活区紧靠生产区。为了节约暂设工程费用，水源、电源均由城市给水干管和电网引入工地，仅在工地设加压站和配电室，并提前修建了永久性道路和水电管网，以供施工期使用。

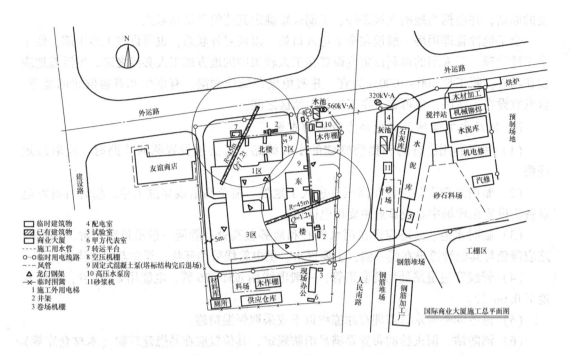

图 14-3　某开发小区施工总平面布置图

14.6.2.3　施工总平面图的管理

加强施工总平面图的管理，对合理使用场地，科学地组织文明施工，保证现场交通道路、给排水系统的畅通，避免安全事故，以及美化环境、防灾、抗灾等均具有重大意义。为此，必须重视施工总平面图的管理。

（1）建立统一管理施工总平面图的制度。首先划分总图的使用管理范围，实行场内、场外分区分片管理；要设专职管理人员，深入现场，检查、督促施工总平面图的贯彻；要严格控制各项临时设施的拟建数量、标准，修建的位置、标高。

（2）总承包施工单位应负责管理临时房屋、水电管网和道路的位置，挖沟、取土、弃土地点，机具、材料、构件的堆放场地。

（3）严格按照施工总平面图堆放材料、机具、设备，布置临时设施；施工中做到余料退库，废料入堆，现场无垃圾、无坑洼积水，工完场清；不得乱占场地、擅自拆迁临时房屋或水电线路、任意变动总图；不得随意挖路断道、堵塞排水沟渠。当需要断水、断电、堵路时，须事先提出申请，经有关部门批准后方可实施。

（4）对各项临时设施要经常性维护检修，加强防火、保安和交通运输的管理。

职业技能

技能要点	掌握程度	应用方向
一般施工方案的编制内容	熟悉	土建项目经理、工程师
一般工程的施工进度计划的编制内容和编制原则	熟悉	
施工平面图的编制内容	掌握	

习 题

（1）工程项目施工组织设计中，一般将施工顺序写入（   ）。

A. 施工进度计划　　　　B. 施工总平面图　　　　C. 施工部署和施工方案　　　　D. 工程概况

（2）建筑工程项目进度计划系统分为总进度计划，子系统进度计划和单项工程进度计划，这是依据进度计划的不同（   ）编制的。

A. 功能　　　　　　　　B. 周期　　　　　　　　C. 深度　　　　　　　　D. 编制主题

（3）某施工企业编制某建设项目施工组织总设计，先后进行了相关资料的收集和调研，主要工种工程量的计算，施工总体部署的确定等工作，接下来应进行的工作是（   ）。

A. 施工总进度计划的编制　　　　　　　　B. 施工方案的拟定

C. 资源需求量计划的编制　　　　　　　　D. 施工总平面图的设计

参 考 文 献

[1] 毛鹤琴. 土木工程施工 [M]. 武汉：武汉理工大学出版社，2020.

[2] 王利文. 土木工程施工技术 [M]. 北京：中国建筑工业出版社，2018.

[3] 李华锋，徐芸. 土木工程施工与管理 [M]. 北京：北京大学出版社，2016.

[4] 郭正兴. 土木工程施工 [M]. 2 版. 南京：东南大学出版社，2012.

[5] 穆静波，王亮. 建筑施工 [M]. 2 版. 北京：中国建筑工业出版社，2012.

[6] 应惠清. 土木工程施工 [M]. 3 版. 北京：高等教育出版社，2016.

[7] 杨惠忠. 建筑节能施工工法汇编及技术应用 [M]. 北京：中国建筑工业出版社，2009.